Employer Branding in der Sozialwirtschaft

Lizenz zum Wissen.

Cornelia Heider-Winter

Employer Branding in der Sozialwirtschaft

Wie Sie als attraktiver Arbeitgeber die richtigen Fachkräfte finden und halten

Cornelia Heider-Winter
Mühlenrade
Deutschland

ISBN 978-3-658-01195-6   ISBN 978-3-658-01196-3 (eBook)
DOI 10.1007/978-3-658-01196-3

Die Deutsche Nationalbibliothek verzeichnet diese Publikation in der Deutschen Nationalbibliografie; detaillierte bibliografische Daten sind im Internet über http://dnb.d-nb.de abrufbar.

Springer Gabler
© Springer Fachmedien Wiesbaden 2014

Lektorat: Manuela Eckstein

Gedruckt auf säurefreiem und chlorfrei gebleichtem Papier

Springer Gabler ist eine Marke von Springer DE. Springer DE ist Teil der Fachverlagsgruppe
Springer Science+Business Media
www.springer-gabler.de

Vorwort

Selbst nicht im sozialwirtschaftlichen Bereich, sondern im Medien- und Agenturumfeld groß geworden, erlebte ich am eigenen Leib, was es für einen Unterschied bedeutet, plötzlich einen Beruf zu haben, mit dem man sich identifizieren kann und der Sinn stiftet. 2011 wechselte ich aus der PR-Branche zum PARITÄTISCHEN Wohlfahrtsverband Hamburg, um dort das Marketing und die Öffentlichkeitsarbeit für das Hamburger Modellprojekt ‚MEHR Männer in Kitas' zu übernehmen und die Pressearbeit des Verbandes insgesamt zu unterstützen. Beflügelt durch einen enormen Vertrauensvorschuss und bisher nicht gekannte Freiheiten in der Arbeitsgestaltung entstanden innovative, nachhaltige Ideen, die in einem anderen Setting nicht möglich gewesen wären. Der Unterschied wurde durch Erfahrungsberichte aus meinem privaten Umfeld, das fast ausschließlich im privatgewerblichen Bereich beschäftigt ist, und durch die Rückmeldungen der Männer aus allen Branchen, die den Erzieherberuf in Betracht ziehen, umso markanter. Zufriedenheit im Beruf scheint ein immer seltener werdendes Gut zu sein – und das vor dem Hintergrund des nagenden Fach- und Führungskräftemangels und vor dem, was die heutige Generation meines Alters von ihren Arbeitgebern erwartet.

Etwas irritiert stellte ich immer wieder fest, dass die Vorzüge des sozialen und Bildungsbereichs, die in vielen privatwirtschaftlichen Branchen schlicht nicht vorhanden sind oder gar denkbar wären, von den Mitarbeiterinnen und Mitarbeitern der Sozialwirtschaft selbst nicht gesehen oder hervorgehoben werden. Es gibt natürlich in allen Berufen etwas zu meckern. Doch wie bedauerlich ist es, dass gerade in so einem wichtigen Bereich wie der Sozialwirtschaft, der gesellschaftlich herausragende Bedeutung hat, die Vorteile viel zu selten thematisiert werden? Welche Potenziale könnten mobilisiert werden, wenn dieser Bereich seine Stärken gezielt nutzen würde!

Dieses Buch soll den Anreiz verstärken, sich selbstbewusst als Arbeitgeber der Sozialwirtschaft zu profilieren – und zwar durch Employer Branding. Bereits seit knapp zwei Jahrzehnten setzen sich bevorzugt große Wirtschaftskonzerne mit diesen markenorientierten Strategien und Prozessen auseinander. Im sozialen und Bildungsbereich fasst das Thema nur zaghaft Fuß. Employer-Branding-Literatur, zugeschnitten auf die Sozialwirtschaft,

gibt es kaum. Entwickeln Sie mit diesem Buch Ihre Organisation zu einer Arbeitgebermarke weiter, die Identität schafft, Mitarbeitende bindet und sich von der Konkurrenz
abhebt. Finden Sie dadurch nicht nur Maßnahmen, die die Arbeitszufriedenheit und das
Engagement in Ihrem Unternehmen steigern, sondern auch gezielte Lösungen, wie Sie
dem Fach- und Führungskräftemangel begegnen können.

Ich führe Sie im ersten Teil durch die Grundlagen des Employer Brandings und ver-
deutliche Ihnen vor dem Hintergrund der brisanter werdenden Zustände auf dem Arbeitsmarkt die Bedeutung dieses Organisationsentwicklungsprozesses für Sie als Arbeitgeber
der Sozialwirtschaft. Sie lernen die Begrifflichkeiten, die unterschiedlichen Perspektiven
auf dem Arbeitsmarkt, die Präferenzen von Arbeitnehmenden und die Erfolgsfaktoren
kennen. Das umfasst auch die Dimensionen Inklusion, Gender und Diversity sowie den
Bereich der Führung, die Sie zusammen mit Ihrem Employer-Branding-Prozess weiterentwickeln können.

Im zweiten Teil widmen Sie sich, ausgerüstet mit dem notwendigen Grundlagenwissen, Ihrer eigenen Organisation. Vom Image über die wirtschaftliche Lage, die Zielgrup-
pendefinition oder die Analyse der Unternehmenskultur bis hin zu Ihrem Wettbewerb und
Umfeld tauchen Sie in die Tiefen Ihres Unternehmens ein. Den umfangreichen Schatz an
Daten und Informationen reduzieren und priorisieren Sie im nächsten Schritt, um Ihre
Strategie festzulegen. Sie legen den authentischen Kern Ihrer Arbeitgebermarke offen und
überführen sie in emotionale Bild- und Textsprachen.

Im dritten Teil rollen Sie die Strategie zunächst innerhalb Ihrer Organisation aus. Dabei werden die Baustellen, die in der Analysephase schon sichtbar wurden, bearbeitet.
Ihre Arbeitgebermarke wird auf der Ebene der Führungskultur, der Personalentwicklung
und der Kommunikation ganzheitlich implementiert, sodass sie auf allen Ebenen spürbar
wird.

Bei der Umsetzung des externen Employer Brandings entwerfen Sie überzeugende und
aufmerksamkeitsstarke Konzepte und Motive zur überzeugenden Außendarstellung. Dabei nehmen Sie besonders Ihre Stellenanzeigen, Ihre Website und Ihr Management der
Bewerbenden in den Fokus. Mit gezielter Pressearbeit sorgen Sie für Aufmerksamkeit. An
allen Nahtstellen kommt dabei die Arbeitgebermarke zum Strahlen.

Während der Analyse-, Strategie- und Umsetzungsphase bekommen Sie immer wieder Hinweise, wie Sie Ihren Prozess dokumentieren können, sodass Sie die Evaluation
vorrausschauend parallel etablieren können und Ihren Maßnahmen mehr Nachhaltigkeit
verschaffen. Die vorgestellten Maßnahmen zur Umsetzung des Employer-Branding-Prozesses sind zudem mit zahlreichen Tipps angereichert, wie Sie Ideen in Alleinregie oder
kostengünstig realisieren können. Gleichzeitig wird immer wieder Bezug genommen,
welche Maßnahmen für den sozialwirtschaftlichen Bereich überhaupt anschlussfähig sind.

Im vierten und letzten Teil blicken Sie in die Praxis und lernen vielfältige Beispiele von
Arbeitgebern der Sozialwirtschaft kennen, die an unterschiedlichen Punkten ihres Employer-Branding-Prozesses stehen. Die verschiedenen Herangehensweisen geben Ihnen
einen exemplarischen Überblick von der Situation in Deutschland – und vermitteln Ihnen
die eine oder andere Inspiration für Ihren eigenen Prozess.

Den Co-Autorinnen und -Autoren danke ich an dieser Stelle herzlich für die tolle Unterstützung und den intensiven Blick hinter die Kulissen. Meiner lieben Kollegin Katja Gwosdz danke ich für das kompetente und flinke Redigieren. Meiner Familie und besonders meinem Mann danke ich für die Rückendeckung während des Schreibens, genauso wie meinem eigenen Arbeitgeber, dem PARITÄTISCHEN Wohlfahrtsverband Hamburg.

Ihnen, liebe Leserinnen und Leser, wünsche ich viel Spaß beim Lesen und viel Erfolg für Ihren Employer-Branding-Prozess. Gehören Sie zu den Ersten Ihrer Branche, die sich mit ihrer Arbeitgebermarke erfolgreich von der Konkurrenz abheben.

Mühlenrade, im Mai 2014   Cornelia Heider-Winter

Inhaltsverzeichnis

Die Autorin

Cornelia Heider-Winter Mag. Journalistik und Kommunikationswissenschaften sowie Rechtswissenschaften, ist Pressesprecherin des Hamburger Netzwerkes ‚MEHR Männer in Kitas' beim PARITÄTISCHEN Wohlfahrtsverband Hamburg e. V. und verantwortlich für die Bereiche Marketing und Öffentlichkeitsarbeit. 2013 wurde sie für die Kampagnenarbeit zu „Vielfalt, MANN! Dein Talent für Hamburger Kitas" zusammen mit Katja Gwosdz mit dem Internationalen Deutschen PR-Preis der DPRG und des F.A.Z.-Instituts (Kategorie Non-Profit) und 2012 als „Pressestelle des Jahres 2012 (Kategorie: NGO)" vom Bundesverband deutscher Pressesprecher ausgezeichnet.

Seit 1. Januar 2014 ist sie zudem für Öffentlichkeitsarbeit und Kommunikation im PARITÄTISCHEN Hamburg tätig. Daneben berät sie in der Tochtergesellschaft des Verbandes – dem Kompetenzzentrum Sozialwirtschaft – soziale Organisationen im Bereich Marketing, Öffentlichkeitsarbeit und Kommunikation. Mit kreativer und zielgruppenorientierter Konzeptionsstärke verhilft sie den Unternehmen zu einem markanten Profil und zu mehr Aufmerksamkeit. Sie unterstützt bei der zielgerichteten Steuerung und der strategischen Ausrichtung der Kommunikationsinstrumente. Zuvor durchlief die IHK-zertifizierte PR-Referentin mehrjährige Stationen im PR-Agentur- und journalistischen Bereich.

Abbildungsverzeichnis

Tabellenverzeichnis

Teil I

Employer Branding als Zukunftsaufgabe für die Organisationsentwicklung in der Sozialwirtschaft

Die Zukunft hat viele Namen: Für Schwache ist sie das Unerreichbare, für die Furchtsamen das Unbekannte, für die Mutigen die Chance.
Victor Hugo

Der Fachkräfte- und Führungskräftemangel ist das alles durchdringende Thema in der Sozialwirtschaft und wirkt sich auf sämtliche Bereiche von Organisationen aus. Die Arbeitsbelastung steigt, die Zufriedenheit der Mitarbeitenden[1] sinkt. Dadurch verschlechtert sich die Qualität des Dienstleistungsangebots und der Ruf wird in Mitleidenschaft gezogen. Setzen Sie diesem Kreislauf ein Ende. Nutzen Sie Employer Branding, um facettenreiche Antworten zu finden, die Ihre Organisation vollständig durchdringen und Sie fit für die Zukunft machen.

Den Mitarbeiterinnen und Mitarbeitern der Sozialwirtschaft fällt es im Vergleich zu anderen Branchen besonders schwer, stolz auf sich selbst und auf ihr Berufsfeld zu sein. Dabei hat die Branche gerade in der heutigen Zeit strategische Vorteile auf dem Arbeitsmarkt zu bieten. Während Unternehmen der freien Wirtschaft sich abmühen, mit Nachhaltigkeitsaspekten und gesellschaftlichem Verantwortungsbewusstsein mehr Sichtbarkeit zu verschaffen, ist genau das Kernbestandteil der Arbeit des sozialen und Bildungsbereichs. Die Professionen und Aufgaben sind sinnstiftend – und das ist etwas, wonach viele Menschen streben.

Darüber hinaus hat die Sozialwirtschaft umfangreiche Erfahrungen mit der Vereinbarkeit von Beruf und Familie sowie mit älteren Mitarbeitenden gesammelt. Zahlreiche Grundlagen, die viele andere Branchen erst noch schaffen müssen, sind bereits gelegt oder

---

[1] In diesem Buch wurde Wert auf genderfreundliche Formulierungen gelegt. Entweder werden Begriffe gewählt, die beide Geschlechter umfassen oder aber es wird die weibliche sowie männliche Form verwendet. An der ein oder anderen Stelle wurde die Kontinuität zugunsten der Lesefreundlichkeit durchbrochen wie beispielsweise bei Wortzusammensetzungen, sodass in diesen Fällen die männliche Form gewählt wurde. Gemeint sind jedoch immer Frauen und Männer.

jahrelang praktiziert – und treffen die Wünsche und Erwartungen ganzer Generationen. Da drängt sich die Frage auf, warum die Vorteile nicht ausgenutzt werden. Gehen Sie als Arbeitgeber in die Offensive im Wettbewerb um die klügsten und besten Köpfe und sorgen Sie dafür, dass sie bei Ihnen bleiben. Seien Sie gewiss: Wenn Sie es nicht tun, tut es die Konkurrenz – innerhalb und außerhalb Ihrer Branche.

Im ersten Teil dieses Buches erhalten Sie zunächst die theoretischen Wissensgrundlagen für Ihren Employer-Branding-Prozess, die Ihnen den Weg zur praktischen Analyse, Strategiefindung, Umsetzung und Evaluation in den weiteren Kapiteln ebnen. Wir setzen uns im ersten Teil zur Einführung mit dem Stellenwert von Employer Branding im Zuge des Fach- und Führungskräftemangels auseinander und gehen dabei auf die Begrifflichkeiten zur Arbeitgebermarkenbildung und den Mehrwert ein. Im Anschluss erhalten Sie aus unterschiedlichen Perspektiven einen Blick auf die Thematik, um die Bedeutung des Employer Brandings für Sie als Arbeitgeber der Sozialwirtschaft einzuordnen. Sie lernen im ersten Teil zudem die Erfolgsfaktoren dieses Organisationsentwicklungsprozesses kennen. Dazu gehört darüber hinaus die Auseinandersetzung mit den Dimensionen Diversity, Gender und Inklusion sowie mit der Rolle und Aufgabe von Führungskräften.

Im zweiten Teil widmen wir uns Ihrer Organisation und analysieren sie intensiv, um daraus die Strategie für Ihren Employer-Branding-Prozess abzuleiten. **Im dritten Teil** mündet Ihre Analyse und strategische Ausrichtung in konkreten Maßnahmen des internen sowie externen Employer-Branding-Prozesses, die durch eine parallele Evaluation abgerundet werden. Zum Abschluss bekommen Sie **im vierten Teil** Beispiele aus der Praxis der Sozialwirtschaft präsentiert, die Ihnen als Inspiration für Ihr eigenes Employer Branding dienen sollen.

Grundlagen des Employer Brandings

Starke Produktmarken überzeugen meist nicht nur durch ihre Qualität. Es steckt mehr dahinter. Konsumenten bekommen eine ganze Bandbreite an Gefühls- und Bilderwelten vermittelt, die zum Kauf und zu langjähriger Treue anregen sollen. Das hat auf Verbraucherseite häufig wenig mit rationalen Entscheidungen gemein. Die Werbewirtschaft setzt bewusst auf Botschaften und Kommunikationsstrategien, **die eine tiefe emotionale Verbundenheit und Identifikation** auslösen.

Aus dieser Gedankenwelt, insbesondere im Hinblick auf die Begrifflichkeiten, wurden Parallelen zum Arbeitgeberimage von Organisationen gezogen. So wie Kunden sich mit einer Produktmarke identifizieren, so könnten sich doch auch Angestellte mit ihrem Unternehmen verbunden fühlen. Dieser Idee hat sich das Employer Branding angenommen. Durch das Employer Branding sollen Organisationen ihre Anonymität verlieren und sich bei Fach- und Führungskräften als „Employer of Choice" etablieren, also zur ersten Wahl bei passenden Arbeitssuchenden werden. Zugleich sollen die Mitarbeitenden im eigenen Betrieb durch stärkere Identifikation gebunden und motiviert werden (vgl. Andratschke et al. 2009, S. 13).

Die für Sie vielleicht zunächst irritierenden Formulierungen wie „Branding" stammen zwar aus dem Produktmarketing, es bestehen dennoch relevante Unterschiede zwischen beiden Bereichen.

▶ Denn im Gegensatz zur Produktwerbung können Sie im ernstgenommenen Employer Branding nichts anpreisen, was nicht auf einer realen Basis fußt.

Es ist der Prozess vom internen Zusammengehörigkeitsgefühl hin zur Markenbotschaft nach außen, was die Arbeit in Ihrem Unternehmen erstrebenswert macht. Zusammengehörigkeit, die aus einer positiven Arbeitsatmosphäre entsteht, ist also die Voraussetzung. Das macht schnell deutlich, dass Employer Branding mehr als Personalmarketing ist. Es ist ein

© Springer Fachmedien Wiesbaden 2014
C. Heider-Winter, *Employer Branding in der Sozialwirtschaft*,
DOI 10.1007/978-3-658-01196-3_1

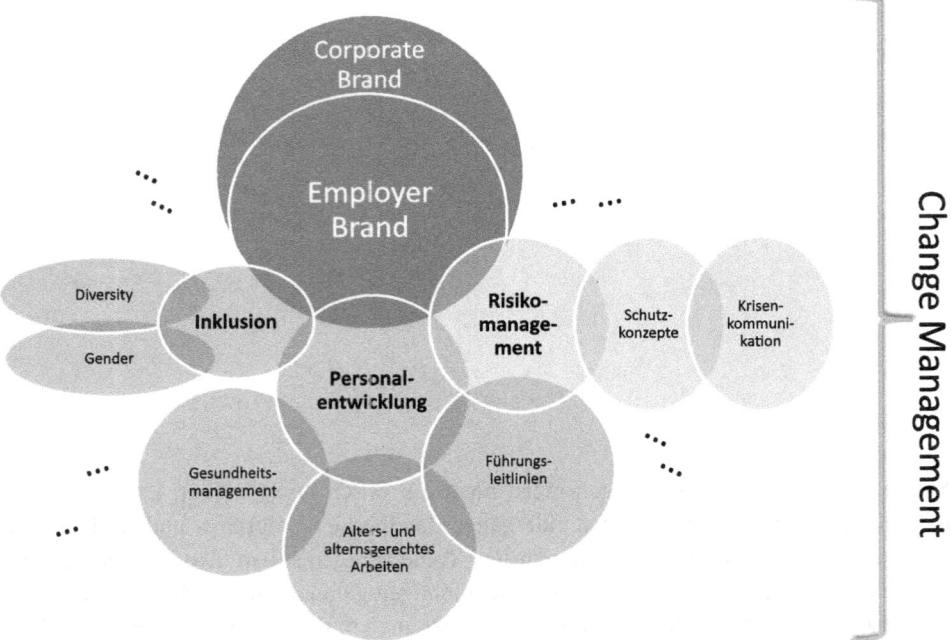

Abb. 1.1 Beispielhafte Querbezüge von Employer Branding

Versprechen des Arbeitgebers nach innen wie nach außen, also eine Aufgabe für die Organisationsentwicklung und ein Instrument der Unternehmensführung. In Abb. 1.1 können Sie beispielhaft einige der Querbezüge von Employer Branding sehen, die Sie mit Ihrem Prozess gemeinsam bewegen können und die die Einordnung von Employer Branding als Prozess der Personal- sowie Organisationsentwicklung unterstreichen.

1.1 Sozialwirtschaftliche Arbeitgeber in Zeiten des Fach- und Führungskräftemangels

Organisationen der Sozialwirtschaft erbringen vielfältige soziale Dienstleistungen für zahlreiche Gruppen von Menschen. Als Dritter Sektor sind sie bestrebt, die Lücken zu füllen, die von staatlicher und wirtschaftlicher Seite hinterlassen werden. Für die Ausgestaltung ihrer Angebote und zur Finanzierung arbeiten sie eng mit den anderen Sektoren zusammen. Der Begriff Dritter Sektor resultiert aus ihrer intermediären Position zwischen dem ersten Sektor Markt und dem zweiten Sektor Staat sowie der informellen Ökonomie von Familie und Nachbarschaft. Dadurch ist es ihnen möglich, gesellschaftliche Bedürfnisse wahrzunehmen und diese durch Angebote zu befriedigen, die in Zusammenarbeit mit Politik und Wirtschaft entstehen. Durch ihre Position sind sie aber auch von gesellschaftlichen, wirtschaftlichen und politischen Entwicklungen abhängig (vgl. Anastasiadis 2011, S. 290).

Als Geschäftsleitung oder Vorstand sehen Sie sich mit zahlreichen tiefgreifenden Herausforderungen auf dem Arbeitsmarkt konfrontiert, die eine versierte Auseinandersetzung mit Employer-Branding-Strategien erforderlich machen. Drei Megatrends halten Ihren Wettbewerb nach qualifizierten Fach- und Führungskräften jetzt und in Zukunft am Lodern: 1.) der soziodemografische Wandel, 2.) der Trend zur Wissensgesellschaft – im Kontrast zur Wertschöpfung arbeitsintensiver Bereiche – und 3.) die Globalisierung des Arbeitsmarkts (vgl. Nagel 2011, S. 12).

Die demografische Entwicklung in Deutschland führt dazu, dass der Personalbedarf branchenübergreifend nicht nur quantitativ steigt. Auch der qualitative Personalbedarf zwingt zum Umdenken. Hochqualifizierte Fach- und Führungskräfte müssen an die Organisation gebunden werden. Die Loyalität der besten Köpfe Ihres Unternehmens soll Ihnen schließlich in guten wie schlechten Zeiten hold sein und besonders in Krisenzeiten zu Stabilität verhelfen.

▶ Bis zum Jahr 2035 wird die arbeitende Gesellschaft in Deutschland unter 65 Jahren 10,8 Mio. Menschen einbüßen. Demgegenüber steht die überproportional wachsende Zahl der Älteren und später der Pflegebedürftigen (vgl. Pfeiffer 2012, S. 105).

Damit sieht sich die Sozialwirtschaft mit immensen Herausforderungen konfrontiert, die schon jetzt ihre Wirkung entfalten wie die Ergebnisse der Studie „Fachkräftemangel in der Sozialwirtschaft 2012" zeigen.

Besonders die Pflege steht unter Druck, ausgebildete Fach- und Hilfskräfte zu finden. Im Bereich der Behinderten- oder Kinder- und Jugendhilfe sind es eher Akademikerinnen und Akademiker, die fehlen (vgl. König et al. 2012, S. 27). 81 % der Organisationen haben mindestens eine ausgeschriebene Stelle, die sie seit drei Monaten nicht besetzen können. Bei knapp jeder zehnten Organisation steigt die Zahl sogar auf mehr als 20 Vakanzen. Zwei von drei Unternehmen erhalten grundsätzlich zu wenige Bewerbungen, um die Stellen zu besetzen, und 39 % der Träger und Institutionen finden nicht die Passenden für die ausgeschriebenen Positionen (vgl. König et al. 2012, S. 14).

Dass die Sozialwirtschaft mit dieser Problematik nicht allein dasteht, verschärft die Herausforderung um ein Vielfaches. Mehr als die Hälfte der europäischen Unternehmer erhält schon jetzt zu wenige Bewerbungen auf Stellenanzeigen. Diese kommen dann in 63 % der Fälle von Fach- und Führungskräften, die trotzdem den geforderten Qualifikationen nicht genügen (vgl. StepStone Deutschland 2012, S. 6).

Prognosen der Prognos AG gehen davon aus, dass in Deutschland bis 2030 mehr als fünf Millionen Fachkräfte aller Qualifikationsstufen fehlen werden, sofern nicht gegengesteuert wird (vgl. Pfeiffer 2012, S. 105). Die Analysen des Instituts für Arbeitsmarkt- und Berufsforschung (IAB) verdeutlichen die dramatischen Entwicklungen. 2008 stellte das IAB das Handbuch Arbeitsmarkt 2009 vor. IAB-Vizedirektor Ulrich Walwei legte bereits zu dieser Zeit in Zahlen den unabwendbaren Fach- und Führungskräftemangel dar:

In Deutschland lebten zum Jahresende 2005 knapp 700.000 Kinder im Babyalter von bis zu einem Jahr, dagegen 1,4 Mio. 43-Jährige. Das ist ein Verhältnis von eins zu zwei. Wenn man von Zuwanderung absieht, wird sich in 43 Jahren, also zur Jahrhundertmitte, die Zahl der dann 43-Jährigen halbiert haben. Selbst wenn wir alle 2005 geborenen Menschen optimal ausbilden, können wir nicht die aus dem Arbeitsmarkt ausscheidenden qualifizierten Arbeitnehmer ersetzen. Denn mehr als 80% der 1963 Geborenen verfügen über ein Studium oder einen Berufsabschluss. (Walwei 2008)

Wer sich auf diese Entwicklungen nicht langfristig einstellt oder gar ignoriert, riskiert perspektivisch den Erfolg seiner Organisation. In jedem Fall aber wird die angespannte Fachkräftesituation dazu führen, dass Unternehmen erforderliche Innovationsprozesse wesentlich langsamer umsetzen können. Sie sind in ihrer Flexibilität, auf Veränderungen am Markt zu reagieren, deutlich eingeschränkt (vgl. Buckesfeld 2012, S. 15).

1.2 Das Gold in den Köpfen entscheidet über die Zukunft der Sozialwirtschaft

Die Machtverhältnisse im Bewerbungsprozess haben sich durch den demografischen Wandel nachhaltig verändert. Mussten Bewerberinnen und Bewerber früher ihre Qualifikationen bei potenziellen Arbeitgebern geradezu anpreisen und verkaufen, so können High Potentials und gut ausgebildete Fachkräfte mittlerweile bei Unternehmen die Richtung vorgeben und die Arbeitsbedingungen diktieren (vgl. Buckesfeld 2012, S. 1).

Und dazu haben sie auch guten Grund, denn der Erfolg eines Unternehmens oder einer Organisation hängt heutzutage immer weniger mit materiellen Faktoren zusammen, sondern wird signifikant durch talentierte, kompetente Mitarbeiterinnen und Mitarbeiter beeinflusst. Das Gold in den Köpfen avanciert zum „Produktivfaktor" von Unternehmen und ist zentraler Erfolgsfaktor, um Unternehmensziele zu erreichen (vgl. Nagel 2011, S. 12).

Das gilt umso dramatischer für die Sozialwirtschaft als Erbringer von sozialen Dienstleistungen. Hier fehlen nicht nur zahlreiche Fachkräfte, die es überhaupt ermöglichen, dass Organisationen Leistungen anbieten können. Angesichts des engen Korsetts, das durch die Rahmenbedingungen gesetzt ist, werden Menschen mit besonders hoher Lösungskompetenz und Kreativität unverzichtbar sein, um immer wieder innovative Wege aufzuzeigen und den Fortbestand zu sichern.

Zusammengefasst lässt sich ohne Übertreibung sagen: In allen Organisationen bestimmt die Qualität der Beschäftigten aller Ebenen maßgeblich über die Leistungsfähigkeit und die Zukunftschancen einer Organisation. Dies gilt in allen Organisationen, speziell aber in sozialen Dienstleistungsbereichen. Hier wird die Qualität des Personals für die Kunden direkt erlebbar und quasi zum Teil der Dienstleistung. (Nagy 2012, S. 99)

Aber wie kann man talentierte Menschen für sich begeistern, wenn man gleichzeitig im Spannungsverhältnis zur öffentlichen Subventionierung steht? Die Rahmenbedingungen können meist nicht ohne weiteres verändert werden. Finanzielle Anreize oder andere Annehmlichkeiten können nur bedingt geboten werden. Wie will man also die Besten gewinnen? Oder bleiben nur noch die übrig, die nirgendwo anders untergekommen sind? Der soziale und Bildungsbereich hat im Hinblick auf Employer Branding einen strategischen Vorteil gegenüber der freien Wirtschaft. Dieses Argument wird allerdings noch nicht gezielt ausgereizt oder gar völlig unterschätzt.

Die Arbeit mit und für Menschen impliziert, dass man etwas Sinnstiftendes leistet. Das ist ein Aspekt, den viele Menschen in der heutigen Zeit in ihrem Arbeitsleben suchen und oft nicht finden. Frauen und Männer wollen nicht einfach nur arbeiten, um ihren Lebensunterhalt zu verdienen. Sie wollen in ihrem Beruf etwas für die Gesellschaft bewegen. Die Arbeit rückt ins Zentrum des sozialen Lebens. Dieser Ansatz ist der entscheidende Schlüssel für Träger und Einrichtungen, um sich im heiß umworbenen Fach- und Führungskräftemarkt das Gold in den Köpfen zu sichern.

▶   Mitarbeiterinnen und Mitarbeiter, die aus Überzeugung für „die gute Sache"
     bei einem Arbeitgeber arbeiten, haben eine tief verwurzelte, emotionale Ver-
     bindung zu ihrem Beruf entwickelt, die weit über Fragen der Gehaltshöhe
     hinausgeht.

In einer Welt, in der wirkliche Differenzierung kaum noch möglich ist, streben Menschen nach Identität und zwar zunehmend durch die Wahl ihres Arbeitsplatzes, um „sich selbst zu zelebrieren und zu illustrieren." Nach dem Motto: „Sag mir, wo Du arbeitest – und ich sag Dir, wer Du bist" (Nagel 2011, S. 14).

▶   Unternehmen, die das clever beantworten können, werden sich um fehlendes
     Personal wenig Gedanken machen müssen.

1.3 Eigenverantwortung übernehmen, um Personal zu finden und zu halten

Die unbefriedigenden Rahmenbedingungen im sozialen und Bildungsbereich werden allerorts kritisiert und als Hauptgrund für den Fachkräftemangel angeführt. Dabei wird der Blick regelmäßig in Richtung Politik gelenkt – auf Verbesserungen hoffend. Dass diese mitunter Jahre auf sich warten lassen, liegt in der Natur der Sache. Als Arbeitgeber werden Sie also nicht umhin kommen, alle Möglichkeiten, Sparpotenziale und Einnahmequellen auszuschöpfen, um den Mitarbeitenden bessere Arbeitsplätze zu garantieren. Dabei sind es oft die ungewöhnlichen Wege, die neue Perspektiven für ungeahnte Lösungen eröffnen.

Exkurs: Der Faktor Zeit

Zeit ist im sozialen und Bildungsbereich eine der bedeutendsten Einflussgrößen für die Arbeitsorganisation. Da der von Politik gesetzte Rahmen für die Personalbemessung häufig sehr eng ausgelegt ist, ist Zeit in den Einrichtungen meist ein knappes Gut. Das meist fehlende Gut wirkt sich auf den Stress jedes einzelnen, die Arbeitszufriedenheit und damit verbundene Krankenstände sowie langfristig auf die Qualität der Arbeit aus.

Wie kann man diesen Kreislauf durchbrechen? Einen Lösungsansatz bietet die aufgabenorientierte Zeitgestaltung als zentrales Organisationsprinzip. Die Idee dahinter ist, die Arbeitszeit zu flexibilisieren und von tariflichen sowie arbeitsvertraglichen Vorgaben zu entkoppeln. Die Einsatzzeit einer Fachkraft orientiert sich nicht mehr am Zeitbudget ihres Stellenumfangs. Die Anzahl der Fachkräfte orientiert sich an den bevorstehenden Aufgaben, also etwa der Anzahl der tatsächlich anwesenden Kinder und dem damit verbundenen pädagogischen Aufwand. In Krankheitszeiten sowie zu Bring- und Abholzeiten ist mitunter weniger Personal erforderlich als zu den Kernzeiten. Das erfordert auch auf der Ebene der konkreten Arbeitsaufteilung mehr Flexibilität. So werden beispielsweise geschlossene Gruppenstrukturen in Kitas von angebotsorientierten, offenen Konzepten abgelöst.

Die Vorteile, die solch ein Personaleinsatz bietet, können bei richtiger Planung zu deutlich mehr Arbeitszufriedenheit führen. Dadurch, dass sich der Einsatz des Personals an den Aufgaben orientiert, können die Mitarbeitenden ihre individuellen Fähigkeiten und Kompetenzen einbringen. Aus Generalisten werden Spezialisten, die festgelegte Rollen und Verantwortungsbereiche haben. Schon allein eine Übersicht der täglichen Aufgaben macht deutlich, wie hoch das Pensum ist, das geleistet wird. Das löst im Team meist den ersten Aha-Effekt aus.

Setzt man dies in den Einrichtungen noch in Relation zum Verlauf der Betriebszeiten, wird schnell deutlich, dass mehr Flexibilität entlastend wirken kann. Gewisse Zeitfenster erfordern mehr Fachkräfte, andere weniger. Die aufgabenorientierte Zeitgestaltung ist eine große Chance, die Arbeitsorganisation an die individuellen Potenziale des Teams auszurichten, sodass die Stärken jedes einzelnen mehr zur Geltung kommen und sich optimal entfalten können. Das stärkt die Leistungsfähigkeit der gesamten Organisation.

Die andere Seite der Medaille ist der Aufwand für eine tiefgehende Umstellung der gesamten Arbeitsorganisation. Der Abschied vom bisherigen Dienstplanmodell ist ein Veränderungsprozess, der die Haltungen und den Zusammenhalt unter den Mitarbeitenden beeinflusst. Kontroverse Diskussionen sind vorprogrammiert. Der Nutzen muss daher deutlich herausgestellt werden. Eine aufgabenorientierte Zeitorganisation stärkt die Teamorientierung enorm und kann die Basis für eine ausgewogene und zufriedene Arbeitsatmosphäre bilden. Dazu gehört es auch, dass Leitungskräfte großes Vertrauen in ihr Team setzen und darauf basierende Freiheiten gewähren. Die Spezialisierungen der Teammitglieder werden die Qualität des Angebots steigern und zu einem Motivationsschub innerhalb der Belegschaft führen (vgl. Esch et al. 2012, S. 137 ff.).

Im Rahmen von Employer Branding kann der Prozess sogar mit in die Analysen, der Profilstärkung und Ideenfindungen integriert werden, um die eigene Arbeitgebermarke zu entwickeln.

Mehr noch als in anderen Branchen sind Organisationen der Sozialwirtschaft gezwungen, Antworten darauf zu finden, warum Fach- und Führungskräfte bei ihnen arbeiten sollten. Zunächst ist der Begriff Employer Branding im sozialen und Bildungsbereich Neuland, während er in der freien Wirtschaft schon seit Jahren strategisch genutzt wird. Es ist höchste Zeit, dass sozialwirtschaftliche Unternehmen selbst die Initiative ergreifen, anhand einer überzeugenden und einzigartigen Arbeitgebermarke Mitarbeitende zu rekrutieren und zu halten. Oder um es drastisch zu formulieren:

Diejenigen Unternehmen, die vor einigen Jahrzehnten die Entwicklung vom Verkäufer- zum Käufermarkt verschlafen und ihre Kunden nicht rechtzeitig der neuen Machtstellung entsprechend hofiert haben, sind bekanntlich nach und nach allesamt über die Wupper gegangen. Das wird auch all den Betrieben blühen, die ihre Augen vor dem Wandel vom Arbeitgeber- zum Arbeitnehmermarkt verschließen. (Wolf 2013, S. 33)

Hinzu kommt, dass ein Beruf in der heutigen Zeit nicht mehr zwangsläufig ein Leben lang bis zur Rente ausgeübt wird. Das ist in sozialwirtschaftlichen Organisationen zum Teil zwar noch anders. Hier arbeiten Fach- und Führungskräfte mitunter seit zwanzig Jahren in ihrem Beruf oder sogar in ein und derselben Einrichtung. Doch es ist nur eine Frage der Zeit, bis Fachkräfte gezielt aus anderen Bereichen abgeworben und ihnen attraktive Quereinstiegsoptionen geboten werden. Vielfach ist das schon heute Realität. Die Abkehr vom „Lifetime-Employment" steigert die Risikoaffinität von Mitarbeiterinnen und Mitarbeitern und senkt die Loyalität zum Arbeitgeber (Nagel 2011, S. 14).

82 % der sozialwirtschaftlichen Organisationen konstatieren zwar einen Fachkräftemangel, der unabhängig von Organisationsgröße oder Handlungsfeld spürbar ist. Anstatt selbst aktiv zu werden, wird die Verantwortung zur Lösung von 87 % der Unternehmen in erster Linie auf Seiten der Politik gesehen (vgl. König et al. 2012, S. 11–17). Besonders der Pflegebereich (98 %) verweist gern auf ihre Zuständigkeit (vgl. König et al. 2012, S. 27).

▶   Nur auf politische Lösungen zu vertrauen, verschwendet weiterhin kostbare Zeit, in der die Konkurrenz den dringend gebrauchten Nachwuchs weiter abfängt.

Die Fachkräfte-Diskussion im sozialen und Bildungsbereich wird viel zu oft auf eine Veränderung der Rahmenbedingungen reduziert. Dass hier großer Handlungsbedarf besteht, ist unbestritten. Dennoch gilt es, die Herausforderung von beiden Seiten aktiv anzugehen und nicht abzuwarten, bis sich die Umstände ändern. Das erfordert ein neues Selbstverständnis von Trägerverantwortlichen und Leitungskräften im Hinblick auf ihre Arbeitgeber- und Ausbildungsfunktion. Wird die Suche nach Fachkräften in erster Linie als Belastung empfunden? Oder genießt der langfristige Gewinn die höhere Priorität und Führungskräfte haben ein Verständnis für ihre Rolle im immer knapper werdenden Arbeitskräftemarkt entwickelt?

Der Fachkräftebedarf zieht sich schließlich durch alle Branchen, sodass der soziale und Bildungsbereich nur eine von vielen Optionen ist, für die sich arbeitsuchende Menschen entscheiden können. In vielen anderen Branchen sind die Arbeitsbedingungen ebenfalls optimierungsbedürftig, doch ungeachtet dessen setzen diese Unternehmen alle Hebel in Bewegung, um Fachkräfte für sich zu begeistern – und zwar seit Jahren.

Instrumente, um aktiv Fachkräfte zu gewinnen, stehen in der Sozialwirtschaft immer noch auf der Liste der To-Do-Maßnahmen, wie Studien zeigen. Dazu gehören insbesondere ein zielgruppenspezifisches Personalmarketing (63 %), Konzepte zum Fachkräftebedarf (58 %) sowie eine Optimierung der Personalbeschaffung (58 %). Neue Fachkräfte zu gewinnen und die Attraktivität des Unternehmens zu steigern, liegt trotz der dramatischen Lage nur bei gut einem Drittel der Organisationen im Fokus. Der Fachkräftemangel schlägt sich nicht konsequent im Handeln der Träger und Organisationen nieder (vgl. König et al. 2012, S. 23–27).

1.4 Wider die Selbstabwertung in einem Wachstumsmarkt

Bescheidenheit ist eine Tugend. Doch betrachtet man die Selbstdarstellung von Fach- und Führungskräften aus dem sozialen und Bildungsbereich verkehrt sich die Tugend nicht selten in einen Diskurs der Selbstabwertung, der dem Thema Employer Branding deutlich im Wege steht.

Seit mehreren Jahren sind in zahlreichen Regionen in Deutschland unterschiedliche Initiativen tätig, um verstärkt Fachkräfte für den Kita- oder den Pflegebereich zu gewinnen. In erster Linie sollen mehr Menschen für die jeweilige Ausbildung begeistert werden, um die Zahl der Fachkräfte insgesamt zu erhöhen. In der Kommunikation liegt immer ein Schwerpunkt auf der Aufwertung des entsprechenden Berufsfeldes. Vielfach erreichte die Projekte jedoch deutlicher Gegenwind, und zwar nicht von den potenziellen Auszubildenden, sondern von den im Kita- und Pflegebereich Tätigen. Sprich, von denjenigen, die eigentlich von ihrem Beruf überzeugt sein sollten oder sich zumindest freuen sollten, dass ihre Arbeit aufgewertet wird.

Diskussionen, die sich darauf konzentrieren, wie man mehr Menschen für den sozialen und Bildungsbereich gewinnen kann, werden traditionell immer auf das Geld als Allheilmittel reduziert, sodass eine objektive und sachliche Argumentation ausgehebelt wird. Dadurch werden nicht zuletzt Ansätze zur Imageaufbesserung der Branche konterkariert. Die Hauptkritikpunkte, die den öffentlichen Dialog fast vollständig bestimmen, sind:

- die zu verbessernden Rahmenbedingungen,
- die zu niedrigen Gehälter im sozialen und Bildungsbereich, die es nicht möglich machen, die Familie zu ernähren und
- die Perspektivlosigkeit, also dass keine oder nur geringe Aufstiegsmöglichkeiten bestehen.

Dabei ist interessant, dass in der Sozialwirtschaft selbst bei Veranstaltungen, die ein völlig anderes Thema behandeln, der Diskurs am Ende oft auf die Rahmenbedingungen und die niedrigen Gehälter reduziert wird. Aus dieser Diskussion ist mittlerweile ein einseitiges Image für die Branche hervorgegangen, das sich in der Öffentlichkeit manifestiert hat und wenig Raum für neue Schwerpunkte lässt:

▶   Das ist der Bereich, in dem man nichts verdient und nichts werden kann.

Was dabei gern übersehen wird ist, dass die Unzufriedenheit ein Zeichen für die mangelnde Wertschätzung des Berufsfeldes ist, die allerdings aus jenem schlechten Image resultiert. Es sind also zwei Diskussionsstränge, die, miteinander kombiniert, sich häufig gegenseitig neutralisieren. Beide sollten getrennt voneinander oder aufeinander aufbauend behandelt werden. Zudem haben beide unterschiedliche Zielgruppen, die es zu adressieren gilt.

1. Die Arbeit im sozialen und Bildungsbereich hat mehr finanzielle Rückendeckung verdient. Unbestritten!
   – Die Zielgruppe ist in erster Linie die Politik.
2. Die Arbeit ist wichtig UND bringt Spaß. Fach- und Führungskräfte aus dem sozialen und Bildungsbereich üben bedeutende, sinnstiftende Tätigkeiten für die Zukunft unserer Gesellschaft aus. Die Berufe haben Vieles zu bieten. Nicht umsonst halten viele ihrem Beruf teilweise seit Jahrzehnten die Treue. Sie sind es wert, dass sie ergriffen werden.
   – Die Zielgruppe ist die Öffentlichkeit, also auch potenzielle Kolleginnen und Kollegen, und die Politik.

Punkt 2 geht in der öffentlichen Diskussion meist völlig unter, sodass es für die Öffentlichkeit nur selten Gelegenheit gibt, die Bedeutung und Vielfalt des Berufsfeldes tatsächlich kennenzulernen. Sozialpädagogische Profis oder Pflegekräfte haben große Scheu davor, selbstbewusst über ihren Beruf zu reden. Sie sind es nicht gewohnt, über die positiven Aspekte ihrer Branche zu kommunizieren. Die Wertschätzung, die sie vermissen, können sie nicht artikulieren. Stattdessen verwenden sie zur Selbstbeschreibung das, was in der Gesellschaft schon angekommen ist, teilweise sogar, wenn sie eigentlich andere Meinungen vertreten. So dreht sich die öffentliche Selbstdarstellung immer wieder um die gleichen Kritikpunkte und verfestigt weiter abwertende Vorstellungen in der Öffentlichkeit. Zum Teil hat sich im Feld eine Haltung manifestiert, dass stetig Kritik geübt werden muss und man nicht positiv reden darf, gepaart mit einer Einstellung, die die Arbeit bagatellisiert. Dabei ist die Sozialwirtschaft einer der bedeutendsten Arbeitgeber in Deutschland.

▶ Laut dem Europäischen Wirtschafts- und Sozialausschuss arbeiteten 2009/2010 circa 2,5 Mio. entgeltlich Beschäftigte im deutschen sozialen und Bildungsbereich. Das entspricht 6,5 % aller Erwerbstätigen in Deutschland (vgl. Europäischer Wirtschafts- und Sozialausschuss 2012, S. 39–40). Noch weit vor der Autoindustrie oder der Bauindustrie führt die Wohlfahrt das Ranking der größten Arbeitgeber an.

Nur der Einzelhandel beschäftigt noch mehr Menschen. Das Interessante daran? Kaum jemand außerhalb, zum Teil sogar innerhalb der Sozialwirtschaft weiß um diesen Stellenwert (vgl. Schäfer 2013). Der Sozialwirtschaft kommt sogar eine bedeutende Rolle als Puffer gegen die Krise zu. Durch die gemeinwohlorientierte Finanzierung ist ein Ausverkauf nicht möglich. Zudem sind die finanziellen Rücklagen resistenter, da sie nicht wie bei Aktiengesellschaften in Anteilen an Aktionäre verteilt werden können. Dass die Standorte aus Kostengründen ins Ausland verlagert werden, ist ebenso nicht möglich (vgl. Europäischer Wirtschafts- und Sozialausschuss 2012, S. 51). Damit stellt die Sozialwirtschaft im Kontrast zu vielen anderen Branchen einen zukunftssicheren und -orientierten Markt dar. Dies gilt es, im Bewusstsein der Öffentlichkeit zu verankern.

Darüber hinaus hat eine wertschätzende Darstellung des eigenen Berufs nachhaltig positive Effekte auf zahlreichen Ebenen und trägt erheblich dazu bei, beispielsweise mehr Gehalt und Ressourcen verlangen zu können. Es fehlt einfach die **Begründung**. Wie bei allen Verhandlungen gilt es **erst** überzeugende und selbstbewusste Argumente zu finden, die die besonderen Fähigkeiten und Erfolge herausstellen, um **danach** Gegenleistungen einzufordern. Man könnte auch spitz formulieren:

► Die Sozialwirtschaft muss lernen, sich besser zu verkaufen. Verkauf impliziert dabei schon, dass die positiven Aspekte herausgearbeitet werden.

Dass die Branche in der Öffentlichkeit häufig nicht die Anerkennung erfährt, die ihr angesichts ihres Verantwortungsbereichs zustehen müsste, ist also auch im Selbstbild der Fach- und Führungskräfte begründet.

► Wie kann man erwarten, dass andere einen Beruf respektieren, der von den ausgebildeten Fach- und Führungskräften selbst nicht respektiert oder als minderwertig eingestuft wird?

Diese Haltung und Grundstimmung überträgt sich nachhaltig auf die Arbeitsatmosphäre – im Kleinen auf Einrichtungsebene wie im Großen auf Träger- und Verbandsebene. Der eigene Beruf ist schließlich eine nicht zu unterschätzende Quelle von Selbstbewusstsein und Stolz, die erst durch Anerkennung und Wertschätzung fließen kann. Das setzt allerdings voraus, dass schon die dort Arbeitenden vom Sinn der eigenen Arbeit überzeugt sind und dies auch offensiv zeigen. Dieses Bewusstsein ebnet die Grundlage für die Auseinandersetzung mit dem Thema Employer Branding.

1.5 Der rote Faden als Arbeitgeber – mehr als Personalmarketing

Der Ursprung des Employer Brandings geht auf die Mitte der neunziger Jahre zurück. Die Briten Tim Ambler und Simon Barrow haben den Begriff „Employer Brand" 1996 in einem Fachartikel ins Leben geprägt (vgl. Ambler und Barrow 1996, S. 185 ff.). Die intensivere Auseinandersetzung mit dem Thema ist mit dem Erkenntnisgewinn verknüpft, dass wirtschaftlicher Erfolg signifikant von der Motivation, der Leistungsfähigkeit und der Identifikation der Mitarbeitenden mit ihrem Arbeitgeber beeinflusst wird. Hinzu kommt der alle Branchen durchdringende Fachkräftemangel (vgl. Sponheuer 2010, S. 5–6).

Im Employer Branding werden Unternehmen und Organisationen zu Marken, die Identifikation schaffen und Differenzierung vom Wettbewerb ermöglichen. Es sollen Einstellungen und Verhaltensweisen der Zielgruppe – (potenzielle) Mitarbeiterinnen und Mitarbeiter – beeinflusst werden und letztlich zu einer langfristigen Unternehmenstreue führen (vgl. Buckesfeld 2012, S. 23). Employer Branding impliziert also den Führungs-prozess einer Marke, der Arbeitgebern eine stärkere emotionale Bedeutung verleiht (vgl. Andratschke et al. 2009, S. 9).

Die Employer Brand stellt die Besonderheit der Organisation, den **Markenkern** in den Fokus. Die Legitimität der Marke resultiert aus dem **Markennutzen**. Daraus bildet sich die **Markenpersönlichkeit**, die mit einer bestimmten Tonalität und adäquaten Botschaf-ten transportiert wird (vgl. Lukasczyk 2012a, S. 13). Dabei ist die Arbeitgebermarke vom Arbeitgeberimage zu unterscheiden. Bei einer erfolgversprechenden Employer-Branding-Strategie passt beides zusammen (vgl. Wolf 2010, S. 4).

Ziel ist es immer, eine größtmögliche Übereinstimmung zwischen dem Image, also wie (un-) attraktiv die Organisation wahrgenommen wird, und der Identität, also dem **Nutzen-versprechen**, das mit dem Markenkern kommuniziert wird, herzustellen. Je höher und authentischer der Nutzen ist, desto tiefgreifender sind die positiven Effekte für das Unter-nehmen (vgl. Lukasczyk 2012a, S. 14).

Lange war die Etablierung einer Marke nur auf Konsumenten, Produkte und Dienst-leistungen ausgerichtet. Mittlerweile hat sich die Erkenntnis durchgesetzt, dass Marken-führung auch gegenüber anderen Bezugsgruppen, wie beispielsweise Mitarbeitende eines Unternehmens, von Bedeutung ist. Produktmarken und Arbeitgebermarken haben zwar unterschiedliche Zielgruppen auf zum Teil unterschiedlichen Märkten, stehen aber den-noch in enger Beziehung zueinander. So können beispielsweise starke Produktmarken schnell zu einem Image als guter Arbeitgeber führen. Umgekehrt können überzeugte Mit-arbeiterinnen und Mitarbeiter einer Organisation die Außenwirkung positiv beeinflussen und den Vertrieb ankurbeln (vgl. Andratschke et al. 2009, S. 7). Beim Employer Branding werden also die bisher getrennten Handlungsfelder Markenführung und der Bereich Hu-man Resources miteinander verbunden (vgl. Sponheuer 2010, S. 3).

▶   Die Employer-Branding-Strategie allerdings nur als Personalmarketing zu ver-
       stehen, ist zu kurz gegriffen.

Sie bezieht die Organisationsentwicklung ebenso mit ein wie die Personal- und Marken-entwicklung. So wie sich Markenbildung vom Marketing unterscheidet, differenziert sich Employer Branding vom Personalmarketing. Es berührt wesentlich mehr Handlungsfelder als das reine Personalmarketing (vgl. Kriegler 2012, S. 26). Employer Branding wird in das strategische Gesamtkonzept einer Organisation eingeflochten, im Gegensatz zu Perso-nalabteilungen, die meist isoliert betrachtet werden (vgl. Andratschke et al. 2009, S. 11). Die Deutsche Employer Branding Akademie versteht den Begriff daher als interdiszipli-näres Thema:

Employer Branding ist die identitätsbasierte, intern wie extern wirksame Entwicklung und Positionierung eines Unternehmens als glaubwürdiger und attraktiver Arbeitgeber. Kern des Employer Brandings ist immer eine die Unternehmensmarke spezifizierende oder adaptierende Arbeitgebermarkenstrategie. Entwicklung, Umsetzung und Messung dieser Strategie zielen unmittelbar auf die nachhaltige Optimierung von Mitarbeitergewinnung, Mitarbeiterbindung, Leistungsbereitschaft und Unternehmenskultur sowie die Verbesserung des Unternehmensimages. Mittelbar steigert Employer Branding außerdem Geschäftsergebnis sowie Markenwert. (Deutsche Employer Branding Akademie 2008)

Die Employer Brand ist Teilbereich der Corporate Brand und bezieht sich auf die Verhaltensweisen der Organisation als Arbeitgeber. Dabei gibt die Unternehmensmarke die Markenstrategie für das Employer Branding vor (vgl. Wolf 2010, S. 4 f.). Employer Brand und Corporate Brand müssen im Einklang miteinander stehen, um eine zielgerichtete und wirksame Kommunikation zu etablieren sowie um ein einheitliches, in sich konsistentes Markenbild zu schaffen (vgl. Sponheuer 2010, S. 14). Das Employer Branding als Teil des Corporate Branding ergänzt die Unternehmensmarke für die Zielgruppe in den Arbeitsmärkten und für die eigenen Mitarbeitenden. Der Paradigmenwechsel führt von der Produkt- zur Markenqualität (vgl. Kriegler 2012, S. 24).

Für viele sozialwirtschaftliche Organisationen ist die Auseinandersetzung mit Employer Branding sicherlich der erste Schritt, überhaupt ihre Unternehmensmarke zu profilieren. Da im sozialen und Bildungsbereich die Art der Arbeit eng mit der Selbstdarstellung als Arbeitgeber verbunden ist, können zwischen Kunden- und Personalgewinn viele Synergien gehoben werden. Wenn beispielsweise eine Kita herauskristallisiert, wie sie mit Kindern arbeitet und durch was sie sich in ihrem Konzept von anderen abhebt, spricht das im Zweifel nicht nur die (potenziellen) Mitarbeitenden, sondern auch Eltern an. Damit sind sie gegenüber Industrieunternehmen und vielen anderen Bereichen der freien Wirtschaft deutlich im Vorteil. Zahlreiche Prozesse wie Analysen können, einmal durchgeführt, beiden Branding-Strategien dienen. Das erspart Arbeit und lässt den Mehrwert der Bemühungen schnell Wirkung zeigen – und zwar auf mehreren Ebenen.

▶   **Merke**

- Die Employer Brand ist Teil der Corporate Brand und geht weit über Personalmarketing hinaus.
- Die Unternehmensmarke ist richtungsweisend für die Arbeitgebermarke.
- Der Markenkern der Employer Brand bezieht sich auf die Eigenschaften und die Persönlichkeit der Organisation als Arbeitgeber.
- Besonders in der Sozialwirtschaft – in der Arbeit mit Menschen – können zwischen Kunden- und Personalgewinn Synergien gehoben werden.

1.6   Was habe ich davon? Mit Employer Branding zum Vorreiter werden

Mit einer starken Arbeitgebermarke können Sie sich im Wettbewerb positiv abgrenzen und schaffen es so, die Aufmerksamkeit in der Zielgruppe auf sich zu lenken. Sie lösen also Präferenzen bei Bewerberinnen und Bewerbern sowie bei den Mitarbeitenden aus. Durch die starke emotionale Verankerung der Arbeitgebermarke werden zudem Eintrittsbarrieren für die Konkurrenz geschaffen (vgl. Lukasczyk 2012b, S. 41).

▶   Organisationen können sich durch ein einzigartiges, positives Image als Wunsch-Arbeitgeber bzw. „Employer of Choice" etablieren.

Mit dem Aufbau des Images durch Informationen, Erfahrungen und Kommunikation können Einstellungen beeinflusst werden, die zu einem bestimmten Verhalten oder Unterlassen führen (vgl. Nagel 2011, S. 20).

Angesichts der zahlreichen Parallelen, die Organisationen auf dem Arbeitsmarkt vorzuweisen haben, bietet sich erst durch eine einzigartige Employer Brand die Chance, bei Arbeitssuchenden positiv aufzufallen und sich abzugrenzen. Dabei steht die Individualität des Unternehmens, die sich nur intern herausfiltern lässt, im Fokus (vgl. Andratschke et al. 2009, S. 14). Ziel ist es, diejenigen zu finden und zu halten, die zu Ihren Werten und Anforderungen passen (vgl. Sponheuer 2010, S. 4).

Employer Branding wirkt sich nachhaltig intern und extern auf den Unternehmenserfolg aus. Organisationen, die den Schritt wagen, aus voller Überzeugung in diese Strategie zu investieren, wappnen sich effektiv für Krisen. Eine starke Arbeitgebermarke senkt intern die Fluktuation und steigert sowohl die Motivation von Mitarbeiterinnen und Mitarbeitern als auch die Arbeitsqualität (vgl. Nagel 2011, S. 24). Eine attraktive Unternehmenskultur wirkt sich nachhaltig auf die Minimierung von Fehlzeiten und Krankenständen aus (vgl. Wolf 2010, S. 7). Das ist auch in Bezug auf ehrenamtliche Unterstützung oder Freiwilligenarbeit für die Sozialwirtschaft interessant. Mit gezieltem Employer Branding wirken Träger und Einrichtungen auf diese Zielgruppe wesentlich ansprechender. Nicht zuletzt kann hier ein erhebliches Potenzial an Nachwuchskräften gehoben werden, da beispielsweise ein Freiwilliges Soziales Jahr häufig den ersten Schritt in eine Karriere im sozialen und Bildungsbereich darstellt.

Sie können sich mit einer starken Arbeitgebermarke sogar finanzielle Vorteile sichern, wenn Sie bei Ihrem Personal die Stufe erreichen, dass intrinsische Motivation die Gehaltshöhe in den Hintergrund rücken lässt (vgl. Lukasczyk 2012b, S. 41). Bezahlung ist schließlich nicht das einzig ausschlaggebende Kriterium bei der Stellenauswahl. Selbst Spitzengehälter können es nicht kompensieren, wenn eine demotivierende Arbeitsatmosphäre herrscht. Alle Maßnahmen, die eine Work-Life-Balance unterstützen, tragen zur Unternehmenskultur bei und ebnen den Weg zum Employer of Choice (vgl. Wolf 2010, S. 7). Extern resultieren die positiven Effekte der Employer Brand in der erfolgreichen Ansprache neuer Mitarbeiterinnen und Mitarbeiter und in einer überzeugenden Unter-

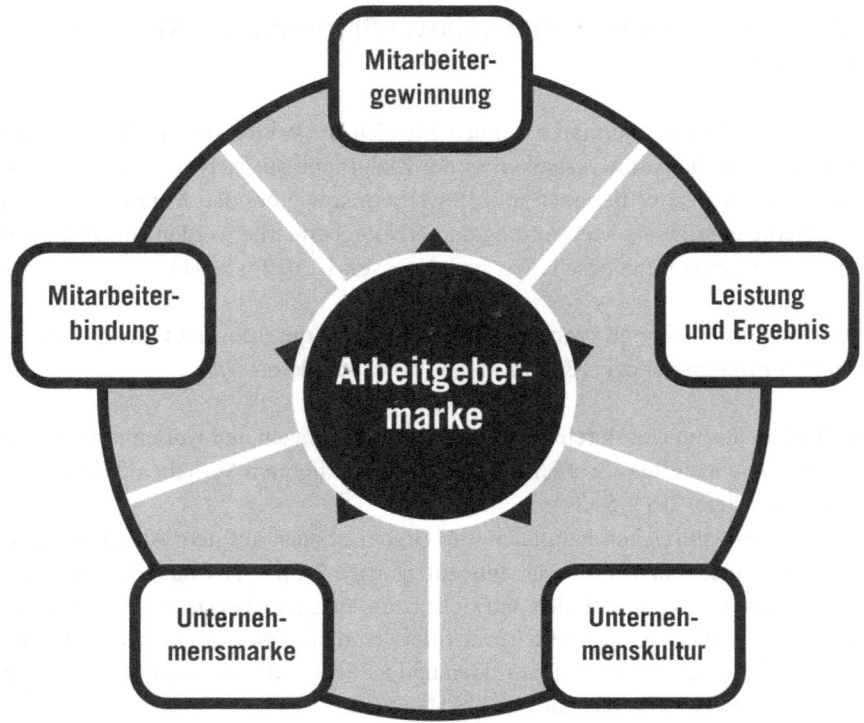

Effekte Recruiting
- Arbeitgeberattraktivität wird erhöht
- Passung der Bewerber wird verbessert
  (professional and cultural fit)
- Personalbeschaffungsaufwand
  wird reduziert

Effekte Retention
- Mitarbeiterzufriedenheit wird verbessert
- Identifikation wird gestärkt
- Know-how wird gebunden
- Return on Development wird erhöht
- Fluktuationskosten werden gesenkt

Effekte Corporate Culture
- Werte werden erlebbar gemacht
- Arbeitsklima wird verbessert
- Krankenstand wird gesenkt
- Zusammenhalt wird gestärkt
- Interne Kommunikation wird effektiver

Effekte Corporate Branding
- Unternehmensimage wird gestärkt
- Synergien im Marketing werden erschlossen
- Unternehmenswert wird gesteigert

Effekte Performance
- Qualität der Arbeitsergebnisse steigt
- Leistungsmotivation wird verbessert
- Mitarbeiterloyalität wird erhöht
- Commitment mit den Zielen des
  Unternehmens wird erhöht
- Eigenverantwortung wird gestärkt
  (OCB – Organizational Citizenship Behaviour)
- Führungsaufwand wird gesenkt

Abb. 1.2 Wirkungskreis von Employer Branding. (Quelle: © Deutsche Employer Branding Akademie, Juli 2006, www.employerbranding.org)

nehmensreputation. Perspektivisch nimmt das Einfluss auf den Unternehmenswert (vgl. Wolf 2010, S. 4 f.). Abbildung 1.2 zeigt die zahlreichen positiven Effekte von Employer Branding.

Da Employer Branding in der Sozialwirtschaft noch nicht Fuß gefasst hat, können Organisationen, die die Zeichen der Zeit erkennen, eine Vorreiterrolle einnehmen. Für sie wird es wesentlich einfacher sein, sich im Wettbewerb abzugrenzen, da ihnen noch wenig Konkurrenz im Wege steht und Nachzügler sich an ihnen orientieren müssen. Sie können zudem noch aus einer breiten Auswahl an Merkmalen wählen, die Sie als Erster besetzen und mit denen Sie sich in den Vordergrund stellen und von anderen abheben. Damit erfahren Sie nicht nur jetzt, sondern auf Dauer in Ihrer Zielgruppe die größte Aufmerksamkeit.

▶ Alle, die nachfolgen, werden an den Vorreitern gemessen. Die Ausgangsbedingungen sind also mehr als günstig, genau jetzt mit Employer Branding zu beginnen.

▶ **Merke: Mit Employer Branding …**

- profilieren Sie sich als Wunsch-Arbeitgeber,
- steigern Sie die Motivation Ihrer Mitarbeiterinnen und Mitarbeiter, sodass die Arbeitsqualität verbessert wird,
- senken Sie Fluktuation, Fehlzeiten und Krankenstände in Ihrem Unternehmen,
- steigern Sie Ihren Unternehmenswert.

1.7 Wer bin ich? Image und Identität im Employer Branding

Employer Branding ist ein langfristiger Prozess. Die relevanten Bezugsgruppen sollen ein möglichst einheitliches und abgrenzbares Bild vom Arbeitgeber haben, und das braucht Geduld und Zeit. In der Regel sind drei bis fünf Jahre konsequentes Employer Branding zu veranschlagen, bis sich ein klares Image der Organisation entwickelt hat (vgl. Kriegler 2012, S. 27). Ab Kap. 5 kommen Sie Ihrer eigenen Identät und Ihrem Image in der Analysephase auf die Spur.

Identitätsbildung bildet die Grundlage für das Employer Branding. Die sogenannte „identitätsorientierte Markenführung" orientiert sich nicht einseitig an der Nachfrage. Der Managementprozess zum Aufbau einer überzeugenden Markenidentität strahlt nach innen ebenso wie nach außen, sodass eine funktionsübergreifende Vernetzung die Voraussetzung ist. Es gilt also, eine gemeinsame Basis aller Zielgruppen zu finden (vgl. Andratschke et al. 2009, S. 20).

Ihre **Identität** basiert auf den Werten und Normen, die in Ihrem Unternehmen vorhanden sind. Sie spiegelt sich in der jeweiligen **Unternehmenskultur** als Summe von Wertvorstellungen, Denk- und Verhaltensweisen wider. Der Identität als Selbstbild Ihrer Organisation steht das **Image** als Fremdbild Ihres Unternehmens gegenüber. Nur indirekt kann man Einfluss auf das Image als Akzeptanzkonzept nehmen und zwar über die Konkretisierung der Identität (vgl. Andratschke et al. 2009, S. 27–30).

Auf dem Weg zur Arbeitgebermarke haben die informellen internen Einflussfaktoren den Vorrang vor formellen, wie beispielsweise Leitbilder oder Unternehmenswerte.

Die Employer-Branding-Strategie nur auf formellen, meist von der Führungsebene gewünschten und idealisierten Kriterien aufzubauen, verspricht keinen nachhaltigen Erfolg. Die gelebten Werte, die die Kultur und Identität einer Organisation prägen, folgen nicht starren Prinzipien und können nur sehr bedingt kontrolliert werden. Sie nehmen jedoch bei Mitarbeitenden viel stärker Einfluss auf das Bild des Arbeitgebers und sind Sinnbild der emotionalen Beziehung zu ihm (vgl. Kriegler 2012, S. 31).

Die angestrebte Markenidentität resultiert aus einem nach innen gerichteten Managementprozess und wird aus der Perspektive der internen Zielgruppe analysiert. Selbst- und Fremdbild stehen in Wechselwirkung zueinander, denn die internen Assoziationen sollen ihren Niederschlag auch in der Zielgruppe von Bewerberinnen und Bewerbern finden. Ziel ist eine möglichst große Übereinstimmung von Identität und Image Ihrer Organisation (vgl. Andratschke et al. 2009, S. 21).

Wichtigste externe Einflussfaktoren sind dabei neben demografischen, politischen, rechtlichen und technologischen Entwicklungen die Zielgruppen mit ihren Wertvorstellungen und Vorlieben. Es wäre jedoch zu kurz gedacht, die Employer-Branding-Strategie einzig an den Entscheidungsmustern der Zielgruppe bei ihrer Arbeitgeberwahl auszurichten. Schließlich soll aus diesem Prozess ein eigenständiges Profil als Arbeitgeber resultieren, das nicht nur die Bedürfnisse von potenziellen Mitarbeitenden anspricht, wie es im Zweifel viele Unternehmen bei ihrer Personalsuche handhaben. Die Arbeitgebermarke ist langfristig angelegt und sollte daher über zeitgeistige Trends einer Zielgruppe hinausgehen (vgl. Kriegler 2012, S. 33).

▶ **Merke**

- Employer Branding ist langfristig angelegt und hält zeitgeistigen Trends stand.
- Die Arbeitgebermarke resultiert nicht singulär aus den Bedürfnissen der externen Zielgruppe.
- Die gelebten Werte in Ihrer Organisation – als Sinnbild der emotionalen Beziehung zu Ihnen als Arbeitgeber – haben Vorrang vor formellen Einflussfaktoren.
- Mit einer Profilierung Ihrer Identität können Sie Einfluss auf Ihr Image nehmen.

1.8 Was zeichnet uns als Arbeitgeber aus? Herzstück des Employer Brandings

Zentraler Gedanke des Employer Brandings ist die Profilierung des Arbeitgeberimages, und zwar durch Herausstellung einzigartiger Merkmale, die in einem **Nutzenversprechen** gebündelt werden. Es umfasst die Erfahrungswelten Ihrer Mitarbeitenden, die sie bei Ihnen gesammelt haben. Eine intensive Analyse wie Sie sie selbst in Kap. 5 durchlaufen werden, ist der Ausgangspunkt, um Ihrem Nutzenversprechen auf die Spur zu kommen.

Dieses Nutzenversprechen soll der Zielgruppe – potenzielle und bestehende Mitarbeite-rinnen und Mitarbeiter – deutlich werden und erreichen, dass sie sich mit Ihnen emotional verbunden fühlen (vgl. Nagel 2011, S. 13–14).

▶   Die sogenannte Employer Value Proposition, kurz EVP, ist die Formulierung des Versprechens von Ihnen als Arbeitgeber.

Sie bildet das Herzstück einer Employer Branding-Strategie, zu der Sie in Kap. 6 für Ihre eigene Organisation gelangen, und die Basis für die **Positionierung des Arbeitgebers**. Sie ist also die Summe der Charaktereigenschaften von Ihnen als Arbeitgeber, die Ihnen zur Ein-zigartigkeit verhelfen, Sie als Arbeitgeber auszeichnen, Sie vom Wettbewerb abheben. Aus der Definition lässt sich schon die Schwierigkeit erkennen, genau die Merkmale zu finden, die noch nicht von der Konkurrenz besetzt und doch so konkret sind, dass es der Zielgruppe einen emotionalen Wert verspricht – und diesen auch einlöst (vgl. Lehmann 2012, S. 34).

▶   Welchen Nutzen versprechen Sie als Arbeitgeber Ihren Mitarbeiterinnen und Mitarbeitern?

Die Employer Value Proposition zeichnet sich dadurch aus, dass sie durch ihre Glaubwür-digkeit bei einer breiten Basis der Fach- und Führungskräfte auf Akzeptanz trifft. Außer-dem bewirkt sie eine klare Differenzierung als Arbeitgeber vom Wettbewerb und weist in die Zukunft, sodass sie gewünschte Veränderungen der Entscheiderinnen und Entscheider fördert (vgl. Kriegler 2012, S. 27). Um Differenzierung von der Konkurrenz zu erreichen, sollten höchstens drei herausragende Merkmale gefunden werden,

• die schwer zu imitieren sind,
• die für die Zielgruppe attraktiv sind, also einen Wert darstellen und
• die nachhaltig sind.

Nur wenn alle drei Voraussetzungen erfüllt sind, sind die Argumente geeignet, in der Em-ployer Value Proposition verankert zu werden (vgl. Lehmann 2012, S. 37).

Je mehr es die EVP schafft, sich durch Differenzierung von der Konkurrenz abzuheben, desto erfolgreicher ist sie (vgl. Nagel 2011, S. 20–21). Je zugespitzter das Nutzenverspre-chen als Arbeitgeber ist, umso konzentrierter wird allerdings die Zielgruppe. Ein Effekt könnte also auch eine verringerte Bewerbungszahl sein. Dafür sind die Bewerbungen qua-litativ höherwertig, passen also zielgerichteter zur Organisation.

▶   Employer Branding heißt nicht nur positiv auffallen und herausragen, sondern die Richtigen zu finden.

Das Nutzenversprechen orientiert sich an den Wertvorstellungen der internen und exter-nen Zielgruppen. Die Werte bilden den Kern einer Marke und schaffen emotionale Inhalte. Das Wertesystem eines Menschen fungiert in jeder Situation als Maßstab für Handlungen und Bewertungen. Werte und Wertvorstellungen beeinflussen maßgeblich das Konsumentenverhalten und die Verhaltenspräferenzen (vgl. Sponheuer 2010, S. 20–21).

▶   Employer Branding ist also die Entwicklung vom Produkt- oder Dienstleistungs-
       nutzen hin zu einem Arbeitgebernutzen (vgl. Nagel 2011, S. 20–21).

Dieses Nutzenversprechen und die damit verbundene Entwicklung einer starken Employer Brand kann jedoch nur dann von Erfolg gekrönt sein, wenn die werbenden Botschaften einen realen Nutzen – sei es in wirtschaftlicher oder funktioneller Sicht – haben. Dabei muss es in der Kommunikation gelingen, die Versprechen an allen Berührungspunkten mit der Zielgruppe einzulösen, und das nicht nur extern. Employer Branding fußt auf einer ganzheitlichen Kommunikationsstrategie, um nach außen als attraktiv wahrgenommen zu werden und intern attraktiv zu bleiben (vgl. Nagel 2011, S. 13–14).

Die Gestaltung und Ausformulierung der Employer Brand mündet auf operativer Ebene in der Positionierung der Marke. Der Anspruch ist, die Employer Brand und ihren versprochenen Nutzen auf allen Ebenen der Organisation – vom Arbeitsplatz, über den Messeauftritt bis in sämtliche Kommunikationskanäle – einzubetten (vgl. Lukasczyk 2012b, S. 44). Nur in der konsequenten Kommunikation „aus einem Guss" wird die Employer Brand für alle Anspruchsgruppen tatsächlich spürbar (vgl. Lehmann 2012, S. 34).

▶ **Merke**

   • Die Employer Value Proposition ist die Formulierung Ihres Nutzenverspre-
     chens, das Sie Ihren internen und externen Zielgruppen als Arbeitgeber
     geben.
   • Merkmale, die emotionale Differenzierung ermöglichen und schwer zu imi-
     tieren sind, sind geeignet, in der EVP verankert zu werden.
   • Abgrenzen bedeutet Ausschließen – je spitzer die EVP formuliert ist, umso
     konzentrierter, aber passgenauer wird die Zielgruppe.
   • Versprechen sollte man nicht brechen: Employer Branding ist nur dann
     erfolgreich, wenn Sie es auf allen Ebenen konsequent implementieren.

Literatur

Ambler T, Barrow S (1996) The employer brand. J Brand Manag 4:185–206. doi:10.1057/
    bm.1996.42. http://www.palgrave-journals.com/bm/journal/v4/n3/abs/bm199642a.html
Anastasiadis M (2011) Soziale Organisationen als Partizipationsräume. In: Anastasiadis M, Heimgart-
    ner A, Kittl-Satran H, Wrentschur M (Hrsg) Sozialpädagogisches Wirken. LIT, Wien, S 288–302
Andratschke N, Regier S, Huber F (2009) Employer Branding als Erfolgsfaktor: Eine conjoint-ana-
    lytische Untersuchung. Josef Eul, München
Buckesfeld Y (2012) Employer Branding: Strategie für die Steigerung der Arbeitgeberattraktivität.
    Diplomica, Hamburg

Deutsche Employer Branding Akademie (2008) Employer Branding in Deutschland. Definition Employer Branding. http://www.employerbranding.org/downloads/publikationen/DEBA_EB_Definition_Praeambel.pdf. Zugegriffen: 3. Mai 2014

Esch K, Krüger T, Risse T (2012) Konzeption der Benchmarking-Kreise. In: Esch K, Born A (Hrsg) Grundlagen für eine systemisch-wertschätzende Organisations- und Personalentwicklung. Das Beispiel Kindertageseinrichtungen. V & R unipress, Göttingen, S 113–140

Europäischer Wirtschafts- und Sozialausschuss (2012) Zusammenfassung des Berichts des Internationalen Forschungs- und Informationszentrums für öffentliche Wirtschaft, Sozialwirtschaft und Genossenschaftswesen (CIRIEC) für den Europäischen Wirtschafts- und Sozialausschuss, Brüssel. http://www.eesc.europa.eu/resources/docs/qe-31-12-784-de-c.pdf. Zugegriffen: 4. Okt. 2013

König M, Clausen H, Schank C, Schmidt M (2012) Fachkräftemangel in der Sozialwirtschaft. Eine empirische Studie 2012, akquinet business consulting GmbH, Hamburg. http://www.pet-projekt.info/uploads/Beitragsanhaenge/studie-fachkraeftemangel-2012.pdf. Zugegriffen: 1. Okt. 2013

Kriegler W (2012) Praxishandbuch Employer Branding – mit Arbeitshilfen online: Mit starker Marke zum attraktiven Arbeitgeber werden. Haufe-Lexware, Freiburg

Lehmann M (2012) Strategisches Employer Branding. Die Employer Brand strategisch ableiten und positionieren. In: DGFÜ e. V. (Hrsg) Employer Branding: Die Arbeitgebermarke gestalten und im Personalmarketing umsetzen. W. Bertelsmann, Bielefeld, S 33–40

Lukasczyk A (2012a) Vom Personalmarketing zum Employer Branding. In: DGFÜ e. V. (Hrsg): Employer Branding: Die Arbeitgebermarke gestalten und im Personalmarketing umsetzen W. Bertelsmann, Bielefeld, S 11–19

Lukascyk A (2012b) Strategisches Employer Branding. Die Employer Brand führen. In: DGFÜ e.V. (Hrsg.) Employer Branding: Die Arbeitgebermarke gestalten und im Personalmarketing umsetzen, W. Bertelsmann Verlag, Bielefeld, S 40–44

Nagel K (2011) Employer Branding: Starke Arbeitgebermarken jenseits von Marketingphrasen und Werbetechniken. Linde, Wien

Nagy M (2012) Personalmanagement – ganzheitlich betrachtet. In: Bundesarbeitsgemeinschaft der Freien Wohlfahrtspflege (Hrsg) Den Wandel steuern. Personal und Finanzen als Erfolgsfaktoren. Bericht über den 7. Kongress der Sozialwirtschaft vom 26. und 27. Mai 2011 in Magdeburg. Nomos Verlagsgesellschaft, Baden-Baden, S 99–104

Pfeiffer I (2012) Gewinnung – Bindung – Qualifizierung als strategische Aufgabe. In: Bundesarbeitsgemeinschaft der Freien Wohlfahrtspflege (Hrsg) Den Wandel steuern. Personal und Finanzen als Erfolgsfaktoren. Bericht über den 7. Kongress der Sozialwirtschaft vom 26. und 27. Mai 2011 in Magdeburg, Nomos Verlagsgesellschaft, Baden-Baden, S 105–114

Schäfer C (2013) Wohlfahrtsindustrie. Heimlich boomt die Hilfe. faz.net. http://www.faz.net/aktuell/wirtschaft/wohlfahrtsindustrie-heimlich-boomt-die-hilfe-12242747.html. Zugegriffen: 4. Mai 2014

Sponheuer B (2010) Employer Branding als Bestandteil einer ganzheitlichen Markenführung. Springer, Wiesbaden

StepStone Deutschland (2012) Jobsuche 2013. Wie Recruiter und Bewerber vorgehen und was sie erwarten. StepStone Deutschland GmbH, Düsseldorf. http://www.stepstone.de/b2b/stellenanbieter/jobboerse-stepstone/upload/StepStone-Studie-Jobsuche-2013.pdf?cid=B2C_CLC_SYS19. Zugegriffen: 30. Dez. 2013

Walwei U (2008) Institut für Arbeitsmarkt- und Berufsforschung der Bundesagentur für Arbeit. In: Braun W (Hrsg) Der Arbeitsmarkt ist für den Abschwung besser gerüstet als früher. Berlin. http://idw-online.de/pages/de/news290761. Zugegriffen: 4. Jan. 2014

Wolf M (2010) Employer-Branding: Bedeutung für die Strategische Markenführung. Diplomica, Hamburg

Wolf G (2013) Mitarbeiterbindung. Strategie und Umsetzung im Unternehmen. Haufe Lexware, Freiburg

Die Perspektiven im Employer Branding für die Sozialwirtschaft

2

Die Sozialwirtschaft unterliegt hinsichtlich ihrer Finanzierung und Ausbildungsstrukturen ihren eigenen Gesetzmäßigkeiten, die für das Employer Branding eine andere Sichtweise als in der freien Wirtschaft erfordern. Die Erzieherausbildung ist beispielsweise föderal geregelt. Die Hauptverantwortung für die Ausbildung liegt auf Seiten der Fachschulen bzw. -akademien für Sozialpädagogik. Praxisanteile, die während der Ausbildung in Kitas oder Jugendhilfeeinrichtungen absolviert werden, haben daher nicht den gleichen Stellenwert wie in dualen Ausbildungsgängen.

Das damit verbundene Verständnis als Ausbildungsstätte und das Potenzial für Nachwuchsbindung hat sich nur zögerlich entwickelt. Leitungskräfte sehen die Verantwortung für die Personalrekrutierung gerne ausschließlich auf Trägerebene oder diese wiederum auf politischer Ebene. Sie sind sich ihrer eigenen Möglichkeiten zur Einflussnahme nicht bewusst.

Im Folgenden wird daher ein theoretischer Blick auf die unterschiedlichen Perspektiven des Employer Brandings geworfen, aus der sich Schlussfolgerungen für Ihre weitere praktische Arbeit zur Analysephase, Strategiefindung und Umsetzung ergeben.

2.1 Employer Branding aus Sicht von Arbeitgebern in der Sozialwirtschaft

Die Herausforderung im Hinblick auf Employer Branding fächert sich für Arbeitgeber der Sozialwirtschaft auf mehrere Ebenen auf. Aus **interner Sicht** stellt sich für Sie zunächst die Frage, ob Sie Arbeitsplätze bieten, für die man guten Gewissens werben kann. Der Impuls für Employer Branding muss von der Führungsspitze kommen. Die erste Auseinandersetzung mit dem Thema beginnt also im eigenen Hause und zieht unweigerlich die Frage nach sich: „Bin ich ein guter Arbeitgeber?" Es erfordert eine gehörige Portion Mut und Selbstreflektion, ehrliche Antworten einzufordern, diese auszuhalten und mögliche Fehler einzugestehen.

© Springer Fachmedien Wiesbaden 2014
C. Heider-Winter, *Employer Branding in der Sozialwirtschaft*,
DOI 10.1007/978-3-658-01196-3_2

Durch die gesetzten Rahmenbedingungen sind die Spielräume für Verbesserungen auf den ersten Blick sicher begrenzt, doch das muss kein Grund sein, sofort aufzugeben. Begründungen, warum bestimmte Möglichkeiten nicht realisierbar sind, werden immer schnell gefunden. Manchmal werden ganze Diskussionen und wertvolle Zeit davon aufgefressen mit dem Ergebnis, dass alles beim Alten bleibt. „Das haben wir schließlich schon immer so gemacht!"

Lösungen, wie es **DOCH** möglich ist, erfordern Kreativität, Zeit und einen intensiven Blick über den Tellerrand. Hinzu kommt, dass bei Fach- und Führungskräften der Sozialwirtschaft nicht zwangsläufig jegliche Unzufriedenheit aus den knappen Rahmenbedingungen resultiert.

▶   Eine positive Arbeitsatmosphäre macht vieles wett und tröstet über Einschränkungen wie Arbeitszeiten oder Gehaltshöhe hinweg.

Und selbst in diesen Bereichen können Spielräume gefunden werden. Verfahrene Situationen sind nie ausweglos. Sie setzen allerdings Courage voraus, ihnen zu begegnen. Employer Branding beginnt mit den „kleinen, großen" Veränderungen wie Wertschätzung, Anerkennung und Einbeziehung. Das kann der erste Schritt auf dem Weg zu einem guten Arbeitgeber sein.

Aus externer Sicht sollten Sie die Möglichkeiten eruieren, die sich Ihnen bieten, um Personal zu gewinnen. Je nachdem, welche Menschen Sie suchen, ergeben sich unterschiedliche Konsequenzen, die es zu berücksichtigen gilt:

1. **Berufserfahrene**
   – Aufgrund der angespannten Fachkräftesituation auf dem Arbeitsmarkt ist die Zahl der arbeitslosen Berufserfahrenen, die Sie gewinnen können, nicht groß genug, um den Bedarf zu decken. Im September 2013 vermeldete die Bundesagentur für Arbeit beispielsweise, dass bis 2016 40.000 Pflegefachkräfte fehlen werden. Im Durchschnitt kämen auf 100 gemeldete Stellen nur 39 arbeitslose Altenpflegerinnen und -pfleger (vgl. presseportal.de 2013). In der Konsequenz bedeutet das für Sie, dass Sie berufserfahrenes Personal in Zukunft nur noch gewinnen können, wenn Sie es von der Konkurrenz gezielt abwerben. Das hat dementsprechend Auswirkungen auf bestehende Kooperationen. Das gleiche Prinzip zeigt allerdings auch umgekehrt seine Wirkung: Ihre eigenen Mitarbeitenden werden zunehmend heiß umworben. Eine starke Arbeitgebermarke, die hohe Bindewirkung entfaltet, beugt dem rechtzeitig vor.
2. **Nachwuchskräfte**
   – Arbeitgeber der Sozialwirtschaft stehen vor der Herausforderung, den Spagat – zwischen dem Wettbewerb um mangelnde Fachkräfte einerseits und dem gemeinsamen Werben für generell mehr Auszubildende andererseits – zu meistern. Wollen Sie einer ganzen Profession regional mehr Anerkennung und Aufmerksamkeit verschaffen, ist es mitunter unumgänglich, trägerübergreifende Netzwerke zu knüpfen. Eine

genaue Kenntnis der individuellen Zugangswege in den Beruf wird in Zukunft mehr denn je zum zwingenden Basiswissen. In der Konsequenz heißt das, wirklich alle Möglichkeiten auszuschöpfen, Nachwuchs gezielt an die Einrichtung oder den Träger zu binden, sobald er mit Ihnen in Kontakt kommt, also Praktikum, Freiwilligendienst, Ehrenamt, Boys' oder Girls' Day, Messen usw. Das bedeutet auch, Präsenz mit seiner Arbeitgebermarke zu zeigen, wenn junge Menschen sich für ihre berufliche Zukunft entscheiden oder die Absolventinnen und Absolventen den Einstieg ins Berufsleben wagen. Es erfordert zudem die Zusammenarbeit mit Behörden und Politik, um Stellschrauben in der Ausbildung der Praxis anzupassen. Für die Praxis von Arbeitgebern bedeutet das, umfassende Employer-Branding-Konzepte zu erstellen, die für die einzelnen Fachbereiche Antworten auf folgende Fragen geben:

- Welche Wege gibt es in die Ausbildung und in den Beruf?
- Welche staatlichen Fördermöglichkeiten haben Nachwuchskräfte und wie kann ich sie dabei unterstützen?
- An welchen Stellen kann ich Unterstützung oder Praxismöglichkeiten abseits der üblichen Wege anbieten?
- Welche finanziellen Unterstützungsmöglichkeiten kann ich als Arbeitgeber bieten, um unbezahlte Ausbildungsmöglichkeiten abzufedern?
- Wie fit sind meine Mitarbeiterinnen und Mitarbeiter, potenzielle Nachwuchskräfte auf ihrem Weg in den Beruf zu beraten?
- Habe ich Möglichkeiten, selbst den Nachwuchs zu qualifizieren, gegebenenfalls auch in Zusammenarbeit mit den entsprechenden Behörden oder Ausbildungsstätten?

3. **Quereinsteigerinnen und Quereinsteiger**
   - Im Erzieherberuf liegt es aufgrund der Ausbildungsstruktur schon in der Natur der Sache, dass sich hier viele Quereinsteigerinnen und Quereinsteiger tummeln. Da die Ausbildung auf Meister-Niveau ist, wird in den meisten Bundesländern mit mittlerer Reife eine abgeschlossene Berufsausbildung als Zulassungsvoraussetzung verlangt. Wer nicht den stringenten Weg von der Sozialpädagogischen Assistenz in die Erzieherausbildung gegangen ist, hat also eine andere Berufsausbildung vorab absolviert.
   - Diese völlig unterschiedlichen Kompetenzen aus anderen Feldern bereichern den Bereich der Bildung, Betreuung und Erziehung in vielen Facetten. Warum sollte das nicht gleichermaßen für andere Bereiche der Sozialwirtschaft gelten? Zumal immer mehr Frauen und Männer zwischen 25 und 35 Jahren die Sinnfrage in ihrem Berufsleben aufwerfen und auf der Suche nach bedeutungsvoller Arbeit sind.
   - Die sogenannte Generation Y, also die Folgegeneration der Baby Boomer, bezeichnet zwar eher die akademische Elite, dennoch lassen sich anhand ihrer beruflichen Wünsche Parallelen zu der gesamten Altersgruppe ziehen. Sie streben nach Balance im Arbeitsleben und wollen aus ihrem Beruf Sinnhaftigkeit ziehen. Der Service, den Arbeitgeber bieten, ist für sie wichtiger als ein hohes Gehalt. Die Verdiensthöhe

spielt bei der Arbeitgeberwahl keine übergeordnete Rolle mehr, sofern ein bestimmtes Vergütungsminimum erfüllt ist (vgl. Schulte 2012, S. 1 f.).

- Geht der soziale und Bildungsbereich mit den richtigen Argumenten an die Öffentlichkeit, kann der Quereinstieg zu einer sprudelnden Quelle interessanter Fach- und Führungskräfte avancieren. Die Voraussetzung ist allerdings, dass diesen mitten im Leben stehenden Menschen realistische Optionen geboten werden, wie sie den Quereinstieg finanziell bewältigen können. Die Verantwortung, dafür Lösungen zu finden, kann nicht nur auf die Politik abgewälzt werden. Für Leitungspositionen ist ein entsprechendes Fachstudium vielleicht nicht einmal zwingend notwendig, da nicht mehr das Fach der Ausbildung entscheidend ist, sondern die Schlüsselkompetenzen, die geboten werden.

Anders als in der freien Wirtschaft wird im sozialen und Bildungsbereich der Blick für Employer Branding auf die politische und behördliche Ebene erweitert. Um wirklich erfolgreich zu sein, muss der Gesamtzusammenhang bei der strategischen Ausrichtung der Arbeitgebermarke und bei der Planung der Maßnahmen berücksichtigt werden. Schließlich werden fast alle Arbeitsfelder in der Sozialwirtschaft von externen Entwicklungen beeinflusst. Die Teilnehmendenzahl einer Bildungsinstitution geht überraschend zurück. Die Kosten für häusliche Pflege steigen oder öffentliche Zuwendungen werden gestrichen. Das sind nur einige der nicht planbaren Veränderungen, die Organisationen und Einrichtungen treffen können und die sich auf die Personalentwicklung sowie Arbeitgeberstrategie niederschlagen (vgl. Staiger-Engel 2013, S. 32).

2.2 Employer Branding aus Sicht von Fach- und Führungskräften der Sozialwirtschaft

Employer Branding erfüllt für Fach- und Führungskräfte im Bewerbungsprozess eine Orientierungsfunktion. Gleichzeitig versetzt es sie als Mitarbeitende in die einflussreiche Lage, selbst den Ruf und das Image der Organisation durch Botschaften beeinflussen zu können.

2.2.1 Orientierung und Vertrauensaufbau im Bewerbungsprozess

In einer immer komplexer werdenden Welt, in der es zunehmend schwerer fällt, Unterschiede zu erkennen und Transparenz herzustellen, nimmt das Employer Branding im Bewerbungsprozess eine wichtige Orientierungsfunktion ein (vgl. Böettger 2012, S. 29). Aufgabe des Employer Brandings ist es, die Treiberfaktoren zu priorisieren. Es gilt zu entscheiden, welcher Aspekt oder welche Aspekte in den Fokus gerückt und offensiv beworben werden (vgl. Nagel 2011, S. 30). Arbeitgeber, die sich dem Employer Branding widmen, reduzieren für potenzielle Bewerbende die Komplexität der Informationen, sodass sie leichter Entscheidungen treffen können.

▶   Unternehmensmarken schaffen für Bewerberinnen und Bewerber Vertrauen.
    Entscheidungen für einen bestimmten Arbeitgeber sind stets mit einem Risiko
    verbunden, da nur ein kleiner Ausschnitt der Realität zur Verfügung steht, um
    die Organisation zu bewerten (vgl. Andratschke et al. 2009, S. 16–17).

Zu den wichtigsten Anforderungen, die Bewerberinnen und Bewerber an ihren zukünftigen Arbeitgeber stellen, zählen das Arbeitsklima, die Karriere- und Aufstiegsmöglichkeiten, ein adäquates Gehalt sowie die Aufrechterhaltung der Work-Life-Balance. Durch
die Employer Brand können Bewerbende schneller den für sie passenden Arbeitgeber
identifizieren und die aufgenommenen Informationen effizienter verarbeiten. Auf diese
Weise wird ihr Risiko, ob ihr künftiger Arbeitgeber hält, was er verspricht, reduziert (vgl.
Böettger 2012, S. 29 ff.).

Schon jetzt führt die zunehmende Medialisierung der Gesellschaft dazu, dass Arbeitssuchenden eine umfangreiche Bandbreite an Informationsmöglichkeiten zur Verfügung
steht und sie Stellenangebote leicht auf Transparenz überprüfen können. Leere Werbe-
phrasen zur Rekrutierung, die nicht mit der Realität übereinstimmen, lassen sich schnell
entlarven (vgl. Nagel 2011, S. 13). Identifikation und die damit verbundenen positiven
Effekte entstehen dann, wenn die Wertvorstellungen des Arbeitgebers mit den eigenen
übereinstimmen. Passen die Werte beider Seiten zusammen, erhöht sich der gegenseitige
Nutzen (vgl. Andratschke et al. 2009, S. 18).

Orientierung ist im sozialwirtschaftlichen Bereich nicht nur aufgrund der Größe angezeigt. Orientierung ist auch dringend erforderlich, damit Bewerbende überhaupt verstehen
können, was Wohlfahrt, Gemeinnützigkeit oder gesellschaftliche Verantwortung bedeutet.
Schon allein die Untergliederung der Organisationen in gemeinnützige und privatgewerb-
liche Rechtsformen wirft zahlreiche Fragen auf. Die sind nicht nur für Laien kaum nachvollziehbar. Die Zuordnung zu bestimmten Trägern, die sich wiederum den Spitzenverbänden der Freien Wohlfahrtspflege angeschlossen haben oder als privatwirtschaftliche
Unternehmen keinem Verband angehören, macht das Chaos perfekt.

Wer soll da den Überblick behalten und wie soll Identifikation entstehen?
Jahrzehntelang wurde es als nicht notwendig erachtet, sich mit grundsätzlichen Fragen auseinanderzusetzen wie beispielsweise:

• Was unterscheidet unsere Organisation von privatgewerblichen oder gemeinnüt-
  zigen Unternehmen?
• Wie groß ist unsere Branche in unserer Stadt/unserem Bundesland/in Deutschland?
• Warum haben wir uns einem bestimmten Verband der Freien Wohlfahrtspflege
  angeschlossen?
• Welche grundsätzlichen Werte und Prinzipien bringen wir damit zum Ausdruck?
• Wie finanzieren wir uns?

Mittlerweile ereilen die Sozialwirtschaft aus allen Ecken unüberhörbare Rufe nach mehr Transparenz. Employer Branding bietet aus dieser Perspektive die Chance, mehrere Fliegen mit einer Klappe zu schlagen.

▶   Bewerbenden Transparenz zum abstrakten Konstrukt „Sozialwirtschaft" zu verschaffen, heißt Antworten zu finden, die Orientierung innerhalb und außerhalb der Organisation geben.

2.2.2 Der Einfluss der Mitarbeiterinnen und Mitarbeiter beim Employer Branding

Die Mitarbeitenden einer Organisation sind nicht nur Zielgruppe, sondern werden als Botschafter eines Unternehmens selbst zu Akteuren der Markenführung (vgl. Sponheuer 2010, S. 4). Sie genießen als Markenbotschafter beim Employer Branding einen herausragenden Stellenwert. Sie kommunizieren in jeder Lebenssituation über ihren Arbeitgeber und senden Botschaften, sei es im privaten Umfeld oder im Kontakt mit Stakeholdern. Zu jedem Zeitpunkt beeinflussen ihre Botschaften das Markenimage (vgl. Andratschke et al. 2009, S. 34).

Daher ist es essentiell, der Identifikation mit dem Unternehmen einen herausragenden Stellenwert einzuräumen, sodass die ausgesendeten Botschaften mit der Corporate Identity und der Unternehmenskultur übereinstimmen. Mitarbeitende strahlen in der Öffentlichkeit eine besonders hohe Authentizität aus.

▶   Besonders im Bereich der Dienstleistung schlagen sich eine hohe Identifikation und der Fokus auf Mitarbeitende als Markenbotschafter mit der Organisation im erfolgreichen Kundenkontakt nieder.

Denn loyale und zufriedene Mitarbeiterinnen und Mitarbeiter, die sich stärker zur Organisation bekennen, verhalten sich geprägt von der Unternehmenskultur gegenüber Kunden (vgl. Andratschke et al. 2009, S. 34 f.). In wohl kaum einem anderen Bereich wird sich eine erfolgreiche Employer-Branding-Strategie so nachhaltig auf den Unternehmenswert auswirken wie bei der Arbeit mit Menschen.

Fach- und Führungskräfte, die nicht nur mit ihrem Arbeitsplatz zufrieden sind, sondern sich mit ihrem Beruf und ihrem Arbeitgeber identifizieren, strahlen diese Überzeugungskraft im Alltag aus. Sie bringen beispielsweise mehr Freude bei der Pflege älterer Menschen ein, weil sie wissen, dass ihre Arbeit sinnvoll ist und ihr Unternehmen auf einzigartige Weise der Gesellschaft dient. Das ist auf Kundenseite, also bei Kindern, Eltern, älteren Menschen mit und ohne Behinderung oder deren Angehörigen, genauso spürbar wie bei Kooperationspartnern und Dienstleistern. Dies hat tiefgreifenden Einfluss auf den Erfolg von Organisationen.

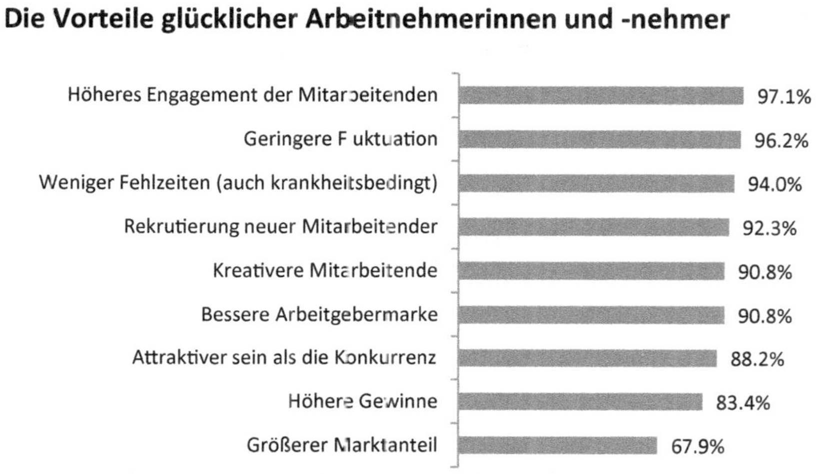

Die Vorteile glücklicher Arbeitnehmerinnen und -nehmer

Höheres Engagement der Mitarbeitenden	97.1%
Geringere Fluktuation	96.2%
Weniger Fehlzeiten (auch krankheitsbedingt)	94.0%
Rekrutierung neuer Mitarbeitender	92.3%
Kreativere Mitarbeitende	90.8%
Bessere Arbeitgebermarke	90.8%
Attraktiver sein als die Konkurrenz	88.2%
Höhere Gewinne	83.4%
Größerer Marktanteil	67.9%

Abb. 2.1 Die Vorteile glücklicher Mitarbeiterinnen und Mitarbeiter. (Quelle: in Anlehnung an StepStone Deutschland (2012), S. 7)

Eine Befragung von knapp 1.300 europäischen Unternehmen bestätigt die positiven Effekte, wenn ihre Mitarbeitenden glücklich im Job sind, wie hier in Abb. 2.1 dargestellt (vgl. StepStone Deutschland 2012, S. 7).

Dieser Stellenwert der Mitarbeitenden macht deutlich, dass die Entwicklung einer Employer-Branding-Strategie nur funktionieren kann, wenn die Köpfe der Organisation einbezogen werden. Damit wird auch nachvollziehbar, warum Employer Branding und Personalmarketing nicht das Gleiche sind.

Organisationen, die ihre Mitarbeitenden gezielt für das Employer Branding nutzen, stellen sie beispielsweise bei der Öffentlichkeitsarbeit in den Mittelpunkt. Sie erzählen in Unternehmensvideos, warum sie hier arbeiten, oder sie sind auf Plakaten zu sehen, auf denen sie um Verstärkung werben. Doch die externe Kommunikation mit Markenbotschaftern ist einer der letzten Schritte beim Employer-Branding-Prozess. Um dorthin zu gelangen, gilt es sich zunächst einen Überblick zu verschaffen, worauf der Zusammenhalt im Team beruht und was die Menschen in Ihrer Organisation miteinander verbindet. Denn das was die zukünftigen Markenbotschafter nach außen tragen, sollen sie nicht nur vorgeben, sondern auch tatsächlich fühlen. Nur dann empfehlen sie ihren Arbeitgeber auch im privaten Umfeld weiter, wie Abb. 2.2 zeigt (vgl. StepStone Deutschland 2012, S. 8).

2.2.3 Exkurs Studie „Mitarbeiter als Botschafter der Arbeitgebermarke"

Wie die Meinungskommunikation durch Mitarbeitende wirkt, zeigen die Ergebnisse der Studie „Mitarbeiter als Botschafter für die Arbeitgebermarke – unter besonderer Berücksichtigung von akquisitorischen Aspekten im Hinblick auf akademische Fach- und

Abb. 2.2 Empfehlungsver-
halten nach Glücksniveau.
(Quelle: in Anlehnung an
StepStone Deutschland
(2012), S. 8)

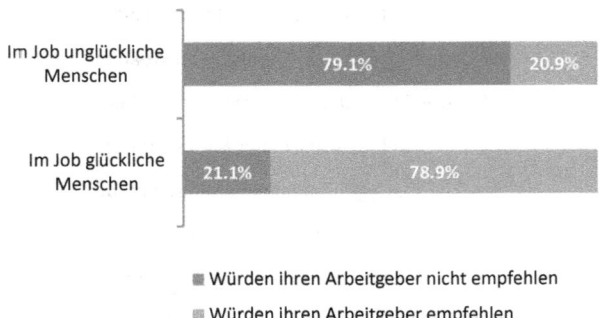

Wie das Glücksniveau das Empehlungsverhalten der Mitarbeitenden beeinflusst

Führungskräfte". Mariana Dehlsen führte 2008 in Kooperation mit der Agentur milch & zucker die Studie der Fachhochschule Nordhausen durch. In zwei Online-Befragungsrunden wurden einerseits 171 Personalmarketing-Verantwortliche aus Großunternehmen befragt. Andererseits wurden 145 Angestellte mit akademischem Abschluss zur Befragung eingeladen (vgl. Dehlsen und Franke 2009, S. 157).

►   Aus Sicht der Unternehmen wird deutlich, dass sie durch das Web 2.0 zunehmend die Kontrolle darüber verlieren, was über sie nach außen kommuniziert wird. 60 % der Befragten bestätigen die zunehmende Verbreitung von Mundpropaganda durch Mitarbeitende, die in Foren, Blogs oder in Social Media Insider-Informationen preisgeben.

Diese Informationen treffen bei den Rezipienten auf fruchtbaren Boden. 69 % der Berufserfahrenen schenken dem Wissen von Privatpersonen wesentlich mehr Vertrauen als Unternehmensaussagen. Dabei gehören Freunde, Bekannte und Verwandte zu den glaubwürdigsten Absendern. Anonyme Online-Kommentare werden nur noch von einem Viertel der Arbeitnehmenden ernst genommen (vgl. Dehlsen und Franke 2009, S. 158 f.).

Mehrere Trends zeigen schon die Richtung an, welchen Einfluss (Ex-) Mitarbeitende in der Unternehmenskommunikation einnehmen werden. Auf dem deutschsprachigen Arbeitgeberbewertungsportal Kununu.com sind mittlerweile mehr als 160.000 Unternehmen aus allen Bereichen gelistet und bewertet worden (vgl. kununu.de 2014).

Das Internet mit seinen zahlreichen Möglichkeiten des geschlossenen Austauschs in Gruppen und Foren bietet schier unendliche Informationsquellen, die den Usern mehr Transparenz versprechen. Empfehlungen von Mitarbeitenden nehmen für die befragten Unternehmen daher einen immer größeren Stellenwert ein. 30 % der Personalverantwortlichen decken damit 21 % ihres Rekrutierungsbedarfs. Weitere 40 % der Unternehmen nutzen die Empfehlungen aus dem eigenen Hause für 11 % bis 20 % ihrer Neueinstellungen (vgl. Dehlsen und Franke 2009, S. 160).

Besonders Großunternehmen reagieren auf den Kontrollverlust ihrer Kommunikation, indem sie ihre Belegschaft bei Recruitingmaßnahmen einbeziehen. Fast alle Befragten sind überzeugt, dass auf diesem Wege ihre Botschaften an Authentizität gewinnen. Acht von zehn Personalverantwortlichen gehen davon aus, dass sie mit sogenannten Employee-Branding-Maßnahmen die Mund-zu-Mund-Propaganda positiv beeinflussen können (vgl. Dehlsen und Franke 2009, S. 161).

> Dahinter steckt die Überzeugung, dass ein Unternehmen, das langfristig im Wettbewerb bestehen will und als attraktiver Arbeitgeber gelten möchte, authentisch kommunizieren muss – nach innen und nach außen. Und das wiederum setzt gezielte interne Employee-Branding-Maßnahmen (…) voraus, denn nur wenn Mitarbeiter ‚die Marke leben‘ kann eine attraktive Marke überhaupt entstehen. (Dehlsen und Franke 2009, S. 162)

2.3 Employer Branding aus Sicht von Arbeitnehmerinnen und Arbeitnehmern außerhalb der Sozialwirtschaft

Schon jetzt ist in vielen Bereichen absehbar, dass die Zahl der zukünftigen Ausbildungs-absolventinnen und -absolventen die Zahl der offenen Stellen nicht decken wird. Das bezieht sich nicht nur auf die Sozialwirtschaft, sondern die Problematik durchdringt alle Branchen. Dass sich die Überlegungen von Arbeitgebern verstärkt dem Quereinstieg von Branchenfremden widmen, überrascht da wenig und ist nur folgerichtig.

Nicht zu unterschätzen sind in diesem Zusammenhang die Auswirkungen der Wertedynamik. Das Berufs- und Erwerbsleben und seine Bedeutung für die Lebensgestaltung sind einem Wertewandel ausgesetzt.

▶ Pflichtwerte wie Strebsamkeit und Disziplin weichen zunehmend den Selbstentfaltungswerten und stellen damit besondere Herausforderungen an das Personalmanagement.

Das Arbeitsentgelt verliert in diesem Zusammenhang als einziger Leistungsmotivator an Bedeutung. Der Ausbildungsberuf wird nicht mehr zwingend ein Leben lang ausgeübt. Die Lebensläufe sind wesentlich individueller geworden und von „multioptionalen Karrieregestaltungen" geprägt. Der Beruf ist nicht mehr der Mittelpunkt des Lebens, sondern wird eher als Zweck zur Unterstützung der Freizeitorientierung verstanden (vgl. Böettger 2012, S. 11). Das Gehalt bzw. die Existenzsicherung dient also mehr und mehr dem Wunsch, sich selbst zu verwirklichen und das Berufs- sowie Privatleben erfüllend miteinander zu verbinden (vgl. Runde et al. 2012, S. 10).

Doch welche Faktoren machen Unternehmen generell attraktiv, wenn der Quereinstieg auch auf Seiten der Arbeitnehmenden verstärkt in den Fokus genommen wird? Worauf legen arbeitssuchende Menschen bei der Auswahl von Arbeitgebern wert? Zu den wichtigsten gehören das Stellenprofil in Kombination mit der Stellengestaltung, das Arbeitsklima

und die damit verknüpfte Unternehmenskultur. Glaubwürdigkeit, das Gehalt und Karriereoptionen sowie das allgemeine Image der Organisation beeinflussen ebenfalls die Entscheidungen (vgl. Nagel 2011, S. 29).

►   Darüber hinaus gewinnen flexible Arbeitszeitmodelle, Möglichkeiten, berufli-
       che Auszeiten zu nehmen wie etwa bei der Elternzeit, und Optionen der berufs-
       begleitenden Weiterqualifizierung bei der Arbeitgeberwahl herausragende
       Bedeutung (vgl. Runde et al. 2012, S. 10).

Gerade unter diesen Gesichtspunkten hat der soziale und Bildungsbereich einen deutlichen Vorsprung. Durch die geschlechtsstereotype Zuschreibung, dass Kita & Co. nichts
für Männer sind, arbeiten in sozialwirtschaftlichen Organisationen überwiegend Frauen.
Der Frauenanteil ist in den neuen Bundesländern etwas höher als in den alten. Im Bundesgebiet West liegt der Frauenanteil bei 79 %. Im Bundesgebiet Ost einschließlich Berlin ist
der Frauenanteil bei 80 %. In der Gesamtwirtschaft liegt er im Vergleich dazu bei 50 % im
Osten und 45 % im Westen (vgl. Wagner 2012, S. 26).

Durch den hohen Frauenanteil ist das Arbeitsfeld durch eine überdurchschnittlich hohe
Teilzeitquote im Vergleich zur Gesamtwirtschaft geprägt. Auch wenn sich durch Einführung der Elternzeit die traditionellen Rollenmuster zum Teil verschoben haben und Männer verstärkt Erziehungsauszeiten in Anspruch nehmen, so sind es doch in der Regel die
Mütter, die aufgrund von Nachwuchs beruflich deutlich kürzer treten. Das liegt mitunter
aber auch daran, dass es in der Sozialwirtschaft leichter möglich ist, Beruf und Familie zu
vereinbaren.

Im sozialen und Bildungsbereich arbeiten 40 % der Arbeitnehmenden in Teilzeit, während die Quote im gesamten Bundesgebiet nur bei knapp 20 % liegt. Der Trend zu Teilzeit
ist sogar stetig wachsend. Werden sozialversicherungspflichtige Arbeitsplätze geschaffen,
sind es überwiegend Teilzeitstellen. Das gilt besonders für Kindertagesstätten und Vor-
schulen sowie Pflege- und Altenheime sowie Einrichtungen der Eingliederungshilfe (vgl.
Wagner 2012, S. 30).

►   Dass die hohe Teilzeitquote auch eine dunkle Kehrseite der Medaille hat und
       sie häufig als Mittel missbraucht wird, um Personalkosten zu sparen, ist unbe-
       stritten. Nichtsdestotrotz macht sie aber deutlich, dass diese Organisationen
       umfangreiche Erfahrungen mit der Vereinbarkeit von Beruf und Familie sowie
       flexibleren Arbeitszeitmodellen auch in Führungspositionen haben. In anderen
       Branchen wie beispielsweise der Logistik sind Teilzeitmodelle nicht nur gänz-
       lich untauglich für die Praxis, sie korrelieren auch mit Aufstiegschancen und
       sind für Männer völlig verpönt.

Dabei wollen Männer heutzutage stärker in die Kindererziehung einbezogen werden, stecken aber häufig in Jobs, in denen sie Überstunden leisten müssen, die sie weder abbum-
meln dürfen noch ausbezahlt bekommen. Frauen hingegen wollen sich nicht mehr nur in

die Rolle der Zuverdienerin pressen lassen, sondern auf eigenen Füßen stehen oder sie sind durch Trennungen sogar dazu gezwungen.

Die aktuellen Entwicklungen machen deutlich, dass es DIE klassische Familie nicht mehr gibt. Die Lebenswelten sind vielfältiger geworden, doch das spiegelt sich in den Arbeitsverhältnissen noch nicht entsprechend wider. Vielfach sind die Arbeitsstellen immer noch so konzipiert, dass der Mann die Familie ernährt und die Frau die Kinder hütet und sich um den Haushalt kümmert. Mit dem Erfahrungsvorsprung, den die Sozialwirtschaft hat, könnte sie es leichter als andere Branchen haben, auf die Veränderungen zu reagieren.

> **Aus diesen Überlegungen lassen sich für die Sozialwirtschaft schon zahlreiche interessante Ansatzpunkte ableiten**
>
> - Welche Arbeitszeitmodelle bringen für Belegschaft, zukünftige Mitarbeiterinnen und Mitarbeiter und für die Organisation den größten Nutzen?
> - Können aus Teilzeitstellen Vollzeitstellen geschaffen werden oder können halbe Stellen aufgestockt werden?
> - Machen wir deutlich, dass wir für den Quereinstieg offen sind? Wie können wir Quereinsteiger ansprechen?
> - Welche Branchen sind für unsere Organisation interessant?
> - Sprechen wir gezielt Männer in unserer Öffentlichkeitsarbeit an?

2.4   Die Perspektive der Generation Y im Employer-Branding-Prozess

Die Generation Y ist die Nachfolge der Babyboomer-Generation. Die Babyboomer, auch als Generation X bezeichnet, setzen sich aus den Männern und Frauen zusammen, die ca. zwischen 1955 und 1969 geboren wurden. Das Y resultiert nicht nur aus der Buchstabenfolge, sondern steht englisch ausgesprochen auch für „Why" – sie fragen: Warum? Zwischen beiden Generationen bestehen deutliche Unterschiede. Die Generation Y ist im Gegensatz zu ihren Vorgängern international mobiler. Das Privatleben und die Familie haben einen wesentlich höheren Stellenwert. Zugleich schenken sie Autoritäten und Strukturen mehr Vertrauen und hinterfragen weniger (vgl. Trost 2009, S. 21).

In dieser Altersgruppe ist der Umgang mit dem Internet völlig selbstverständlich und bildet einen Teil ihres Lebensverständnisses ab. Im Arbeitsleben reizen sie in erster Linie interessante Aufgaben, denen sie mit ausreichend Gestaltungsspielraum, Vertrauen und Flexibilität nachgehen können. Die strategischen Ziele der Organisation stellen sie zugunsten ihres Netzwerks und ihres eigenen Lebensplans in den Hintergrund. Karrieren verlaufen nicht mehr so linear wie in der Generation X und sind davon geprägt, dass sich Ausbildung, Privatleben und Arbeit im Laufe des Lebens stetig und unvorhersehbar verändern. Für Arbeitgeber, die zu großen Teilen der Generation X entstammen, ist das eine besondere Herausforderung, da sie sich von ihren eigenen Präferenzen und Motiven lösen müssen, um die Generation Y verstehen zu können (vgl. Trost 2009, S. 21).

▶ Nun heißt es nicht mehr: Wir sind jung und brauchen das Geld. Die Generation Y ist jung und braucht das Glück.

So bringt es eine Redakteurin von „DIE ZEIT", selbst der Generation Y angehörig, auf den Punkt:

> Was also erwarten junge Beschäftigte von der Arbeitswelt? Jedenfalls keinen Dienstwagen mit Vollausstattung, keinen Privatparkplatz in der Firmengarage und auch kein aufgeglastes Eckbüro mit Ausblick. Mit den alten Insignien der Macht können wir wenig anfangen. Harte Anreize wie Gehalt, Boni und Aktienpakete treiben uns weniger an als die Aussicht auf eine Arbeit, die Freude macht und einen Sinn stiftet. Sinn zählt für uns mehr als Status. Glück schlägt Geld. Das heißt nicht, dass Geld uns nicht wichtig wäre. Doch eine angemessene Entlohnung ist das, was Arbeitswissenschaftler einen Hygienefaktor nennen: Es verhindert die Entstehung von Unzufriedenheit, stiftet aber bei positiver Ausprägung allein auch keine Zufriedenheit. Das Gehalt macht nicht unglücklich, es macht aber auch nicht glücklich.
>
> Was hingegen Glück stiftet, kostet nicht einmal Geld: Herr über die eigene Zeit sein. Selbstbestimmung ist das Statussymbol meiner Generation. (Bund 2014)

Das Selbstbewusstsein der Generation Y, die sich sehr wohl darüber im Klaren ist, dass sie im Bewerbungsprozess nun am längeren Hebel sitzt, mag nicht zuletzt daraus resultieren, dass sie die Kinder derer sind, die ihre Nachkömmlinge verwöhnten, damit sie es später mal leichter haben.

▶ Diese Generation wird mit den Ansprüchen, die sie an zukünftige Arbeitgeber stellen, den Arbeitsmarkt revolutionieren.

2.5 Die Perspektive der Jugend beim Employer Branding

Die Schülerinnen und Schüler von heute sind die potenziellen Fach- und Führungskräfte von morgen. Sie sind nicht nur eine begehrte Zielgruppe für die Sozialwirtschaft. Die Scheinwerfer aller Branchen sind auf sie gerichtet. Die Lichter werden in der nächsten Dekade heller denn je strahlen. Die Prognose der Kultusministerkonferenz von 2013 geht davon aus, dass, demografisch bedingt, die Zahl der Schülerinnen und Schüler in allen Schulformen deutlich sinken wird (vgl. Sekretariat der Ständigen Konferenz der Kultusminister der Länder in der Bundesrepublik Deutschland 2013, S. 9 ff.). Dennoch finden die Arbeitswelt und das Schulsystem nicht immer passgenau zueinander. Werfen wir daher einen Blick darauf, was junge Männer und Frauen bewegt und welche Anknüpfungspunkte sich für Arbeitgeber der Sozialwirtschaft bieten.

2.5.1   Interkulturelle Öffnung – mehr als „nice to have"

Die „Jugendstudie Baden-Württemberg" gibt interessante Einblicke in die Berufsorientierung der 12- bis 18-Jährigen. Knapp 2.400 Jugendliche aus allen Stadt- und Landkreisen
des Bundeslandes wurden befragt. Die Stichprobe stellt die Verteilung auf die unterschiedlichen Schularten dar (vgl. Jugendstiftung Baden-Württemberg 2013, S. 3).

   Die Studie macht deutlich, dass das Thema „Interkulturelle Öffnung" schon jetzt nicht
nur „nice to have" ist. Knapp ein Drittel der Jugendlichen wächst bilingual auf. Religion spielt bei drei von vier Befragten eine wichtige Rolle (vgl. Jugendstiftung Baden-
Württemberg 2013, S. 8 ff.). Bundesweit sieht es nicht anders aus. Der Datenreport zum
Berufsbildungsbericht 2013 stellt bei 18 % der befragten Jugendlichen eine Migrationsgeschichte fest und geht davon aus, dass diese Quote tatsächlich noch höher liegt (vgl.
Bundesinstitut für Berufsbildung 2013, S. 76).

▶   Die Freundeskreise der Jugendlichen in Baden-Württemberg sind ebenfalls sehr
    vielfältig. 80 % suchen sich ihre Freunde nicht nur an der eigenen Schule oder
    innerhalb gleicher Schularten. 68 % haben zudem Freundinnen oder Freunde
    mit unterschiedlichen kulturellen Wurzeln. An Haupt- und Realschulen steigt
    der Wert sogar auf 82 % (vgl. Jugendstiftung Baden-Württemberg 2013, S. 14 f.).

Da überrascht es außerordentlich, dass sich die Unternehmenswelt diesem Thema immer
noch zu verschließen scheint. Aktuelle Studien zeigen, dass allein ein türkischer Name in
der Bewerbung die Erfolgsaussichten auf einen Ausbildungsplatz verschlechtert. Mithilfe
fiktiver Bewerbungen wurde verglichen, wie es sich auswirkt, wenn die Bewerbung von
Kandidatinnen und Kandidaten mit deutschem oder türkischem Namen kommt. Im Ergebnis werden signifikante Unterschiede deutlich. Die fiktiven Jugendlichen mit türkischem
Namen wurden öfter komplett ignoriert, nicht zu einem Vorstellungsgespräch eingeladen
oder gleich abgelehnt (vgl. Forschungsbereich beim Sachverständigenrat deutscher Stiftungen für Integration und Migration 2014, S. 24).

2.5.2   Sinnstiftende Nebenbeschäftigungen während der Schulzeit

Schon bevor junge Frauen und Männer ihren Schulabschluss machen, könnten Organisationen mit interessanten Lösungen der Beschäftigung punkten.

▶   Drei von zehn Jugendlichen in Baden-Württemberg haben bereits einen
    Nebenjob. Weitere drei sind auf der Suche, finden aber keinen.

Das sind knapp zwei Drittel der Jugendlichen, die schon zu Schulzeiten an die Organisation gebunden werden könnten, wie Abb. 2.3 verdeutlicht (vgl. Jugendstiftung Baden-
Württemberg 2013, S. 18 f.).

Abb. 2.3 Baden-Württembergs Jugend will schon zu Schulzeiten arbeiten gehen. (Quelle: in Anlehnung an Jugendstudie Baden-Württemberg (2013), S. 19)

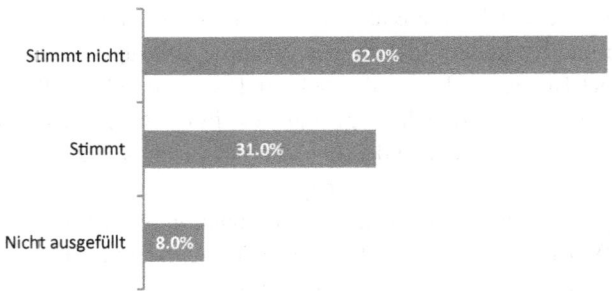

Würdest du gerne in einem Nebenjob arbeiten, findest aber keinen?

Solche Angebote an Jugendliche sind wertvolle Investitionen in die Zukunft. Selbst dann, wenn Einrichtungen und Träger solche Beschäftigungsformen nicht refinanziert bekommen oder auf den Personalschlüssel geltend machen können, was ja vielfach die Ausrede ist, Ideen dieser Art sofort zu verwerfen. Die Hälfte der Jugendlichen mit Nebenjob verdient maximal 25 € wöchentlich (vgl. Jugendstiftung Baden-Württemberg 2013, S. 21).

Die Beträge sind also recht überschaubar, zahlen sich aber doppelt und dreifach aus. Meist bekommen Schülerinnen und Schüler in dem Alter eher Jobs, die nur Mittel zum Zweck sind, also das Taschengeld anreichern sollen. Dennoch zeigen die Jugendlichen bereits hohes Engagement und Verantwortungsbewusstsein. Würden sie nun in einem Bereich jobben, mit dem sie etwas für die Gesellschaft leisten und vielleicht kleine Projekte anvertraut bekommen, prägen sie diese Erfahrungen nachhaltig für ihre Berufswahl. Ihr Einsatz und Engagement für den Nebenjob würde sich vermutlich vervielfachen, da Beschäftigungen im sozialen und Bildungsbereich nicht nur irgendeine Einnahmequelle sind, sondern sinn- und identitätsstiftende.

Eine 15-jährige Realschülerin verdeutlicht die Sichtweise ihrer Generation in der Studie aus Baden-Württemberg:

> Wenn ich ständig im Akkord arbeiten müsste und mich nicht richtig ausleben könnte, würde ich es nicht lange aushalten. Ich möchte mich mit meinem Beruf identifizieren können, sonst hat er für mich keinen Sinn. Dann würde ich spätestens in zwei oder drei Jahren nicht mehr gerne für meinen Beruf aufstehen. Diese Überlegung mache ich mir immer: Würde ich für meinen Beruf morgens gerne aufstehen? (Jugendstiftung Baden-Württemberg 2013, S. 21)

Schon jetzt spielt das Thema Engagement immerhin bei einem Drittel der Jugendlichen eine Rolle, wobei Mädchen mehr Einsatz zeigen als Jungs. Die Top-3-Einsatzfelder, in denen Jugendliche mithelfen, sind Sport (39 %), die Kinder- und Jugendarbeit (35 %) sowie Kirche und Religion (30 %) (vgl. Jugendstiftung Baden-Württemberg 2013, S. 55). Diese ehrenamtliche Arbeit wird geleistet, weil Mädchen und Jungen Spaß daran haben.

Die zehn wichtigsten Faktoren, die das Glück am Arbeitsplatz beeinflussen

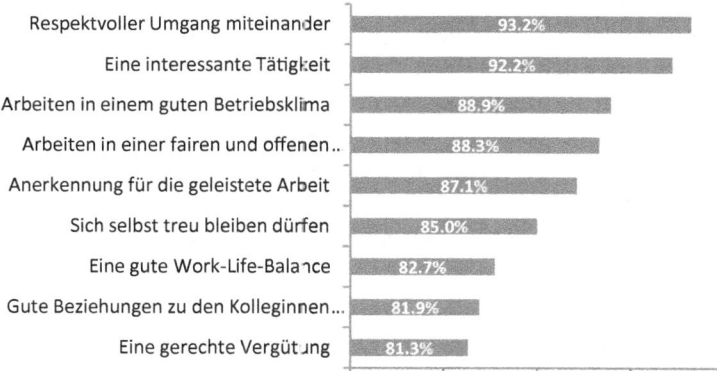

Abb. 2.4 Die zehn Faktoren für Glück am Arbeitsplatz. (Quelle: in Anlehnung an StepStone Deutschland (2012), S. 9)

Kreative Ideen sind gefragt, damit das freiwillige Engagement nicht einfach als Freizeitkomponente verpufft, sondern gezielt in eine professionelle Ausbildung überführt wird.

► Dazu müssen Organisationen konkrete Mehrwerte schaffen, die den Jugendlichen berufliche Perspektiven aufzeigen. Dazu gehören auch Praktikumsmöglichkeiten, in denen sich die jungen Menschen vertieft erproben können.

40 % der Mädchen und Jungen wollen nach der Schule praktische Erfahrungen innerhalb eines Freiwilligendienstes oder Praktikums sammeln. Gleichzeitig ist sich nur die Hälfte sicher, später einen Arbeitsplatz zu finden (vgl. Jugendstiftung Baden-Württemberg 2013, S. 64). Organisationen sind also gut beraten, dieses Potenzial aufzugreifen und Optionen zu schaffen, die Sicherheit vermitteln.

2.6 Einblick in die Erforschung der Präferenzen von Arbeitnehmenden

Die Fachliteratur hat sich bei der Erforschung zur Arbeitgeberwahl besonders dem Präferenzverhalten von akademischen Nachwuchskräften gewidmet. Eines der wichtigsten Erkenntnisse im Rahmen von Employer Branding ist, dass Jobsuchende ihren Arbeitgeber danach aussuchen, ob er ihren Nutzen maximiert. Für Organisationen geht es bei der Herausarbeitung ihrer Attraktivitätsfaktoren also darum, ein Nutzenversprechen zu kommunizieren (vgl. Petkovic 2009, S. 79 f.). Die Frage, die es zu beantworten gilt (Abb. 2.4):

► Welcher versprochene Nutzen löst die Präferenz der Bewerbenden aus?

Insgesamt ist die finale Arbeitgeberwahl als Prozess zu sehen, die schon bei der ursprüng-lichen Berufswahl beginnt. Schon zu diesem Zeitpunkt können Unternehmen auf poten-zielle Nachwuchskräfte einwirken und sich als attraktive Arbeitgeber im Gedächtnis ver-ankern. Standort, Produkte oder Branchenspezifika beeinflussen darüber hinaus das Image der Organisationen im Allgemeinen und als Arbeitgeber (vgl. Petkovic 2009, S. 80).

Studien zur Qualität als Arbeitgeber werden seit einigen Jahren auch im Zuge des Em-ployer Brandings genutzt. Sie sollen helfen, den Bekanntheitsgrad, das Image sowie den Ruf von Unternehmen zu verbessern. Im Wesentlichen lassen sich die Studien nach Fra-gen der Arbeitgeberqualität und dem Arbeitgeberimage unterscheiden. Durch ihre unter-schiedlichen Erhebungsdesigns sind sie nur schwer miteinander vergleichbar, liefern aber dennoch Hinweise zu Präferenzen.

▶   Studien zur Arbeitgeberqualität beleuchten die Innensicht von Unternehmen.
    Hier wird besonders auf die Unternehmens- und Führungskultur abgestellt.
    Damit verbunden sind Kriterien wie Respekt, Motivation, Dynamik oder Kom-
    munikation (vgl. Stotz und Wedel 2009, S. 21 f.).

Studien zum Arbeitgeberimage fokussieren auf die öffentliche Wahrnehmung von Unter-nehmen. Meist werden dabei Hochschulabsolventinnen und -absolventen oder Young Pro-fessionals nach ihren Entscheidungskriterien für einen bestimmten Arbeitgeber befragt. Hier zeigen sich deutliche Unterschiede bei den einzelnen Branchen wie etwa zwischen Kaufleuten und Technikern. Auch geschlechtsspezifische Unterschiede werden deutlich.

▶   Demnach lassen sich Frauen eher vom Image einer Organisation leiten als Män-
    ner. Hochausgebildete achten wiederum sehr auf die Bekanntheit und den Ruf
    eines Unternehmens (vgl. Stotz und Wedel 2009, S. 23).

2.6.1   Was die emotionale Verbundenheit zum Arbeitgeber bewirkt

Das forschungsbasierte Beratungsunternehmen Gallup Deutschland führt seit 2001 jähr-lich den Engagement Index Deutschland durch. Die repräsentative Studie wurde 2012 mittels computergestützter Telefoninterviews durchgeführt. Es wurden 2.198 Arbeitneh-merinnen und -nehmer ab 18 Jahren befragt. Danach ist zwar eine große Mehrheit der Be-fragten (91 %) zufrieden mit ihrem Job und hat großes Vertrauen in die finanzielle Zukunft der Unternehmen (72 %). Doch ein Viertel gibt an, nicht am richtigen Platz zu sein, also dass die ausgeübte Tätigkeit nicht die ideale ist (vgl. Nink 2013, S. 2 ff.).

▶   Gerade mal 15 % der Frauen und Männer gibt an, sich sehr emotional mit dem
    Unternehmen verbunden zu fühlen. Demgegenüber stehen 61 % der Befrag-
    ten mit einer geringen und 24 % mit gar keiner emotionalen Bindung zum
    Arbeitgeber.

Engagement Index in Deutschland im Zeitverlauf

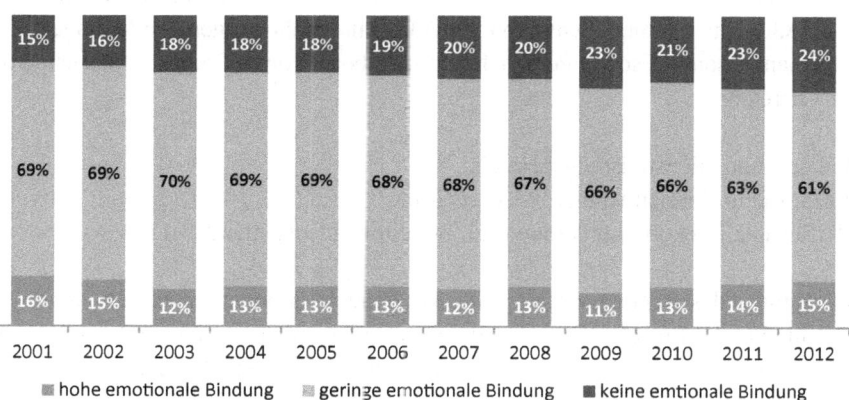

Abb. 2.5 Entwicklung des Engagement Index in Deutschland seit 2001. (Quelle: in Anlehnung an Nink (2013), S. 13)

Hochgerechnet auf die erwerbstätige Bevölkerung stellt das zusammen knapp 30 Mio. Menschen in Deutschland dar. Diese Zahl hat 2012 ihren bisher höchsten Stand erreicht. Waren es 2001 noch 15 % der Befragten, die sich emotional nicht mit ihrem Unternehmen verbunden fühlen, so sind es 2012 neun Prozentpunkte mehr, wie Abb. 2.5 zeigt. Das ist eine Zunahme um 60 % (vgl. Nink 2013, S. 12 ff.).

Emotional ungebundene Beschäftige haben nicht selten bereits innerlich gekündigt und neigen zu destruktivem, geschäftsschädigenden Verhalten. Gallup Deutschland schätzt die volkswirtschaftlichen Kosten solch einer inneren Kündigung auf 112 bis 138 Mrd. € jährlich (vgl. Nink 2013, S. 13).

Die emotionale Bindung schlägt sich auch auf die Innovationsfähigkeit von Organisationen nieder. Die Studie macht deutlich, dass mit dem Grad der Verbundenheit die Zahl der Ideen steigt, die Mitarbeitenden ihren Vorgesetzten unterbreiten. Und diese Ideen sind bares Geld wert. Die Ideen der Mitarbeitenden bezogen sich in 55 % der Fälle auf verbesserte Prozesse, bei 9 % auf verbesserte Produkte und bei 36 % auf verbesserten Service. Davon wurde knapp die Hälfte bereits umgesetzt. 40 % der Ideen werden in naher Zukunft realisiert. 86 % der Vorschläge führten zu Einsparungen, mehr Umsatz oder höherer Effizienz (vgl. Nink 2013, S. 17 ff.).

2.6.2 Employer Branding im europäischen Vergleich

Das E-Recruiting-Unternehmen StepStone führte 2011 in acht europäischen Ländern eine Online-Befragung zum Employer Branding durch. In Belgien, Dänemark, Deutschland, Frankreich, den Niederlanden, Norwegen, Österreich und Schweden wurden Informationen gesammelt, um Unternehmen Tipps zur Positionierung ihrer Arbeitgebermarke zu geben. An der Befragung beteiligten sich 6.000 Fach- und Führungskräfte auf Jobsuche sowie ca. 830 Unternehmen. Schwerpunktmäßig wurden die Fragen von Managern im Bereich Human Resources sowie Personalreferenten beantwortet. Folgende Branchen waren stärker vertreten:

- 13 % aus dem Dienstleistungsbereich,
- 12 % aus dem Bereich Human Resources und
- 11 % aus der Telekommunikation (vgl. StepStone Deutschland 2011, S. 4).

Die Ergebnisse des Reports zeigen, dass das Image des potenziellen Arbeitgebers eine große Rolle bei der Entscheidung für eine Bewerbung spielt. Drei Viertel der Jobsuchenden bewerben sich bei Unternehmen, die einen guten Ruf genießen. Auch auf Seiten der Arbeitnehmenden ist es für 65 % wichtig, was der Familien- und Freundeskreis vom eigenen Arbeitgeber hält.

▶   Für 88 % der Befragten kommen Arbeitgeber mit einem negativen Image nicht in Frage.

Die Studie macht zudem den Unterschied zwischen der Arbeitnehmenden- und Arbeitgebersicht deutlich. So bewerten beispielsweise die deutschen Mitarbeitenden ihren Arbeitgeber auf einer Skala von 1 bis 10 nur mit fünf Punkten. Demgegenüber stehen 83 % Unternehmer, die davon ausgehen, dass Employer Branding in Zukunft noch mehr an Bedeutung gewinnt. Doch nur zwei Drittel investieren auch in diesen Bereich und zwar mit weniger als 20 % ihres Human-Resources-Budgets. Das zeigt, dass der Wille der Arbeitgeber sich noch nicht flächendeckend in konkreten Maßnahmen niederschlägt. Das mag mitunter an den fehlgeleiteten Vorstellungen der Arbeitgeber liegen.

▶   94 % der Personalverantwortlichen glauben, dass sie von ihren Mitarbeitenden weiterempfohlen werden. Die Realität zeichnet ein anderes Bild. 80 % der Mitarbeitenden geben an, dass das kommunizierte Image ihres Unternehmens mehr Wunsch als Wirklichkeit ist.

Die geringe Glaubwürdigkeit der Employer Brand strafen sie ab. Weniger als die Hälfte empfiehlt ihren Arbeitgeber bedenkenlos weiter (vgl. StepStone Deutschland 2011, S. 6 ff).

2.6.3 Exkurs: Der „Great Place to Work®"-Ansatz

Der „Great Place to Work®"-Ansatz geht auf die amerikanischen Journalisten Robert Levering und Milton Moskowitz zurück. Schon in den 1980er Jahren beschäftigten sie sich mit der Frage, was gute Arbeitgeber ausmacht, und stellten mittels Recherchen und

Interviews eine Liste der 100 besten Arbeitgeber in den USA zusammen. Dabei drängte sich immer mehr die Frage auf, was die charakteristischen Eigenschaften eines „Great Place to Work" sind. Die ursprüngliche Annahme, es könnten bestimmte Maßnahmen oder Instrumente sein, wie etwa Gewinnbeteiligungen, wurde schnell verworfen. Sie führte zu keiner breiten Vergleichbarkeit.

▶   Es wurde deutlich, dass „das gesamte Feld der Beziehungen zwischen Unternehmen und Beschäftigten" ausschlaggebend ist, um Begeisterung auszulösen (vgl. Burchell und Robin 2011, S. 2 ff.).

Diese Beziehungen gliedern sich auf drei Ebenen:

1. die Beziehung zwischen Führungskräften und Mitarbeitenden,
2. die Beziehung zwischen Mitarbeitenden und ihrer Tätigkeit,
3. die Beziehung zwischen Mitarbeitenden untereinander (vgl. Hauser 2009, S. 98).

Der neuralgische Punkt dieser Beziehungen ist das Vertrauen zum Management, das aus Sicht der Mitarbeitenden durch drei Qualitäten des Arbeitgebers erreicht wird. Bereits 1988 wurden diese drei Dimensionen identifiziert (vgl. Burchell und Robin 2011, S. 4):

1. **Glaubwürdigkeit**
   – Hierbei geht es insbesondere darum, wie die Kommunikation innerhalb der Organisation gestaltet ist. Transparenz, Offenheit und ein Management, das erreichbar ist, stehen hoch im Kurs der Belegschaft. Führungskräfte, die ihre Angestellten adäquat informieren und die Organisation kompetent leiten, machen den Unterschied. Mit zunehmender Größe eines Unternehmens wird das natürlich umso komplizierter. Beteiligungsorientierte Instrumente der internen Kommunikation haben daher viel Gewicht (vgl. Hauser 2009, S. 99 f.). Zur Glaubwürdigkeit zählt darüber hinaus die konsequente Führungsstärke des Managements, also werden Versprechen gehalten, klare Ziele formuliert, wird Verantwortung an Mitarbeitende übertragen oder ethisch gehandelt (vgl. Burchell und Robin 2011, S. 8).
2. **Respekt**
   – Der Respekt spiegelt sich nach dem Ansatz in erster Linie darin wieder, dass die berufliche Weiterentwicklung der Mitarbeitenden gefördert wird. Dazu gehören beispielsweise Fortbildungen. Auch eine wertschätzende Feedback-Kultur ist entscheidend für die berufliche Förderung. Ferner wird der Respekt an den Möglichkeiten der Partizipation bemessen, also wie das Management die Mitarbeitenden an Entscheidungen beteiligt oder wie mit Ideen umgegangen wird. Die Berücksichtigung der speziellen Lebenssituation wird als Sinnbild für Respekt gewertet. Das umfasst z. B. Fragen nach der Vereinbarkeit von Beruf und Familie. Im Zuge dessen ist das Thema Chancengleichheit der Geschlechter bedeutend (vgl. Hauser 2009, S. 100 f.).

Da im sozialen und Bildungsbereich der Frauenanteil überproportional ist, bezieht sich die Chancengleichheit zum Teil in ungewohnter Weise auf die Männer.

3. **Fairness**
   - Diese Qualität drückt sich darin aus, dass Arbeitgeber ihre Mitarbeitenden gerecht behandeln und sie als vollwertige Mitglieder unabhängig von der Hierarchie anerkennen. Hierbei geht es auch um Fragen des Entgelts oder der Beförderung. Das bedeutet nicht, dass alle das Gleiche bekommen. Vielmehr sollten die Kriterien, nach denen diese Entscheidungen gefällt werden, transparent, frei von Diskriminierung und nachvollziehbar sein (vgl. Hauser 2009, S. 101).

Zwei weitere Qualitäten neben dem Vertrauen zum Management ebnen den Weg zum „Great Place to Work":

4. **Stolz**
   - Der Stolz resultiert in vielfältiger Weise aus identitätsstiftenden Merkmalen. Identifiziert sich die Mitarbeiterin oder der Mitarbeiter mit der Organisation, dem Team oder den Aufgaben? Dazu trägt bei, wenn persönliche Leistungen anerkannt werden, z. B. durch Preise oder wenn größere Entscheidungsspielräume gewährt werden. Soziales und kulturelles Engagement stärken ebenfalls das Stolz-Gefühl (vgl. Hauser 2009, S. 101).

5. **Teamorientierung**
   - Eine Arbeitsstelle, die begeistert, zeichnet sich durch Teamgeist und ein Zusammengehörigkeitsgefühl aus. Das heißt, man selbst sein zu können und dennoch oder gerade deswegen im Team willkommen zu sein. Arbeitgeber, die dem Teamgeist besonderen Stellenwert beimessen, fördern ihn beispielsweise durch gemeinsame Events (vgl. Hauser 2009, S. 102).

2002 wurde Great Place to Work® in Deutschland gegründet. Anlass war der Wettbewerb „Beste Arbeitgeber der EU 2003", der durch die EU-Kommission ins Leben gerufen wurde. Die erste Liste „Deutschlands beste Arbeitgeber" erschien 2003. Mittlerweile lassen sich laut eigenen Angaben durchschnittlich mehr als 5.500 Unternehmen mit mehr als zehn Millionen Mitarbeitenden von dem Institut untersuchen (vgl. GPTW Deutschland GmbH).

Literatur

Andratschke N, Regier S, Huber F (2009) Employer Branding als Erfolgsfaktor: Eine conjoint-analytische Untersuchung. Josef Eul, München

Böttger E (2012) Employer Branding: Verhaltenstheoretische Analysen als Grundlage für die identitätsorientierte Führung von Arbeitgebermarken. Springer, Wiesbaden

Bund K (2014) GENERATION Y. Wir sind jung ... Zeit.de. http://www.zeit.de/2014/10/generation-y-glueck-geld. Zugegriffen: 3. Mai 2014

Bundesinstitut für Berufsbildung (2013) Datenreport zum Berufsbildungsbericht 2013. Informationen und Analysen zur Entwicklung der beruflichen Bildung, Bonn. http://datenreport.bibb.de/media2013/BIBB_Datenreport_2013.pdf. Zugegriffen: 12. Jan. 2014

Burchell M, Robin J (2011) The Great Workplace. How to build it, how to keep it and why it matters, The Great Place to Work® Institute. Wiley, San Francisco

Dehlsen M, Franke C (2009) Employee Branding: Mitarbeiter als Botschafter der Arbeitgebermarke. In: Trost A (Hrsg) Employer Branding. Arbeitgeber positionieren und präsentieren. Luchterhand, Köln. S 156–169

Forschungsbereich beim Sachverständigenrat deutscher Stiftungen für Integration und Migration (Hrsg), Schneider J, Yemane R, Weinmann M (2014) Diskriminierung am Ausbildungsmarkt. Ausmaß, Ursachen und Handlungsperspektiven, Berlin. http://www.svr-migration.de/content/wp-content/uploads/2014/03/SVR-FB_Diskriminierung-am-Ausbildungsmarkt.pdf. Zugegriffen: 11. April 2014

Hauser F (2009) Wahre Schönheit kommt von innen: Der Great Place to Work®-Ansatz. In: Trost A (Hrsg) Employer Branding. Arbeitgeber positionieren und präsentieren. Luchterhand, Köln, S 97–110

Jugendstiftung Baden-Württemberg (2013) Jugendstudie Baden-Württemberg 2013, Landesschülerbeirat Baden-Württemberg, Jugendstiftung Baden-Württemberg, gefördert durch das Ministerium für Kultus, Jugend und Sport Baden-Württemberg, Sersheim. http://www.jugendstiftung.de/fileadmin/Bilder/Jugendstudie_120.pdf. Zugegriffen: 30. Dez. 2013

kununu.de (2014) Häufige Pressefragen.FAQ für Journalisten. Wieviele Bewertungen gibt es? http://www.kununu.com/info/fragen#3. Zugegriffen: 3. Mai 2014

Nagel K (2011) Employer Branding: Starke Arbeitgebermarken jenseits von Marketingphrasen und Werbetechniken. Linde, Wien

Nink M (2013) Engagement Index Deutschland 2012. Gallup GmbH, Berlin. http://www.gallup.com/file/strategicconsulting/160904/Engagement%20Index%20Pr%C3%A4sentation%202012.pdf. Zugegriffen: 28. Dez. 2013

Petkovic M (2009) Wissenschaftliche Aspekte zum Employer Branding. In: Trost A (Hrsg) Employer Branding. Arbeitgeber positionieren und präsentieren. Luchterhand, Köln, S 78–93

presseportal.de (2013) Rheinische Post: Bundesagentur: Bis 2016 fehlen 40000 Pflegekräfte. Erschienen am 14.09. 2013, 09:45. http://www.presseportal.de/pdf/2556217-rheinische-post-bundesagentur-bis-2016-fehlen-40000-pflegekraefte.pdf. Zugegriffen: 4. Okt. 2013

Runde A, Da Cruz P, Schwegel P (2012) Talentmanagement: Neue Strategien für das Personalmanagement in Gesundheitseinrichtungen. medhochzwei, Heidelberg

Schulte M (2012) Generation Y. Warum ein gerechtes Vergütungsmanagement die Attraktivität des Arbeitgebers steigert. Eine Befragung von Nachwuchskräften. Diplomica, Hamburg

Sekretariat der Ständigen Konferenz der Kultusminister der Länder in der Bundesrepublik Deutschland (2013) Vorausberechnung der Schüler- und Absolventenzahlen 2012 bis 2025, Berlin. http://www.kmk.org/fileadmin/pdf/Statistik/Dokumentationen/Dokumentation_Nr._200_web.pdf Zugegriffen: 25. Jan. 2014

Stotz W, Wedel A (2009) Employer Branding: mit Strategie zum bevorzugten Arbeitgeber. Oldenbourg, München

Sponheuer B (2010) Employer Branding als Bestandteil einer ganzheitlichen Markenführung. Springer, Wiesbaden

Staiger-Engel J (2013) Vereinbarkeit von Familie und Beruf in der Sozialwirtschaft. Notwendigkeit, Handlungsansätze und Beispiele guter Praxis. Diplomica, Hamburg

StepStone Deutschland (2011) Der StepStone Employer Branding Report 2011. StepStone Deutschland GmbH, Düsseldorf. http://www.stepstone.de/b2b/stellenanbieter/jobboerse-stepstone/upload/Employer-Branding-Report.pdf?cid=B2C_CLC_SYS19. Zugegriffen: 30. Dez. 2013

StepStone Deutschland (2012) Glückliche Mitarbeiter – erfolgreiche Unternehmen? StepStone Deutschland GmbH, Düsseldorf. http://www.stepstone.de/b2b/stellenanbieter/jobboerse-stepstone/upload/studie_gluck_am_arbeitsplatz.pdf?cid=B2C_CLC_SYS19. Zugegriffen: 30. Dez. 2013

Trost A (2009) Employer Branding. In: Trost A (Hrsg) Employer Branding. Arbeitgeber positionieren und präsentieren. Luchterhand, Köln, S 13–77

Wagner G (2012) Sozialwirtschaft Sachsen-Anhalt. Studie im Auftrag der LIGA der Freien Wohlfahrtspflege im Land Sachsen-Anhalt e.V. Stendal. http://www.liga-fw-lsa.de/downloads/studie.pdf. Zugegriffen: 6. Okt. 2013

Erfolgsfaktoren einer ungewohnten Strategie

3

Der soziale und Bildungsbereich ist es traditionell gewohnt, Klagen gegen die Politik zu richten und auf Missstände in der öffentlichen Förderung aufmerksam zu machen. Mit der Vertrautmachung des Employer Brandings ergeben sich mitunter neue, ungewohnte Perspektiven der Selbstdarstellung, die ein Umdenken erfordern. Auf einmal sollen Sie erklären, warum es toll ist, bei Ihnen zu arbeiten, obwohl Sie jahrelang propagiert haben, dass das unter den jetzigen Bedingungen nicht professionell möglich oder zumutbar ist. Ein Dilemma, das überwindbar ist und dem Sie sich stellen sollten. Sich seiner Arbeitgeberattraktivität zu widmen, ist kein Selbstgänger und von einer Reihe von grundsätzlichen Erfolgsfaktoren abhängig. Lassen Sie sich inspirieren.

3.1 Haben Sie Mut

„Nicht weil es schwer ist, wagen wir es nicht, sondern weil wir es nicht wagen, ist es schwer." (Lucius Annaeus Seneca)

Neue Wege zu gehen, völlig neue Ideen zuzulassen, Klischees und Stereotype öffentlich gegen den Strich zu bürsten, vielleicht sogar dagegen zu rebellieren, setzt eines voraus: Mut.

► Wenn Sie sich mit Ihren einzigartigen Arbeitgebermerkmalen präsentieren wollen, brauchen Sie Courage.

Sie werden möglicherweise Entscheidungen treffen müssen, die auf den ersten Blick unpopulär erscheinen.

© Springer Fachmedien Wiesbaden 2014
C. Heider-Winter, *Employer Branding in der Sozialwirtschaft,*
DOI 10.1007/978-3-658-01196-3_3

Aufmerksamkeit können Sie nur generieren, wenn Sie fokussieren. Das heißt, bestimmte Aspekte, die anderen wichtig erscheinen, in den Hintergrund zu rücken. Es bedeutet, Aspekte in den Vordergrund zu rücken, die andere vernachlässigen. Herausragen führt zu Abgrenzung und dem Gefühl, allein auf weiter Flur zu sein. Das fordert Durchsetzungskraft, für die Entscheidungen nachhaltig einzustehen.

Sicher geht es beim Employer Branding darum, sich mit der Konkurrenz zu vergleichen, aber nicht, die Erfolgreichen zu kopieren. Wenn alle nur das wiederholen würden, was andere Organisationen bereits gesagt oder getan haben, wird die gebotene Vielfalt zum Einheitsbrei. Das schafft weder Identifikation noch Bindewirkung.

Mut ist auch geboten, um Vertrauen zu schenken. Sind die Ideen meiner Mitarbeitenden wirklich gut genug? Kann ich wirklich dem Wunsch meines Teams nachkommen, beispielsweise auf Facebook um Nachwuchs zu werben? Ja, Sie können und Sie sollten!

3.2   Beweisen Sie Geduld

„Man muss jedem Hindernis Geduld, Beharrlichkeit und eine sanfte Stimme entgegenstellen." (Thomas Jefferson)

Niemand wird von heute auf morgen zum Arbeitgeber der ersten Wahl. Schon die Analysephase, die der Grundpfeiler der strategischen Ausrichtung ist, nimmt viel Zeit in Anspruch. Nur zu oft lassen sich sozialwirtschaftliche Betriebe von kurzfristigen Entwicklungen leiten und handeln bei der Konzeptentwicklung überstürzt.

Knappe Zeitressourcen werden als Ausrede genommen, die Prioritäten zugunsten von finanziellen Belangen zu verschieben. Dadurch haben langfristige und strategische Planungen in vielen Organisationen, nicht nur in der Sozialwirtschaft, keinen Raum oder werden müde belächelt. Schnell wird dabei übersehen, dass die Ursachen knapper Zeitressourcen und oder auch finanzieller Engpässe gerade in dieser Kurzfristigkeit begründet liegen. Durch langfristige, strategische Planungen – besonders im Personalbereich – hebeln Sie die vermeintliche Unvorhersehbarkeit von aktuellen Entscheidungen gezielt aus.

Am Beispiel des Finanzbereichs wird das ziemlich deutlich. Organisationen, die ihre Buchhaltung professionell, vernetzt und transparent aufgestellt haben, können Aussagen über die Liquidität für die nächsten Jahre treffen und geraten auch nicht durch abrupte Kürzungen in gefährliches Fahrwasser. Mitunter sehen sie solche Entwicklungen sogar schon kommen und steuern entgegen.

▶   Da die Employer Brand langfristig angelegt ist und auch nur durch langjähriges, konsequentes Vorgehen ihre Wirkung entfalten kann, ist Geduld ein bedeutender Ratgeber.

Selbst wenn akut Stellen besetzt werden müssen, empfiehlt es sich, die nachhaltigen Prozesse auf dem Weg zur Employer Brand davon fern zu halten. Das heißt beispielsweise,

NICHT mal eben schnell eine Website mit einem Slogan, der einigermaßen den Kern trifft, aufzusetzen.

Häufig werden gerade in der Analysephase schon Schwachstellen offen gelegt, die schneller behoben werden können und dennoch den gesamten Prozess nicht unterbrechen. Entwickeln Sie gemeinsam Prioritäten, was unter Umständen „quick and dirty" erledigt werden kann oder vielleicht sogar muss und was eines längeren Reifeprozesses bedarf. Und halten Sie konsequent daran fest.

3.3   Fokus auf das halbvolle Glas

„Wenn es einen Glauben gibt, der Berge versetzen kann, so ist es der Glaube an die eigene Kraft."
(Marie von Ebner-Eschenbach)

Hören wir auf, immer wieder unsere Kraft in Gedanken zu stecken, warum etwas nicht gehen kann. Öffnen wir den Blick für die unendliche Welt der Möglichkeiten, WIE es gehen kann. Eine Floskel bringt die Sichtweise pointiert auf den Punkt:

Alle sagten, das geht nicht. Dann kam einer, der wusste das nicht und hat es einfach gemacht

Erlebnisse dieser Art kennen wir alle. Häufig stehen Menschen sich selbst im Weg und sind allzu schnell dabei, eine Kritik-Liste im Kopf zusammenzustellen à la „Das kann auf keinen Fall funktionieren!", anstatt sich von Ideen inspirieren zu lassen. Die Konzentration auf das sprichwörtliche „halbvolle Glas" verändert:

- die persönliche Sicht auf die Welt,
- das Zusammengehörigkeitsgefühl und die Zufriedenheit im Team und in der Organisation,
- die Reaktion auf neue Aufgaben oder Herausforderungen: Aus „Wir haben ein Problem!" wird „Wir stehen vor einer spannenden Herausforderung und schaffen das gemeinsam!",
- die Motivation,
- die Kreativität aller,
- das Vertrauen zueinander,
- die Loyalität zum Unternehmen
- und sie beflügelt Ihren gesamten Employer-Branding-Prozess.

▶   Unabdingbar sind Motivation und Begeisterungsfähigkeit, die uns alle befähigt, über uns hinaus zu wachsen.

Es geht um eine lösungsorientierte Sichtweise, die sich von problemorientierten Denk-
mustern verabschiedet. Spätestens ab dem Zeitpunkt, wenn Sie sich auf die Suche nach
Ihren einzigartigen Arbeitgebermerkmalen machen, können Sie nicht nur die Kritikpunkte
Ihrer Organisation hin und her wälzen.

Denn die Frage lautet: Was haben Sie zu bieten? Im Kontrast zu: Was haben Sie nicht
zu bieten? Einige Ihrer Konkurrenten können sich vielleicht vor Bewerbungen nicht ret-
ten, arbeiten im gleichen Metier, womöglich noch in Ihrer Nähe. Irgendetwas Positives
scheint also an der Arbeit dran zu sein. Legen Sie Ihre Potenziale offen und trauen Sie sich,
selbstbewusst zu erklären, dass sich die Arbeit bei Ihnen lohnt und warum sie sich lohnt.

3.4   Werden Sie zum Netzwerker

„Offenheit ist ein Schlüssel, der viele Türen öffnen kann."
(Ernst Ferstl)

Netzwerke fangen im Kleinen im internen Umfeld an. Sie bilden die Basis für Beteiligung
und für breite Akzeptanz. Dabei reicht es nicht, nur per Mail zu kommunizieren, wie es gerade bei größeren Trägern der Fall ist. In regelmäßigen Abständen sind persönliche Treffen und auf unterschiedlichen Ebenen durchzuführen. Wer kennt das beispielsweise nicht:
Die Geschäftsführung trifft Entscheidungen in Alleinregie, die sich auf viele Bereiche negativ auswirken und durch kurze Absprachen eine andere Richtung angenommen hätten.
Die Persönlichkeitsentwicklung sowohl zum internen als auch zum externen Netzwerker
ist für Arbeitgeber, die sich mit Employer Branding beschäftigen, eine herausragende Voraussetzung. Das heißt, ein offenes Ohr und Auge für Gespräche, für Stimmungen, Synergien oder Kooperationen zu haben.

> ▶ Jeder Mensch hat individuelle Kompetenzen zu bieten, die Ideen oder Maß-
> nahmen bereichern können.

Jemand kennt jemanden, der wiederum jemanden kennt, der grafisches Geschick hat, eine
Website programmieren oder Räumlichkeiten zur Verfügung stellen kann. Nur, wer den
Blick dafür öffnet und Interesse zeigt, erkennt das Potenzial, das vor ihm liegt.

Die internen Netzwerke sind Ausgangspunkt für die Analysephase und werden bei
allen strategischen Entscheidungen und Maßnahmen aktiviert. Die externen Netzwerke
unterstützen in der Analyse-, Strategie- und Umsetzungsphase die Verbreitung und erleichtern den Aufwand.

Bevor es z. B. an die breite Öffentlichkeit geht, gilt es immer erst, das Netzwerk gebündelt zu informieren, zu beteiligen und gegebenenfalls für das neue Vorhaben zu gewinnen.
Nur dann ist es möglich, an einem Strang zu ziehen und mit gemeinsamer Kraft mehr zu
erreichen.

3.5   Binden Sie die Zielgruppe ein

„Das Geheimnis des Erfolges ist, den Standpunkt des anderen zu verstehen."
(Henry Ford)

Konzepte und Lösungswege, die in einem bestimmten Personenkreis Wirkung erzielen sollen, können nur dann fruchten, wenn man die Meinung dieser Zielgruppe tatsächlich bemüht. Immer noch schrecken viele davor zurück, einfach mal nachzufragen und sich direktes Feedback einzuholen. Dabei ist doch meist nichts leichter als das, und besonders für den Employer Branding-Prozess ist es eine wichtige Voraussetzung.

Verschafft man sich erst einmal einen Überblick, wer wertvolle Informationen liefern könnte, stellt man fest, wie umfangreich dieser Kreis ist und welcher Wissensschatz gehoben werden kann. Sind Sie nicht auch ein kleines bisschen neugierig, mehr über sich als Arbeitgeber zu erfahren? Dabei wird es für Sie wohl eine der großen Herausforderungen sein, andere Perspektiven, die funktionieren könnten, zuzulassen.

► Der Köder soll schließlich dem Fisch und nicht dem Angler schmecken.

Das erfordert ein hohes Maß an Empathie und Selbstreflexion bei der Suche nach dem Markenkern Ihrer Organisation. Ihre Sicht ist natürlich nicht völlig irrelevant, aber nicht die alleinig maßgebliche. Die Zielgruppe darf dabei nicht nur zu Beginn einbezogen werden, sondern immer wieder. Vielfach geschieht das nur zu Anfang und wird am Ende einfach vergessen. Eine der häufigsten Fehler im Rahmen des Employer Branding ist daher, dass das fertige Kommunikationsmaterial nicht noch einmal der Zielgruppe präsentiert wird. Veranstalten Sie kleine Workshops, am besten mit Ihren neuen Mitarbeiterinnen und Mitarbeitern. Fragen Sie nach, ob Sie den Kern getroffen haben, was gefällt, was auffällt und was damit assoziiert wird (vgl. Trost 2009, S. 69).

3.6   Wege verkürzen als Zukunftsaufgabe

„Willst du dich am Ganzen erquicken, so musst du das Ganze im Kleinsten erblicken."
(Johann Wolfgang von Goethe)

Die Sozialwirtschaft ist gekennzeichnet durch vielfältige, undurchschaubare Zugangswege und Karrieren. Für Außenstehende stellt es eine große Herausforderung dar, sich im Gewirr der unterschiedlichen Informationen und Ansprechpersonen zurechtzufinden. Im schlimmsten Fall werden Interessenten derart abgeschreckt, dass sie sich lieber anderen Arbeitsbereichen zuwenden, die leichter verständlich sind.

► Für Arbeitgeber im sozialen und Bildungsbereich wird es zur Zukunftsaufgabe, dieses Gewirr zu entflechten.

Das bedeutet, kreative Wege zu finden, die so kurz und unbürokratisch wie möglich den direkten Kontakt zur Zielgruppe erlauben. Es heißt, ansprechbar und erreichbar zu sein, also schnelle und flexible Freigabeschlaufen zu gewährleisten und die Reaktionszeiten auf ein Minimum zu verkürzen. Befragungen von europäischen Fachkräften zeigen beispielsweise, dass 42 % der Bewerbenden innerhalb einer Woche Rückmeldung erwarten. 41 % der Befragten geben noch eine Woche Schonfrist oben drauf. Gar keine Rückmeldung wird abgestraft. Der Bewerbende sieht das Unternehmen fortan in einem schlechten Licht, was einen Imageschaden über die Arbeitgebermarke hinaus mit sich bringt. Mehr als die Hälfte würde sich dort nicht mehr bewerben (vgl. StepStone Deutschland 2012, S. 5).

Sozialwirtschaftliche Fach- und Führungskräfte sind zwar rar gesät, doch wir haben noch längst nicht den Stand erreicht, dass sie sich nicht mehr bewerben müssen. Vielfach gelangen Arbeitssuchende immer noch über den klassischen Weg der Bewerbung zu ihrem zukünftigen Arbeitgeber. Doch die Kräfteverhältnisse haben sich im Bewerbungsprozess verschoben. Es ist an der Zeit, dass Organisationen dieser Entwicklung Rechnung tragen und selbst die Initiative ergreifen, zur richtigen Zeit und am richtigen Ort Personal aktiv anzuwerben. Dabei reicht es nicht mehr aus, an Tagen der offenen Tür einen Messestand vorzuweisen.

> ►   Es gilt sämtliche Kommunikationswege, die zu Ihrer Organisation führen können, zu optimieren. Sie müssen schneller, auffälliger und hartnäckiger sein als die Konkurrenz.

3.7   Werden Sie zum ehrlichen Verkaufsgenie

„Ein einziges Wort, gesprochen mit Überzeugung in voller Aufrichtigkeit und ohne zu schwanken, während man Auge in Auge einander gegenübersteht, sagt bei weitem mehr als einige Dutzend Bogen beschriebenes Papier."
(Fjodor Michailowitsch Dostojewskij)

Das ganze Leben ist ein Verkauf. Diese Plattitüde wird im Rahmen des Employer Brandings für Sie zum heiligen Gral.

> ►   Sie müssen überzeugen, Argumente liefern, begeistern – sprich verkaufen.

Denken Sie nur daran, wie Sie für ein Vorhaben Kooperationspartner an Bord holen oder Spenden sammeln wollen. Oder wie Sie Ihr Team darauf vorbereiten, eine neue Maßnahme umzusetzen, oder in Stadtteilkonferenzen Ressourcen für Ihre Einrichtung verhandeln. Sie müssen dazu Ideen, Argumente oder den Mehrwert *verkaufen*.

Man muss sich bewusst machen, dass es sich im weiteren Sinne um Verkauf handelt – das ändert die Sichtweise. Der Adressat ist mein Kunde und der Kunde ist König oder Königin. Sie sind am Zug und stehen in der Verantwortung, darzulegen, warum sich jemand für Sie oder Ihre Idee entscheiden sollte. Das heißt nicht, dass Sie Personen Dinge aufschwatzen, die sie eigentlich nicht wollen. Ihr Gewinn oder Vorteil geht nicht über alles. Es bedeutet, dass Sie sich von vornherein darüber Gedanken machen, welche Bedürfnisse Ihr Gegenüber hat und was ihn bewegt, sodass Sie darauf abgestimmt handeln können und Sichtweisen eine neue Richtung geben – letztlich Menschen für sich gewinnen.

Es heißt auch, dass Sie von dem, was Sie tun, überzeugt sind und andere mit dieser Überzeugung anstecken können. Wer hinter seinem Produkt steht, hat es nicht nur leichter beim Verkauf, sondern strahlt eine Glaubwürdigkeit aus, die vergessen lässt, dass es sich um Verkauf dreht.

Die Mentalität eines Verkaufsgenies zu verinnerlichen, bedeutet – und das wird vielen schwerfallen – auf andere offensiv zuzugehen. Also nicht zu warten, bis Sie angesprochen werden, sondern selbstbewusst und aktiv die Initiative zu ergreifen. Das setzt eine grundsätzliche Neugier für Neues und neue Menschen voraus. Dabei hindert es nur, sich von der Angst leiten zu lassen, dass Sie nerven könnten oder niemand überrumpelt werden möchte. Hier gibt es zwei klare Antworten, die Sie verinnerlichen sollten:

1. Sie haben nichts zu verlieren. Oder? Denken Sie eine „Verkaufs"-Situation mal bis zum Ende durch und stellen Sie sich das schlimmste Ereignis vor, das eintreten könnte. Haben Sie wirklich langfristige Nachteile? Wurden Sie persönlich oder Ihre Organisation dadurch beschädigt? Stellen Sie dieses Ereignis dem möglichen Gewinn gegenüber, wenn Sie erfolgreich wären. Was überwiegt?
2. Je besser Sie verkaufen, desto weniger müssen Sie mit abweisenden Reaktionen klarkommen. Begeisterung steckt an – genauso wie Lachen.

3.8   Hauptsteuerung für das Employer Branding ist Führungsaufgabe der Organisation, nicht der Agentur

„Wir sind nicht nur verantwortlich für das, was wir tun, sondern auch für das, was wir nicht tun." (Molière)

Viele PR- und Marketing-Agenturen haben sich dem Thema Employer Branding verschrieben und werben damit, Patentlösungen für alles und jedermann in der Schublade zu haben. Für Geschäftsführungen, deren Zeit und Ressourcen ohnehin knapp bemessen sind, ist es nur allzu verführerisch, diesen Versprechungen nachzugeben. So entstehen schnell mal Konzepte, Strategien und Maßnahmen, in denen zwar viel Kreativität steckt, die aber intern nicht anschlussfähig sind oder extern auf Kritik stoßen, weil Worthülsen schnell entlarvt werden.

Der Schritt zu einer externen Agentur sollte also mit Bedacht und zum richtigen Zeitpunkt gewählt werden. Blindes Vertrauen ist an anderer Stelle besser aufgehoben.

▶ Die Hauptsteuerung der Konzeption und Realisierung bleibt die Aufgabe der Führungsspitze im Unternehmen.

Besonders Agenturen sind versiert darin, ihre Kunden Glauben zu machen, dass ihnen die Kompetenz und Erfahrungen fehlen, die richtigen Entscheidungen zu fällen. Lassen Sie sich dennoch nicht verunsichern und das Ruder aus der Hand reißen. Zu schnell gehen Beratungen in Aufdringlichkeiten über, was man als Geschäftsführung alles unbedingt machen müsse, um erfolgreich zu sein – nicht selten mit dem subtilen Beigeschmack angeblicher Unfähigkeit.

Wie überall im Leben kommt es auch bei Dienstleistern darauf an, zwischenmenschlich gut zu harmonieren und sich auf Augenhöhe zu begegnen. Verabschieden Sie sich lieber von Agenturen, wenn Sie sich als Kunde nicht mehr als König oder Königin fühlen dürfen. Der klassische Weg, Konzepte an Agenturen outzusourcen, ist darüber hinaus nicht das Allheilmittel. Haben Sie schon mal überlegt, ob es nicht lohnenswerter ist, eine interne Stelle für diese Aufgabe zu schaffen? Oder ein Netzwerk aus freiberuflichen Kreativen zusammenzustellen, das Sie punktuell an Bord holen? So erleichtern Sie sich die Steuerung des gesamten Employer-Branding-Prozesses.

Das setzt eingangs mehr Anstrengungen voraus, zahlt sich aber im Nachhinein wirkungsmäßig und finanziell aus.

▶ Eine Idee, die Sie gemeinsam selbst entwickelt haben, überzeugt wesentlich mehr und verankert sich nachhaltiger, als ein ausgebrütetes Konzept von Menschen, die nicht bei Ihnen arbeiten.

Zumal Externe doch nie ganzheitlich die Tiefenpsychologien Ihrer Organisation erfassen und nachfühlen können.

3.9 Öffentlichkeitsarbeit als Stabsstelle

„Man muss nicht unbedingt das Licht des anderen ausblasen, um das eigene Licht leuchten zu lassen."
(Phil Bosmans)

In vielen kleineren, aber auch größeren Trägern ist der Bereich Öffentlichkeitsarbeit entweder gar nicht vorhanden oder als Zusatzaufgabe einer Person zugeordnet, die hauptamtlich eigentlich Anderes zu tun hat. Damit einher geht meist eine entsprechende stiefmütterliche Behandlung von Kommunikation.

Wer sich dem Employer Branding ernsthaft widmen will, sollte den Bereich Öffentlichkeitsarbeit als integralen Bestandteil des Unternehmens etablieren und nicht auf die Funktion einer begleitenden Unterstützung reduzieren. Das heißt, er gehört auf die Position einer Stabsstelle und ist somit bei der Geschäftsführung angesiedelt. Fast alle Themen, die vom Employer-Branding-Prozess berührt werden, werfen Fragen der Kommunikation auf. Sie wollen beispielsweise Folgendes herausfinden:

- Wie zufrieden sind meine Mitarbeitenden und wie finde ich es heraus?
- Wie kommen die Botschaften aus der Führungsebene an?
- Wie erreiche ich alle meine Mitarbeitenden gleichermaßen?
- Mit welchen (Kommunikations-) Mitteln schaffen wir Zusammenhalt?

Dann werden Sie nicht umhin kommen, sich intensiv mit Kommunikation auseinanderzusetzen. In diesem Fall den Bereich Öffentlichkeitsarbeit außen vor zu lassen, ist fahrlässig. Die zuständigen Mitarbeitenden haben häufig langjährige Expertise in der internen und externen Kommunikation. Sich darüber hinwegzusetzen, weil man es vermeintlich besser weiß, ist sehr kurzfristig gedacht – und hat Folgen.

▶   Die Floskel „Schuster bleib bei deinen Leisten" bringt auf den Punkt, dass professionelle Kommunikation professionelle Strukturen braucht und die Kompetenzen ernst genommen werden müssen.

Meist sind die Verantwortlichen für Öffentlichkeitsarbeit innerhalb der Organisation allen Mitarbeiterinnen und Mitarbeitern bekannt und übernehmen schon seit Jahren eine wichtige Multiplikatorenfunktion. Diese gilt es auszubauen und mit den nötigen Befugnissen sowie Freiheiten auszustatten. Dass sie teilweise nicht über tiefgehende Kenntnisse der fachlichen Arbeit verfügen, stellt dabei keinen Hinderungsgrund oder Kompetenzverlust dar. Ganz im Gegenteil: Vielfach eröffnet das doch erst den Blick über den Tellerrand. Und was man nicht weiß, kann man immer noch erfragen.

▶   Stärken Sie Ihre Öffentlichkeitsarbeit und schenken Sie ihr mehr Vertrauen für eigenständige Entscheidungen.

Wenn Verantwortliche für Öffentlichkeitsarbeit gemeinsam mit der Geschäftsführung denken, dann verbessert sich die Kommunikation auf allen Ebenen, nicht nur, was Methoden wie beispielsweise Newsletter betrifft, sondern auch was die zwischenmenschliche Ebene angeht. Darüber hinaus werden Geschäftsführungen dadurch wesentlich schneller und flexibler bei der Vermittlung von Botschaften und Neuigkeiten. Schließlich müssen sie nicht mehr alles alleine schultern.

Lassen Sie sich von den neuen Zuständigkeiten positiv überraschen. Kompetenzerweiterungen können Ihren Öffentlichkeitsarbeiterinnen und -arbeitern dazu verhelfen, über sich selbst hinaus zu wachsen. Meist wird Kreativität durch ein enges Korsett interner Grenzen derart zusammengepresst, dass immer die gleichen Ergebnisse und Aktionen entstehen. Mehr Freiheiten – besonders im Denken – legen erst das eigentliche kreative Potenzial offen.

Dabei werden die Aufgabenbereiche Marketing, Öffentlichkeits- und Pressearbeit zunehmend miteinander verschmelzen. Zwischen ihnen gibt es zu viele Wechselbeziehungen und Synergien, als dass es empfehlenswert wäre, sie unabhängig voneinander zu betrachten. Jede Marketingmaßnahme ist es wert, zumindest den Versuch zu unternehmen, sie pressemäßig zu begleiten. Das gilt umgekehrt gleichermaßen. Häufig entsteht auch das eine aus dem anderen. Das Oberthema ist Kommunikation, die sich schwerlich in Bereiche aufteilen lässt, wie es in vielen Großunternehmen immer noch praktiziert wird. Damit verwischen zwar die Grenzen zwischen Werbung und PR, doch da Authentizität die Voraussetzung für Employer Branding ist, ist die Glaubwürdigkeit der inhaltlichen Arbeit nicht wirklich gefährdet.

3.10 Authentizität als oberstes Gebot

„Das Große ist nicht dies oder das zu sein, sondern man selbst zu sein."
(Sören Kierkegaard)

Wirkliche Nachhaltigkeit für Ihren Employer-Branding-Prozess erreichen Sie nur mit dem Bewusstsein, dass Authentizität das oberste Gebot darstellt. Angefangen von der Analyse der Organisation, der Offenlegung von Optimierungspotenzialen bis zur Entscheidung, welche Kanäle und Maßnahmen zum Unternehmen passen oder was Ihre potenziellen Markenbotschafter erzählen, zieht sich Authentizität wie ein roter Faden durch den Prozess.

Abgeleitet vom griechischen *authenikós* steht der Begriff für etwas Zuverlässiges oder etwas Richtiges. Im Allgemeinen werden Dinge und Personen dann als authentisch bezeichnet, wenn sie echt oder maßgeblich sind und dadurch eine besonders hohe Glaubwürdigkeit ausstrahlen. Zentrale Maßgabe ist es, dauerhaft ehrlich zu sich selbst zu sein und sich treu zu bleiben. Die eigenen Werte werden hochgehalten, und zwar nicht je nach Laune, sondern es geht um eine langfristige Identifikation. An ihr wird allen Widerständen zum Trotz festgehalten, auch wenn sich die vorherrschenden Meinungen ändern. Damit einhergehen die Gebote der Wahrheitstreue, der Ehrlichkeit und der Natürlichkeit (vgl. Weckner 2010, S. 4).

Dieser Anspruch ist leicht dahingesagt, gerät in der Praxis jedoch schnell an seine Grenzen, wenn es um unbequeme „Wahrheiten" geht. Doch auch schmerzhafte Erkenntnisse haben ihr Gutes: Veränderung. Und letztlich ist Employer Branding auf vielen Ebenen ein Change-Management-Prozess. Was nützt es Ihnen, wenn Sie nach außen versuchen, mit verführerischen Botschaften zu gefallen, wenn Sie kluge Köpfe gewinnen, die sich dadurch angezogen fühlen, aber gleichzeitig die Fassade nach innen bröckelt und der Kreis derer, die davon angewidert sind, wächst?

▶   Authentizität beginnt mit dem Bewusstsein, dass Stärken nur durch Schwächen erkennbar werden.

Die konsequente Akzeptanz beider Seiten senkt bei vielen Abläufen und Aufgaben die Erwartungshaltung und führt zu realistischen Einschätzungen. Schwächen werden in unserer Gesellschaft häufig mit Inkompetenz oder mangelndem Vertrauen verbunden. Doch sie einzugestehen verhilft ihnen erst zu wahrer Größe und am Ende zu Authentizität. Hören Sie nicht auf neugierig zu sein, zu fragen und zuzuhören, was über Sie erzählt wird. Lassen Sie negative Kommentare zu und lernen Sie daraus.

▶   Nur mit Authentizität können Sie ins Herz Ihrer Zielgruppe treffen.

Je mehr Sie sich dabei treu bleiben – ganz individuell und innerhalb Ihrer Organisation –, umso größer ist die Wahrscheinlichkeit, dass Sie die Richtigen für Ihr Unternehmen finden – und dass sie bleiben.

Literatur

StepStone Deutschland (2012) Jobsuche 2013. Wie Recruiter und Bewerber vorgehen und was sie erwarten. StepStone Deutschland GmbH, Düsseldorf. http://www.stepstone.de/b2b/stellenanbieter/jobboerse-stepstone/upload/StepStone-Studie-Jobsuche-2013.pdf?cid=B2C_CLC_SYS19. Zugegriffen: 30. Dez. 2013

Trost A (2009) Employer Branding. In: Trost A (Hrsg) Employer Branding. Arbeitgeber positionieren und präsentieren. Luchterhand, Köln, S 13–77

Weckner A (2010) Keepin' it real – Auf der Suche nach Authentizität. GRIN, Norderstedt

Vielfalt gestalten – Unterschiede würdigen: Gender, Diversity und Inklusion als Dimensionen im Employer Branding

4

Die Employer-Branding-Grundlagen, die unterschiedlichen Perspektiven und die Erfolgsfaktoren haben Sie nun kennengelernt. Als Teile der Organisationsentwicklung werden an dieser Stelle die Dimensionen Inklusion, Gender und Diversity beleuchtet. Die Auseinandersetzung damit trägt für Organisationen der Sozialwirtschaft dazu bei, interessante Zielgruppen zu erreichen. Denn obwohl die Verhältnisse am Arbeitsmarkt durch den demografischen Wandel sehr angespannt sind, liegen immer noch viele Potenziale zur Steigerung der Erwerbsbeteiligung brach.

So liegt beispielsweise die Erwerbsbeteiligung bei Menschen zwischen 35 und 40 Jahren mit Hochschulabschluss bei 88 %. Bei Akademikerinnen und Akademikern mit Migrationsgeschichte sinkt die Zahl auf 63 %. Auch bei der Erwerbsbeteiligung von Frauen ist noch deutlich Luft nach oben. Sie liegt mit 66 % deutlich unter dem Schnitt der Männer (80 %). Eine weitere Zielgruppe sind ältere Beschäftigte, für die Arbeitsumgebungen geschaffen werden müssen, die es ihnen überhaupt erlauben, bis ins hohe Alter zu arbeiten (vgl. Pfeiffer 2012, S. 107).

Untersuchungen zeigen, dass bei den Beschäftigten über 50 Jahre häufiger arbeitsbedingte Erkrankungen (8,8 %) auftreten als bei den jüngeren (3,6 %). Häufig ist Stress die Ursache für die Krankmeldung (vgl. Pfeiffer 2012, S. 110). Die Zahlen machen deutlich, dass die Arbeitswelt noch keine breitenwirksamen Lösungen gefunden hat, wie alters- und alternsgerechte Stellen gestaltet werden können.

> Ein demografiebewusstes Personalmanagement wird mehr denn je zur Voraussetzung, um zukünftig im Wettbewerb um ‚kluge Köpfe‘ bestehen zu können. (Pfeiffer 2012, S. 112)

© Springer Fachmedien Wiesbaden 2014
C. Heider-Winter, *Employer Branding in der Sozialwirtschaft,*
DOI 10.1007/978-3-658-01196-3_4

4.1 Vielfalt-Dimensionen in der Sozialwirtschaft

Angesichts der Arbeitnehmerfreizügigkeit, die besonders im Pflegebereich zu einem Zuwachs ausländischen Personals führt, ist das Spektrum der Bewerbenden schon seit mehreren Jahren bunter geworden. Seit 1. Januar 2014 gilt auch für Rumänien und Bulgarien die uneingeschränkte Arbeitnehmerfreizügigkeit. Damit werden die Grenzen im Rekrutierungsprozess zusehends europäisch, aber auch global. Das ist für Arbeitgeber eine Veränderung, die schon seit vielen Jahren ihren Lauf nimmt, aber noch nicht gänzlich in der Breite angekommen ist.

Besonders in der Sozialwirtschaft wurde Diversity Management nur vereinzelt und im Vergleich zu anderen Arbeitsfeldern erst spät bei geschäftspolitischen Entscheidungen einbezogen. Speziell christliche Organisationen tun sich mit dem Thema schwer, da ihre Mitarbeiterauswahl durch Kirchenzugehörigkeit engmaschig ausgelegt ist. Eine intensive Auseinandersetzung mit religiöser und kultureller Vielfalt erscheint dadurch überflüssig. Durch ihre häufig traditionellen und konservativen Denkmuster ist für sie der Schritt zu mehr Offenheit mit deutlich mehr Aufwand auf allen Ebenen verbunden. Gerne wird Diversity Management dann einfach als überschätztes Hype-Thema abgetan (vgl. Ziegler 2012, S. 178 f.).

Dabei ist es sehr kurzfristig gedacht, die zunehmende gesellschaftliche Unterschiedlichkeit weitestgehend auszublenden. Vielfalt ist nicht nur auf Belegschaftsseite zu finden. Auch die Kundenkreise werden immer heterogener. Kunden unterschiedlicher Herkunft oder Tradition werden sich gezielt Einrichtungen suchen, bei denen sie das Gefühl haben, mit ihren individuellen Bedürfnissen verstanden zu werden. Das setzt für die Organisationen mitunter voraus, dass sich die Kundenstruktur in ihrer Personalstruktur widerspiegelt. Mal ganz abgesehen davon, dass auf diesem Wege völlig neue Kundengruppen, die wirtschaftlich interessant sind, gewonnen werden können (vgl. Watrinet 2012, S. 162).

▶ Nutzen Sie die sich bietende Vielfalt auf dem Arbeitsmarkt mit all ihren Eigenheiten als Chance und gewinnen Sie strategische Ressourcen für Ihre Organisation.

Die zunehmende Internationalisierung des Arbeits- und Absatzmarktes führt dazu, dass das Leben bunter und multikultureller wird. Das bedeutet für Arbeitgeber, sich gezielt mit Inkusion, Gender und Diversity Management auseinanderzusetzen. Dabei soll das Thema nicht als Belastung angesehen werden. Vielmehr bietet es angesichts des Fach- und Führungskräftemangels viele Ansatzpunkte für unternehmerischen Erfolg und ist nicht zuletzt ein Prinzip der Unternehmensführung. Mitarbeitende werden in ihrer Individualität und Unterschiedlichkeit erkannt und wertgeschätzt. Die Gesamtheit der Belegschaft wird im Hinblick auf ihre Unterschiede und Gemeinsamkeiten gewürdigt (vgl. Stotz und Wedel 2009, S. 51). Der positive Einfluss schlägt sich besonders bei der Bindung und Gewinnung von Mitarbeitenden nieder.

▶   Organisationen, die sich um eine vielfältige Belegschaft bemühen, erlangen
    Sichtbarkeit in wesentlich breiteren gesellschaftlichen Gruppen.

Diese Sichtbarkeit geht einher mit einem toleranten und positiven Image. Sie steigern damit intern und extern Ihre Reputation. Nicht zu unterschätzen ist zudem das Innovationspotenzial, das aus Gender und Diversity Management resultiert. Innerhalb homogener Belegschaften bilden sich gleiche und oft stereotype Denkweisen heraus. Das erschwert den
Blick über den Tellerrand und gibt schwerlich Raum für neue Perspektiven. Damit werden
Problemlösungen immer auf die gleiche Weise angegangen. Dabei kann auch die Determinante Alter eine Rolle spielen. Zwar wird bei älteren Arbeitnehmenden vielfach eine
weniger flexible geistige Beweglichkeit und Veränderungsbereitschaft konstatiert. Demgegenüber stehen Kompetenzen wie Erfahrung und ein damit verbundenes ausgewogeneres Urteilsvermögen. Eine Kombination generationsübergreifender Perspektiven führt zu
balancierten Entscheidungen, die Realisierungschancen sachgerecht bewerten lassen und
erfolgreiche Innovationen hervorbringen (vgl. Böhne 2012, S. 155 ff.).

4.2   Diversity Management und Gender Mainstreaming innerhalb des Employer-Branding-Prozesses

Sowohl Diversity Management als auch Gender Mainstreaming sind Top-Down-Ansätze, die von der Führungsspitze gesetzt werden müssen. Bei beiden wird versucht, einen
Gleichstellungsanspruch zu operationalisieren. Trotz der zahlreichen Parallelen und Überlappungen ist es dennoch passend, von Gender UND Diversity zu sprechen. Damit finden
die historischen Besonderheiten beider Ansätze Berücksichtigung. Im Zuge der Frauenbewegung und Geschlechterforschung hat sich Gender wissenschaftlich und international
etabliert. Diversity, das eher als politisches Leitbild Eingang in die öffentliche Diskussion
gefunden hat, ist wissenschaftlich wesentlich weniger fundiert erforscht (vgl. Schiederig
und Vinz 2011, S. 232).

4.2.1   Diversity Management als Gewinn für den Employer-Branding-Prozess

> Diversity, gleich ob als Unternehmensstrategie, entwicklungspolitische Konzeption oder
> sozialwissenschaftliche Kategorie, beinhaltet ein radikales Bekenntnis zur Globalisierung
> und Moderne, ein Prozess, der vermeintlich feste Sozialstrukturen, aber auch Normen, Werte
> und Vorstellungen infrage stellt und Andersartigkeit nicht mehr als störende Abweichung,
> sondern als neues kreatives Potenzial begreift. (Schröter 2009, S. 79).

Diversity Management stellt für Organisationen ein Gesamtkonzept dar, das sich den
Unterschiedlichkeiten des Personals widmet mit dem Ziel, dass alle Beteiligten davon

profitieren. Im Zuge des Employer-Branding-Prozesses wird Diversity Management in die Strategie integral eingeflochten. Vorgesetzte werden sensibilisiert, unterschiedliche Mitarbeitende unterschiedlich zu führen. Das bedeutet beispielsweise, vielfältige Talente vorurteilsbewusst zu gewinnen und angemessen in die Organisation zu integrieren (vgl. Stotz und Wedel 2009, S. 52).

Für die Praxis des Bewerbungsverfahrens bedeutet das, dass gängige Auswahlverfahren und -kriterien ausgedient haben, da sie den aktuellen Entwicklungen nicht mehr Rechnung tragen. Mehr denn je geht es darum, abseits der hervorstechenden Merkmale wie Geschlecht, formale Qualifikationen oder Herkunft herauszufiltern, ob die Bewerbenden Potenziale bieten, sich etwa fehlende Kenntnisse schnell anzueignen. Doch Potenzial lässt sich kaum auf den ersten Blick aus einer Bewerbungsmappe ablesen (vgl. Watrinet 2012, S. 160 f.).

Die Perspektiven der Unterschiedlichkeit sind das Alter, das Geschlecht, religiöse Ansichten, die ethnische Herkunft, Behinderungen, Weltanschauung, Nationalität und sexuelle Orientierung. Sie werden für die Verwirklichung von Unternehmenszielen gewinnbringend genutzt (vgl. Böhne 2012, S. 153). Prinzipiell schwingen bei Diversity auch immer die Themen und Forderungen nach Toleranz, Anti-Diskriminierung und Chancengleichheit mit (vgl. Schröter 2009, S. 79).

►   Diversity verhilft den Unternehmen nicht nur zu einer offenen und toleranten Ausstrahlung, sondern spielt auch als ökonomisches Kriterium eine Rolle.

Mit der Vielfalt von Mitarbeitenden sichern sich Organisationen Wettbewerbsvorteile bei Kosten, Innovationen und Kreativität, besonders was Problemlösungen angeht. Sie sind flexibler aufgestellt und genießen Marketingvorteile, beispielsweise bei der Gewinnung von Fach- und Führungskräften (vgl. Böhne 2012, S. 154 f.). Diversity wird dabei als Ressource vergleichbar mit Rohstoffen oder Technologie verstanden, die Organisationen Vorteile am Markt sichert (vgl. Watrinet 2012, S. 163).

Die Fraport Aktiengesellschaft, Eigentümerin des Flughafens Frankfurt widmete sich gezielt dem Diversity Management. Das Thema sollte der Wirtschaftlichkeit des Unternehmens zu Gute kommen und daher Antworten auf zentrale Fragen liefern:

Ein Vielfaltmanagement ist dann von Nutzen, wenn es Antworten gibt bzw. Handlungsorientierung zeigt bei der aktuellen Frage angesichts des demografischen Wandels. Welche Personalressourcen stehen dem Unternehmen zukünftig zur Verfügung, um die Wettbewerbsfähigkeit zu sichern oder gar zu steigern? Nutzen wir die vorhandene personelle Vielfalt eigentlich stark genug oder gibt es eventuell Potenziale, die wir noch nicht wahrgenommen haben? Können wir die personelle Vielfalt nicht stärker einsetzen, um auf die Anforderungen der Kundinnen und Kunden, die sich ebenfalls durch Merkmale von Vielfalt auszeichnen, erfolgreich und damit gewinnbringend zu reagieren? (Müller 2012, S. 171)

Es gilt, das Diversity Management als Querschnittsthema im Employer-Branding-Prozess zu sehen. Es nur auf das Personalmanagement oder Marketing zu beschränken, wäre zu kurz gegriffen. Erster Ansatzpunkt für ein kulturbewusstes Management ist die Sensibilisierung der Führungsebene. Sie müssen davon überzeugt sein, dass Diversity Management nicht nur als Lippenbekenntnis lebt, sondern implementiert einen Mehrwert für alle Bereiche bietet. Dazu gehört es, dass das Kosten-Nutzen-Verhältnis transparent dargelegt wird (vgl. Watrinet 2012, S. 164).

Die Analyse von Beispielen guter Praxis zeigt, dass die Implementierung von Diversity Management dann besonders erfolgreich ist, wenn folgende Gestaltungsfaktoren strategisch aufeinander abgestimmt sind:

- das Unternehmensleitbild,
- das Führungsverhalten,
- der generelle Umgang mit Vielfalt innerhalb der Organisation und
- das Diversity-Klima im Betrieb, also wie Beschäftigte persönlich und organisational integriert werden (vgl. Watrinet 2012, S. 164).

4.2.2   Gender Mainstreaming als Gewinn für den Employer-Branding-Prozess

Analytisch betrachtet sind Gender und Diversity nicht zwei voneinander getrennte Konzepte, auch wenn in der wissenschaftlichen Darstellung die Bereiche häufig separat bearbeitet werden und sie aus politischer Perspektive für eigenständige, konkurrierende Konstrukte stehen. Diversity ist im Sinne von Vielfalt ein Aspekt von Gender. Im Sinne von Vielfalt und deren Management ist Gender wiederum ein Aspekt von Diversity (vgl. Krell 2009, S. 133).

Während Diversity Management stärker im Unternehmenszusammenhang als personalpolitscher Ansatz und Organisationsressource zu finden ist, taucht Gender Mainstreaming intensiv im öffentlichen Dienst unter dem Dach von Chancengleichheit auf und hat auch eine gesetzliche Grundlage. Bei Maßnahmen, Politik oder Problemen sollen die Bedürfnisse beider Geschlechter gleichberechtigt berücksichtigt werden. Der Begriff Mainstreaming meint in diesem Zusammenhang, dass Gender eine Querschnittsaufgabe ist, die alle Bereiche durchzieht (vgl. Schiederig und Vinz 2011, S. 231). Dazu gilt es Entscheidungsprozesse in allen Bereichen der Politik und Arbeit nach der Geschlechterdimension zu reorganisieren, zu verbessern, zu entwickeln und zu evaluieren. Vergleichbar ist das mit der Dimension Ökonomie, also der Frage nach den Kosten, die sich ebenfalls wie ein roter Faden durch alle Organisationen und sämtliche Ebenen zieht und diese beeinflusst (vgl. Stiegler 2002, S. 20 f.).

►   Gender Mainstreaming stellt das Geschlecht als zentrale Strukturkategorie in den Mittelpunkt. Der Begriff „Gender" thematisiert die gesellschaftlichen Zuschreibungen von Männern und Frauen. Das Geschlecht wird als soziale Konstruktion gesehen.

Es wird davon ausgegangen, dass Geschlechtern im öffentlichen und privaten Raum Rollen auferlegt werden, aus denen die unterschiedliche Verteilung von Ressourcen wie Geld oder Macht hervorgehen. Der Begriff „Mainstreaming" stellt auf den kulturellen und historischen Veränderungsprozess ab, mit dem Geschlechtergerechtigkeit als allgemeingültiges Prinzip erreicht werden soll. Gender Mainstreaming beschreibt die Folgen von Geschlechtszuschreibungen und deren Berücksichtigung auf allen Ebenen, mit dem Ziel, mehr Chancengerechtigkeit zu bewirken. Im politischen Kontext wird die Gleichstellungspolitik in erster Linie auf Frauen bezogen (vgl. Görlich 2009, S. 4 f.).

Eine analytische Technik, um die Geschlechterdimension in politischen Entscheidungsprozessen adäquat zu berücksichtigen, ist die 3-R-Methode. Sie hat ihren Ursprung in schwedischen Kommunen. Damit sollten politische Maßnahmen stets anhand von drei Kategorien überprüft:

1. *Repräsentation:* Hierbei geht es um die Frage, wie viele Männer und Frauen betroffen sind und ob sich dieses Verhältnis bei der betreffenden Maßnahme widerspiegelt.
2. *Ressourcen:* Dieses Kriterium analysiert, wie Ressourcen wie Geld, Raum oder Zeit auf die unterschiedlichen Geschlechter verteilt werden.
3. *Realisierung:* Hier wird nach den Ursachen gesucht, warum die Repräsentation und die Ressourcen unterschiedlich auf die Geschlechter verteilt sind und ob es Möglichkeiten der Anpassung gibt. Daraus können Strategien für zukünftige Vorgehensweisen entwickelt werden (vgl. Stiegler 2002, S. 29 f.).

Historisch gesehen entstand der Begriff Gender Mainstreaming im Kontext der Entwicklungshilfe. Um die wirtschaftliche Rolle der Frau in Afrika, Asien und Lateinamerika zu stärken, wurde in den 1980er Jahren damit begonnen, frauenspezifische Förderprogramme zu entwickeln. Sie sollten in den Mainstream der herrschenden Strukturen aufgenommen werden. Unter dem Titel „Women in Development" sind Programme dieser Art konzeptionell als Standard in die Entwicklungshilfe eingegangen (vgl. Riedmüller 2002, S. 7 f.).

Eines der größten Abschreckungspotenziale von Gender Mainstreaming ist der hohe Grad der Abstraktion. Schnell heißt es dann mal: „Das machen wir alles schon. Mehr brauchen wir nicht." Dabei sind solche Reaktionen nur allzu menschlich und nicht als grundsätzliche Abwehr dem Thema gegenüber zu verstehen. Vielmehr ist Unwissenheit der Quell der Haltung. Was der Bauer nicht kennt …

Nicht nur, dass sich der Begriff nicht ohne Weiteres ins Deutsche übersetzen lässt, auch die Übertragung des Ansatzes auf die Praxis gleitet immer wieder in allzu theoretische Konstrukte ab. Viele der gelungenen Beispiele erwähnen in ihren Beschreibungen den Begriff „Gender" nicht einmal und doch stehen sie durch und durch für gleichstellungspolitische Initiativen. Schaut man sich die Geschichte von Gender Mainstreaming im Kontext der Entwicklungshilfe an, wird schon daran deutlich, dass das Huckepack-Verfahren von Gender Mainstreaming selbst damals genutzt wurde. Schließlich hießen die Förderprogramme „Women in Development" und nicht etwa Gender Mainstreaming für mehr Gerechtigkeit in Entwicklungsländern. Die Begründung für diesen Ansatz aus den

1980er Jahren beruht auf nachvollziehbaren Argumenten, die den konkreten Mehrwert – und nicht einen vagen, ideellen – deutlich herausstellen.

Das macht eine grundsätzliche Perspektivverschiebung deutlich. Man kann nicht unbedingt erwarten, dass sich Fach- und Führungskräfte in sozialen und Bildungseinrichtungen von selbst mit Geschlechterfragen, möglichst noch wissenschaftlich, auseinandersetzen. Das ist eine Überforderung, die deutlich an der Arbeitsrealität und im Grunde auch an der Realität jedes einzelnen vorbei geht.

► Um Gender in den Alltag zu integrieren und als Querschnittsthema zu etablieren, gilt es, die praktischen Themen und Bereiche zu identifizieren, an denen Gender spürbar wird.

Doch auch das allein reicht nicht aus. Damit sich etwas verändert, muss der Mehrwert der Veränderung erkenn- und spürbar sein. Und auch hier wird gerne unterstellt, dass das doch zum Selbstverständnis von Fachkräften gehören müsse, dass das wichtig ist.

Sicher, ja. Von der Metaebene aus stellt das einen Anspruch dar, den man durchaus von seinen Mitarbeitenden einfordern kann. Nichtsdestotrotz bewegen wir uns bei dieser Diskussion im Kreis, wer was hätte und müsste. Denken wir doch von vornherein aus der Perspektive, welcher Mehrwert erzielt werden kann und welcher Mehrwert ganz praktisch entsteht. Letztlich machen wir doch alle die Aufgaben am liebsten, von denen wir (persönlich) profitieren. Oder anders formuliert:

► SIE wollen doch etwas verkaufen? Und zwar Gender Mainstreaming, oder nicht? Dann erklären SIE Ihren Mitarbeitenden – die in dem Sinne Ihre Kundinnen und Kunden sind – warum sie in Zeiten, in denen „das Geld" knapp ist, ihr „Portemonnaie" öffnen sollten.

Genau diese Forderung, Gender Mainstreaming für die Praxis nutzbar zu machen, stellt für Arbeitgeber die größte Herausforderung dar.

4.2.3   Förderung und positive Diskriminierung ausgewählter Zielgruppen

Zur Bevorzugung von unterrepräsentierten Personengruppen können Arbeitgeber Maßnahmen zur sogenannten positiven Diskriminierung oder „Affirmative Action" ergreifen. Der Begriff erlangte in den 1970er Jahren in den USA größere Verbreitung. Der Anteil ethnischer Minderheiten sollte besonders an den privaten Universitäten, die ihre Studierenden anhand eines engen Rasters von Zulassungskriterien auswählten, gesteigert werden. Die Idee von „Affirmative Action"-Programmen ist es, mit Antidiskriminierungsmaßnahmen Minderheiten die aktive Teilnahme am gesellschaftlichen Leben zu ermöglichen (vgl. Noky 2009, S. 1 f.).

Beispiele dafür sind auf der einen Seite strikte Quotenregelungen oder aber flexiblere Richtlinien, die vorgeben, dass innerhalb einer bestimmten Zeitspanne, Minderheiten aufgenommen werden sollen. Dadurch soll sich die Realität der proportionalen Verteilung in der Gesellschaft im Bildungssystem, in Unternehmen oder Politik widerspiegeln. Auf der anderen Seite gehören Ausbildungsprogramme mit dem Fokus, die beruflichen Qualifikationen von Minderheiten zu verbessern, dazu (vgl. Hildebrandt 2005, S. 475).

Alle Maßnahmen im Zuge von Quoten können als eher harte Maßnahmen gesehen werden, da sie die Rechte und Privilegien nicht benachteiligter Gruppen berühren. Ansätze, die eher darauf abstellen, die Minderheiten zu fördern, ohne die andere Bevölkerungsmehrheit zu benachteiligen, sind demnach eher weiche Maßnahmen (vgl. Schwarz 2010, S. 131). Zunächst einmal ist die Identifikation von Minderheiten oder Benachteiligten der zentrale Ansatzpunkt für entsprechende Maßnahmen zur positiven Diskriminierung.

Im Zusammenhang von Arbeitsstellen spielt **die positive Diskriminierung** auf ganz praktischer Ebene, nämlich den **Stellenausschreibungen**, eine wichtige Rolle. Generell müssen Stellenangebote geschlechtsneutral formuliert sein. Grundlage bildet das Allgemeine Gleichbehandlungsgesetz (AGG).

> Ziel des Allgemeinen Gleichbehandlungsgesetzes ist es, Benachteiligungen aus rassistischen Gründen oder wegen der ethnischen Herkunft, des Geschlechts, der Religion oder Weltanschauung, einer Behinderung, des Alters oder der sexuellen Identität zu verhindern oder zu beseitigen. Die Antidiskriminierungsstelle des Bundes verfolgt mit ihrer Arbeit einen horizontalen Ansatz. Das bedeutet, dass die verschiedenen Diskriminierungsmerkmale gleichermaßen schutzwürdig sind. Damit wird eine Hierarchisierung von Diskriminierungsmerkmalen bzw. Betroffenengruppen verhindert. (Antidiskriminierungsstelle des Bundes)

Bei Nichteinhaltung können Arbeitgeber zu Schadensersatz verklagt werden. Doch wie überall im Leben gibt es auch hier Ausnahmen von der Regel, die sich Organisationen mit wenig Aufwand zunutze machen können. Größere Bekanntheit hat sicher folgende Formulierung erlangt:

> Schwerbehinderte Bewerberinnen und Bewerber werden bei gleicher Eignung bevorzugt berücksichtigt.

Diese Bevorzugung ist mit dem AGG vereinbar. Damit sollen die Chancen von Menschen mit Schwerbehinderung auf dem Arbeitsmarkt gefördert werden. Besonders öffentliche Arbeitgeber haben nach § 82 des neunten Sozialgesetzbuchs besondere Pflichten. Sie müssen frei werdende oder neu zu besetzende Stellen den Agenturen für Arbeit melden und die vorgeschlagenen Menschen mit Schwerbehinderung zum Vorstellungsgespräch einladen, sofern sie die fachlichen Anforderungen erfüllen. § 83 verpflichtet öffentliche Arbeitgeber außerdem dazu, eine verbindliche Integrationsvereinbarung in Zusammenarbeit mit der Schwerbehindertenvertretung und dem Betriebsrat zu treffen. Das Integrationsamt unterstützt bei Bedarf. Unter gewissen Umständen dürfen Arbeitgeber in ihren Stellenausschreibungen auch auf das Geschlecht hinweisen.

▶   Konzentrierte sich die Gleichstellungspolitik des Bundesfamilienministeriums
    seit jeher auf die Förderung Frauen, so rücken nach und nach die Männer aufs
    Tableau.

So wurde das Erziehungsgeld in 2007 vom Elterngeld abgelöst und versucht, explizit
Väter zu einer Elternzeit zu bewegen. Aber auch in anderen Bereichen des alltäglichen
Lebens wurde erkannt, dass Männer und Frauen nicht überall gleich stark vertreten sind.
Gerade im sozialen und Bildungsbereich sind Männer unterrepräsentiert. Besonders selten
sind sie im Bereich der frühkindlichen Bildung und Betreuung tätig.

Daher initiierte das Bundesministerium für Familie, Senioren, Frauen und Jugend in
2010 das Modellprogramm ‚MEHR Männer in Kitas‘, das vom Europäischen Sozialfonds
und der Europäischen Union gefördert wurde. Innerhalb von drei Jahren sollten Maßnahmen entwickelt werden, um den Männeranteil in deutschen Kitas perspektivisch auf
20 % anzuheben. 16 Modellprojekte in 13 Bundesländern mit 1.300 beteiligten Kindertageseinrichtungen erhielten insgesamt 13 Mio. € öffentliche Förderung, um mit gezielten
Maßnahmen den Männeranteil zu steigern (vgl. Bundesministerium für Familie, Senioren,
Frauen und Jugend 2011a, S. 4).

Noch 2010 lag der Anteil inklusive Praktikanten, Freiwilligendienstlern und sonsti-
gen pädagogischen Mitarbeitenden bei etwas mehr als 3 %. 2012 arbeiteten knapp 3.500
Männer mehr in der frühkindlichen Bildung (vgl. Koordinationsstelle „Männer in Kitas"
2012). Eines der 16 Modellprojekte wird Ihnen im Rahmen der erfolgreichen Praxisbei-
spiele (Abschn. 8.1.5) ausführlich vorgestellt.

Um die **geschlechtsspezifische Personalauswahl** zu fördern, entschied sich das Refe-
rat Grundsatzangelegenheiten gemeinsam mit der Antidiskriminierungsstelle des Bundes
dazu, bestimmte Formulierungen in Stellenanzeigen von Kindertageseinrichtungen zuzulassen. Nach dem AGG sind begründete Aufforderungen an Männer unproblematisch.
Folgende beispielhafte Ermutigungsklauseln sind zulässig:

> Da aus pädagogischen Gründen die Kinderbetreuung in unserer Kindertageseinrichtung
> sowohl von weiblichen als auch von männlichen Erziehern erfolgen soll, in unserer Einrich-
> tung bisher aber keine männlichen Erzieher beschäftigt sind, fordern wir Männer besonders
> auf, sich zu bewerben.

Für Einrichtungen, die schon Männer beschäftigen, könnte die Klausel folgendermaßen
lauten:

> Da aus pädagogischen Gründen in unserer Kindertageseinrichtung ein ausgewogenes Ver-
> hältnis zwischen männlichen und weiblichen Erziehern bestehen soll, männliche Erzieher
> in unserer Einrichtung aber unterrepräsentiert sind, würden wir uns freuen, wenn wir auch
> Männer für diese Stelle begeistern können. Bewerbungen auch von Männern sind daher
> erwünscht/Männer sind daher zur Bewerbung besonders aufgefordert. (Bundesministerium
> für Familie, Senioren, Frauen und Jugend 2011b)

Viele Kindertageseinrichtungen, die diese Formulierung nutzten, waren überrascht, dass sie tatsächlich verstärkt Bewerbungen von Männern erhielten. Das ist nur ein Beispiel, wie Organisationen sich mit Vielfalt-Gedanken auseinandersetzen und sie tatsächlich erreichen können.

Schaffen Sie Raum für die Ideenfindung zur positiven Diskriminierung. Das setzt natürlich voraus, dass Sie auch ein deutliches Augenmerk darauf haben, wer sich auf der anderen Seite benachteiligt fühlen könnte.

► Solche Maßnahmen sind nur von Erfolg gekrönt, wenn sie breite Rückendeckung unter Ihren Mitarbeitenden findet.

4.3 Inklusion in der Sozialwirtschaft – ein „alter Hut" oder ein „neues Entwicklungsfeld" im Personalbereich?

In die Gemengelage der Diskussion um Gender & Diversity reiht sich die Forderung nach Inklusion ein. Dabei stellt Inklusion kein weiteres Hype-Thema dar, bei dem man die Wahl hat, ob man sich damit auseinander setzen will – oder lieber nicht. Inklusion hat durch die UN-Behindertenrechtskonvention Eingang in die Gesetzgebung gefunden und ist damit ein **Menschenrecht**.

4.3.1 Die rechtliche Grundlage von Inklusion

Die Generalversammlung der Vereinten Nationen (UN) verabschiedete im Dezember 2006 das Übereinkommen über die Rechte von Menschen mit Behinderung. Die UN-Konvention will damit die Teilhabe an allen gesellschaftlichen Prozessen garantieren. Alle UN-Mitgliedsstaaten haben damit die Aufgabe, dieses Menschenrecht in den Alltag umzusetzen. Seit März 2007 sind sie aufgerufen, den völkerrechtlichen Vertrag zu unterschreiben und die Rechte von Menschen mit Behinderung durch- und umzusetzen.

► 650 Mio. Menschen weltweit haben eine Behinderung. Zählt man ihre Angehörigen dazu, sind es zwei Milliarden Menschen, die tagtäglich direkt oder indirekt von Behinderung betroffen sind.

Sie stellen die größte Minderheit der Welt dar, die zugleich am stärksten benachteiligt ist. Nach aktuellen Schätzungen gehören sie zum ärmsten Fünftel der Weltbevölkerung. In Entwicklungsländern besuchen gerade einmal 2 % von ihnen eine Schule. Ein knappes Drittel der Straßenkinder in diesen Ländern hat eine Behinderung, und unter den Erwachsenen können nur 3 % lesen und schreiben (vgl. Deutscher Bundestag 2007, S. 1).

In Artikel 1 des Übereinkommens über die Rechte von Menschen mit Behinderungen vom 13. Dezember 2006 findet sich folgende Begründung für die Konvention:

Artikel 1

Zweck dieses Übereinkommens ist es, den vollen und gleichberechtigten Genuss aller Menschenrechte und Grundfreiheiten durch alle Menschen mit Behinderungen zu fördern, zu schützen und zu gewährleisten und die Achtung der ihnen innewohnenden Würde zu fördern.

Zu den Menschen mit Behinderungen zählen Menschen, die langfristige körperliche, seelische, geistige oder Sinnesbeeinträchtigungen haben, welche sie in Wechselwirkung mit verschiedenen Barrieren an der vollen, wirksamen und gleichberechtigten Teilhabe an der Gesellschaft hindern können. (Bundesgesetzblatt (BGBL) 2008 II, S. 1419)

Aus Artikel 3 gehen die allgemeinen Grundsätze des Abkommens hervor. Sie dienen als Orientierung für die Auslegung und Umsetzung durch die Staaten:

Die Grundsätze dieses Übereinkommens sind:

a. die Achtung der dem Menschen innewohnenden Würde, seiner individuellen Autonomie, einschließlich der Freiheit, eigene Entscheidungen zu treffen, sowie seiner Unabhängigkeit;
b. die Nichtdiskriminierung;
c. die volle und wirksame Teilhabe an der Gesellschaft und Einbeziehung in die Gesellschaft;
d. die Achtung vor der Unterschiedlichkeit von Menschen mit Behinderungen und die Akzeptanz dieser Menschen als Teil der menschlichen Vielfalt und der Menschheit;
e. die Chancengleichheit;
f. die Zugänglichkeit;
g. die Gleichberechtigung von Mann und Frau;
h. die Achtung vor den sich entwickelnden Fähigkeiten von Kindern mit Behinderungen und die Achtung ihres Rechts auf Wahrung ihrer Identität.

(Bundesgesetzblatt (BGBL) 2008 II, S. 1419)

Aus Artikel 4 geht die Verpflichtung der Vertragsstaaten hervor, alle Menschenrechte und Grundfreiheiten für alle Menschen mit Behinderung in nationales Recht zu übertragen und die geeigneten Maßnahmen zur Umsetzung zu ergreifen. Das umfasst beispielsweise die Gesetzgebung, politische Konzepte, die Forschung und Entwicklung von Gütern, Dienstleistungen oder Einrichtungen. Es gibt für die Vertragsstaaten keine Ausnahmen oder Einschränkungen innerhalb des Landes (vgl. Bundesgesetzblatt 2008, S. 1424 f.).

Die Behindertenrechtskonvention ist als Präzisierung der internationalen Menschenrechtsverträge zu sehen. Das heißt, sie räumt Menschen mit Behinderungen keine neuen Rechte ein, sondern ebnet den Weg dafür, dass alle gleichberechtigt überhaupt in den Genuss kommen können, ihre Menschenrechte wahrzunehmen (vgl. Deutscher Bundestag 2007, S. 20).

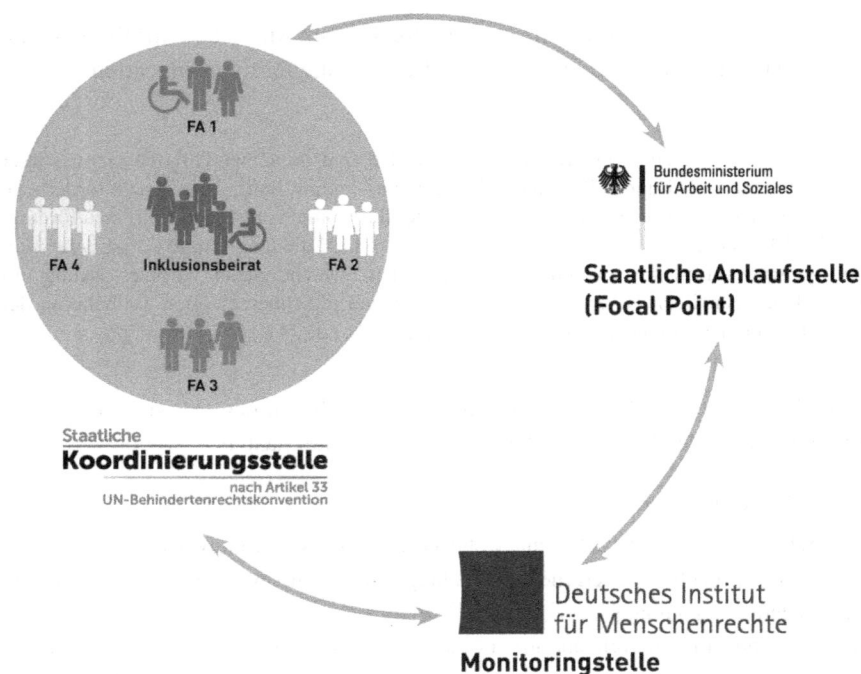

Abb. 4.1 Die Staatliche Koordinierungsstelle nach Art. 33 UN-Behindertenrechtskonvention. (Quelle: Beauftragter der Bundesregierung für die Belange behinderter Menschen (2013), S. 5)

Zur Überwachung des Übereinkommens müssen die Vertragsstaaten mehrere Institutionen etablieren:

- Eine oder mehrere staatliche Anlaufstellen sind einzurichten, die sich mit der Durchführung des Übereinkommens beschäftigen.
- Es ist zu prüfen, ob eine staatliche Koordinierungsstelle zur Erleichterung der Durchführung bestimmt oder geschaffen werden kann.
- Eine unabhängige Institution wird geschaffen, gestärkt oder unterhalten, um die Förderung, den Schutz und die Überwachung der Konvention zu gewährleisten (vgl. Deutscher Bundestag 2007, S. 25).

In Deutschland ist die staatliche Koordinierungsstelle seit 2008 beim „Beauftragten der Bundesregierung für die Belange behinderter Menschen" angesiedelt. Den Kern bildet der Inklusionsbeirat. Fachausschüsse arbeiten ihm thematisch zu. Die unabhängige Stelle – die Monitoringstelle – wird durch das Deutsche Institut für Menschenrechte ausgefüllt. Die staatliche Anlaufstelle – der Focal Point – ist wiederum im Bundesministerium für Arbeit und Soziales. Abbildung 4.1 zeigt die Koordinierungsstelle im Überblick (vgl. Beauftragter der Bundesregierung für die Belange behinderter Menschen 2013, S. 5 ff.).

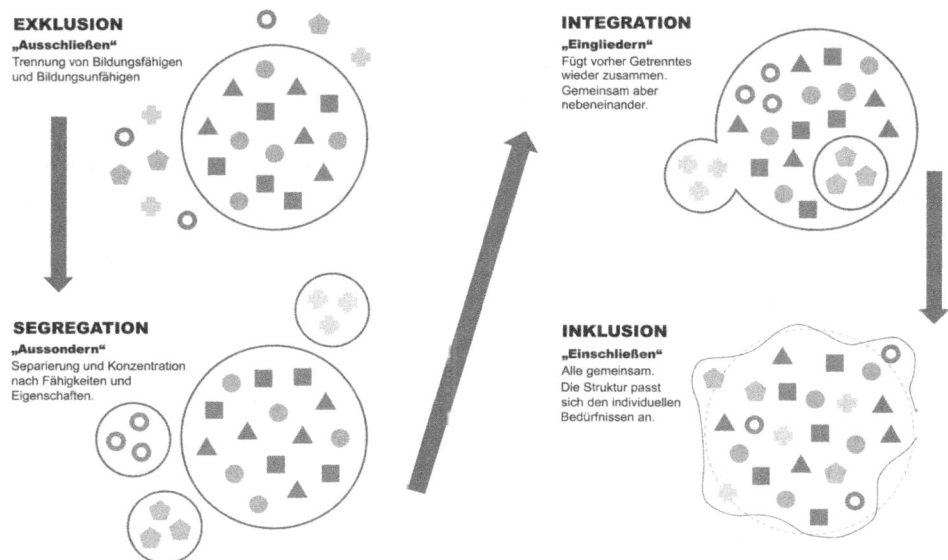

Abb. 4.2 Von der Exklusion zur Inklusion. (Quelle: Robert Aehnelt, www.robertaehnelt.de)

4.3.2   Inklusion im Praxistest

Um das Recht auf Bildung für Menschen mit Behinderung zu gewährleisten, stehen die Vertragsstaaten vor der Herausforderung, für den Bildungsbereich ein *inclusive education system* zu etablieren. Auf praktischer Ebene bedeutet das, dass Menschen mit Behinderungen nicht vom allgemeinen Bildungssystem, also auch vom Grundschulunterricht und vom Besuch weiterführender Schulen, ausgeschlossen werden (vgl. Bundesgesetzblatt 2008, S. 1436).

►   Inklusion ist nicht mit Integration zu verwechseln.

Selbst im Bundesgesetzblatt 2008 wurde das *inclusive education* system fälschlicherweise mit integrativem Bildungssystem übersetzt. Abbildung 4.2 verdeutlicht die Unterschiede:

Doch nicht nur im pädagogischen Bereich der frühkindlichen Bildung und in der Schule ist Inklusion in aller Munde. Die UN-Behindertenrechtskonvention erstreckt sich auf alle Bereiche des täglichen Lebens. Sie stellt somit Arbeitgeber aller Branchen vor die Frage, wie die Umsetzung nicht nur gelingen kann, sondern zum Unternehmenserfolg beiträgt.

Dabei bezieht sich Inklusion nicht nur auf das Merkmal „Behinderung" und geht auch über Diversity oder Gender hinaus. Das Ziel ist es, Formen der Zusammenarbeit zu entwickeln, die es ***allen Menschen*** ermöglichen, vollständig und gleichberechtigt an der Gesellschaft sowie am Arbeitsleben teilzuhaben.

Die Gestaltung der Unternehmenskultur durch Inklusion ist ein komplexer Prozess, der erfordert, dass Führungskräfte lernen, ganzheitlich und sensibilisiert mit der Homogenität und Heterogenität ihres Teams umzugehen. Voraussetzung dafür ist, dass sie die Fähigkeit ausbauen oder erwerben, den Einfluss von eigenen und fremden Gruppenzugehörigkeiten wahrzunehmen. Dabei sollten sie Gefühlen von Abwehr und Angst Beachtung schenken und den Umgang damit selbstreflektiert abwägen. Das ist besonders angebracht, wenn es zu Konfrontationen kommt, weil kein unmittelbares Verständnis für fremde Denk- oder Verhaltensweisen aufgebracht werden kann. Dazu brauchen Führungskräfte das nötige Selbstbewusstsein, um die Unterschiede auszuhalten.

▶   Unterstützung bieten klare Konzepte in Verbindung mit einer klaren Kommu-
    nikation, aus denen die für das Unternehmensziel wesentlichen Denk- und
    Verhaltensweisen hervorgehen. Sie lassen die Grenzen zu bloß persönlichen
    Vorlieben deutlich werden.

Darüber hinaus brauchen Führungskräfte das nötige Handwerkszeug, damit sie dafür sensibilisiert werden, die Differenzen authentisch für die Förderung des Zusammenhalts zu nutzen (vgl. Rathje 2009, S. 11 f.).

Es geht also grundsätzlich um die Entwicklung einer inklusiven Haltung und Kultur. Dazu gehören:

• die gemeinsame Bewusstseinsbildung und -steigerung für Inklusion,
• der Wille zur Kooperation,
• große Empathie, im Sinne einer Öffnung des Denkens, des Herzens und der Wahrnehmung,
• eine Öffnung der (Unternehmens-) Kultur,
• und eine Öffnung des Willens.

Die Antidiskriminierungsstelle des Bundes zeichnete 2013 fünf Unternehmen mit dem Inklusionspreis aus. Der Fokus lag hierbei zwar auf der Beschäftigung von Menschen mit Behinderung. Doch schon in den Herangehensweisen der Unternehmen wird spürbar, dass die Haltungsfrage für eine breitere Sicht spricht.

Der Volkswagen Konzern beschäftigt beispielsweise rund 2.500 Mitarbeitende mit Schwerbehinderung. Das Unternehmen glänzt mit einem vielfältigen Spektrum an räumlichen Besonderheiten und flexiblen Arbeitszeitmodellen. So stehen Beschäftigten mit Gehbehinderung eingangsnahe Parkplätze zu Verfügung. Jährlich werden mehrere Millionen Euro in die Barrierefreiheit investiert. Im Vorsorgeprogramm des Autoherstellers stehen Dolmetscherinnen und Dolmetscher für Gebärdensprache zur Verfügung. Ein ganzes Team aus den Bereichen Personal, Schwerbehinderung, Gesundheitsmanagement, aus den Fachbereichen und aus dem Betriebsrat arbeiten an der Weiterentwicklung der Inklusion.

▶   Barrierefreiheit beginnt im Kopf.

Das ist die Überzeugung von Personalleiter Martin Rosik. Dementsprechend liegt der Fokus auf den Fähigkeiten und Potenzialen, die jeder Mensch zu bieten hat, nicht darauf, was er nicht kann (vgl. UnternehmensForum e. V. 2013, S. 8 f.). Daran wird schon erkennbar, dass die zahlreichen Maßnahmen auf einem ganzheitlichen Bewusstsein der Führungsebene fußen, das von Wertschätzung und Anerkennung für die Unterschiedlichkeit der Mitarbeitenden durchzogen ist.

Auch der **Flughafen München**, als Erfolgsbeispiel für mittelgroße Unternehmen, hat sich der Inklusion verschrieben. Angetrieben von der demografischen Entwicklung und dem daraus resultierenden Fachkräftemangel legt das Unternehmen ein besonderes Augenmerk darauf, dass seine Mitarbeitenden so lange wie möglich beschäftigungsfähig bleiben.

Der Konzernpersonalchef bündelt und koordiniert alle Maßnahmen, die zur Inklusion beitragen. So werden beispielsweise für Mitarbeitende, die sich in ihrer Leistung wandeln, andere passende Aufgaben gefunden, in denen sie ihre Stärken entfalten können. Dienstsport und die Schaffung von Sporteinrichtungen tragen zur Gesundheitsprävention bei. Das Inklusionskonzept ist langfristig ausgelegt, um Nachhaltigkeit zu erzielen, und wird auf allen Führungsebenen mitgetragen (vgl. UnternehmensForum e. V. 2013, S. 10 f.). Der Flughafen München strahlt als Arbeitgeber ebenfalls eine prinzipielle Offenheit für die Vielfalt von Persönlichkeiten sowie den Willen aus, daraus Stärken und Innovationen für den eigenen Betrieb zu entdecken.

Andere Arbeitgeber haben schon die nötige Offenheit, kommen aber erst im Bewerbungsprozess mit der inklusiven Welt in Berührung. Die Reederei **SAL Schiffahrtskontor Altes Land** entschied sich 2010 bewusst für eine Ausbildungskandidatin mit Sehbehinderung. Relativ unbefangen ging das Unternehmen an das Thema heran und konnte viele offene Fragen erst im Laufe des ersten Ausbildungsjahres klären.

Doch dadurch bildeten sich bisher nicht gekannte Netzwerke mit der Berufsschule, mit einem professionellen Blindenpädagogen und einem Jobcoach. Schließlich mussten auf der Arbeits- und Ausbildungsebene die entsprechenden Voraussetzungen geschaffen werden, damit die Mitarbeiterin arbeitsfähig war. Nicht nur das Unternehmen veränderte dadurch seine Sicht. Auch die Ausbilderinnen und Ausbilder an der Berufsschule wurden für eine inklusive Haltung sensibilisiert (vgl. Brümmer).

Im Pflegebereich werden ferner zunehmend Menschen mit geistigen Behinderungen als Alltagshelferinnen und -helfer angestellt. So verschönert beispielsweise eine 24-Jährige mit geistiger Behinderung den älteren Menschen in der **FSE Förderung Sozialer Einrichtungen gGmbH** den Alltag und zwar als Festangestellte. Zuvor arbeitete sie, wie viele andere, in einer Werkstatt für Menschen mit Behinderung. Nach einem Pflegepraktikum in der Einrichtung wurde sie übernommen. Dadurch werden nicht nur die Altenpflegekräfte bei ihrer Arbeit entlastet, auch das Wohlbefinden der Bewohnerinnen und Bewohner hat sich deutlich gesteigert (vgl. Bundesministerium für Arbeit und Soziales 2013, S. 69).

Im sozialen und Bildungsbereich wird Inklusion in erster Linie aus dem Blickwinkel der Kunden bearbeitet. Das ist angesichts dessen, dass es häufig bereits ihr Arbeitsschwerpunkt

Abb. 4.3 Aktionsplan zur Inklusion. (Quelle: in Anlehnung an Bundesministerium für Arbeit und Soziales 2013, S. 15)

In acht Schritten zum Aktionsplan für Inklusion

ist, wenig überraschend. Es macht aber auch deutlich, dass die Auseinandersetzung mit Inklusion und damit verbundenem Diversity und Gender Management auf der Ebene der Mitarbeitenden noch nicht ernst genommen wird. Dabei haben die Einrichtungen und Träger schon einen deutlichen Wissens- und Erfahrungsvorsprung in dem Bereich. Im Rahmen von Employer Branding lassen sich zudem viele der Schritte zu einem Konzept mit Inklusion verbinden.

▶   Stellt man sich die Frage, wie man neue Köpfe für die Organisation gewinnt, ist es ein Leichtes, diese Frage um die Ebene Vielfalt – und zwar in jeglicher Hinsicht – zu erweitern.

Bei der Entwicklung einer inklusiven Haltung wie auch beim Anstoß für den Employer-Branding-Prozess geht es darum, im ersten Schritt in einer Bestandsaufnahme den Status quo zu erfassen, Verbündete zu finden und Begeisterung zu stiften. Dieser Impuls muss bei beiden Prozessen von der Führungsspitze ausgehen.

In einer Handlungsanleitung des Bundesministeriums für Arbeit und Soziales wird der Weg zu einem inklusiven Betrieb anhand eines Aktionsplans aus acht Schritten skizziert (vgl. Bundesministerium für Arbeit und Soziales 2013, S. 15). Viele der Schritte in der Abb. 4.3 werden Ihnen im weiteren Verlauf des Buches wieder begegnen. Öffnen Sie also nicht nur Ihren Blick für Inklusion, sondern auch für die Möglichkeiten, die Ihnen Employer Branding gibt.

Literatur

Beauftragter der Bundesregierung für die Belange behinderter Menschen (Hrsg) (2013) Die Staatliche Koordinierungsstelle nach Art. 33 UN-Behindertenrechtskonvention. Inklusionsbeirat und Fachausschüsse, Berlin. http://www.behindertenbeauftragter.de/SharedDocs/Publikationen/DE/BroschuereKoordinierungsstelle.pdf?__blob=publicationFile. Zugegriffen: 4. Jan. 2014

Böhne A (2012) Wirtschaftlicher Erfolg durch gelebte Vielfalt – ein Perspektivwechsel. In: Bundesarbeitsgemeinschaft der Freien Wohlfahrtspflege (Hrsg) Den Wandel steuern. Personal und Finanzen als Erfolgsfaktoren. Bericht über den 7. Kongress der Sozialwirtschaft vom 26. und 27. Mai 2011 in Magdeburg. Nomos Verlagsgesellschaft, Baden-Baden, S 153–158

Bundesgesetzblatt (BGBL) (2008) Gesetz zu dem Übereinkommen der Vereinten Nationen vom 13. Dezember 2006 über die Rechte von Menschen mit Behinderungen sowie zu dem Fakultativprotokoll vom 13. Dezember 2006 zum Übereinkommen der Vereinten Nationen über die Rechte von Menschen mit Behinderungen. Vom 21. Dezember 2008. http://www.un.org/Depts/german/uebereinkommen/ar61106-dbgbl.pdf. Zugegriffen: 4. Jan. 2014

Bundesministerium für Arbeit und Soziales (2013) Zusammenarbeiten. Inklusion in Unternehmen und Institutionen. Ein Leitfaden für die Praxis. Berlin. http://www.bmas.de/SharedDocs/Downloads/DE/PDF-Publikationen/a755-nap-leitfaden.pdf?__blob=publicationFile. Zugegriffen: 4. Jan. 2014

Bundesministerium für Familie, Senioren, Frauen und Jugend (2011a) ESF-Modellprogramm „MEHR Männer in Kitas", Berlin. http://www.bmfsfj.de/RedaktionBMFSFJ/Broschuerenstelle/Pdf-Anlagen/Mehr-M_C3_A4nner-in-Kitas-ESF-Modellprogramm-Flyer,property=pdf,bereich=bmfsfj,sprache=de,rwb=true.pdf. Zugegriffen: 5. Jan. 2014

Bundesministerium für Familie, Senioren, Frauen und Jugend (2011b) „Männer in Kitas" – eine Initiative des Bundesministeriums für Familie, Senioren, Frauen und Jugend, Berlin. http://www.vaeter.nrw.de/Familie/Bildung/kinder-tagesstaetten-traeger-duerfen-in-stellenanzeigen-besonders-um-maennliche-fachkraefte-werben/Maenner-in-Kitas_BMFSFJ-Info_zu_geschlechtsbezogener_Stellenausschreibung.pdf. Zugegriffen: 5. Jan. 2014

Deutscher Bundestag (Hrsg) (2007) Von Ausgrenzung zu Gleichberechtigung. Verwirklichung der Rechte von Menschen mit Behinderungen. Ein Handbuch für Abgeordnete zu dem Übereinkommen über die Rechte von Menschen mit Behinderungen und seinem Fakultativprotokoll. Deutsche Übersetzung des Handbuches der Vereinten Nationen und der Interparlamentarischen Union, Berlin. http://www.behindertenrechtskonvention.hessen.de/global/show_document.asp?id=aaaaaaaaaaaabskm. Zugegriffen: 4. Jan. 2014

Görlich J (2009) Gender Mainstreaming. Eine Methode zur Gleichstellungsförderung beider Geschlechter. Studienarbeit. GRIN, Norderstedt

Hildebrandt M (2005) Multikulturalismus und Political Correctness in den USA. VS Verlag für Sozialwissenschaften, GWV Fachverlage, Wiesbaden

Krell G (2009) Gender und Diversity: Eine ‚Vernunftehe' – Plädoyer für vielfältige Verbindungen. In: Andresen S, Koreuber M, Lüdke D (Hrsg) Gender und Diversity: Albtraum oder Traumpaar? Interdisziplinärer Dialog zur „Modernisierung" von Geschlechter- und Gleichstellungspolitik. VS Verlag für Sozialwissenschaften, Wiesbaden, S 133–153

Müller G (2012) Diversity Praxis konkret: Implementierung und Steuerung. In: Bundesarbeitsgemeinschaft der Freien Wohlfahrtspflege (Hrsg) Den Wandel steuern. Personal und Finanzen als Erfolgsfaktoren. Bericht über den 7. Kongress der Sozialwirtschaft vom 26. und 27. Mai 2011 in Magdeburg. Nomos Verlagsgesellschaft, Baden-Baden, S 169–176

Pfeiffer I (2012) Gewinnung – Bindung – Qualifizierung als strategische Aufgabe. In: Bundesarbeitsgemeinschaft der Freien Wohlfahrtspflege (Hrsg) Den Wandel steuern. Personal und Finanzen als Erfolgsfaktoren. Bericht über den 7. Kongress der Sozialwirtschaft vom 26. und 27. Mai 2011 in Magdeburg. Nomos Verlagsgesellschaft, Baden-Baden, S 105–114

Rathje S (2009) Gestaltung von Organisationskultur. In: Barmeyer C, Bolten J (Hrsg) Interkulturelle Personal- und Organisationsentwicklung, Methoden, Instrumente und Anwendungsfälle, Wissenschaft & Praxis, Sternenfels. http://www.stefanie-rathje.com/fileadmin/Downloads/stefanie_rathje_organisationskultur.pdf Zugegegriffen: 3. Jan. 2014

Riedmüller B (2002) Warum Geschlechterpolitik? In: Bothfeld S, Gronbach S, Riedmüller B (Hrsg) Gender Mainstreaming – eine Innovation in der Gleichstellungspolitik. Zwischenberichte aus der politischen Praxis. Campus, Frankfurt/Main, S 7–18

Schiederig K, Vinz D (2011) Gender plus Diversity als bildungspolitsche Perspektive. In: Krüger D (Hrsg) Genderkompetenz und Schulwelten. Alte Ungleichheiten – neue Hemnisse. VS Verlag für Sozialwissenschaften, Wiesbaden, S 229–254

Schröter S (2009) Gender und Diversität. Kuklturwissenschaftliche und historische Annäherungen. In: Andresen S, Koreuber M, Lüdke D (Hrsg) Gender und Diversity: Albtraum oder Traumpaar? Interdisziplinärer Dialog zur „Modernisierung" von Geschlechter- und Gleichstellungspolitik. VS Verlag für Sozialwissenschaften, Wiesbaden, S 79–94

Schwarz N (2010) Minderheitenschutz in der Europäischen Union unter besonderer Berücksichtigung der Roma. In: Hentges G, Hinnenkamp V, Zwengel A (Hrsg) Migrations- und Integrationsforschung in der Diskussion. Biografie, Sprache und Bildung als zentrale Bezugspunkte. VS Verlag für Sozialwissenschaften, Wiesbaden, S 111–138

Stiegler B (2002) Wie Gender in den Mainstream kommt. Konzepte, Argumente und Ptaxisbeispiele zur EU-Strategie des Gender Mainstreaming. In: Bothfeld S, Gronbach S, Riedmüller B (Hrsg) Gender Mainstreaming – eine Innovation in der Gleichstellungspolitik. Zwischenberichte aus der politischen Praxis. Campus, Frankfurt/Main, S 19–40

Stotz W, Wedel A (2009) Employer Branding: mit Strategie zum bevorzugten Arbeitgeber. Oldenbourg, München

UnternehmensForum e. V. (Hrsg) (2013) Alle Potenziale nutzen. Gute Beispiele für die Beschäftigung von Menschen mit Behinderung. Ingelheim. http://www.behindertenbeauftragter.de/SharedDocs/Publikationen/DE/Alle_Potenziale_nutzen.pdf?__blob=publicationFile. Zugegriffen: 4. Jan. 2014

Watrinet C (2012) Diversity Management – Veränderungsprozesse zukunftsfähig gestalten. In: Bundesarbeitsgemeinschaft der Freien Wohlfahrtspflege (Hrsg) Den Wandel steuern. Personal und Finanzen als Erfolgsfaktoren. Bericht über den 7. Kongress der Sozialwirtschaft vom 26. und 27. Mai 2011 in Magdeburg. Nomos Verlagsgesellschaft, Baden-Baden, S 159–168

Ziegler S (2012) Strategische Aspekte des Diversity Management. In: Bundesarbeitsgemeinschaft der Freien Wohlfahrtspflege (Hrsg) Den Wandel steuern. Personal und Finanzen als Erfolgsfaktoren. Bericht über den 7. Kongress der Sozialwirtschaft vom 26. und 27. Mai 2011 in Magdeburg. Nomos Verlagsgesellschaft, Baden-Baden, S 176–184

Die Rolle und Aufgabe von Führungskräften im Employer-Branding-Prozess 5

Führungskräfte haben bei allen Organisationsentwicklungsprozessen eine herausragende Bedeutung. Dies wurde bei den Abschnitten zu Gender, Diversity und Inklusion bereits deutlich. Beim Employer Branding ist es genauso. Die Zufriedenheit und Loyalität der Mitarbeitenden können Bremser oder Katalysator für den Employer-Branding-Prozess sein. Da beides entscheidend von der Führungskompetenz der Vorgesetzten abhängt, kommt ihnen auch hier eine Schlüsselrolle zu (vgl. Stotz und Wedel 2009, S. 61). Nach innen wie nach außen sind Führungskräfte die wichtigsten Markenbotschafterinnen und -botschafter in Organisationen. Im Grunde wenig überraschend, ist gutes Führungsverhalten nicht nur die wirksamste, sondern zugleich auch die kostengünstigste aller Maßnahmen, um Mitarbeitende langfristig an ein Unternehmen zu binden.

Doch der Stress in sozialwirtschaftlichen Organisationen verbunden mit der engen Taktung für beispielsweise pflegerische Aufgaben lässt häufig vergessen, dass die Arbeit ausschließlich durch die Kraft der Mitarbeitenden geleistet werden kann. Dabei bleibt gerne mal die Wertschätzung auf der Strecke, wodurch die Arbeitsatmosphäre beträchtlich in Mitleidenschaft gezogen wird. Hinzu kommen Beförderungen allein aus fachlichen Gesichtspunkten, ohne dass die Führungskompetenz des Einzelnen in den Fokus genommen wird. Dabei sind es meist die vermeintlich kleinen Dinge, die große Wirkung zeigen.

> Wir wissen seit langem, dass die Beziehung zur unmittelbaren Führungskraft die Achillesferse der Arbeitszufriedenheit ist. Hier wird über Motivation, hier wird über Commitment entschieden. Wenn die Beziehung zum Chef stimmt, sind die Mitarbeiter aller Erfahrung nach bereit, mit vielen Widrigkeiten im Unternehmen zu leben. Das ist eines der meistübersehenen Prinzipien im Management überhaupt: Führung ist Beziehung. (Sprenger 2007, S. 162)

Wer sich als kleiner oder großer Träger im Kampf um die besten Mitarbeiterinnen und Mitarbeiter Wettbewerbsvorteile verschaffen will, muss sich dem strategischen

© Springer Fachmedien Wiesbaden 2014
C. Heider-Winter, *Employer Branding in der Sozialwirtschaft*,
DOI 10.1007/978-3-658-01196-3_5

Personalmanagement widmen und die daraus folgenden Potenziale ausschöpfen. Das ist Voraussetzung für den Erfolg versprechenden Aufbau einer Arbeitgebermarke (vgl. Buckesfeld 2012, S. 22).

5.1   Kein Kinderspiel – hohe Erwartungen an Führungskräfte

Führungskräfte sind in der Regel mit drei wichtigen Aufgabenstellungen konfrontiert, die deutlich machen, wie hoch das Anforderungsprofil an sie ist: *Zukunftssicherung, Menschenführung, Veränderungsmanagement.* Sie sind salopp formuliert dafür verantwortlich, dass der Laden läuft, indem sie die entsprechenden Infrastrukturen und Ressourcen für ihre Mitarbeitenden vorhalten, sodass diese jetzt und in Zukunft selbstständig arbeiten können. Dabei halten Vorgesetzte das Team zusammen und unterstützen individuell, um brachliegende Potenziale auszuschöpfen. Und da das Leben im Fluss ist, sind diese Anforderungen einem steten Wandel ausgesetzt. Das erfordert von Führungsverantwortlichen immer wieder aufs Neue koordinierende Anpassungen und Steuerungen, in denen sie die interne und externe Kommunikation sicherstellen und heikle Situationen handhaben müssen (vgl. Lippold 2011, S. 107).

▶   Vertrauen ist der Schlüssel in der Beziehung von Führungs- und Fachkräften. Kaum etwas demotiviert mehr als mangelndes Vertrauen.

Lenins Credo vom „guten Vertrauen", das nur durch Kontrolle seine Legitimation erhält, ist die aktive Verhinderung von Selbstverantwortung. Sprenger sieht Misstrauen als „die Intelligenz der Benachteiligten" (Sprenger 2007, S. 167). Daraus resultieren Anforderungen, eine offene Gesprächskultur und eine fehlerfreundliche Herangehensweise zu etablieren. Führungskräfte sollen Aufgaben entlang der Stärken und Schwächen des Teams verteilen und so mehr Freiräume im Alltag schaffen.

Diese hohen Erwartungen sind nicht nur auf der Entscheiderebene vorhanden. Selbst die Nachwuchsgeneration startet mit klaren und anspruchsvollen Führungsvorstellungen in das Berufsleben, wie eine Befragung von Studierenden beispielhaft illustriert. An der Fakultät Soziale Arbeit HAWK Hildesheim Holzminden Göttingen setzten sie sich im Rahmen eines Seminars mit Führungsqualitäten auseinander. Gute Führung bedeutet für die Studierenden in erster Linie Respekt gegenüber den Mitarbeitenden sowie die Wertschätzung von Erfolgen und Leistungen. Das impliziert, dass die Führungskraft erreichbar und ansprechbar sein muss. Die Interessen der Mitarbeitenden werden ernst genommen. Alle werden gleich behandelt, gefördert und unterstützt (vgl. Witte 2010, S. 75).

Auch hohe ethische Maßstäbe werden an Führungskräfte gesetzt. Sie sollen als Vorbild nach Leitsätzen handeln und sich mit ihrer Organisation identifizieren. Die Förderung der Familienfreundlichkeit und beruflichen Weiterentwicklung stehen ebenso auf der Tagesordnung wie die Selbstfürsorge, um die eigenen Grenzen zu kennen und zu wahren (vgl. Witte 2010, S. 76).

▶   Führungskompetenz zeichnet sich durch eine hohe Kommunikationsstärke
    aus.

Erwartungen werden klar formuliert, Reflexionsgespräche gefördert, andere Sichtweisen
akzeptiert und gewünscht. Führungen sind bereit, Verantwortung zu übernehmen. Das
zeigt sich beispielsweise daran, dass sie dafür Sorge tragen, dass neue Kolleginnen und
Kollegen gut eingearbeitet werden. Sie haben parallel einen Blick darauf, wie die Belastung im Team ist, steuern entsprechend gegen und stellen die Qualität der Einrichtung
sicher (vgl. Witte 2010, S. 76 f.).

5.2   Zögerliche Personalentwicklung in der Sozialwirtschaft

Das Thema Personalführung durchläuft im sozialen und Bildungsbereich seit mehreren
Jahren einen Paradigmenwechsel. Mitarbeitende bekommen heutzutage nicht mehr einfach nur Aufgaben und Aufträge, wie es früher der Fall war. Führungsentscheidungen
richten sich immer mehr nach den Ergebnissen. Dabei sind Leitungsverantwortliche mehr
denn je auf ihre Mitarbeitenden angewiesen. Da sie nicht über alle wichtigen Informationen verfügen können, ergebnisorientierte Entscheidungen zu treffen, brauchen sie die
Unterstützung ihres Teams. Das setzt voraus, dass Planungs- und Entscheidungsprozesse
von Beginn an gemeinsam in Angriff genommen werden und sich die Gestaltungsspielräume für jeden einzelnen erweitern müssen (vgl. Lippold 2011, S. 107).

▶   Häufig werden Fachkräfte aufgrund ihrer fachlichen Expertise in Leitungsposi-
    tionen befördert, ohne dass Augenmerk auf die Führungskompetenz gelegt
    wird.

So rutschte in der Vergangenheit nicht selten einer der Gründerinnen oder Gründer in eine
Leitungsposition, da dies aus formaljuristischen Gründen angebracht war. In Wohlfahrts-
verbänden sollte die Organisationsspitze in jedem Fall mit Menschen besetzt werden, die
„Stallgeruch" haben. In Verbänden mit politischer Orientierung war die Parteimitglied-
schaft Qualifikation genug und in Kirchen konnten nur Pfarrer Führungspositionen be-
kleiden (vgl. Wöhrle 2008, S. 15).

▶   Der Bereich Personalführung wurde seit jeher eher stiefmütterlich behandelt.

Die mitschwingenden Themen Macht und Steuerung stehen häufig den Wertvorstellungen
von Gleichberechtigung im Wege (vgl. Friedrich 2010, S. 70 f.). Bis in die 90er Jahre war
es in der sozialen Arbeit sogar verpönt, von Management zu sprechen. Und das obwohl im
sozialen und Bildungsbereich schon immer geführt und gesteuert wurde. Man redete eher
von Verwaltung, zählte darunter Berichtslegungen oder auch das Einstellen von Personal.
Der Begriff war negativ konnotiert. Verwaltung wurde als belastend empfunden, da sie

von der eigentlichen fachlichen Arbeit abhielt. Die abwertende Sicht bezog sich auch auf Leitungspositionen, die im Widerspruch zu basisdemokratischen Bewegungen standen. Man wollte sich lieber als Team verstehen, in dem alle gleich sind. Dementsprechend rutschten die eher schwachen Teammitglieder in Führungspositionen, um nicht zu sehr am „Geschwistermodell" zu rütteln (vgl. Wöhrle 2008, S. 14).

►   Gezieltes Personalmanagement wird eher als Kosten- und nicht als Produktiv-
       faktor gesehen.

Dadurch büßt der Bereich Professionalität zugunsten anderer Funktionsbereiche wie dem Rechnungswesen ein. Langfristige Strategien sind selten ausgeprägt. Führungskräfte erhalten nur in Ausnahmefällen die Möglichkeit, Leitungskompetenzen systematisch zu erlernen (vgl. Nagy 2012, S. 99 f.).

So hat lediglich die Hälfte der Unternehmen der Sozialwirtschaft eine eigene Personalabteilung. Die andere Hälfte führt ihre Personalarbeit durch operative Führungskräfte, die Geschäftsführung oder den Vorstand durch. Je höher der Umsatz einer Organisation ist, desto häufiger besteht eine gesonderte Personalabteilung. Doch sie ist hierarchisch nicht, wie es zu erwarten wäre, auf höchster Ebene angesiedelt. Zu 55 % ist die Personalabteilung auf der zweiten Hierarchieebene eingebunden. In 27 % der Organisationen besteht ein Stab bei der Unternehmensführung. In 18 % der Unternehmen ist die Personalabteilung auf der dritten Hierarchiestufe angesiedelt (vgl. König et al. 2012, S. 9 ff.).

> Die Mehrzahl derjenigen Unternehmen, in denen die Unternehmensleitung die Optimierung der Mitarbeiterbindung nicht umgehend zu einem zentralen strategischen Thema macht, wird aufgrund des demografischen Wandels in wenigen Jahren von der Bildfläche verschwinden. (Wolf 2013, S. 17)

Dass der Employer-Branding-Prozess der Führungsrolle eine so hohe Bedeutung beimisst, ist für Organisationen der Sozialwirtschaft die Chance, das Personalmanagement weiter zu professionalisieren. Schon jetzt ist absehbar, dass die Bedeutung des Personalmanagements in Gesundheits- und Sozialorganisationen in Zukunft eher zu- als abnehmen wird (vgl. Friedrich 2010, S. 140).

5.3   Haupt- und Nebenrollen von Führungskräften

Um dem ehrgeizigen Anforderungsprofil gerecht zu werden, sollten Führungskräfte mehre Rollen ausüben. Nach Stotz und Wedel haben Vorgesetzte zwei Hauptrollen: die des Managers und die des Leaders:

• **Manager** zeichnen sich durch eine Prozessorientierung aus. Sie erreichen die vorgegebenen Ziele, indem sie sich mittels exakter Planung und Budgetierung nach den

Aufgaben richten. Rationale Denk- und Handlungsmuster gehören genauso zu ihrem Repertoire wie eine hohe Fachkompetenz (vgl. Stotz und Wedel 2009, S. 63).

Die Befragungsergebnisse der Fakultät Soziale Arbeit zeigen, dass diese Anspruchshaltung bei Nachwuchskräften ebenso vorhanden ist. Führungskräfte sollten laut den Studierenden nicht nur klar kommunizieren, sondern auch strukturiert und nachvollziehbar handeln. Dazu brauchen sie Motivation und die nötige Fachkompetenz. Das setzt voraus, dass sie sich mit ihrer Führungsrolle und ihrer Organisation identifizieren und das konsequent sowie authentisch ausstrahlen (vgl. Witte 2010, S. 77).

- **Leader** motivieren und inspirieren ihr Team durch leistungsfördernde Beziehungen. Sie schaffen eine wertschätzende Arbeitsatmosphäre, in der ihre Mitarbeitenden ihre individuellen Potenziale ausschöpfen und über sich selbst hinaus wachsen können. Das erfordert eine hohe soziale Kompetenz, die bei Leadern einen höheren Stellenwert genießt als das Fachwissen (vgl. Stotz und Wedel 2009, S. 63).

In der Praxis bedeutet das, dass Führungskräfte viele Möglichkeiten der Mitsprache einräumen sollen, z. B. wenn Räumlichkeiten gestaltet oder neue Methoden konzipiert werden. Zugleich wird erwartet, dass sie viele Gestaltungsspielräume für die selbstständige Arbeit gewähren. Die Hierarchie sollte möglichst wenig spürbar sein, die Balance zwischen Führung und Teamfähigkeit gewahrt bleiben. Mit den Entscheidungen der Führungskräfte soll zudem eine hohe Zuverlässigkeit verbunden sein, also dass man auf die Worte und Entscheidungen langfristig vertrauen kann. Gleichzeitig werden damit Innovationen und eine gewisse Portion Mut in Verbindung gebracht. Die Vorgesetzten sollen keine Scheu vor Veränderungen haben, sondern im Gegenteil Ideen und Visionen befördern (vgl. Witte 2010, S. 75 f.).

Als Nebenrollen für Vorgesetzte sehen Stotz und Wedel die Aufgaben von Trainern und Coaches (vgl. Stotz und Wedel 2009, S. 63):

- **Trainer** können mit ihren individuellen Stärken und Schwächen einen Trainingsplan erstellen und sich in die Umsetzung einbinden. Allerdings stellen bei ihnen persönliche Beziehungen zum Trainierten eher eine Belastung dar.
- **Coaches** hingegen haben enge Beziehungen zu ihren „Klienten", allerdings geben sie keine Ratschläge oder Feedbacks, sondern geben lediglich Hilfe zur Selbsthilfe.

▶ Sowohl die Rolle des Trainers als auch des Coaches kann delegiert werden. Die Rollen von Managern und Leadern können dagegen nur vom Vorgesetzten selbst ausgefüllt werden.

Es ist also unumgänglich, dass Führungsverantwortliche in der Lage sind, die Rolle des Managers und des Leaders auszufüllen.

5.4   Den Selbst-Wert von Führungskräften fördern und stärken

Damit Führungskräfte in die Lage kommen, ihre unterschiedlichen Rollen wahrzunehmen, versprechen Auseinandersetzungen auf der Ebene der individuellen Werte die größte Nachhaltigkeit. Nur wer sich selbst genau kennt mit allen Schwächen und Stärken, ist in der Lage andere zu führen. Zur Selbstkenntnis gehören die realistische Einschätzung der eigenen Gefühle und der selbstreflektierte Einsatz in unterschiedlichen Situationen (vgl. Stotz und Wedel 2009, S. 73). Dabei spielen die eigenen Werte eine herausragende Rolle.

▶   Die Werte-Haltung gibt Aufschluss über die Zielklarheit, über Lebensführung und über die Unternehmensführung.

Wertschätzung sich selbst gegenüber zu entwickeln, stellt für Führungskräfte einen wichtigen ersten Schritt dar. Ziel ist es, den eigenen Selbst-Wert zu stärken. Das heißt:

- die Vergegenwärtigung,
- die Priorisierung und
- die Akzeptanz

der eigenen Werte sowie der Haltung, die sich daraus ergibt. Dadurch soll es möglich werden, dass Führungskräfte, aber auch Mitarbeitende angeregt werden, ihr Handeln sowie ihre Wahrnehmung selbstreflektiert zu betrachten und eine neue Perspektive zu gewinnen. So steigt die Wahrscheinlichkeit, alternativ zu handeln (vgl. Esch und Krüger 2012, S. 33 f.). Das setzt soziales Bewusstsein voraus, also Empathievermögen. Wer sich in andere hinein versetzen kann, hat auch ein Gespür für Gruppendynamiken und wie er die Bedürfnisse sowie Werte seiner Mitarbeitenden berücksichtigt (vgl. Stotz und Wedel 2009, S. 74).

Führungskräfte können nur dann ihren persönlichen Stil entwickeln und diesen authentisch nach außen vertreten, wenn sie Selbst-Wert daraus gewinnen, dass sie die eigene Wertedynamik schätzen lernen. Darin liegt die Quelle, Konfrontationen angemessen und vorausschauend zu begegnen (vgl. Esch und Krüger 2012, S. 35).

▶   Schließlich ist eine der zentralen Aufgaben von Führungskräften das Beziehungsmanagement und zwar so, dass leistungsfördernde Beziehungen mit den Mitarbeitenden möglich werden.

Zum Beziehungsmanagement gehören u. a. Kommunikationsfreudigkeit, Inspirationsvermögen, Feedbackvermögen, Konfliktmanagement oder Teamorientierung (vgl. Stotz und Wedel 2009, S. 73 ff.). Diese Augaben können nur dann ausbalanciert gehandhabt werden, wenn Führungskräfte die subjektive Fähigkeit ausbilden, mit solchen Anforderungen umzugehen, ohne von der bestätigenden Anerkennung des Gegenübers abhängig zu sein.

So kann die eigene Position selbstwirksam zum Ausdruck gebracht werden (vgl. Esch und Krüger 2012, S. 35).

> Erst wenn das damit verbundene positive Selbstwertgefühl vorliegt, kann gegenüber anderen Personen Wertschätzung – im Sinne des ‚Schätzens von Werten' anderer Menschen – erwiesen werden. Daher kann durch die Transparenz der eigenen Werte und dem bewussten Umgang damit eine wahrhaftige, gegenseitige Anerkennung von möglicherweise unterschiedlichen Werten und daraus resultierenden Haltungen gelingen. Professionelle Wertschätzung ist insofern auch die gesunde Angrenzung der eigenen Werte zu denen des Gegenübers, die sich im Kontext der Zusammenarbeit mit Kolleg/inn/en oder Kunden konsequenterweise aus den unterschiedlichen Rollen heraus ergeben können. (Esch und Krüger 2012, S. 35)

Ein wichtiger Indikator von Werten ist die Auseinandersetzung mit den eigenen Gefühlen, die entstehen, wenn Personen sich gegen die eigene Haltung stellen oder die eigenen Werte verletzen. Dadurch wird mitunter die eigene Identität in Frage gestellt. Werden diese negativen Gefühle wie Wut, Angst oder Trauer, die dadurch entstehen, nicht aufgelöst, führt das zu Konflikten im Team oder mit sich selbst (vgl. Esch und Krüger 2012, S. 36).

▶ Die Herausforderung besteht darin, die Fähigkeit zu entwickeln, sich emotional selbst zu regulieren. Eine wichtige Kompetenzsäule von Führung ist daher das Selbstmanagement.

Es erfordert die emotionale Selbstkontrolle, beispielsweise mit Provokationen und Stress balanciert umzugehen. Klarheit, Flexibilität und Vertrauenswürdigkeit ergänzen das Selbstmanagement (vgl. Stotz und Wedel 2009, S. 73 ff.). Den positiven Polen Selbst-Wert und Wertschätzung stehen die negativen Pole Anbiederung und Geltungssucht gegenüber. Anbiederung tritt dann beispielsweise in Form von bemühtem, beschwichtigendem, rechtfertigendem oder Verantwortung vermeidendem Verhalten zutage, wenn es einer Leitungskraft nicht gelingt, ihren Selbst-Wert gegenüber den Mitarbeitenden zum Ausdruck zu bringen (vgl. Esch und Krüger 2012, S. 35).

Das andere Extrem, wenn der Selbst-Wert nicht entfaltet werden kann, ist die fachliche Arroganz. Der Gegenüber wird z. B. eingeschüchtert, degradiert oder belehrt, damit die Leitungskraft Geltungssucht verspüren kann. Dahinter stecken der Wunsch nach Bewunderung und eine übertriebene Einschätzung der eigenen Person. Sowohl die Geltungssucht als auch die Anbiederung entspringen der Angst, dass man nicht genügend Aufmerksamkeit erfährt, wenn man das eigene Selbst offen zeigt und vertritt. Doch das Verleugnen oder Verbergen des Selbst erfordert unglaublich viel Kraft. Schließlich halten Führungskräfte dadurch eine Fassade aufrecht, der sie nicht entsprechen. Meist halten sie unbewusst an diesen Extrempolen fest und können nur durch Reflexion mittels Caching oder Supervision dazu gebracht werden, diesen Haltungen eine positive Entwicklungsrichtung zu geben (vgl. Esch und Born 2012, S. 36).

Dazu werden die positiven wie negativen Gefühle, die mit den Haltungen verbunden sind, aus der Selbst- und Fremdperspektive wahrgenommen. Das heißt, dass Führungskräfte ihre Emotionen in entsprechenden Situationen analysieren und für sich ein individuelles Selbstverständnis entwickeln. Besonders wichtig ist das in Momenten, in denen sie negative Gefühle erfahren, weil sie sich in ihrer Haltung verletzt fühlen. (vgl. Esch und Krüger 2012, S. 37).

> Um als Mitarbeiter mit Führungsverantwortung erfolgreich zu sein, ist es vielmehr erforderlich, in der Lage zu sein, aus unterschiedlichen Perspektiven aus betrachten, verstehen und handeln zu können. Zum Handeln steht der Führungskraft eine Vielzahl an Instrumenten zur Verfügung. Doch mit welcher Hilfe schafft eine Führungskraft dies? Die Antwort heißt: Durch seine emotionale Intelligenz. (Stotz und Wedel 2009, S. 72)

Wird die Entscheidung einer Führungskraft beispielsweise von Mitarbeitenden in Zweifel gezogen, können daraus negative Gefühle entstehen wie beispielsweise die Überzeugung, Recht zu haben, dass Situationen unveränderbar erscheinen oder man Schuld hat. Doch aus den Konfliktsituationen sollen positive Ressourcen geschöpft werden, um die Persönlichkeitsentwicklung zum Selbst-Wert zu etablieren. Eine positive Kraft aus solch einem Konflikt wäre etwa, sich abzugrenzen und die eigene Position klar zu benennen. Mit gemeinsamer Kreativität, Demut sowie Selbstreflexion können die negativen Gefühle positiv für die Lösungssuche genutzt werden (vgl. Esch und Krüger 2012, S. 37).

▶   Damit Führungskräfte ihre Werte-Haltung erweitern können und zu lösungsorientierten Handlungen befähigt werden, sollten sie darin unterstützt werden, sich differenziert und ausgewogen mit der eigenen Werte-Haltung auseinanderzusetzen.

Dadurch soll der Blick für die Werte anderer geschärft werden. Aus der Wahrnehmung der Unterschiede können Wertschätzung und Wohlwollen wachsen. Dabei sollten Krisen und Konflikte nicht negiert, sondern als Chance zur Veränderung gesehen werden. Nur durch die ernsthafte Anerkennung von Konfliktpotenzial können Führungskräfte sich über ihre eigenen und die fehlenden Werte bewusst werden (vgl. Coordes und Englert 2012, S. 110 f.).

5.5   Wer übernimmt die Verantwortung? Konfliktverhalten von Führungskräften

Wie Leitungskräfte eine bestimmte Konfliktsituation erleben und welche Optionen sie zur Lösung ergreifen, ist entscheidend davon abhängig, wem die Verantwortung für das eigene Erleben oder das eigene Werteszenarium zugeschrieben wird.

▶   Je nachdem, in welche Richtung das Pendel ausschlägt, ist die Haltung förderlich oder hinderlich für den Employer-Branding-Prozess.

Unterschieden wird:

* *die innere Verantwortungszuschreibung*: Die Leitungskraft sucht die Verantwortung
für den Konflikt oder das Erleben bei sich selbst.
  - Führungskräfte, die sich ihres eigenen Anteils an einer Situation bewusst sind, haben
dadurch in der Regel das Gefühl, etwas verändern zu können. Sie übernehmen Verantwortung für eine Entwicklung und eröffnen sich dadurch die Möglichkeit, darauf
Einfluss zu nehmen. Meist zeichnen sich solche Personen durch differenziert wahr-
genommene Werteszenarien aus, sodass sie in der Lage sind, ihren eigenen Anteil
zu erkennen. Dadurch verfügen sie über Kompetenzen, mit denen es ihnen möglich
ist, das Erleben zu verändern. Sie suchen aktiv nach Lösungen, machen ihren Standpunkt deutlich und berücksichtigen die Positionen der anderen (vgl. Coordes und
Englert 2012, S. 75).
* *die äußere Verantwortung*: Die Verantwortung für den Konflikt oder die Entwicklung
wird eher bei anderen gesehen, außerhalb der eigenen Befugnis.
  - Diese Führungskräfte sehen sich in solchen Situationen schnell in der Opferrolle,
wodurch ihnen ein aktiver Part bei der Lösung des Konflikts verwehrt bleibt. Kenn-
zeichnend sind Gefühle der Hilflosigkeit und des Ausgeliefertseins gepaart mit pas-
siven Handlungen, um zu vermeiden, zu manipulieren oder zu kontrollieren. Aus
dieser Perspektive ist es ihnen unmöglich, auf Kompetenzen zuzugreifen und die
Situation aus eigener Kraft zu beeinflussen. Sie berufen sich darauf, dass nur die
externe Verantwortung oder Instanz in der Lage ist, etwas zu verändern (vgl. Coordes und Englert 2012, S. 75 f.).
  - Auch sprachlich finden sich für solch eine Haltung viele Hinweise. Sprenger stellt
fest, dass im allgemeinen Sprachgebrauch schon erkennbar wird, dass die Verantwortung für ein spezifisches Verhalten an die Gefühle abgetreten wird. Das ist
beispielsweise der Fall, wenn Führungskräfte davon reden, dass sie nichts dafür
könnten, dass sie so empfinden. Oder Kollege XY gehe dem Vorgesetzten mit
seinem Perfektionswahn auf die Nerven. Aus solchen Sätzen geht unterschwellig
hervor, dass derjenige für seine Reaktion nicht verantwortlich ist. Die Umstände
zwingen ihm die Gefühle auf. Damit einher geht die in unserer Kultur sehr verbreitete Trennung zwischen Fühlen und Denken (vgl. Sprenger 2007, S. 104 f.).

Wie die Leitungskraft in der Verantwortungs-Frage steht, ist ausschlaggebend dafür, wie
Kompetenz erlebt wird und welche Handlungen ergriffen werden. Daran orientieren sich
auch die Lösungsversuche der Führungskräfte. Aus einem inneren Verantwortungsbe-
wusstsein entspringen eher lösungsförderliche Versuche. Perspektiven einer äußerlichen
Verantwortung sind eher mit problemstabilisierenden Lösungsversuchen verbunden (vgl.
Coordes und Englert 2012, S. 88).

►   In der grundsätzlichen Haltungsfrage der Verantwortungsübernahme spiegelt sich eine Voraussetzung für den Employer-Branding-Prozess wider:
Begeisterungsfähigkeit.

So werden Misserfolge entweder als Chance gesehen, es beim nächsten Mal besser zu
machen und daraus zu lernen. Oder sie sind der Anlass für eine tiefergehende Krise – der
Tropfen, der das Fass zum Überlaufen bringt. Diese Haltungen wirken sich nicht nur bei
Krisen aus. Auch bei der Verantwortungsübernahme von Aufgaben zeigt sich entweder
schnell Überforderung und Abgrenzung oder ein Gefühl des Anpackens und des „Wir
schaffen es".

Die Motivation der Fachkräfte steht und fällt mit der Haltung der Leitungsverantwort-
lichen. Vielfach sind sich Vorgesetzte ihrer Multiplikatorwirkung gar nicht bewusst. Internationale Befragungen von Mitarbeitenden zeigen, dass die Akzeptanz und die Wirkung
von Führungskräften der wesentliche Motivationsfaktor sind – nicht das Geld. Dabei liefern die individuellen Erklärungsmuster eines Vorgesetzten die Ausgangsbasis, um Demotivation zu vermeiden: Selbstmotivation (vgl. Fialka 2011, S. 48).

Soll ein Bewusstsein für ein positives Arbeitgeber- und Unternehmensimage entwickelt werden, ist die Einstellung der Leitungsebene der Gradmesser für die Stimmung
im Team. Denn wer nach außen glänzen will, muss auch nach innen strahlen. Sind die
Leitungen nicht von ihrer Arbeit überzeugt oder stehen dem eigenen Berufsfeld sogar
äußerst kritisch gegenüber, überträgt sich diese Haltung auf die Arbeitsatmosphäre – und
zwar nachhaltig.

5.6   Führung braucht Orientierung von oben

Führung ohne Orientierung gleicht dem Experiment, ein Team in der freien Wildnis
auszusetzen und darauf zu vertrauen, dass die Leitung ohne Landkarte, rein aus Intuition, die Mannschaft sicher zum Ziel führt. Das kann gut gehen, aber sicher nicht auf
dem schnellsten Wege und sicher nicht, ohne sich zu verlaufen. Vieles ist einfach dem
Zufall überlassen. Holen Sie als Arbeitgeber Ihre Führungskräfte aus den Zonen der
Ungewissheit und geben Sie ihnen die Orientierung, die sie benötigen. Im Verlauf des
Employer-Branding-Prozesses werden Sie nicht umhin kommen, sich diesem Bereich
ernsthaft zu öffnen.

5.6.1   Leitungskräfte im Rollenkonflikt

Dass das Verständnis für die Führungsrolle im sozialen und Bildungsbereich noch profilie-
rungsbedürftig ist, unterstreicht exemplarisch eine Befragung zweier Kita-Teams. Darin
wurden die Perspektiven von Praxiserfahrenen und ihren Führungskräften gegenüberge-
stellt. Dabei kamen deutliche Unterschiede zum Vorschein. Die pädagogischen Fachkräfte

legen wie die Studierenden weiter oben viel Wert auf den persönlichen Umgang mit dem Team und bemessen daran die Kompetenz einer Führungskraft. Hier sind Wertschätzung, Empathie und Ehrlichkeit Schlüsselbegriffe.

Die Führungskräfte selbst halten dagegen Transparenz, Orte des Austauschs sowie die Entwicklung von Visionen für wichtiger. Die unterschiedliche Bewertung der Prioritäten ist auf der einen Seiten durch den komplexeren Aufgabenbereich von Führungskräften begründbar. Auf der anderen Seite wird hier auch ein Anhaltspunkt erkennbar, dass Führungskräfte den Stellenwert von Wertschätzung und Teampflege unterschätzen (vgl. Witte 2010, S. 80).

Eine repräsentative Befragung verdeutlicht das Dilemma. Darin wurde ermittelt, welche Werte die Kita-Landschaft in Bayern, Brandenburg, Nordrhein-Westfalen und Thüringen bestimmen. Es wurden 1.795 Fragebögen von Kita-Leitungen beantwortet. Die überwiegende Mehrheit der befragten Führungskräfte sieht sich im Spannungsfeld zwischen:

• ihrer Leitungsfunktion
• und dem Beziehungsmanagement mit den Mitarbeitenden.

Daraus resultiert:

• das Bedürfnis nach Nähe zum Team
• im Kontrast zu freiem Entscheidungs- und Handlungsspielraum (vgl. Coordes und Englert 2012, S. 108).

Dieses Spannungsfeld ist verbunden mit einem Konflikt individueller Wertethemen wie z. B. der Angst vor Isolation, weil die Leitungskraft die Entscheidungen trifft, oder dem Streben nach Harmonie (vgl. Coordes und Englert 2012, S. 108 f.).

Dieser Rollenkonflikt ist für alle befragten Kita-Leitungen bisher ungelöst. Meist liegt die Ursache darin, dass Team-Mitglieder ohne ausreichende Vorbereitung in eine Führungsposition gerutscht sind. Aber auch auf Seiten der Trägerleitungen wird wenig Handwerkszeug zur Verfügung gestellt, um klare Leit- und Rollenbilder zu entwickeln. Es wird sich darauf verlassen, dass es für die Führungsposition genügt, eine ausgezeichnete pädagogische Fachkraft zu sein (vgl. Coordes und Englert 2012, S. 109).

Nicht umsonst wird in der Sozialwirtschaft eher von Leitung und als von Führungskraft gesprochen. Leitlinien und Grundsätze zur Führung, wie sie in der freien Wirtschaft bereits breite Anwendung finden, stecken daher noch in den Kinderschuhen. Erst nach und nach werden Führungsgrundsätze im Zuge von Leitbildentwicklungsprozessen etabliert (vgl. Friedrich 2010, S. 70 f.). Geschichtlich gesehen gab es für Führungsleitlinien keine Grundlage, da man sich nicht um Managementthemen kümmerte. Und aus der Fachlichkeit der sozialen Arbeit konnten keine Vorgaben für Leitungsqualifikationen abgeleitet werden (vgl. Wöhrle 2008, S. 14).

5.6.2   Leitlinien als Handwerkszeug für Führungskräfte

Klar und gewünscht ist also, dass Teams Führung brauchen. Doch Führung bedeutet nicht, dass alle gleich sein können. Es sind nicht selten einsame Wege, die Courage erfordern:

> Hören Sie auf, anderen um jeden Preis gefallen zu wollen; verkaufen Sie nicht Ihr Erstgeburtrecht auf Selbstbestimmung gegen das Linsengericht des Nacheiferns. (Sprenger 2007, S. 152)

Auch wenn Führungskräfte viele Baustellen parallel bearbeiten müssen, so ist es für sie unabdingbar, Prioritäten zu setzen und zu lernen, mit dem nötigen Feingefühl „Nein!" zu sagen (vgl. Fialka 2011, S. 38). Durch fehlende Leitlinien erleben viele Führungskräfte ihre Rolle aber als emotionale Bürde. Sie verspüren die Verantwortung, mit allen permanent in Kontakt stehen zu müssen und dafür zu sorgen, dass alle zufrieden sind und miteinander zurechtkommen.

▶   Das ist für viele derart beengend und kräftezehrend, dass es sogar als einer der
     wesentlichen Ursachen für den hohen Krankenstand in Kindertageseinrichtun-
     gen identifiziert wird.

Sie scheitern am zentralen Anspruch, immer in Kontakt zu sein, und verlieren dadurch den Blick für Aufgaben und Ziele. Da das Führungsthema für viele mit einer hohen Unsicherheit verknüpft ist und es wenig Orientierung gibt, greifen die Leitungen auf ihre eigenen Vorstellungen zu Rollen und Haltungen zurück. Tun sie das nicht mit dem nötigen Maß an Selbstreflektion, füllen sie ihre Führungsrolle mit bekannten Rollenvorstellungen aus (vgl. Coordes und Englert 2012, S. 109).

Führungskulturen sind meist Ergebnis einer umfangreichen Fülle von informellen und formellen Praktiken, die über die Jahre zu einem gemeinsamen Werteverständnis herangewachsen sind. Sie werden sowohl intern beispielsweise vom Vorgänger und den Mitarbeitenden beeinflusst, als auch extern durch etwa die Art der Dienstleistung oder durch mögliche Kooperationen. Diese für die Einrichtung oder den Träger sehr individuelle Kultur ist meist schon beim Betreten des Hauses spürbar. Führungsleitlinien können innerhalb von Einrichtungen oder Trägern Denkprozesse anstoßen, die Einfluss auf die Führungskultur nehmen (vgl. Fialka 2011, S. 34 f.).

Dabei empfiehlt es sich, diese Strategien in den Employer Branding-Prozess zu integrieren, um sie ganzheitlich zu bearbeiten. Wichtig hierbei ist, dass die Entwicklung von Führungsleitlinien als Management-Aufgabe der Führungsspitze verstanden wird. Das heißt allerdings nicht, dass die Entwicklung allein im Elfenbeinturm vorangetrieben wird.

▶   Die Erarbeitung gehört ins Team, die Initiative dazu auf Entscheiderebene.

5.6.3   Exkurs: Das Modell eines ganzheitlichen Personalmanagements

Wie tiefgreifend ein ernst genommenes Personalmanagement in die Organisation eingreift, zeigt das „Heidelberger Prozess-Modell des Personalmanagements – H(PM)^2®". Expertinnen und Experten aus dem Personal- und dem Qualitätsmanagement sowie aus dem Hochschul-Bereich Personalwirtschaft haben es gemeinsam entwickelt. Davon ausgehend sollte jede Organisation acht Teilprozesse des Personalmanagements beherrschen, um nachhaltig überlebensfähig zu bleiben.

1. Ein möglichst harmonisches Verhältnis folgender drei Inputs. Sie liefern die normative Basis für das Personalmanagement:
   a. *Strategischer Input*: Das Personalmanagement benötigt mittel- und langfristige Ziele für wichtige Personalmanagementvorgaben.
   b. *Unternehmenskultureller Input*: Darunter ist das klare Führungs- und Personalleitbild gefasst.
   c. *Struktureller Input*: Hiermit ist die gesamte Aufbau- und Ablauforganisation gemeint.
2. Qualitative und quantitative Prozesse für
   a. Personalplanung,
   b. Personalmarketing und
   c. Personalrekrutierung
3. Ein erfolgreiches **Linien- und Führungssystem**: Damit sollen die Mitarbeiterinnen und Mitarbeiter die notwendigen Feedbacks bekommen und sie motiviert werden, betriebliche Ziele zu erreichen.
4. Ein **Vergütungs- und Kompensationssystem**: Es dient dazu, Leistungen zu belohnen, und wird daher speziell von leistungsstarken Mitarbeitenden als transparent und gerecht wertgeschätzt.
5. Effiziente Steuerung der Arbeitszeit, um
   a. einerseits den Kunden adäquat gerecht zu werden und
   b. andererseits den Bedürfnissen der Beschäftigen gerecht zu werden.
6. Eine individuelle **Kompetenzbeurteilung und -einstufung des Personals**: Dadurch sollen die Mitarbeitenden entlang ihrer Stärken und Schwächen in den passenden Bereichen arbeiten. Gleichzeitig geht daraus der notwenige Input für die Personalentwicklung hervor.
7. **Prozess der Personalentwicklung**: Hier geht es um die Förderung der vielfältigen Kompetenzen innerhalb der Organisation und den Transfer in die Praxis.
8. **Innovationsmanagement**: Mitarbeiterinnen und Mitarbeiter werden dazu angeregt, sich in die Organisationsgestaltung einzubringen, um Verbesserungen und Innovationen zu befördern.
9. Es ist nicht erforderlich, dass jeder Teilprozess mit einer eigenen Abteilung ausgestattet ist. Vielmehr besteht die Herausforderung darin, die Prozesse erfolgreich miteinander zu verzahnen. In vielen Organisationen mangelt es nicht nur an einem oder mehreren

Teilprozessen, sie laufen auch unabhängig voneinander ab. Das schlägt sich meist deutlich in der Personalqualität, der Arbeitszufriedenheit und der daraus resultierenden fehlenden Motivation und entsprechenden Fluktuation nieder.

► Was zunächst als schlechte Atmosphäre im virtuellen Raum spürbar ist, kostet kurz- und mittelfristig bares Geld (vgl. Nagy 2012, S. 100 f.).

5.7 Schlüsselrolle von Führungskräften im Employer-Branding-Prozess ernst nehmen

Der glaubwürdige Aufbau einer Marke lebt von wiederholenden Erfahrungen, in denen sie spürbar wird. Das bezieht sich zum einen auf die Kommunikation, aber beim Employer Branding zum anderen ganz besonders auf die Beziehungsebene. Wenn Sie Glück haben, finden Ihre Mitarbeitenden von allein zu den Grundwerten, die sie mit Ihrer Arbeitgebermarke verbinden. Wesentlich effektiver und leichter ist es jedoch, wenn Ihre Führungskräfte ein Verhalten vorleben, das die Employer Brand stärkt und zum Vorschein bringt.

► Führungskräfte repräsentieren das Nadelöhr, um Wissen zur Arbeitgebermarke ins Team zu tragen und zu festigen.

Das allein genügt jedoch nicht. Die (Nicht-) Identifikation mit Ihren Botschaften oder sogar mit Ihrer Organisation beeinflusst maßgeblich, mit welchem Grundtenor dieses Wissen vermittelt wird.

Führungskräfte treten an sensiblen, teils nur flüchtigen Kontaktpunkten in Erscheinung, die den Ausschlag dafür geben, wie Sie als Arbeitgeber wahrgenommen werden. Im Rekrutierungsprozess führen Sie Vorstellungsgespräche oder arbeiten neue Kolleginnen und Kollegen ein. Sie führen regelmäßige Feedback- oder Beurteilungsgespräche mit Mitarbeitenden. Sie kommunizieren bei Konferenzen oder Tagungen nach außen.

► Ihre Arbeitgebermarke zahlt dann auf Ihren Unternehmenswert ein, wenn Ihre Organisationskultur davon durchdrungen ist. Das bedeutet, dass das Führungsverhalten – als Verkörperung Ihrer Markenwerte – Ihren gesamten Betrieb prägt.

Dafür stehen Sie als Arbeitgeber in der Pflicht, einen Rahmen zu schaffen, der das ermöglicht: ein Führungsverständnis zu entwickeln, das die Unternehmensmarke stärkt, und konkrete Orientierung zur Erfüllung zu geben (vgl. Siebrecht 2012, S. 109).

In der Konsequenz bedeutet das, Beförderungen am markenorientierten Führungsverständnis auszurichten und bestehende Führungspositionen weiterzuentwickeln. Leitlinien können dafür der erste Aufschlag sein. Dass sie tatsächlich gelebt werden, also die konkrete Implementierung in den Arbeitsalltag, ist die zwingende Schlussfolgerung. Nur Papiere zu produzieren und davon auszugehen, dass ihnen Folge geleistet wird oder sie jeder gleichermaßen versteht und anwenden kann, genügt bei weitem nicht.

Die Auseinandersetzung mit der Werteorientierung in der Personal- und Organisationsentwicklung, die im weiteren Buchverlauf konkretisiert wird, bietet hilfreiche Ansatzpunkte. Sie ist als Prozess zu verstehen, der in sich nicht abgeschlossen ist. Fähigkeiten zu erlernen, ist also nicht das Ziel. Es geht um eine Perspektiverweiterung für soziale Kompetenzen durch die Veränderung von Werte-Haltungen. Führungskräfte werden darin gestärkt, stets ihren eigenen emotionalen Anteil zu identifizieren und wahrzunehmen, welcher Wert berührt wurde. Indem sie sich auf ihre eigene Verantwortung fokussieren, können sie sich selbstwirksam erleben (vgl. Coordes und Englert 2012, S. 111). Das öffnet den Zugang zu einem markenorientierten und wertebasierten Führungsverständnis.

Für solch einen Prozess bedarf es der Transparenz und verbindlicher Strukturen, dass auch kritische Stimmen gehört werden können. Spielen sich beispielsweise Konflikte in einzelnen Teams ab, weil eine Führungskraft sich konträr zu ihrem Arbeitgeber-Nutzenversprechen verhält, müssen diese auf den Tisch. Das Credo sollte lauten:

▶ Propagieren statt verheimlichen.

Wenn Ihre Führungsriege die Basis schafft, dass Sie Ihr Versprechen einhalten können, entwickelt sie sich nachhaltig zum Werttreiber für Ihre Organisation und schafft ein Höchstmaß an Differenzierung im Wettbewerb (vgl. Siebrecht 2012, S. 110)

Literatur

Buckesfeld Y (2012) Employer branding: strategie für die Steigerung der Arbeitgeberattraktivität. Diplomica, Hamburg

Coordes R, Englert S (2012) Der Qualitative Forschungsstrang. In: Esch K, Born A (Hrsg) Grundlagen für eine systemisch-wertschätzende Organisations- und Personalentwicklung. Das Beispiel Kindertageseinrichtungem. V & R unipress, Göttingen, S 113–140

Esch K, Born A (2012) Grundlagen für eine systemisch-wertschätzende Organisations- und Personalentwicklung. Das Beispiel Kindertageseinrichtungen, V & R unipress, Göttingen

Esch K, Krüger T (2012) Konzeption der systemisch-wertschätzenden Organisations- und Personalentwicklung. In: Esch K, Born A (Hrsg) Grundlagen für eine systemisch-wertschätzende Organisations- und Personalentwicklung. Das Beispiel Kindertageseinrichtungen. V & R unipress, Göttingen, S 23–40

Fialka V (2011) Handbuch Bildungs- und Sozialmanagement in Kita und Kindergarten. Verlag Herder, Freiburg

Friedrich A (2010) Personalarbeit in Organisationen Sozialer Arbeit. Theorie und Praxis der Professionalisierung. VS Verlag für Sozialwissenschaften, Wiesbaden

König M, Clausen H, Schank C, Schmidt M (2012) Fachkräftemangel in der Sozialwirtschaft. Eine empirische Studie 2012, akquinet business consulting GmbH, Hamburg. http://www.pet-projekt.info/uploads/Beitragsanhaenge/studie-fachkraeftemangel-2012.pdf. Zugegriffen: 1. Okt. 2013

Lippold D (2011) Die Personalmarketing-Gleichung. Einführung in das wertorientierte Personalmanagement. Oldenbourg, München

Nagy M (2012) Personalmanagement – ganzheitlich betrachtet. In: Bundesarbeitsgemeinschaft der Freien Wohlfahrtspflege (Hrsg) Den Wandel steuern. Personal und Finanzen als Erfolgsfaktoren. Bericht über den 7. Kongress der Sozialwirtschaft vom 26. und 27. Mai 2011 in Magdeburg. Nomos Verlagsgesellschaft, Baden-Baden, S 99–104

Siebrecht S (2012) Besonderheiten des Internal Branding: Behavioral Branding und Leadership Branding. In: DGFP e. V. (Hrsg.) Employer Branding. Die Arbeitgebermarke gestalten und im Personalmarketing umsetzen. W. Bertelsmann, Bielefeld, S 105–122

Sprenger R K (2007) Das Prinzip Selbst-Verantwortung. Wege zur Motivation. Campus, Frankfurt a. M.

Stotz W, Wedel A (2009) Employer Branding: mit Strategie zum bevorzugten Arbeitgeber. Oldenbourg, München

Witte H (2010) Praxisbeitrag zur Personalführung. Führungskompetenzen in der Sozialen Arbeit. In: Friedrich A. Personalarbeit in Organisationen Sozialer Arbeit. Theorie und Praxis der Professionalisierung. VS Verlag für Sozialwissenschaften, Wiesbaden, S 75–80

Wöhrle A (2008) Der zweite Professionalisierungsschub durch Sozialmanagement. In: Brinkmann V (Hrsg) Personalentwicklung und Personalmanagement in der Sozialwirtschaft. Tagungsband der 2. Norddeutschen Sozialwirtschaftsmesse. VS Verlag für Sozialwissenschaften, Wiesbaden, S 13–41

Wolf G (2013) Mitarbeiterbindung. Strategie und Umsetzung im Unternehmen. Haufe Lexware, Freiburg

Teil II
Analyse und strategische Ausrichtung—der Auftakt zum Employer-Branding-Prozess

Im ersten Teil dieses Buches haben Sie das notwendige Grundlagenwissen für Ihren eigenen Employer-Branding-Prozess erworben und konnten bereits Ihr eigenes Unternehmen reflektieren. Ab diesem Kapitel startet die konkrete Employer-Branding-Auseinandersetzung mit Ihrer Organisation. Die Analyse und strategische Ausrichtung im zweiten Teil bilden die Grundlage für die Umsetzung des internen und externen Employer Brandings im dritten Teil.

In diesem Kapitel durchleuchten Sie Ihre Organisation in all Ihren Facetten aus einer Innen- und Außenperspektive. Die Ergebnisse verdichten Sie im nächsten Schritt zu einer Synthese und legen damit die Employer Value Proposition fest, sprich: den Markenkern und das Nutzenversprechen. Daraus entstehen passende Positionierungsstrategien, die in die Arbeitgebermarkenstrategie implementiert werden und im folgenden Teil in konkrete interne und externe Maßnahmen münden.

Die Analyse als Ausgangspunkt

6

Der Ausgangspunkt jeder Strategie ist die Analyse und sie sollte nicht halbherzig in Angriff genommen werden. Die Ressourcen, die am Anfang in eine umfassende Bestandsaufnahme investiert werden, ersparen Fehlinvestitionen und Anstrengungen, um im Nachhinein zum Zielpfad zurückzufinden. In der Analysephase werden die entscheidenden Grundpfeiler für den Employer-Branding-Prozess gesetzt, die maßgeblich beeinflussen, ob das Ziel erreicht wird. Eile oder überstürzte Fristen sind bei diesem Schritt falsche Ratgeber. Je detaillierter die Bestandsaufnahme ist, umso höher ist die Wahrscheinlichkeit, das verbindende Nutzenversprechen zu finden.

Die größtmögliche Rückendeckung für die Arbeitgebermarke entfaltet sich aus einer intensiven Vorbereitung mit adäquaten Ressourcen. Diese kann bei einigen Organisationen bis zu ein Jahr in Anspruch einnehmen. Andere haben innerhalb weniger Wochen die nötigen Voraussetzungen geschaffen (vgl. Kriegler 2012, S. 39).

6.1 Vorbereitung: intern überzeugen und Zuständigkeiten festlegen

Von Beginn an des Employer-Branding-Prozesses gilt es, intern zu überzeugen, die Führungsebene für den Prozess zu gewinnen und ein gemeinsames Verständnis für Zuständigkeiten und Ziele zu schaffen. Besonders die Führungsspitze hat eine Schlüsselrolle inne und sollte bereit sein, mögliche unbequeme Ergebnisse zuzulassen (vgl. Kriegler 2012, S. 39).

Dabei ist es empfehlenswert, bei der Überzeugungsarbeit auf die Potenziale und Chancen zu fokussieren, weniger auf die Probleme. Die Motivation wird gesteigert, wenn die Argumentation auf einer positiven Grundstimmung und der Vision eines besseren Unternehmens fußt. Nur Kritik üben und Probleme wälzen führt auf Dauer zu Frustration (vgl. Kriegler 2012, S. 44).

© Springer Fachmedien Wiesbaden 2014
C. Heider-Winter, *Employer Branding in der Sozialwirtschaft*,
DOI 10.1007/978-3-658-01196-3_6

Exkurs zur Motivation

„Bringen wir es entschlossen auf eine kurze Formel, dann heißt Motivation: ‚Ich will!'"
(Sprenger 2011, **S. 9)**
Grundsätzlich können zwei Arten von Motivation unterschieden werden: die allgemeine und die
spezifische. Die *allgemeine Motivation* beschreibt die Kraft, etwas zu wollen. In jedem Menschen
steckt großes Aktionspotenzial – kreative Energie, die er entfalten will. Dahinter steckt der Wunsch,
etwas zu schaffen, nicht tatenlos herumzusitzen. Das bedeutet, dass jeder Mensch motiviert ist. Diese Schaffenskraft ist aber bei jedem unterschiedlich ausgeprägt und vom Thema abhängig. Handlung findet dann statt, wenn sich mein Bedürfnis mit einer Erwartung zu einem Motiv verbindet.
Die Handlung muss ein gewünschtes und als wichtig empfundenes Resultat erwarten lassen, sonst
neigt jeder zur Untätigkeit. Steht beispielsweise das Ergebnis einer Situation schon fest oder bringt
ein Ergebnis nicht die gewünschten Folgen, wird eigenes Handeln überflüssig (vgl. Sprenger 2011,
S. 10 ff.).

Die *spezifische Motivation* fokussiert das „etwas", was gewollt wird. Sie ist individuell und
stellt darauf ab, warum ein Mensch etwas tut oder unterlässt, also welches Motiv dahintersteht. Die
spezifische Motivation bezieht sich auf konkrete Aufgaben oder Gebiete, die mess- und vergleichbar
sind. Bezogen auf Unternehmen zielt sie auf Leistung (vgl. Sprenger 2011, S. 13).

Geht man davon aus, dass Menschen sich nicht steuern lassen und Motivierung ein Versuch der
Fremdsteuerung ist, schlussfolgert Sprenger für den Unternehmenszusammenhang:

> „Der Versuch, andere Menschen zu motivieren – sie durch bestimmte Anreize zum gewünsch-
> ten Verhalten zu bringen –, erweist sich als Trugschluss. Man kann andere, z. B. Mitarbeiter,
> zwar beeinflussen, nicht aber dauerhaft steuern. Motiviert ist man meist dann, wenn das, was
> man tut, das eigene Selbstkonzept stärkt."
> (Sprenger 2011, S. 20)

Um ein gewisses Leistungsverhalten der Mitarbeitenden zu motivieren, um das es letztlich in Unternehmen geht, ist das Zusammenspiel zwischen der Organisation und dem Individuum ausschlaggebend. Leistung setzt sich dabei aus der Abhängigkeit der Variablen

- Bereitschaft (Wollen),
- Fähigkeit (Können) und
- Möglichkeit (Dürfen)

jedes einzelnen zusammen (vgl. Sprenger 2011, S. 22 ff.).

Stellen sich Geschäftsführungen die Frage, wie sie die gesamte Leistung ihrer Mitarbeitenden
abrufen können, steckt dahinter schon die Überzeugung, dass Menschen nicht von selbst das leisten,
was vertraglich vereinbart ist oder wofür sie bezahlt werden. Menschen streben demnach nur nach
Freizeit, Entspannung und Lust. Zugespitzt formuliert sind also alle Mitarbeitenden tendenziell „Be-
trüger" (vgl. Sprenger 2007, S. 43).

Diese Haltung zeugt von einem großen Misstrauen den Untergebenen gegenüber, wonach die
Mitarbeitenden eher arbeitsscheu sind und nur durch Geld oder andere Anreize motiviert werden
können. Gleichzeitig bedarf es dazu strikter Kontrolle, um das Team zu disziplinieren. In heutiger
Zeit wird die misstrauische Führungskraft dann gern in eine leistungsorientierte umgedeutet (vgl.
Sprenger 2007, S. 45 ff.).

In diese Denkweisen reihen sich Bonussysteme von Unternehmen ein, die als Motivierung dienen, mehr zu leisten. Das Grundgehalt bezieht sich auf die tatsächliche Leistung, der Bonus auf die
unterstellte Motivationslücke, die somit geschlossen wird. Der Bonus stellt im übertragenen Sinne

einen „Misstrauensabschlag" dar. Damit werden die Vorstellungen vieler Top-Manager aufs Tiefste blamiert. Nach Sprenger blockieren Bonussysteme das, was sie eigentlich fördern sollten: die Motivation, die sich auf die Arbeit selbst konzentriert (vgl. Sprenger 2007, S. 110 ff.).

> „Die intrinsische Motivation ist über Jahrzehnte durch immer neue extrinsische Gratifikationen nachhaltig zerstört worden. Jetzt muss die Schraube weitergedreht werden. Kaum noch jemand kommt auf die Idee, dass jemand das tut, weil er es tun *will*."
> (Sprenger 2007, S. 78)

Sprenger sieht sechs Handlungsfelder, die in ihrem Zusammenspiel entscheidend sind für die Motivation:

1. **Commitment leben:** Veränderungen jedes einzelnen sind freie Entscheidungen jedes einzelnen. Sie haben die freie Wahl und sind sich dessen auch bewusst.
2. **Stärken nutzen und lernen:** Nur, wenn wir etwas gerne tun, sind wir auch gut darin. Die Erfüllung von Aufgaben sollte daher mit den individuellen Interessen und Leidenschaften abgeglichen werden.
3. **Spielfeld wählen:** Das Betätigungsfeld ist neben dem Wollen und Können mitentscheidend, ob jemand gute Leistung erbringen kann. Die Tätigkeiten und Erlebnisse können sich nur im passenden Spielfeld voll entfalten und sollen mit Sinnhaftigkeit sowie dem Gefühl von Stolz einhergehen.
4. **Demotivation vermeiden:** Gute Beziehungen zwischen Führung und Team sind der Schlüssel, um Demotivation zu vermeiden. Sie wirken sich nachhaltig auf die Arbeitszufriedenheit aus.
5. **Fördernd fordern:** Mitarbeitende wollen weder über- noch unterfordert werden. Sie wollen entlang ihrer Stärken und Schwächen die Arbeit als Herausforderung erleben. Sind Anforderungen der Arbeit und die individuellen Fähigkeit bestmöglich aufeinander abgestimmt, entsteht ein Flow-Zustand. Der Mitarbeitende geht in seiner Arbeit auf und fühlt sich involviert. Dadurch entsteht Motivation.
6. **Freiraum eröffnen:** Nehmen Leitungskräfte und Organisationen ihre Mitarbeitenden ernst, schaffen sie Freiräume, in denen sie sich entfalten können.

(vgl. Sprenger 2011, S. 34 ff.)

6.1.1 Einen schlüssigen Argumentationsstrang entwickeln

Schaffen Sie für Ihr internes Lobbying die nötigen Voraussetzungen. Entwickeln Sie zunächst einen schlüssigen Argumentationsstrang, warum Sie Employer Branding innerhalb Ihrer Organisation für unerlässlich halten und Investitionen notwendig sind.

Beginnen Sie auf der Suche nach Mitstreitern bei der Führungsspitze. Gelingt es Ihnen, die Führungsebene für das Vorhaben nicht nur zu gewinnen, sondern bei ihnen ein Feuer zu entfachen, haben Sie bereits potenzielle Multiplikatoren gewonnen, die Ihnen den Rückhalt im gesamten Unternehmen und Prozess sichern.

Ausgehend von den Handlungsfeldern der Motivation nach Sprenger sollten Sie in Ihrer Argumentation Antworten auf folgende Fragen finden:

- **Commitment**: Warum brauchen wir Employer Branding für unseren Träger oder für unsere Einrichtung?
  - Verschaffen Sie sich mit den Führungsverantwortlichen gemeinsam einen Überblick zur Arbeitszufriedenheit innerhalb Ihrer Organisation und zur zukünftigen Entwicklung, wenn das Angebot an qualifizierten Fachkräften nachlässt.
  - Wägen Sie die Risiken dieser Entwicklungen unter deutlicher Herausstellung des möglichen Erfolgs von Employer Branding ab.
  - Schaffen Sie eine Basis für Commitment.
- **Stärken nutzen**: Warum sollten wir uns gern mit Employer Branding beschäftigen?
  - Beziehen Sie die Perspektiven jedes Einzelnen in dieser Gruppe mit ein.
  - Stellen Sie die Spaßfaktoren oder Lernchancen jedes Einzelnen heraus.
- **Spielfeld wählen**: Warum sollten meine Mitarbeiterinnen und Mitarbeiter stolz sein, hier zu arbeiten und am Employer-Branding-Prozess mitwirken?
  - Der Kreis der am Employer-Branding-Prozess Beteiligten soll zum anstehenden Aufgabenbereich passen.
  - Versuchen Sie herauszustellen, dass die Beteiligten am Employer-Branding-Prozess etwas Großes leisten werden, auf das sie stolz sein können.
- **Demotivation vermeiden**: Wie kann ich einem möglichen Abwertungsdiskurs über meine Organisation die Luft aus den Segeln nehmen?
  - Viele Missverständnisse lassen sich durch eine gute Vorbereitung sofort ausräumen und nehmen Entscheidungsträgern Ängste. So vermeiden Sie langwierige Diskussionen, rund um das „Wie es nicht gehen kann".
  - Ist die Kostenseite ein sensibles Thema, gilt es klarzumachen, dass die zukünftigen Employer-Branding-Maßnahmen an anderer Stelle Kosten sparen, weil beispielsweise die Fluktuationsrate gesenkt wird oder Kommunikationsmaßnahmen konsolidiert werden.
  - Mit Employer Branding müssen nicht zwangsweise Großinvestitionen verbunden sein. Sie entscheiden schließlich darüber, wie umfangreich und mit wie vielen externen Ressourcen der Prozess umgesetzt wird.
  - Es gilt, den Mehrwert deutlich herauszustellen. Fokussieren Sie in Ihrer Argumentation nicht auf mögliche Risiken, sondern auf den Gewinn.
- **Fordernd fördern**: Wie mache ich schon zu Beginn klar, dass alle in diesen Prozess ihren Stärken entsprechend einbezogen werden? Warum ist das Vorhaben für uns eine gemeinsame Herausforderung, die die Kompetenzen aller fordert UND benötigt?
  - Zeichnen Sie ein mögliches Szenario, das auf die Gruppe zugeschnitten ist.
  - Zeigen Sie die Möglichkeiten für die Verteilung von Zuständigkeiten auf und zwar danach, was jeden einzelnen reizen könnte.
- **Freiräume eröffnen**: Welche Freiräume will ich als Geschäftsführung dafür zur Verfügung stellen?
  - Machen Sie Lust auf mehr, z. B. durch klare eigene Verantwortungsbereiche im Employer-Branding-Prozess.

Für den Beginn des Employer-Branding-Prozesses gilt es, Mitstreiter aus allen Bereichen zu gewinnen und sowohl horizontal als auch vertikal die Hierarchiestufen vom Sinn des Vorhabens zu überzeugen – nicht zu überreden. Es genügt nicht, wenn nur eine Abteilung der Organisation, klassischerweise die Personalabteilung, den Sinn und Nutzen des Employer Brandings begriffen hat. Da die Ergebnisse am Ende nur wirken können, wenn sie von den Mitarbeitenden gelebt werden, ist es unumgänglich, von Beginn an eine breite Basis an „Überzeugungstätern" zu etablieren (vgl. Kriegler 2012, S. 41).

Diese Vorlage wird Ihnen beim internen Lobbying auf vielen Ebenen weiterhelfen. Sie ist beispielsweise für die Führungskräfte selbst eine gute Grundlage, um etwa in Dienstbesprechungen das Vorhaben vorzustellen und weiter zu überzeugen. Der Argumentationsstrang wird außerdem die Analysephase bereichern. Mal ganz abgesehen davon, dass Sie mit dem Wissen, was die Motivation beeinflusst, immer wieder punkten können.

▶   **Doch Achtung:** Bei Ihrem Argumentationsstrang sollten Sie unbedingt die daraus resultierenden Erwartungen im Blick behalten. Wenn Sie Mitarbeitende für sich gewinnen wollen, indem Sie ihnen attraktive Entwicklungsmöglichkeiten in Aussicht stellen, dann seien Sie gewiss: Es kommt der Zeitpunkt, an dem Sie Farbe bekennen müssen, um die Motivation aufrecht zu erhalten.

6.1.2   Klarheit von Beginn an – Zuständigkeiten festzurren

Der Wille zum Employer Branding ist da? Ihre Organisation ist in all ihren Facetten vom Sinn und Gewinn eines Employer-Branding-Prozesses überzeugt? Sehr gut. Dann ist es an der Zeit, die Zuständigkeiten zu verteilen und verbindlich festzulegen. Häufig ist das leichter gesagt als getan. Denn stehen die Aufgabenverteilungen erst einmal fest, sind damit natürlich Erwartungshaltungen und Verantwortlichkeiten verbunden. Hier ist viel Fingerspitzengefühl gefragt.

Schon in der Motivationsphase zur internen Überzeugung haben Sie mit möglichen Rollenzuteilungen gespielt. Gegebene Versprechen sollten nun eingelöst sowie die Perspektiven bei der Zuordnung unbedingt einbezogen werden. Das Projektteam – **die Lenkungsgruppe** – setzt sich analog zu Beispielen aus der freien Wirtschaft aus Vertretern der Personalabteilung, der Öffentlichkeitsarbeit oder des Marketings zusammen. Die Geschäftsführung sollte in kleineren Organisationen in jedem Fall, in größeren nach Möglichkeit vertreten sein. Lässt es die Zeit nicht zu, ist dennoch eine lückenlose Kommunikation zur Führungsspitze sicher zu stellen. Mitunter können Geschäftsführungen punktuell dazu kommen.

Es ist zwar empfehlenswert, die Lenkungsgruppe nicht zu sehr aufzublasen, damit überhaupt noch Entscheidungen gefällt werden können. Doch da die Bereiche Personal, Öffentlichkeitsarbeit und Marketing im sozialen und Bildungsbereich gerade in kleineren Organisationen entweder gar nicht vorhanden oder behelfsmäßig besetzt sind, kann der

Kreis der Lenkungsgruppe von vornherein breiter (aber nicht ausufernd) gefasst werden. Diese Lenkungsgruppe kommt zusammen, wenn Entscheidungen zu treffen sind (vgl. Kriegler 2012, S. 52).

Schon zu Beginn dieses Buchs wurde deutlich gemacht, dass Employer Branding die Möglichkeit bietet, eine Reihe von Querschnittsthemen in den Prozess zu integrieren:

- Inklusion
  - Diversity Management
  - Gender Mainstreaming
- Führungsleitlinien
- Change Management für spezifische Themen
- Corporate Branding
- Krisenkommunikation
- Gesundheitsmanagement
- Alters- und alternsgerechtes Arbeiten

▶ Prozesse, die Sie in einem Bereich Ihrer Organisationsentwicklung bereits angestoßen haben, sollten mit dem Employer-Branding-Prozess synchronisiert werden. Schaffen Sie keine Parallelwelten.

Verbinden Sie lieber das Nützliche mit dem Angenehmen. Bestehen schon kleinere Projektteams zu einzelnen Fragestellungen, wäre es doch eine Ressourcenverschwendung, diese nicht zu nutzen. Nicht selten ergeben sich aus den bisher ungewohnten Teamstrukturen ungeahnte Synergien. Das macht schon deutlich, dass sie auch *befugt* sein müssen, Entscheidungen zu treffen.

Klar ist, dass die Lenkungsgruppe allein nicht genügt, wenn es um Partizipation in Ihrer gesamten Organisation geht. Bedienen wir uns daher einer musikalischen Analogie und richten einen Resonanzboden ein. So wie diese sogenannte Fichtenholzplatte in Klavieren die Schwingungen der Saiten auffängt und verstärkt, so gibt das „**Soundingboard**" der Lenkungsgruppe – quasi dem Pianisten – kritisches Feedback, damit er sein Spiel anpassen und verbessern kann. Das Gremium hat keine Entscheidungsfunktion, ist aber essentiell, um die Arbeit zu begleiten und wichtige Impulse zu geben. In dieser Gruppe sollte der Betriebsrat seinen Platz finden, ebenso wie Mitarbeiterinnen oder Mitarbeiter, die eine wichtige Multiplikatorenfunktion in der Organisation haben. Dieses Team unterstützt dabei, dass die Entscheidungen aus der Leitungsgruppe in die Breite getragen werden und auf Akzeptanz in der Organisation stoßen (vgl. Kriegler 2012, S. 53).

Das Soundingboard ist also eine gute Möglichkeit, um die Lenkungsgruppe zu entzerren und dennoch vielfältige Kompetenzen einzubeziehen. Ein wichtiger Ratgeber an dieser Stelle: Entscheiden Sie nicht nur nach rein formalen Kriterien, sondern auch nach zwischenmenschlichen. Gehen Sie mit den positiven Energien und schonen Sie Ihre Ressourcen an Stellen großer Widerstände, die Ihnen viel Überzeugungskraft abverlangen.

Für den Employer-Branding-Prozess brauchen Sie Menschen, die in der Lage sind, das „Feuer zu entfachen". Sie sind nicht auf die „Ja, aber…"-Bedenkenträgerinnen und -träger angewiesen, sondern auf die „Ja, ich will…"-Querdenker – die potenziellen Botschafterinnen und Botschafter für Ihre Organisation. Sie werden schnell feststellen, dass sich mit der Zeit Widerstände legen und der Kreis der Unterstützenden synergetisch wächst.

Fragen Sie sich also bei der Verteilung der Zuständigkeiten *aus allen Hierarchien*:

- Wer will was?
- Wer hat für unsere Organisation wichtiges Wissen?
- Wer hat für unsere Organisation wichtige Funktionen?
- Wer identifiziert sich schon jetzt sehr mit uns?
- Wer zeigt eine große Offenheit und zeichnet sich als ausgesprochener Teamplayer aus?
- Wer erfüllt eine wichtige Multiplikatorfunktion für informelle Informationen, ist also ein Netzwerk-Fan?
- Wer kann andere begeistern und steht hinter seinem Beruf?
- Wer scheut nicht davor zurück, eine gute Erreichbarkeit zu gewährleisten?
- Wie harmonieren die Gruppen zwischenmenschlich untereinander?

Machen Sie die Entscheidungskriterien nachvollziehbar, damit sich niemand verprellt fühlt. Vielleicht nutzen Sie die interne Vorbereitung sogar schon in Form eines Aufrufs zur Beteiligung und verschaffen dem Thema innerhalb Ihrer Organisation mehr Sichtbarkeit. Empfehlenswert ist es, dass die Lenkungsgruppe zusammen mit dem Soundingboard Ihre Organisation als Stichprobe abbildet.

► **Merke**

- Die Lenkungsgruppe ist mit den nötigen Entscheidungsbefugnissen ausgestattet und sichert eine lückenlose Kommunikation zur Unternehmensspitze.
- Das Soundingboard ist so gestaltet, dass größtmögliche Beteiligung erreicht wird.
- Die Querschnittsthemen sind mit dem Employer-Branding-Prozess verzahnt und bilden sich in der Lenkungsgruppe und im Soundingboard ab.
- Die Verteilung der Zuständigkeiten läuft nachvollziehbar und transparent ab.

6.2   Fragen über Fragen – die interne und externe Organisationsanalyse

Wer sind Sie? Was haben Sie zu bieten? Wohin wollen Sie gehen? Die Analyse Ihrer Organisation ist die Zeit der Fragen, der Nabelschau. Der Ist-Zustand Ihrer Organisation erfasst Ihre aktuelle Lage unter Berücksichtigung der individuellen Geschichte. Schließlich wollen Sie auch nachvollziehen, wie Sie dorthin gekommen sind, wo Sie gerade stehen. Von diesem Punkt aus entscheiden Sie, wo Sie hingehen möchten, also was Ihr Ziel ist.

Die Bestandsaufnahme der eigenen Organisation oder des eigenen Trägers setzt voraus, dass Kenntnisse über die wichtigsten unternehmensinternen und -externen Einflussfaktoren gewonnen werden. Zu den **internen Faktoren** gehören Antworten auf Fragen zur Unternehmensvision, Unternehmensstrategie, dem Bekanntheitsgrad, den Besonderheiten der Organisation, den Strukturen, der Führungskultur oder der Werte. Werden bestimmte Leitlinien verfolgt, welchem Unternehmenszweck dient die Organisation, besteht ein Zusammengehörigkeitsgefühl und wenn ja, wodurch entsteht es? Auch grundsätzliche Daten gehören in die Bestandsaufnahme, also die Zahl der Mitarbeiterinnen und Mitarbeiter, das Organigramm, das Portfolio oder die Verantwortungsbereiche (vgl. Seng und Annutat 2012, S. 27).

▶   Doch wo fängt man an und was ist wichtig? So wie Sie die Verteilung der Zuständigkeiten koordiniert haben, so gehen Sie die Analysephase an – beteiligungsorientiert.

Eine Auftaktveranstaltung als Kick-Off Ihres Employer-Branding-Prozessen dient nicht nur der weiteren internen Überzeugungsarbeit, sondern kann auch genutzt werden, um einen kreativen Prozess zu initiieren. Dabei geht es nicht darum, wissenschaftlichen Ansprüchen gerecht zu werden. Verabschieden Sie sich lieber gleich von dieser Erwartungshaltung. Sie wollen schließlich irgendwann die emotionalen Identifikationsmerkmale herauskitzeln, die die Menschen in Ihrer Organisation zum Bleiben bewegen – und zwar konkret.

Besonders die Innensicht von Organisationen ist für das Employer Branding eine wichtige Inspirationsquelle. Mitarbeitende sind Markenmultiplikatoren. Ihre Bewertung eines Arbeitgebers trägt wesentlich dazu bei, zu entscheiden, welche positiven Aspekte bei der Kommunikation im Vordergrund stehen sollten und dadurch von Bewerberinnen und Bewerbern als authentisch empfunden werden. Dabei geht es darum, die Motivationen so ausdifferenziert wie möglich zu ergründen und anschließend zu clustern (vgl. Seng und Annutat 2012, S. 35).

Im Folgenden werfen wir zunächst einen Blick von außen und von innen auf Ihr Image. Dieser Blick wird ergänzt durch den Fokus auf Ihr Spektrum an Ressourcen, das Ihnen als Unternehmen zur Verfügung steht und Ihren Erfolg maßgeblich beeinflusst. Anschließend widmen wir uns Ihrer Unternehmenskultur, vergleichen Ihre Organisation mit dem Wettbewerb und setzen Sie in Bezug zum Umfeld. Diese gesammelten Wissensschätze münden in Ihre Zielgruppenanalyse.

Parallel die Basis für die kontinuierliche Evaluation legen
Der Aufbau Ihrer Marke endet nicht bei den internen und externen Employer-Branding-Aktivitäten. Die Arbeitswelt ist nicht statisch und genauso wenig trifft das auf

Ihre Arbeitgebermarke zu. Damit sie sich dauerhaft in den Köpfen Ihrer Zielgruppe festsetzen kann, werden die Maßnahmen regelmäßig auf den Prüfstand gestellt und nachgesteuert. Treffen die Instrumente im Orchester Ihrer Employer Brand noch den richtigen Ton oder wo müssen Saiten nachgezogen werden, um den Klang zu harmonieren? Sie ahnen es bereits. Das Management Ihrer Arbeitgebermarke ist ein beständiger Prozess, der nicht an einem bestimmten Punkt Halt macht.

In der Regel steht die Evaluation des Employer Brandings erst am Ende an. Da den meisten Unternehmen dann bereits die Luft ausgegangen ist, weil der größte Teil der Energie in die Umsetzung geflossen ist, werden Sie im Folgenden immer wieder aufgerufen, parallel die Evaluation einfließen zu lassen. Sie finden im laufenden Text Hinweise, was und wie Sie am besten Ihre Entwicklungen – schon während des Prozesses – dokumentieren und pflegen können. Auf diesem Wege soll die nachhaltige Verankerung und Weiterentwicklung Ihrer Maßnahmen gelingen. Am Ende werden die Gedanken zur Synthese zusammengeführt und bieten Ihnen die ganzheitliche Steuerung Ihres Prozesses. Durch die parallele Bearbeitung wird die Evaluation wesentlich erleichtert.

6.2.1   Analyse-Aufschlag – das Image intern und extern vergleichen

Für die Arbeitgeberpositionierung gilt es, einen Ist- und Sollvergleich des aktuellen Images der Organisation zu erstellen. Wie wird der Träger in der Öffentlichkeit, bei der Belegschaft, bei der Zielgruppe wahrgenommen? Und welches Image wird tatsächlich angestrebt? Je vielfältiger die Quellen sind, die für diesen Vergleich zu Rate gezogen werden, umso realistischer ist das Bild, das vom aktuellen Image vorherrscht (vgl. Lehmann 2012, S. 34 f.).

Bei der ersten Imagebetrachtung Ihres Trägers innerhalb der Organisationsanalyse erfassen Sie die Ihnen anhaftenden Meinungen und Sichtweisen aus unterschiedlichen Blickwinkeln. Was Sie und Ihre Mitarbeitenden im Kern tatsächlich miteinander verbindet, ergründen Sie im weiteren Verlauf. Das Image ist eine subjektive Kategorie, die keiner objektiven Wahrheit bedarf. Sie prägt aber entscheidend, wie sich potenzielle und aktuelle Mitarbeitende verhalten.

▶   Die zentrale Frage ist daher zunächst: Wie werden Sie als Arbeitgeber wahrgenommen – und zwar intern, aber auch extern?

Intern sind Ihre Mitarbeitenden sowie die Angehörigen Ihrer Klienten oder die Klienten selbst die wichtigste Bezugsquelle. Extern kommen u. a. potenzielle Fachkräfte, Mitarbeitende oder Geschäftsführungen anderer Träger, Presseberichte oder Online-Artikel zur Recherche in Frage. Welche Bilder, Assoziationen und Emotionen werden mit Ihnen auf den ersten Blick als Arbeitgeber verbunden? Die Art der Fragestellung kann helfen, die Gedanken anzuregen:

- Wenn Träger XY eine Person wäre, wie würden Sie sie beschreiben?
- Auch Analogien zu Gegenständen, die ein facettenreiches Markenspektrum bieten, können unterstützend wirken, z. B.: Wenn Träger XY ein Auto wäre, welche Marke kommt Ihnen in den Kopf?
- Was erzählt man sich über unsere Organisation à la „Träger XY, das sind doch die, die immer …"

Für Evaluation – Image-Entwicklung (Abschn. 10.2)
Sichern Sie sich die Kontaktdaten der Befragungsgruppe für Ihre spätere Evaluation. Auf diesem Wege können Sie Veränderungen Ihres Images herausfinden.

Sammeln Sie die unterschiedlichen Zuschreibungen nach internen und externen Wahrnehmungen und fassen Sie diese zu einem Image zusammen. **Vergleichen Sie beide Images.**

- Stimmen die internen und externen Images überein?
- Welche Unterschiede und welche Gemeinsamkeiten stellen Sie intern und extern fest?
- Werden innerhalb Ihrer internen oder externen Befragungsgruppe Unterschiede deutlich?
- Welche Unterschiede oder Gemeinsamkeiten stellen Sie zwischen aktuellen und potenziellen Mitarbeitenden fest?
- Können Sie bereits an dieser Stelle Einflussfaktoren erkennen, die Ihr Image positiv oder negativ beeinflussen?

Im weiteren Analyseverlauf werden die Ergebnisse, die Sie hier gesammelt haben, noch deutlich konkretisiert. Jetzt sollten Sie nach Möglichkeit ein klareres Gefühl bekommen haben, wie Sie nach innen und außen gesehen werden oder welcher Ruf Ihnen als Arbeitgeber anhängt. Gerade bei kleineren Trägern und Organisationen könnte das Ergebnis aber auch dazu führen, dass aufgrund fehlender Bekanntheit das externe Image äußerst vage ist. Aber selbst damit haben Sie einen wichtigen Ansatzpunkt für Ihre Employer-Branding-Maßnahmen gefunden.

6.2.2 Wirtschaftliche Entwicklung einbeziehen – die materiellen Ressourcen

Die Basis Ihrer Analyse bildet im nächsten Schritt der Ressourcen-Rahmen, in dem Sie sich bewegen. Dieser unterteilt sich in

- materielle Ressourcen
- und immaterielle Ressourcen.

Der ressourcenbasierte Ansatz stammt aus der strategischen Managementliteratur. Danach ist der Erfolg eines Unternehmens nicht auf seinen Markt zurückzuführen, sondern auf die Ressourcen, die ihm zur Verfügung stehen. Sie bilden die Grundlage für etwaige Wettbewerbsvorteile, die durch zielgerichtete Strategien die Performance steigern können (vgl. Geidner 2008, S. 85). Diese Prinzipien lassen sich zwar nicht eins zu eins auf die Sozialwirtschaft übertragen, weil die klaren Strukturen, wie sie in Industrieunternehmen zu finden sind, im sozialen und Bildungsbereich wesentlich umfassenderen Verflechtungen gegenüberstehen. Dennoch soll Ihnen diese Perspektive dazu verhelfen, eine wichtige Ebene in Ihrer Planung einzubeziehen und zwar die wirtschaftliche. Zu den materiellen Ressourcen als formaler Rahmen zählen beispielsweise Ihre EDV, Ihr Dienstleitungsportfolio, Vermögenswerte oder Ihre Finanzierungsgrundlage sowie die Verteilung der Budgets auf die einzelnen Abteilungen.

▶   Priorisieren Sie die einzelnen Posten Ihrer materiellen Ressourcen und beziehen Sie die wichtigsten Kennzahlen Ihrer Organisation ein.

Fragen

Wie groß sind Sie und wie viele Kunden, Mitarbeitende etc. haben Sie?
Was bieten Sie an und wie finanzieren Sie sich?
Wie verteilen sich z. B. die Dienstleistungen und Sachmittel auf den Umsatz?
Womit wird der Hauptanteil des Umsatzes erbracht?
Und in welchem Verhältnis steht die Zeit der Leistungen zum Umsatz?
Welche Liquidität haben Sie?
Welche Vermögenswerte und Immobilien haben Sie?
Was sind Kostentreiber?
Gibt es finanzielle Spielräume?

Für Evaluation – Querbezug wirtschaftliche Lage (Abschn. 10.4)
Welche Veränderungen haben Sie bei Ihren materiellen Ressourcen festgestellt, seit Sie mit Ihrem Employer-Branding-Prozess begonnen haben? Erfassen Sie die gesammelten Daten so, dass Sie sie in regelmäßigen Intervallen wieder überprüfen können.
   Bei den politischen Rahmenbedingungen können Sie beispielsweise die Entwicklung der Pflegesätze erfassen. Durch die regelmäßige Erfassung Ihrer Mitarbeitenden, Kunden etc. können Sie Beziehungen zwischen Ihrem Unternehmenserfolg und dem Fach- und Führungskräftemangel kenntlich machen.

In der Sozialwirtschaft lassen sich die materiellen Ressourcen schwerlich bewerten, ohne die **externen Einflussfaktoren und ihre Entwicklung** einzubeziehen. Werfen Sie also auch einen Blick auf folgende Aspekte:

Fragen

- Was beeinflusst wie Ihre Einnahmen?
- Welchen politischen Rahmenbedingungen unterliegen Sie und wie nehmen diese Entwicklungen Einfluss auf Ihre Einnahmen? Was hat sich in den vergangenen Jahren getan?
- Wer sind Ihre größten Spender oder Mitglieder und wie haben sich die Einnahmen in den vergangenen Jahren entwickelt?
- Wie beeinflusst der Fach- und Führungskräftemangel die Einnahmen?

Ein Blick in **die vergangenen Jahresabschlüsse** kann dabei nicht schaden. Mehr Transparenz zu den Finanzen und zur wirtschaftlichen Situation wird das gemeinsame Verantwortungsbewusstsein innerhalb Ihrer Belegschaft stärken. Meist wissen die einzelnen Fachkräfte gar nicht, wie viel sie zum Unternehmenserfolg beitragen oder dass bestimmte Aufgaben reine Zeitfresser sind. Es kann sogar dazu führen, dass Bereiche auf einmal sichtbar werden, die eher stiefmütterlich behandelt werden, obwohl sie viele Einnahmen generieren. Was haben Sie aus der Analyse erfahren? Ziehen Sie Schlussfolgerungen aus den gewonnenen Erkenntnissen.

Für Evaluation – Querbezug wirtschaftliche Lage (Abschn. 10.4)
Im weiteren Verlauf werden Sie die Finanztransparenz immer wieder in Beziehung zu Ihrer Personalarbeit setzen können, sodass Sie den Mehrwert als attraktiver Arbeitgeber nicht nur ideell, sondern ganz praktisch auf Ihren Unternehmenswert belegen können.

6.2.3   Gut organisiert? Immaterielle Ressourcen analysieren

Die immateriellen Ressourcen lassen sich in personenunabhängige und -abhängige Faktoren differenzieren, also in organisatorische und Personalressourcen (vgl. Geidner 2008, S. 85). Diese Perspektive soll Ihnen dazu verhelfen, zunächst die Organisationsebenen Ihres Unternehmens strukturiert zu betrachten.

6.2.3.1   Organisatorische Ressourcen
Für die organisatorischen Ressourcen kann das Organigramm eine gute Ausgangsbasis bilden. Darin werden bereits die Hierarchiestufen und die einzelnen Verflechtungen der Zuständigkeiten abgebildet. Entwerfen Sie daraus eine Matrix zur Infrastruktur Ihres Managements, wie beispielhaft in Abb. 6.1 dargestellt. Folgende Aspekte können Sie z. B. integrieren:

- Routinen
- Entscheidungswege und -befugnisse
- Aufgabenverteilungen

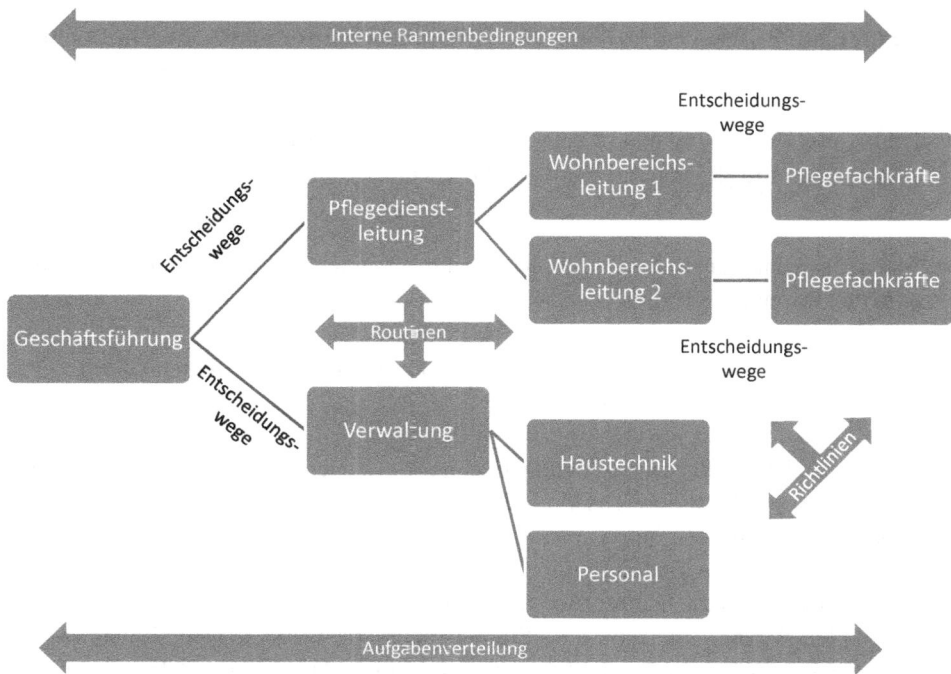

Abb. 6.1 Beispiel eines erweiterten Organigramms. (Quelle: Eigene Darstellung)

- interne Rahmenbedingungen
- Verfahrensabläufe
- Richtlinien und Verhaltensgrundsätze
- weitere Beziehungsgeflechte auf der Organisationsebene, die noch nicht sichtbar sind

Es liegt in der Natur der Sache, dass Sie aus der Führungsperspektive einen anderen Blick auf das Gebilde haben als Ihre Mitarbeitenden. Versuchen Sie in einem gemeinsamen Prozess so viele Sichtweisen wie möglich einzubeziehen. Erweitern Sie die Liste der Faktoren und ziehen Sie daraus Schlussfolgerungen:

- Wie werden Entscheidungen über wichtige Fragestellungen getroffen?
- Ist das Verständnis über die Entscheidungswege bei allen gleich?
- Welche Schlussfolgerungen ergeben sich für das Teamverständnis?
- Welche Organisationsebenen sind eng verwoben und wo bestehen keine Bezugspunkte? Welche Abhängigkeiten gibt es?
- Wie lässt sich die Routine in Ihrem Unternehmen in wenigen Worten beschreiben?

Für Evaluation – Querbezug Personal- und Organisationsstruktur (Abschn. 10.4)
Notieren Sie sich die grundlegenden Erkenntnisse, sodass Sie Entwicklungsperspektiven schnell erfassen können. Möglich wäre es auch, Zielkategorien zu formulieren, beispielsweise wie sich Verantwortungsbereiche perspektivisch entwickeln sollen. Legen Sie gleich fest, womit Sie die Veränderungen kenntlich machen.

Mit diesen Ergebnissen sind Sie dem Kern Ihrer Unternehmenskultur schon ein Stück näher gerückt, wenngleich zunächst noch auf der Metaebene.

► Sie wissen bereits, wie Ihre Organisation strukturiert ist und welchen finanziellen Spielregeln Sie unterliegen.

Meist ergeben sich aus diesen Bedingungen schon Konsequenzen für ein bestimmtes Führungsverhalten oder für die Arbeitsatmosphäre.

Daraus lassen sich sogar Werte ableiten. Werte lassen sich in materielle Werte wie z. B. Geld und ideelle Werte wie etwa Harmonie oder Solidarität differenzieren, doch sie stehen in enger Abhängigkeit zueinander. So entscheiden wir uns aus bestimmten Überzeugungen – ideellen Werten – für eine Investition – materielle Werte –, weil sie uns im Leben als wertvoll erscheinen. Ideelle Werte sind der Motor für unser Handeln und drücken sich in äußeren Werten aus. Bezogen auf Leitungskräfte wird das beispielsweise sichtbar bei ihren Investitionsentscheidungen. Jemand, der dem Wert Solidarität viel Bedeutung schenkt, wird anders investieren als jemand, der den Wert Durchsetzungsfähigkeit sehr schätzt (vgl. Esch und Krüger 2012, S. 33). Diese Überlegungen werden im Folgenden differenzierter betrachtet.

6.2.3.2 Personenabhängige Ressourcen

Die personenabhängigen Ressourcen beziehen sich auf die individuellen Potenziale, Talente und Kompetenzen aus Ihrer Belegschaft. Verschaffen Sie sich nun einen Überblick, wer bei Ihnen arbeitet und was Sie miteinander verbindet, zunächst nach den objektiven Kriterien.

Für Evaluation –Querbezug Personal- und Organisationsstruktur (Abschn. 10.4)
Erfassen Sie die Daten quantitativ, sodass Sie sie später unkompliziert erweitern und vergleichen können. Nehmen Sie den Aspekt Diversity Management gleich mit auf.

Stellen Sie die Kennzahlen zusammen, wie sich die Belegschaft nach **formalen Kriterien** differenzieren lässt, also beispielsweise:

• Alter
• Geschlecht
• Herkunft

- Berufliche Erfahrungen:
  - Dienstalter
  - Erfahrungen in anderen Branchen oder Organisationen
- Fähigkeiten und Kompetenzen
- Formale Bildungsabschlüsse oder Weiterbildungen
- Vollzeit oder Teilzeit
- Familienverpflichtungen wie kleine Kinder oder pflegebedürftige Angehörige
- Behinderung

Diversity Management als Querschnittsthema analytisch aufgreifen

Ein cleverer Schachzug ist es, die Unternehmensanalyse mit Kennzahlen zu Diversity zu verzahnen, zumal viele der Fragestellungen gleich sind. Die Kennzahlen für das Diversity Management resultieren aus Kennzahlen einer Personalstrukturanalyse, wie sie oben angerissen ist. Die Merkmale der Mitarbeitenden werden umfassend zusammengetragen. Daraus gilt es eine Matrix zu entwickeln, in der die Beziehungsgeflechte vergleichbar mit einem Organigramm erkennbar sind (vgl. Watrinet 2012, S. 164). Da Employer Branding ein Beteiligungsprozess ist, sollten die Mitarbeitenden bei dieser Analyse selbstverständlich einbezogen werden. Mit großer Sicherheit werden dadurch weitere Analyse-Kriterien gefunden.

Auf qualitativer Ebene können zudem die Bedürfnisse, Wünsche und Erwartungen, die die Belegschaft an die Organisation hat, Eingang in die Analyse finden. Daraus werden Ziele abgeleitet. Raum dafür geben Expertenrunden, Befragungen der Mitarbeitenden oder Workshops, die in einem Kultur-Audit münden können (vgl. Watrinet 2012, S. 165). Watrinet hat fünf Indikatoren entwickelt und in mehreren Unternehmen getestet, die den Umsetzungserfolg von Diversity Management erfassen. Anhand eines Fünfecks – analog zu Abb. 6.2 – wird die Diversity-Performance sichtbar.

Eine möglichst gleichmäßige Ausprägung mit hohen Werten in allen Ecken ist das Ideal. Dann ist der Mehrwert von Diversity Management am wirtschaftlichen Erfolg spürbar (vgl. Watrinet 2012, S. 165 f.).

Gehen Sie nun in Ihrer Differenzierung einen Schritt weiter. Was zeichnet Ihre Belegschaft aus? Erfassen Sie die Stärken Ihrer Organisation, die sich aus Ihren Mitarbeitenden ergeben. Welche **personellen Fähigkeiten und Fertigkeiten** sind bei Ihnen vertreten und verhelfen Ihnen zu mehr Erfolg, indem Sie etwa dadurch besondere Dienstleistungen anbieten? Das können beispielsweise sein:

- spezielles Know-how von Mitarbeitenden,
- organisatorische Fähigkeiten,
- interne Netzwerke,
- spezielle Formen der Zusammenarbeit,

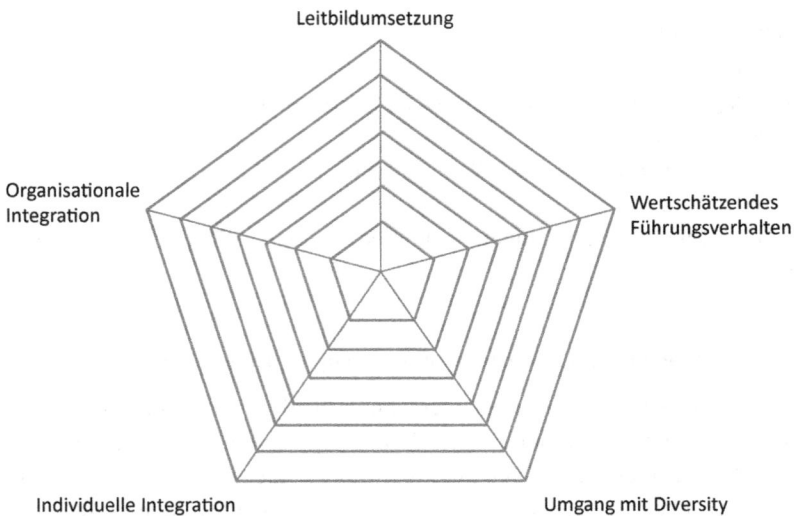

Abb. 6.2 Diversity-Performance-Modell. (Quelle: in Anlehnung an Watrinet 2012, S. 165)

- ein bestimmter Führungsstil oder
- die Unternehmenskultur.

Die Unternehmenskultur soll an dieser Stelle unter dem Ressourcen-Gesichtspunkt bereits in die Analyse aufgenommen werden. Aus der Ressourcenanalyse insgesamt ergibt sich meist schon ein vorläufiges Konstrukt, das viel über die Kultur einer Organisation aussagt. Sie wird im Folgenden aber noch tiefgehender betrachtet, um den emotionalen Kern freizulegen.

Für Evaluation – Querbezug Personal- und Organisationsstruktur (Abschn. 10.4)
Wie sich die personellen Ressourcen, die Ihnen zu mehr Erfolg verhelfen, entwickeln, ist für Ihre Evaluation von besonderem Interesse. Wenn Sie sich einen strukturierten Überblick darüber verschaffen, können Sie zudem schneller erkennen, welche Bereiche ausgebaut werden sollten.

6.2.4 Unternehmenskultur anhand der Wertehierarchie ermitteln

Um Ihrer Unternehmenskultur nicht nur gefühlt, sondern auch greifbar auf die Spur zu kommen, sind Werte ein ausgezeichneter Gradmesser. Sie bilden die elementare Triebkraft dafür, dass man seine Fähigkeiten individuell ausbildet und weiterentwickelt. Die Haltung eines Menschen manifestiert sich im Wechselspiel zwischen Werten, Fähigkeiten und Verhalten.

Werte als individuelle Glaubenssätze oder Einstellungen scheinen auf den ersten Blick zu abstrakt, um sie logisch und sachgerecht erfassen zu können. Doch diese individuellen Glaubenssätze, die in einer tiefen Dimension der Persönlichkeit verankert sind, beeinflussen maßgeblich die Emotionen und das konkrete Verhalten von Mitarbeitenden in Organisationen. Werte liefern also den Zugang zur vorherrschenden Umwelt im Unternehmen. Sie sind der erste Ansatzpunkt für die Veränderung von Arbeitsprozessen und -strukturen – hin zu mehr Arbeitszufriedenheit und zur substantiellen Verbesserung der Dienstleistungsqualität für alle Beteiligten. Der Begriff „Wertschätzung" erhält damit eine neue Qualität (siehe auch: Abschn. 5.4). Die Werte-Ebene innerhalb der Organisationsentwicklung beschreibt den aktiven Auseinandersetzungsprozess, Werte zu schätzen (vgl. Esch und Krüger 2012, S. 23 f.).

Exkurs zu den Wertetypen nach Shalom H. Schwartz

Um sich mit Wertehierarchien auseinandersetzen zu können, soll hier ein kurzer Einblick in die Theorien des amerikanisch-israelischen Sozialpsychologen Shalom H. Schwartz gegeben werden. In den 90er Jahren entwickelte er das Schwartz Value System zur Erfassung von Werten. Schwartz geht davon aus, dass jeder Wertetyp ein spezifisches motivationales Ziel formuliert. Diese Ziele bleiben auch im Erwachsenenalter recht stabil und verändern sich kaum (vgl. Bardi und Schwartz 2003, S. 1208).

In zehn Wertetypen gruppiert Schwartz umfassende Grundwerte, die die Grundbedürfnisse in Form eines angestrebten Ziels verkörpern. Die zehn Typen, die das Wertesystem von Schwartz bilden, zeigt Tab. 6.1.:

Schwartz hat die Wertetypen in seinem Wertekreis zusammen geführt. Darin liegen ähnliche Ziele, die für entsprechende Wertetypen stehen, nah beieinander. Sie konkurrieren aber auch mit anderen Zielen. Im Kreis liegen sie, wie in Abb. 6.3 erkenntlich, den konkurrierenden gegenüber und illustrieren den Grad der Unvereinbarkeit oder Vereinbarkeit miteinander (vgl. Tokarski 2008, S. 356).

Nutzen Sie die Theorien für Ihre eigene Werteermittlung, Für die Analyse der Unternehmenskultur sollen die Werte nach einer Außen- und Innenperspektive, also den kommunizierten und den unbewussten Werten, unterschieden werden.

6.2.4.1   Kommunizierte Werte

Vielfach kursieren in Organisationen Broschüren mit markigen Botschaften oder die Wände zieren eindrucksvolle Leitsätze. Mehrere Jahre oder vielleicht sogar Jahrzehnte haben sie überdauert, sodass die Inhalte als selbstverständlich wahrgenommen werden – die Macht der Gewohnheit. Noch soll an dieser Stelle keine Bewertung vorgenommen werden. Es geht zunächst um ein offenes Ohr, ein sensibles Bewusstsein, welche Werte Ihre Organisation offen kommuniziert. Zu den kommunizierten Werten eines Unternehmens zählen klassischerweise:

- Visionen
- Ziele
- Philosophien
- Strategien
- Leitlinien

Tab. 6.1 Die zehn Wertetypen nach Schwartz (vgl. Bardi und Schwartz 2003, S. 1208)

Wertetyp	Definition	Zugeordnete Werte
Leistung (Achievement)	Durch die Demonstration von Kompetenz, die den sozialen Standards gerecht wird, wird Erfolg empfunden	Ehrgeiz, Einfluss, Intelligenz, Respekt vor sich selbst, Fähigkeiten
Macht (Power)	Es wird nach Hierarchie, Einfluss, Prestige und Dominanz über Menschen und Ressourcen gestrebt.	Autorität, soziale Macht, Status, Besitz, soziale Anerkennung, Image in der Öffentlichkeit wahren
Hedonismus (Hedonism)	Der Fokus liegt auf dem persönlichen Vergnügen und der sinnlichen Befriedigung.	Leben genießend, Lust, ausschweifend, Genuss
Stimulation	Neues, Herausforderungen und Abwechslung werden gewünscht und gebraucht, um aktiv zu werden.	Aufregung, Abenteuer, Wagemut
Selbstbestimmung (Self-Direction)	Das unabhängige Denken und Handeln stehen im Vordergrund.	Unabhängigkeit, Neugier, Kreativität, Freiheit, eigene Ziele wählen, Selbstrespekt
Universalismus (Universalism)	Hohes Maß an Respekt, Verständnis und Toleranz wird dem Wohlbefinden aller Menschen und der Natur gezeigt und ihnen Schutz geboten.	Gerechtigkeit, Weisheit, Naturschutz, großes Herz, Einheit mit der Natur, friedliche Welt, Weltoffenheit
Nächstenliebe (Benevolence)	Der Wohlstand nahestehender Personen wird gefördert, ausgebaut und erhalten.	Verantwortlichkeit, Güte, Hilfsbereitschaft, Treue, Ehrlichkeit, Freundschaft, Loyalität, Vergebung
Tradition	Bräuche und Ideale, die auf Tradition oder Religion beruhen, werden respektiert und als Maßstab genommen.	Bescheidenheit, Mäßigkeit, Respekt gegenüber Traditionen, Frömmigkeit
Konformität (Conformity)	Die eigenen Handlungen und Neigungen werden so angepasst und unterdrückt, dass sie niemanden schädigen oder Erwartungen sowie Normen verletzen.	Selbstdisziplin, Höflichkeit, Gehorsam, Anerkennung und Ehre gegenüber Eltern und Älteren
Sicherheit (Security)	Harmonie, Sicherheit und Stabilität der Gesellschaft, Familie und des eigenen Selbst haben eine hohe Bedeutung.	nationale und familiäre Sicherheit, Gegenseitigkeit von Gefallen erweisen, Zugehörigkeitsgefühl

Tragen Sie im Team zusammen, was in Ihrer Organisation **an Informationen vorhanden** ist. Verbinden Sie das mit einer Analyse des **Portfolios Ihrer internen Kommunikation**, also einer detaillierten Aufstellung Ihrer internen Kommunikationsmaßnahmen. Welche grundsätzlichen Werte lassen sich daraus ableiten und welche Werte stehen in Bezug zu Ihrer Arbeitgeberqualität? Beziehen Sie an dieser Stelle die Ergebnisse aus der Ressourcen-Analyse mit ein.

Abb. 6.3 Wertekreis analog zu Schwartz. (Quelle: in Anlehnung an Boehnke und Welzel 2006, S. 344)

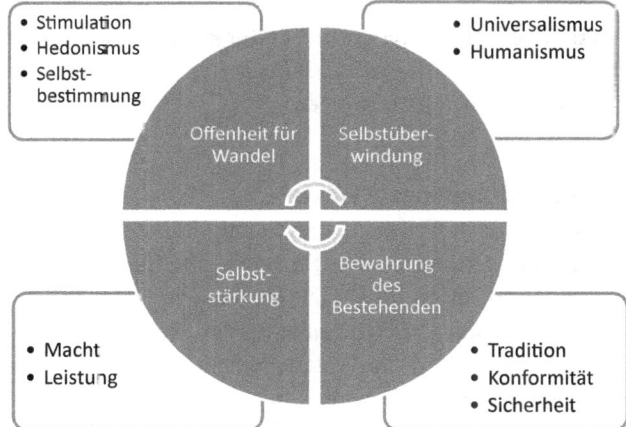

Möglicherweise haben Sie z. B. bei den personenabhängigen Ressourcen schon Fähigkeiten und Fertigkeiten beschrieben, die Sie in Ihrem Arbeitsstil auszeichnen. Hier sollen die dahinterstehenden Werte ermittelt werden. Auch aus den materiellen Ressourcen können Sie, wie weiter oben beschrieben, Werte ablesen. Fassen Sie alles zusammen, was Auskunft über die kommunizierten Werte gibt.

Werfen Sie dazu auch noch einen Blick u.a. auf folgende Punkte und erörtern Sie, welche Werte sich dahinter verbergen:

- Organisationsform gewerblich oder gemeinnützig
- Organigramm
- Art der Dienstleistung
- womit Sie sich hauptsächlich finanzieren
- öffentliche Unterstützer oder Spender
- Vermögen und Immobilien
- Zusammensetzung der Mitarbeitenden

Fassen Sie die Ergebnisse zusammen und priorisieren Sie diese.

▶   Die nach außen kommunizierten Werte liefern eine gute Basis, um die Informationen zu Ihrem externen Image anzureichern.

Durch die Portfolio-Analyse Ihrer internen Kommunikation haben Sie sich zudem einen Überblick verschafft, über welche Kanäle und mit welchen Informationen Ihre Fach- und Führungskräfte auf dem Laufenden gehalten werden. Darauf werden Sie im weiteren Verlauf des Employer-Branding-Prozesses Bezug nehmen.

Für Evaluation – Synchronität der kommunizierten Botschaften (Abschn. 10.1)
Die Übersicht, die Sie im Rahmen dieser Analysephase erstellen, werden Sie bei der
Evaluation wieder benötigen.

6.2.4.2   Unbewusste Werte

Die unbewussten Werte sind sogenannte Grundprämissen, die als selbstverständlich erachtet
und nicht hinterfragt werden. Sie drücken sich in Handlungs- sowie Entscheidungsmustern
aus (vgl. Herkentrup 2004, S. 9 ff.). Auch an dieser Stelle wird Bezug auf die Ressourcen-
analyse genommen. Welche unbewussten Werte können noch ausfindig gemacht werden?

Um in Bezug auf alle Mitarbeitenden zu übergreifenden Erkenntnissen zu gelangen,
empfiehlt es sich, stufenweise vorzugehen. Jeder Mensch hat unterschiedliche Werte. Jedes Team oder jede Einrichtung hat individuelle Vorstellungen. Dieses Wissen gilt es zu
sammeln und zusammenzuführen.

▶   Entwickeln Sie einen Plan, wie Sie Informationen zu den Wertehaltungen mög-
       lichst aus allen Bereichen bekommen.

Ziel dabei ist es, die eigenen, ganz persönlichen Werte zu ergründen und diese in Gruppen-
zusammenhängen wie beispielsweise bei Einrichtungs-Teams oder Leitungskräfte-Run-
den in Bezug zu setzen.

Bilden Sie beispielsweise unterschiedliche Gruppen, aus denen Sie Werte-Einschät-
zungen zur Führungs-, Konflikt- und zur Kooperationskultur erhalten. Jedes Team bekommt die Aufgabe, dass sich jedes Teammitglied zunächst individuell mit seinen Werten
auseinandersetzt.

Um die Herangehensweise zu erleichtern, könnten Sie in der Lenkungsrunde sogenannte **Dilemma-Geschichten** entwickeln, die Sie Ihren Mitarbeitenden an die Hand geben. Das sind Schilderungen von Situationen, die nicht logisch aufgelöst werden können.
Je nachdem, wie sich der Befragte in dieser Situation entscheidet, können daraus Werte-
Haltungen abgelesen werden (vgl. Esch und Born 2012, S. 125 f.).

Fragen Sie beispielsweise:

- Wie kann ein Team gerecht entlohnt werden?
  - Damit können Werte wie soziale Gleichheit oder das Prinzip der Leistungsgerech-
    tigkeit offengelegt werden
- Wofür habe ich den letzten zwei bis fünf Jahren die meiste Zeit und/oder das meiste
  Geld investiert?
  - Die Antwort auf diese Frage wird für viele Mitarbeitende unbewusste Werte zutage
    fördern. Damit lassen sich nicht nur die gewünschten, sondern die tatsächlich ge-
    lebten Werte identifizieren.
- Wie reagiere ich, wenn ich weiß, dass mir ein schwieriges Elterngespräch bevor steht?

- Eine Führungsposition ist ausgeschrieben, für die zwei eines Teams absolut treffend passen, doch nur einer von beiden kann die Stelle bekommen. Der Chef überlasst es den beiden zu entscheiden, wer den Job bekommt.
- Der Vorgesetzte verteilt eine interessante Aufgabe an mich und einen Kollegen, mit dem ich nicht besonders gut kann. Wie gehe ich damit um?

Jedes Teammitglied soll dazu befähigt werden, seine individuelle Wertehierarchie kennenzulernen und sich dieser bewusst zu werden. Das hat neben den Ergebnissen für die Analyse einen weiteren positiven Effekt: Das Reflexionsvermögen des eigenen Verhaltens wird bei jedem Einzelnen gesteigert. Wer in bestimmten Situationen besser einschätzen kann und weiß, warum er genau auf diese Art und Weise oder anders reagiert, kann sein Verhalten besser steuern (vgl. Esch et al. 2012, S. 126).

Die Ergebnisse werden im Team transparent gemacht und in Bezug zur Teamkultur reflektiert:

- Welche Gemeinsamkeiten und Unterschiede gibt es?
- Welche gemeinsamen Werte genießen im Team die höchste Priorität und warum?
- Was schafft für das Team oder einzelne Mitarbeitende die höchste Identifikation?
- Was bedeutet diese Wertehierarchie für Ihre Führungs-, Konflikt- und Kooperationskultur?

Denkbar wäre, dass Sie sich für diese Runde externe Unterstützung an Bord holen. Sie könnten es aber auch so organisieren, dass Sie jedem Team einen Mitarbeiter oder eine Mitarbeiterin zur Seite stellen, die zuvor möglichst wenige Bezugspunkte zum Team hatte und vielleicht sogar Moderations- oder Supervisionserfahrung vorweisen kann.

▶ In jedem Fall sind für diese Analysephase ein ausgesprochenes Fingerspitzengefühl und eine intensive Vertrauensbasis erforderlich.

Besonders bei Abteilungen, in denen Sie davon ausgehen, dass sie konfliktbeladen sind, empfiehlt es sich, professionellen Rat einzubeziehen.

Nach den Teamrunden werden alle Ergebnisse zusammengeführt und **die wesentlichen Werte-Haltungen, die Ihre Unternehmenskultur widerspiegeln**, extrahiert. Es ist gut möglich, dass Sie bei diesem Analyse-Schritt umfangreiche Ergebnisse erhalten. Das schadet nicht. Die Priorisierung nehmen Sie im weiteren Verlauf vor.

6.2.5 Was geschieht um mich herum? Wettbewerbs- und Umfeldanalyse

Die Analyse des Wettbewerbs und Umfelds ist eine weitere wichtige Quelle für die Gestaltung der Employer Brand. Bewerberinnen und Bewerber beziehen bei ihrer Arbeitgeberwahl meist nur wenige Unternehmen ein. Es gilt also herauszufinden, mit welchen vier bis sechs Hauptkonkurrenten man um die gleichen Talente wirbt. Ihre Attraktivitätsfaktoren und Verkaufsargumente werden analysiert und für die eigene Differenzierung genutzt (vgl. Seng und Annutat 2012, S. 36). Zugleich werden die Daten zusammengetragen und ausgewertet, die für Ihre Fachkräftesicherung relevant sind.

> ▶   Ziel der Wettbewerbs- und Umfeldanalyse ist herauszufinden, welche Faktoren
>   Sie als Organisation positiv unterstützend und negativ störend beeinflussen.

Im Kontext von Projekten ist immer wieder von der Stakeholder-Analyse als interessante Methode die Rede. Der Begriff des Stakeholders, also des Teilhabers, stammt aus der Betriebswirtschaftslehre. Das Gabler Wirtschaftslexikon definiert ihn folgendermaßen:

> Anspruchsgruppen sind alle internen und externen Personengruppen, die von den unternehmerischen Tätigkeiten gegenwärtig oder in Zukunft direkt oder indirekt betroffen sind. (Springer Gabler Verlag)

Die strukturierte Vorgehensweise im Zusammenhang mit Stakeholder- und Umfeldanalysen bietet sich auch im Rahmen des Employer Brandings an. Der Fokus soll bei uns auf den externen Faktoren liegen, also welche Personen oder Gruppen von Ihrer Arbeit betroffen sind oder sie beeinflussen. Alle Perspektiven, die direkten oder indirekten Bezug zu Ihrem Employer-Branding-Prozess haben, sind einzubeziehen.

Neben Ihren direkten Wettbewerbern, die höchstwahrscheinlich recht leicht zu identifizieren sind, können Kooperationspartner, Spender, Mitglieder, Kunden, Behörden, Politik oder die Öffentlichkeit in diesen Kreis mit aufgenommen werden. Nach der **Identifikation** der relevanten Akteure geht es an die **Bewertung**. Differenzieren Sie Ihre Stakeholder als erstes danach, ob sie für Ihre Organisation zu den **Unterstützern** oder zu den **Opponenten** zählen. Im nächsten Schritt werden beide getrennt danach beurteilt,

- welches Interesse an Ihrer Organisation und an Ihnen als Arbeitgeber besteht,
- welchen Einfluss sie auf die Arbeit Ihrer Organisation und Sie als Arbeitgeber haben,
- ob Konflikt- oder Unterstützungspotenzial daraus entstehen kann oder bereits besteht und
- wie hoch das Potenzial ist.

Konkretisieren Sie die Ergebnisse wie in Tab. 6.2:

- Worin liegt das Konflikt- oder Unterstützungspotenzial? Welchen konkreten Beitrag kann der Stakeholder positiv oder negativ zu Ihrem Employer-Branding-Prozess leisten?
- Welche Folgen hätte die Realisierung des Einflusses?
- Entwickeln Sie, priorisiert nach dem Ausmaß der Folgen, Strategien und adäquate Maßnahmen, wie Sie das Konfliktpotenzial senken oder Unterstützungsmöglichkeiten ausbauen.
  - Positiv: Wie können Sie den Stakeholder in Ihre Maßnahmen einbinden?
  - Negativ: Welche Maßnahmen müssen Sie ergreifen? Wie können Sie Konflikten vorbeugen?

Tab. 6.2 Analyse der Stakeholder nach positiven und negativen Einflüssen. (Beispiel für eine Stakeholder-Analyse)

	Stake-holder	Interesse an uns	Einfluss	Konflikt-/ Unterstützungs-potenzial	Mögliche Folgen	Strategie/ Maßnahmen
Unterstützer						
Opponent						

Die Ergebnisse werden Ihnen im weiteren Verlauf noch nützlich sein. Spätestens ab dem Zeitpunkt, wenn Sie Maßnahmen planen, werden Sie anfangen darüber nachzudenken, wie Sie diese kostengünstig und erfolgreich realisieren. Vieles, was Sie hier vorgedacht haben, können Sie dann konkretisieren

> **Für Evaluation – Querbezug Wettbewerb und Umfeld (Abschn. 10.4)**
> Beobachten Sie, wie sich das Konflikt- oder Unterstützungspotenzial entwickelt. Eine gründliche Dokumentation lässt aus zögerlichen Kooperationen langjährige und zuverlässige Partnerschaften erwachsen. Die Analyse des Konfliktpotenzials liefert zudem wichtige Hinweise für Ihr Risikomanagement. Für eine bessere Planung kann es empfehlenswert sein, an dieser Stelle Ziele zu integrieren. Wo wollen Sie mit Stakeholder XY in ein oder zwei Jahren stehen?

Neben den Unterstützern und Opponenten in Form von Institutionen und Unternehmen werden die **demografischen Entwicklungen und das künftige Fachkräfteangebot** in die Umfeldanalyse einbezogen. Auf diese Weise können Sie besser einschätzen, ob Ihre Suche nach neuen Mitarbeiterinnen und Mitarbeitern lokal oder regional beschränkt sein kann oder national, möglicherweise sogar international ausgeweitet werden muss.

Die Datenbasis könnte sich nach den Empfehlungen des Kompetenzzentrums Fachkräftesicherung folgendermaßen zusammensetzen (vgl. Bundesministeriums für Wirtschaft und Technologie 2012, S. 2 f.):

• **Informationen zur regionalen demografischen Entwicklung**
  – Hier sollen alle Daten zusammengetragen werden, die Aufschluss darüber geben, wie sich die lokale oder regionale Bevölkerung im erwerbsfähigen Alter entwickelt. Gibt es künftig wichtige Zäsuren, die mit bedeutenden demografischen Umbrüchen einhergehen?
  – Mögliche Quellen: Die Bertelsmann-Stiftung bietet auf ihrem „Wegweiser Kommune" ein umfangreiches, multimediales Informationssystem, um die zukünftige Entwicklung von Kommunen ab 5.000 Einwohnern zu analysieren. Damit können auch Prognosen zur demografischen Entwicklung sowie zum Pflegebedarf bis 2030 vorgenommen werden (vgl. www.wegweiser-kommune.de).
  – Die Ergebnisse dieser Informationen sollen Aufschluss darüber geben, ob und welche Risiken aus der demografischen Entwicklung für Ihre Sicherung von Fach- und

Führungskräften entstehen. Konsequenzen daraus könnte z. B. die Ausweitung Ihrer Suchregion sein.

- **Informationen zur Entwicklung des Fachkräfteangebots**
  - Finden Sie heraus, wie sich der Bedarf an Fachkräften, die Sie für Ihre Organisation gewinnen können, in Zukunft entwickelt. Wie verändern sich die Zahlen der Schul-, Ausbildungs- und Hochschulabgänger, die für Ihren Bereich relevant sind?
  - Mögliche Quellen: Die Kultusministerkonferenz hat beispielsweise 2013 eine Vorausberechnung der Zahlen bis 2025 von Schülerinnen und Schüler sowie der Absolventen herausgegeben (vgl. Sekretariat der Ständigen Konferenz der Kultusminister der Länder in der Bundesrepublik Deutschland 2013). Daneben lassen sich zahlreiche bundesländerspezifische Daten recherchieren. Auch für die einzelnen Bereiche der Sozialwirtschaft finden sich bereits Veröffentlichungen mit entsprechenden Prognosen. So hat z. B. das Bundesministerium für Wirtschaft und Technologie 2012 Prognosen zur Entwicklung des Bedarfs an Pflegekräften getroffen (vgl. Bundesministerium für Wirtschaft und Technologie 2012, S. 11).
  - In diesem Schritt kristallisiert sich heraus, ob Sie den Bedarf an künftigen Ausbildungs- oder Hochschulabsolventinnen und -absolventen durch z. B. Kooperationen mit Schulen beeinflussen sollten.
- **Informationen zur regionalen Bildungsinfrastruktur**
  - Wie schon im Abschn. 2.1 erläutert, ist ein umfassendes Wissen zu den Wegen in den Beruf wichtiger Bestandteil des Employer-Branding-Prozesses. Fassen Sie hier alle Informationen strukturiert zusammen. Welche Ausbildungen oder Studiengänge sind für Sie relevant? Welche Voraussetzungen müssen die Kandidaten erfüllen? Welche Ausbildungsstätten stehen für Sie im Fokus? Welche Unterstützer fallen Ihnen hier noch auf, die Sie in Ihrer Stakeholderanalyse noch nicht berücksichtigt haben?
  - Mögliche Quellen: Die Websites der regionalen Ausbildungsinstitutionen halten Informationen zu den Zulassungsvoraussetzungen bereit. Daneben lohnt sich der Kontakt zu den regionalen Arbeitsagenturen und Jobcentern. Auch der Hochschulkompass gibt einen guten Überblick über Universitäten und Fachhochschulen, an denen die passenden Studienfächer angeboten werden. Dort sind sogar die Kontaktdaten der zuständigen Ansprechpersonen hinterlegt (vgl. www.hochschulkompass.de).
  - Die Ergebnisse zeigen Ihnen an, wie es um Ihre Vernetzung mit den Ausbildungsstätten bestellt ist und ob ein Bedarf nach verstärkter Zusammenarbeit besteht. Darüber hinaus können hier Potenziale ausgeschöpft werden, um bisher vernachlässigte Zielgruppen zu gewinnen.

Für Evaluation – Querbezug Wettbewerb und Umfeld (Abschn. 10.4)
Die hier erfasste Datenbasis ist nicht statisch. Sie einmalig zu erfassen, hilft Ihnen für den Anfang weiter. Nachhaltigkeit und Planungssicherheit verschafft Sie Ihnen aber nur, wenn Sie auch die Veränderungen im Blick behalten. Die Quellen und Hintergrundinformationen, die Sie mühselig zusammen getragen haben, sind die Basis, damit Sie sich in regelmäßigen Abständen unkompliziert auf den neuesten Stand bringen können.

Tab. 6.3 Vergleich mit Wettbewerbern nach formalen Kriterien. (Eigene Quelle)

	Standort		Größe (Umsatz usw.)		Zahl der Mitarbei-tenden/Kunden usw.		Dienstleistungs-angebot	
	Vorteil	Nachteil	Vorteil	Nachteil	Vorteil	Nachteil	Vorteil	Nachteil
Organisation 1								
Organisation 2								
Organisation 3								

Auf Ihre **Wettbewerber** legen Sie in dieser Analysephase ein weiteres Augenmerk. Von ihnen wollen Sie schließlich nicht nur wissen, welchen Einfluss sie auf Ihren Employer-Branding-Prozess nehmen, sondern wie Sie im Vergleich zu ihnen dastehen. Legen Sie also die Kriterien für den Vergleich fest.

Beginnen Sie mit den offensichtlichen Informationen, die Sie gewinnen können, und setzen Sie die gewonnenen Erkenntnisse in Bezug zu Ihrer Organisation (siehe Tab 6.3).

Die Vorteile und Nachteile beziehen sich auf die Bezugsgröße der eigenen Organisation. Also hat beispielsweise die Stiftung „Wünsch dir was" einen Vorteil gegenüber uns, weil sie zehnmal größer ist als wir? Und was bedeutet das für Sie und Ihr Employer Branding?

Vergleichen Sie sich auch hinsichtlich der kommunizierten und informellen Arbeitgeberqualitäten, die Sie in Erfahrung bringen können (siehe Tab. 6.4). Vielleicht arbeitet sogar ein ehemaliger Mitarbeitender eines Wettbewerbers bei Ihnen, den Sie befragen können.

> **Für Evaluation – Querbezug Wettbewerb und Umfeld (Abschn. 10.4)**
> Wenn Sie als Vorreiter im Bereich Employer Branding voran gehen, wird die Konkurrenz nicht lange auf sich warten lassen, es Ihnen gleich zu tun. Behalten Sie daher Ihre Wettbewerber sowie diejenigen, die neu dazu kommen, genau im Blick. Legen Sie Intervalle fest, in denen Sie die Wettbewerbssituation erneut auf den Prüfstand stellen.

6.2.6 Wer bei uns arbeitet und wen wir suchen – die Zielgruppenanalyse

Die Frage nach der Zielgruppe ist im Employer-Branding-Prozess eine der bedeutendsten Fragen und sollte sich immer wieder vor Augen geführt werden. Zu schnell passiert es, dass das eigentliche Ziel aus dem Blick verloren wird und die Maßnahmenpakete nachher nicht mehr zu den Analyseergebnissen passen. Besonders dann, wenn man sich als Arbeitgeber vom beeindruckenden Strauß an möglichen Marketingmaßnahmen dazu verleiten lässt, einfach alles umsetzen und integrieren zu wollen. Eine Strategie zu finden, heißt zu fokussieren.

Tab. 6.4 Vergleich der Employer-Branding-Ansätze und -Maßnahmen

	Unsere Organisation	Organisation 1	Organisation 2	Organisation 3
Employer-Branding-Ansatz				
Alleinstellungsmerkmal				
Welche Zielgruppe wird adressiert?				
Wie wird die Zielgruppe angesprochen?				
Welche Botschaften werden ausgesendet?				
Wie sieht die Website aus?				
Welche weiteren Maßnahmen setzen sie zur Gewinnung von Mitarbeitenden um?				
Corporate Design und Identity?				
Informelles Wissen zur Kultur usw.				

6.2.6.1   Schlüssel- und Engpassfunktionen herausfiltern

Die Definition der Zielgruppe für das Employer Branding resultiert primär aus den Schlüssel- und Engpassfunktionen einer Organisation, also die Positionen innerhalb des Unternehmens, die schwer zu besetzen sind und für den Erfolg einen kritischen Stellenwert haben (vgl. Trost 2009, S. 25 f.). Bei Ihrer Analyse der personenabhängigen Ressourcen (Abschn. 6.2.3.2) haben Sie schon die entscheidenden Erkenntnisse für diese Differenzierung gewonnen.

Engpassfunktionen erfüllen Stellen dann, wenn sie sich durch einen hohen quantitativen Personalbedarf auszeichnen und gleichzeitig aufgrund von Arbeitsmarktbedingungen schwer zu besetzen sind (vgl. Trost 2009, S. 27). In Ihrer Umfeldanalyse haben Sie ausführliche Informationen gesammelt, wie sich Ihre Fach- und Führungskräftesituation entwickelt. Dabei kann es sein, dass nach dieser Definition ein großer Teil Ihres Personals eine Engpassfunktion erfüllt, da das am Arbeitsmarkt zur Verfügung stehende ausgebildete Personal schon jetzt nicht ausreicht, um die offenen Stellen zu besetzen.

Schlüsselfunktionen sind Stellen, die ebenfalls nur mit viel Aufwand besetzt werden können, allerdings aufgrund der hohen Anforderungen. Denn diesen Positionen kommt darüber hinaus strategische Bedeutung im Hinblick auf die Wettbewerbsfähigkeit zu. Der quantitative Bedarf ist dementsprechend geringer (vgl. Trost 2009, S. 27).

Anders als in hochspezialisierten Wirtschaftsbetrieben ist in sozialwirtschaftlichen Einrichtungen die Zielgruppe nach diesen Kriterien wesentlich schwieriger zu differenzieren, da etwa Pflegekräfte oder Erzieherinnen und Erzieher für die Aufrechterhaltung des Alltagsgeschäfts substantiell sind. Ihre Schlüsselfunktion ergibt sich nicht zwangsläufig aus der Hierarchie.

Gerade bei der Arbeit mit Menschen kommt es für den Erfolg auf die zwischenmenschliche Ebene an. Eltern bleiben einer Kita treu oder Angehörige einer Pflegeeinrichtung, weil sie bestimmte Fach- oder Führungskräfte besonders schätzen. Diese Angestellten nehmen also mitunter Schlüsselfunktionen ein und sind innerhalb ihrer Profession am knappen Arbeitsmarkt schwer zu finden.

Filtern Sie die Mitarbeiterinnen und Mitarbeiter Ihre Organisation heraus, die durch ihre Erfahrung und Kompetenz Ihrer Organisation zur mehr Erfolg verhelfen und Ihre Außendarstellung positiv beeinflussen. Wenn sie plötzlich ausfallen, wirkt sich das nachhaltig auf Ihre Effektivität und Ihre Effizienz aus. Aus diesen Stellenbeschreibungen können Sie die Schlüsselfunktionen in Ihrer Organisation bestimmen.

> **Für Evaluation – Querbezug Personal- und Organisationsstruktur (Abschn. 10.4)**
> Dokumentieren Sie als strategischen Stützpfeiler für Ihre Personalentwicklung, welche Veränderungen sich bei den Engpass- und Schlüsselfunktionen ergeben. Kombinieren Sie das mit den Ergebnissen Ihrer personellen Ressourcen. Perspektivisch werden sich durch Ihre Employer-Branding-Maßnahmen die Personal-Relationen verschieben und neue Strukturen erforderlich machen. Darauf sollten Sie vorbereitet sein, um keine Schnellschuss-Entscheidungen fällen zu müssen.

6.2.6.2   Wer in unserer Personalstruktur noch fehlt

Die Schlüssel- und Engpassfunktionen gilt es, inhaltlich mit Leben aus Ihrer Organisation zu füllen. Um zu wissen, wen Sie für Ihre Organisation suchen, haben Sie schon wichtige Schritte in der internen Analyse absolviert. Denn durch welche Werte Sie miteinander verbunden sind, gibt wichtige Aufschlüsse darüber, wer zu Ihnen passt und wen Sie bereits mit Ihren aktuellen Maßnahmen erreichen (Abschn. 6.2.4). Zuvor haben Sie außerdem Ihre organisationalen und personenabhängigen Ressourcen (Abschn. 6.2.3) detailliert erfasst, die an dieser Stelle verdichtet werden. Fassen Sie die bisherigen Ergebnisse zusammen und ergänzen Sie diese um die Zielgruppen, die Sie noch hinzu gewinnen wollen. Leiten Sie daraus zudem Schlüsse für die externe Zielgruppenansprache ab.

- **Demografische Merkmale**

Fragen

Wie ist die Altersstruktur in Ihrer Organisation?
Welche Altersgruppen fehlen Ihnen?

Welche sollen verstärkt werden?

Wie ist die Verteilung von Männern und Frauen und was bedeutet das für Ihre Zielgruppe?

Welche Aussagen lassen sich zum Familienstand Ihrer Belegschaft sowie entsprechenden Unterstützungsmöglichkeiten treffen, die für die Rekrutierung und Bindung genutzt werden können?

- **Sozioökonomische Merkmale**

Fragen

Welche Bildungsabschlüsse sind in Ihrer Organisation hauptsächlich vertreten?

Welche fachlichen Kenntnisse und Qualifikationen wollen Sie hinzugewinnen oder verstärken?

Wie steht es um die Einbindung von Quereinstiegwilligen?

Welche Möglichkeiten der Ausbildung sind gegeben oder sollen etabliert werden?

Können Aussagen zum sozialen Status in Ihrer Organisation und Ihrer Zielgruppe getroffen werden?

Welche Rolle spielen Menschen mit Migrationsgeschichte oder Behinderung in Ihrer Organisation, sowohl auf Kundenseite, als auch auf Seite der Mitarbeitenden? Was bedeutet das für Ihre Zielgruppe?

Welcher Lebensstandard kann mit den Einkommensverhältnissen in Ihrer Organisation finanziert werden? Lassen sich Schlussfolgerungen für Ihre Zielgruppe daraus ableiten?

Welche Benefits bieten Sie Ihren Mitarbeitenden hinsichtlich der Freizeitgestaltung und wie werden diese geschätzt? Lassen sich daraus Gemeinsamkeiten zur Zielgruppenansprache ableiten?

- **Psychografische Merkmale**

Fragen

Entwickeln Sie aus Ihrer Werteanalyse und Hierarchie Schlussfolgerungen für die Ansprache der Zielgruppe. Die Werte und Einstellungen, die Ihre Mitarbeitenden schon jetzt miteinander verbinden, sind essentiell für die Zielgruppenanalyse.

Welches Verhalten Ihrer Mitarbeitenden ist Ausdruck der gelebten Werte?

Lassen sich Ergebnisse für die Zielgruppenansprache nutzen?

Ziehen Sie aus allen Merkmals-Ebenen Schlussfolgerungen für die Gewohnheiten

- zur Mediennutzung,
- zum Besuch von Veranstaltungen,
- zu familiären Aktivitäten,
- zu Freizeitaktivitäten,
- zu sozialem Engagement und
- zu Orten sowie Institutionen, an denen Ihre Zielgruppe **geballt** anzutreffen ist.

Kreieren Sie ein möglichst detailliertes Bild, wer Ihre Zielgruppe ist und was sie tut. Wo ist sie schwerpunktmäßig aufzufinden und wie will sie angesprochen werden?

▶   Große Genauigkeit in dieser Analysephase verschafft Ihnen schon jetzt einen enormen Vorsprung in der späteren Maßnahmenplanung. Sie können dadurch Streuverluste und in der Folge hohe Kosten sparen.

Bestimmte Ideen zur Verbreitung Ihrer Botschaften verwerfen Sie vielleicht genau in diesem Moment, weil Sie erkennen, dass Sie Ihre Zielgruppe mit weniger Aufwand schneller und genauer erreichen.

Für Evaluation – Querbezug Personalbedarf (Abschn. 10.4)
Die regelmäßige Analyse Ihrer Personalstruktur und wer noch fehlt, ist die maßgebliche Grundlage für Ihre Bindungs- und Rekrutierungsmaßnahmen. Wen haben Sie bereits gewonnen, wer fehlt Ihnen nun oder immer noch und wie verändert sich dadurch Ihre Personalstruktur? Damit legen Sie die Richtung für künftige Ansprachewege nach innen und außen fest. Gegebenenfalls riskieren Sie sonst unnötige Kosten für beispielsweise Maßnahmen, die die Zielgruppe verfehlen. Im Internet finden Sie beispielsweise unter dem Stichwort „Demografierechner" kostenfreie Tools oder Excel-Listen, die Ihnen bei der strukturierten Datenerfassung und -pflege helfen.

Im Folgenden werden Ihnen einige Beispiele von Zielgruppen aufgezeigt, die interessant sein könnten, um sie für den sozialen und Bildungsbereich zu erschließen. Sie zeichnen sich durch abgegrenzte Zugänge aus und können insofern gezielt angesprochen werden.

6.2.6.3   Zielgruppenbeispiel: Quereinsteiger aus unattraktiveren Arbeitsfeldern abwerben

Geld ist nicht alles im Leben, doch verbunden mit einer nicht erfüllenden Aufgabe kann es die Motivation stärken, das Berufsfeld zu wechseln. Ein vergleichender Blick in die Gehälter anderer Branchen lohnt sich daher.

Die Top-Flop-Branchen gemessen an der Gehaltshöhe, wie in Tab. 6.5 zu sehen, bieten Potenzial, um Quereinsteiger für die Sozialwirtschaft zu gewinnen (vgl. StepStone Deutschland 2013, S. 8).

Zwar taucht der Bereich „Gesundheit und soziale Dienste" in der Tab. 6.5 auch auf, doch steht er nicht an erster Stelle und die Gehaltsunterschiede sind ebenfalls beträchtlich. Befragt wurden 50.000 Fach- und Führungskräfte. Dabei wurden nur die Umfrageteilnehmenden berücksichtigt, die in Vollzeit arbeiten (vgl. StepStone Deutschland 2013, S. 4). Angesichts des hohen Anteils von Teilzeitkräften wirft das zwar ein verzerrtes Bild auf die Vergleichbarkeit. Doch die Tabelle liefert trotzdem einen interessanten Einblick, welche Branchen durchaus mehr Aufmerksamkeit erfahren sollten.

Tab. 6.5 Die 10 Flop-Branchen nach durchschnittlichem Bruttojahresverdienst. (Quelle: Der StepStone Gehaltsreport 2013, S. 8)

Branche	Durchschnittliches Bruttojahresgehalt ohne variables Gehalt (€)
Hotel, Gastronomie & Catering	30.555
Handwerk	31.769
Freizeit, Touristik, Kultur & Sport	36.393
Bildung & Training	36.568
Agentur, Werbung, Marketing & PR	38.762
Land-, Forst-, Fischwirtschaft & Gartenbau	38.821
Gesundheit & soziale Dienste	39.094
Personaldienstleistungen	39.709
Öffentlicher Dienst & Verbände	41.406
Groß- & Einzelhandel	41.504

▶ Gerade die Bereiche Hotel und Gastronomie sowie das Handwerk haben oft wesentlich schlechtere Arbeitsbedingungen zu bieten als die Sozialwirtschaft.

Es lassen sich gewiss noch mehr Branchen ausfindig machen, denen der soziale und Bildungsbereich überlegen ist. Der Gehaltsvergleich ist nur ein Ansatzpunkt. Es wird sich sogar lohnen, Branchen zu durchforsten, die ihren Mitarbeitenden mehr bezahlen, aber in punkto Familienfreundlichkeit oder Sinnstiftung blass aussehen.

Menschen, die bereits viele Jahre in unzufriedenstellenden Feldern gearbeitet haben, werden dankbar über eine neue berufliche Perspektive sein. Häufig bieten diese Frauen und Männer mit ihren branchenfremden Erfahrungen zudem ungeahnte Bereicherungen für die soziale Arbeit. In vielen Bundesländern existieren bereits berufsbegleitende Möglichkeiten der Qualifizierung, sodass Sie nicht erst den Ausbildungsabschluss abwarten müssen. Sie werden zwar personelle Ressourcen in die Weiterbildung der Quereinsteiger investieren müssen, doch langfristig profitieren Sie von engagierten Mitarbeitenden, die Ihnen dankbar sind für eine neue berufliche Zukunft.

6.2.6.4 Zielgruppenbeispiel: Studienabbrecherinnen und -abbrecher

Zwischen 11 und 28 % der Frauen und Männer an Hoch und Fachhochschulen haben 2010 ihr Studium abgebrochen. Am höchsten ist die Quote mit 28 % bei den Bachelor-Studierenden (vgl. Heublein et al. 2012, S. 11). Oft fühlen sich die Studierenden den Herausforderungen nicht gewachsen oder hatten Erwartungen ans Studium, die sich nicht erfüllt haben. Hinzu kommen nicht bestandene Prüfungen oder Probleme der Studienfinanzierung.

Gerade nach einem abgebrochenen Studium fällt der Eintritt ins Berufsleben schwer. Meist schließt sich noch eine Phase der Orientierungslosigkeit an. Sozialwirtschaftliche Organisationen, die das ernst nehmen und passende Anschlussmöglichkeiten bieten, könnten auf dankbare Jobabnehmerinnen und -nehmer treffen.

Quote der Studienabbrüche bei Bachelorstudiengängen an Fachhochschulen

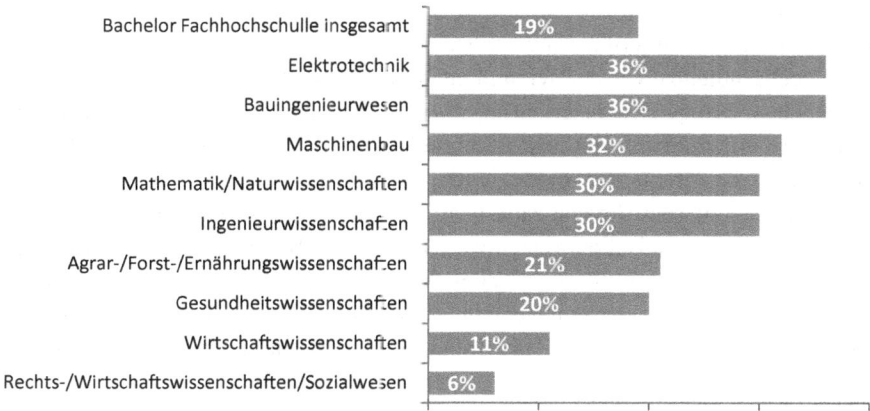

Abb. 6.4 Studienabbruchquote in Bachelor-Studiengängen an Fachhochschulen. (Quelle: in Anlehnung an Heublein et al. 2012, S. 22)

Im Bereich Pädagogik und Gesundheitswissenschaften liegt der Abbrecheranteil in den Bachelor-Studiengängen an Fachhochschulen mit einem Fünftel zwar deutlich unter dem Durchschnitt, wie Abb. 6.4 illustriert (vgl. Heublein et al. 2012, S. 23). Doch selbst diese Kontakte werden von den meisten sozialen Trägern und Einrichtungen nicht gezielt zur Rekrutierung genutzt.

Dabei haben sich in den vergangenen Jahren zahlreiche interessante Studiengänge herausgebildet, die auf den sozialen und Bildungsbereich spezialisiert sind. Zu den Gesundheitswissenschaften zählen beispielsweise Gesundheitspädagogik, Gesundheits- und Pflegemanagement oder Health Administration. Diese Frauen und Männer können eine spannende Bereicherung für Ihre Organisation sein.

Sind Sie zur richtigen Zeit an der richtigen Stelle, können Sie in der Zielgruppe der Studienabbrecherinnen und -abbrecher gut gebildete Nachwuchskräfte rekrutieren und ihnen sinnstiftende Zukunftsoptionen offerieren. Sie können aus dem vollen Spektrum der Studiengangspalette schöpfen, um sich auch fachfremde Disziplinen ins Haus zu holen. Besonders im pädagogischen Bereich sind beispielsweise naturwissenschaftliche Kenntnisse eine wertvolle Ergänzung. Hier liegen die Abbruchquoten sogar besonders hoch.

▶   Zum Teil haben die jungen Menschen schon passende Berufserfahrung gesammelt und wollten diese mit einem akademischen Abschluss krönen.

Die Vorkenntnisse lassen sich unter Umständen auf passende Ausbildungsgänge anrechnen, sodass Ihnen innerhalb kürzester Zeit qualifizierte Fachkräfte zur Verfügung stehen.

Vielleicht haben Sie aber auch die Möglichkeit, berufsbegleitende Perspektiven anzubieten, um den Studienabschluss doch noch zu realisieren. Damit legen Sie den Grundstein für Ihren Führungskräftenachwuchs. Je einfacher Sie es den Personen machen und umso nahtloser Sie die Übergänge gestalten, desto größer ist die Wahrscheinlichkeit für erfolgreiche Rekrutierungen.

Kommt dieser Rekrutierungsweg für Sie in Frage, gilt es, sich Sichtbarkeit an Hoch- und Fachhochschulen zu verschaffen und intensive Beziehungen zu den zuständigen Stellen aufzubauen. Bringen Sie in Erfahrung, welche Personen an den Bildungsinstitutionen die Studierenden zu einem möglichen Abbruch beraten oder begleiten. Dass Ihre Organisation berufliche Alternativen bietet, wird auch für diese Menschen von Interesse sein.

Sichtbarkeit in diesem Bereich zahlt sich in jedem Fall aus, wenn Sie Führungskräfte schon früh an Ihre Organisation binden wollen – egal ob Studienabbruch oder nicht. Fast jeder Studierende wird dankbar sein, schon während des Studiums eine berufliche Perspektive angeboten zu bekommen. Verzahnen Sie die Arbeitsmöglichkeiten während des Studiums mit Anschlussmöglichkeiten, in Ihrer Organisation Fuß fassen zu können.

6.2.6.5   Zielgruppenbeispiel: Nachwuchsrekrutierung bei erfolglosen Ausbildungsmarktteilnehmenden

Im Ausbildungsmarkt gibt es trotz zahlreicher unbesetzter Lehrstellen einen beträchtlichen Anteil an Jugendlichen, die ihren Ausbildungswunsch nicht realisieren können. In 2012 waren bundesweit 76.000 junge Menschen erfolglos bei der Suche nach einem Ausbildungsplatz.

Die Zahl hat sich im Vergleich zum Vorjahr sogar um 5,4 % gesteigert. Besonders in Berlin, Niedersachsen, Nordrhein-Westfalen und Brandenburg sind die Anteile der Jugendlichen hoch, die bei ihrer Suche nach einem Ausbildungsplatz erfolglos blieben, wie Tab. 6.6 zeigt. Sie sind immer noch bei den Agenturen für Arbeit und den ARGEN für die Nachvermittlung registriert (vgl. Bundesinstitut für Berufsbildung 2013, S. 11).

Die Gründe für die hohen Zahlen sind nicht in erster Linie auf die berufsspezifischen Eignungen zurückzuführen.

▶   Dass der Zugang in duale Berufsausbildungen nicht reibungslos verläuft, geht weit über formale Kriterien wie Bildungsabschlüsse oder Zeugnisnoten hinaus.

Häufig finden die Jugendlichen nicht die Stellen, aus denen sie für sich Arbeitszufriedenheit oder soziale Identität schöpfen können. Den Betrieben geht es auf der anderen Seite genauso. Schließlich verzeichnen die Betriebe 33.300 unbesetzte Ausbildungsplätze (vgl. Bundesinstitut für Berufsbildung 2013, S. 22).

▶   Das macht deutlich, dass eines der Hauptprobleme in der Passgenauigkeit beider Seiten liegt und zugleich die Sozialwirtschaft mit identitätsstiftenden Zielgruppenansprachen erfolgreich Nachwuchs rekrutieren kann.

Selbst wenn nur ein Bruchteil der Jugendlichen dadurch erreicht wird: ein Blick auf die Tabelle sollte eigentlich sprachlos machen, wenn man bedenkt, von wie vielen jungen

Tab. 6.6 Erfolglose Ausbildungsplatznachfrage 2011 und 2012 (vgl. Bundesinstitut für Berufsbildung 2013, S. 23)

Bundesland	Erfolglos		Anteil erfolgloser Nachfrager (%)	
	2011	2012	2011	2012
Baden-Württemberg	8.928	8.391	10,2	9,9
Bayern	7.743	7.167	7,3	7,0
Berlin	2.379	3.612	11,5	16,7
Brandenburg	1.875	1.917	13,4	14,4
Bremen	789	759	11,2	11,0
Hamburg	1.077	1.779	7,0	11,2
Hessen	6.210	6.450	13,1	13,8
Mecklenburg-Vorpommern	582	666	6,1	7,4
Niedersachsen	11.220	11.271	15,6	16,2
Nordrhein-Westfalen	20.649	21.450	14,0	14,7
Rheinland-Pfalz	3.834	4.374	11,7	13,3
Saarland	786	870	8,4	9,4
Sachsen	1.509	2.049	6,9	10,1
Sachsen-Anhalt	1.161	1.293	8,3	9,9
Schleswig-Holstein	2.532	2.982	10,5	12,4
Thüringen	852	978	6,8	8,1
Gesamt	72.144	76.029	11,2	12,1

Menschen wir sprechen, die gebündelt über Kooperationen mit den Behörden erreicht werden können.

6.2.6.6   Zielgruppenbeispiel: Potenzial des Freiwilligendienstes ganzheitlich ausschöpfen

Sie zeigen bereits eine große Affinität zu sozialen Themen und sammeln Erfahrungen in der sozialwirtschaftlichen Praxis: junge und ältere Menschen im Freiwilligen Sozialen Jahr (FSJ) oder im Bundesfreiwilligendienst (BFD). In dieser Zielgruppe brauchen Sie keine Anstrengungen mehr zu unternehmen, um sie davon zu überzeugen, dass sinnstiftende Aufgaben viel mehr Erfüllung bringen als Geld. Häufig haben sie sogar Abitur.

▶   Es kommt immer noch vor, dass Freiwilligendienstler als Durchlaufposten oder
     billige Hilfskräfte wahrgenommen und dementsprechend behandelt werden.
     Das ist nicht nur erschreckend kurzfristig gedacht, sondern für die gesamte
     Branche imageschädigend.

Viele Berufsbiografien von männlichen Fach- und Führungskräften in der Sozialwirtschaft zeigen, dass der damalige Zivildienst, der nun im Bundesfreiwilligendienst aufgegangen ist, den Einstieg in die Branche geebnet hat. Dieser Rekrutierungsweg eignet sich also auch in besonderem Maße, um Männer zu gewinnen. Besonders in den Bereichen, in denen sie deutlich unterrepräsentiert sind, wie beispielsweise Kitas, sind die Erfolgschancen hoch. Einsatzstellen in der frühkindlichen Pädagogik sind oft rar gesät. Zumindest übersteigt der Bedarf an freien Plätzen das Angebot bei weitem. Gewillte Einrichtungen werden es also leicht haben, engagierte Menschen zu finden.

▶   Da die Suche nach einer Einsatzstelle eher über den persönlichen Kontakt in der Nachbarschaft läuft als über die Träger von Freiwilligendiensten, können Einrichtungen leicht selbst auf sich aufmerksam machen. Hängen Sie beispielsweise ein auffälliges Plakat in Ihren Eingangsbereich, auf dem Sie sichtbar machen, dass Sie freie Plätze für ein FSJ oder einen BFD haben.

Aber auch viele Frauen sind im Rahmen des FSJ erstmalig mit ihrem Wunschberuf in Berührung gekommen. Der BFD und das FSJ gehören zu den wichtigsten Sprungbrettern für eine Karriere in die Sozialwirtschaft. Dass sie, angesichts dieser großen Bedeutung für die Nachwuchsrekrutierung, nicht immer entsprechend ernst genommen werden, verwundert daher schon sehr.

FSJler oder BFDler, die bei Ihnen tätig sind, können an Ort und Stelle an Ihre Organisation gebunden werden, wenn Sie ihnen passende Zukunftsoptionen aufzeigen. Das setzt natürlich voraus, dass Sie die Zugangswege und Voraussetzungen für die Ausbildung im Kopf haben.

In vielen Bereichen bieten sich berufsbegleitende Weiterbildungsoptionen als direkte Anknüpfung zum Freiwilligendienst an. Sie müssen den FSJlern und BFDlern nur aufgezeigt werden. Sicher wird sich nicht jeder für eine Ausbildung oder ein Studium begeistern lassen. Den Versuch ist es aber in jedem Fall wert, zumal der Aufwand im Vergleich zu anderen Rekrutierungswegen außerordentlich überschaubar ist.

Die Zahl der Freiwilligen wächst über die Jahre immer weiter an. Im Bereich des FSJ hat sich die Zahl seit 2004/2005 beispielsweise nahezu verdoppelt, wie Tab. 6.7 deutlich macht. Das zeigt einerseits, dass der soziale und Bildungsbereich für viele junge Menschen eine interessante Berufsperspektive darstellt. Andererseits macht es das enorme Potenzial zur Fach- und Führungskräftesicherung deutlich.

Beim BFD wurde die zu gewinnende Zielgruppe sogar erweitert. Während im FSJ die Altersschranke bei 27 Jahren liegt, können sich im BFD Menschen jeden Alters engagieren. Das wird auch zunehmend in Anspruch genommen, wie in Tab. 6.8 erkennbar.

Besonders bei den älteren BFDlern ist davon auszugehen, dass sie mit dem Freiwilligendienst eine berufliche Perspektive verbinden oder sich neuorientieren wollen. Hier gilt es, erwachsenengerechte Lösungen aufzuzeigen.

Die Zielgruppe der Freiwilligen ist nicht nur interessant, wenn Sie bei sich BFDler oder FSJler beschäftigen. Im Rahmen des Dienstes nehmen die Freiwilligen an Seminaren teil und haben meist gemeinsame Abschlussveranstaltungen. Nehmen Sie also Kontakt zu den zuständigen Trägern auf oder vereinbaren Sie Kooperationen, um für Ihre Organisation zu

Tab. 6.7 Entwicklung der Freiwilligen im Freiwilligen Sozialen Jahr von 2004 bis 2012. (Quelle: vgl. Deutscher Bundestag 2012, S. 9)

Förderjahr	Anzahl der Freiwilligen im Freiwilligen Sozialen Jahr
2004/2005	23.793
2005/2006	26.713
2006/2007	28.794
2007/2008	31.248
2008/2009	34.464
2009/2010	38.238
2010/2011	35.434
2011/2012	44.527

Tab. 6.8 Altersstruktur der Bundesfreiwilligen. (Quelle: vgl. Deutscher Bundestag 2012, S. 4)

Alter	Unter 27 Jahre	27 bis 50 Jahre	51 bis 60 Jahre	Über 60 Jahre
Anzahl	26.045	5.966	3.890	1.895
Anzahl	26.045	5.966	3.890	1.895

werben und vor Ort Nachwuchs zu rekrutieren. An kaum einem anderen Ort werden Sie geballter auf eine passende Zielgruppe treffen.

6.3   Zwischencheck Organisationsanalyse

Bevor es an die Planung Ihrer Employer-Branding-Strategie geht, kontrollieren Sie noch einmal, ob Sie alles bedacht haben:

Analyse-Checkliste

- Haben Sie Informationen zu Ihrem internen und externen Image?
- Haben Sie sich einen Gesamtüberblick zu Ihrer wirtschaftlichen Lage verschafft und wissen Sie, welche Faktoren sie beeinflussen?
- Haben Sie einen Gesamtüberblick, wie Ihre Organisation oder Ihr Träger hierarchisch strukturiert ist und wie Entscheidungen gefällt werden?
- Haben Sie Ihre Personalstruktur detailliert erfasst und wissen Sie, wer Ihre interne Zielgruppe ist?
- Wissen Sie, welche personellen Fähigkeiten und Fertigkeiten Ihrer Organisation zu mehr Erfolg verhelfen und haben Sie daraus die Schlüssel- und Engpassfunktionen abgeleitet?
- Haben Sie die Werte und Werte-Haltungen, die Ihre Unternehmenskultur prägen, nach einer Außen- und Innenperspektive erfasst?

- Haben Sie Ihr Portfolio der internen Kommunikation systematisch dokumentiert?
- Wissen Sie, wer und was Sie in Ihrem Umfeld positiv oder negativ beeinflusst?
- Wissen Sie, mit wem Sie konkurrieren?
- Wissen Sie, wer in Ihrer Personalstruktur noch fehlt, und haben Sie daraus wichtige Erkenntnisse für die externe Zielgruppenansprache gewonnen?

Literatur

Bardi A, Schwartz SH (2003) Values and behavior: strength and structure of relations. Personal Social Psychol Bull 29(10):1207–1220

Boehnke K, Welzel C (2006) Wertetransmission und Wertewandel. Eine explorative Drei-Generationen-Studie. ZSE Zeitschrift für Soziologie der Erziehung und Sozialisation 26(4):341–360

Bundesinstitut für Berufsbildung (2013) Datenreport zum Berufsbildungsbericht 2013. Informationen und Analysen zur Entwicklung der beruflichen Bildung, Bonn. http://datenreport.bibb.de/media2013/BIBB_Datenreport_2013.pdf. Zugegriffen: 12. Jan. 2014

Bundesministerium für Wirtschaft und Technologie (2012) Fachkräfte sichern. Umfeldanalyse, Berlin. http://www.kompetenzzentrum-fachkraeftesicherung.de/fileadmin/media/Themenportale-5/KoFa/Publikationen/Handlungsempfehlungen/HE_Umfeldanalyse.pdf. Zugegriffen: 25. Jan. 2014

Deutscher Bundestag (2012) Drucksache 17/9247. Antwort der Bundesregierung auf die Kleine Anfrage der Abgeordneten Dr. Barbara Höll, Harald Koch, Richard Pitterle, Dr. Axel Troost und der Fraktion DIE LINKE. Steuer- und sozialrechtliche Behandlung der Leistenden des freiwilligen Wehrdienstes und Bundesfreiwilligendienstes. https://foej.net/files/2013/06/20120402_antwort-der-bundesregierung-auf-ds17-8977_linke_steuern-sozialrechtliches-bei-bfd-fr.wehrdienst.pdf. Zugegriffen: 4. Mai 2014

Esch K, Born A (2012) Grundlagen für eine systemisch-wertschätzende Organisations- und Personalentwicklung. Das Beispiel Kindertageseinrichtungen, V & R unipress, Göttingen

Esch K, Krüger T (2012) Konzeption der systemisch-wertschätzenden Organisations- und Personalentwicklung. In: Esch K, Born A (Hrsg) Grundlagen für eine systemisch-wertschätzende Organisations- und Personalentwicklung. Das Beispiel Kindertageseinrichtungen. V & R unipress, Göttingen, S 23–40

Esch K, Krüger T, Risse T (2012) Konzeption der Benchmarking-Kreise. In: Esch K, Born A (Hrsg) Grundlagen für eine systemisch-wertschätzende Organisations- und Personalentwicklung. Das Beispiel Kindertageseinrichtungen. V & R unipress, Göttingen, S 113–140

Geidner A (2008) Der Wandel der Unternehmensführung in Buyouts. Eine Untersuchung Private-Equity-finanzierter Desinvestitionen. Gabler, Wiesbaden

Herkentrup T (2004) Unternehmenskultur – Definition, Merkmale und Analyse einer bestehenden Unternehmenskultur. Grin, Norderstedt

Heublein U, Richter J, Schmelzer R, Sommer D (2012) Die Entwicklung der Schwund und Studienabbruchquoten an den deutschen Hochschulen, Statistische Berechnungen auf der Basis des Absolventenjahrgangs 2010. http://www.his.de/pdf/pub_fh/fh-201203.pdf. Zugegriffen: 25. Jan. 2014

Kriegler W (2012) Praxishandbuch Employer Branding – mit Arbeitshilfen online: Mit starker Marke zum attraktiven Arbeitgeber werden. Haufe-Lexware, Freiburg

Lehmann M (2012) Strategisches Employer Branding. Die Employer Brand strategisch ableiten und positionieren. In: DGFÜ e. V. (Hrsg) Employer Branding: Die Arbeitgebermarke gestalten und im Personalmarketing umsetzen. W. Bertelsmann, Bielefeld, S 33–40

Sekretariat der Ständigen Konferenz der Kultusminister der Länder in der Bundesrepublik Deutschland (2013) Vorausberechnung der Schüler- und Absolventenzahlen 2012 bis 2025, Berlin. http://www.kmk.org/fileadmin/pdf/Statistik/Dokumentationen/Dokumentation_Nr._200_web.pdf. Zugegriffen: 25. Jan. 2014

Seng A, Annutat S (2012) Strategisches Employer Branding. Einflussfaktoren des Employer Branding analysieren. In: DGFP e. V. (Hrsg) Employer Branding: Die Arbeitgebermarke gestalten und im Personalmarketing umsetzen. W. Bertelsmann, Bielefeld, S 19–33

Sprenger RK (2007) Das Prinzip Selbst-Verantwortung. Wege zur Motivation. Campus, Frankfurt a. M.

Sprenger RK (2011) 30 Minuten Motivation. In 30 Minuten wissen Sie mehr. GABAL, Offenbach

Springer Gabler Verlag (Hrsg). Gabler Wirtschaftslexikon, Stichwort: Anspruchsgruppen. http://wirtschaftslexikon.gabler.de/Archiv/1202/anspruchsgruppen-v6.html. Zugegriffen: 10. Jan. 2014

StepStone Deutschland (2013) DER STEPSTONE Gehaltsreport 2013. StepStone Deutschland, Düsseldorf. http://www.stepstone.de/stellenanbieter/jobboerse-stepstone/upload/StepStone_Gehaltsreport_2013.pdf?cid=B2C_CLC_SYS19. Zugegriffen: 30. Dez. 2013

Tokarski K (2008) Ethik und Entrepreneurship. Eine theoretische sowie empirische Analyse junger Unternehmen im Rahmen einer Unternehmensethikforschung. Gabler, Wiesbaden

Trost A (2009) Employer Branding. In: Trost A (Hrsg) Employer Branding. Arbeitgeber positionieren und präsentieren. Luchterhand, Köln, S 13–77

Watrinet C (2012) Diversity Management – Veränderungsprozesse zukunftsfähig gestalten. In: Bundesarbeitsgemeinschaft der Freien Wohlfahrtspflege (Hrsg) Den Wandel steuern. Personal und Finanzen als Erfolgsfaktoren. Bericht über den 7. Kongress der Sozialwirtschaft vom 26. und 27. Mai 2011 in Magdeburg. Nomos Verlagsgesellschaft, Baden-Baden, S 159–168

Die Planung einer passgenauen Employer-Branding-Strategie

Sie haben die Analysephase abgeschlossen. In der Regel endet sie mit einer großen Fülle an Informationen. Den Berg an Ergebnissen gilt es nun zu verdichten, um die Spitze der Relevanz zu erklimmen und den Weg zur Employer Value Proposition zu ebnen.

Im Folgenden werden Ihnen Verfahren gezeigt, wie Sie Ihre Erkenntnisse aus der Organisationsanalyse immer weiter reduzieren, priorisieren, fokussieren und zielgruppenadäquat modifizieren. Nicht selten ergibt sich der Schritt zu tollen und kreativen Maßnahmen, der bei solchen Prozessen oft als der Wichtigste angesehen wird, überraschend organisch und folgerichtig.

7.1 Verdichtung und Auswertung der erhobenen Daten

Zu Beginn der Verdichtungsphase ist es ratsam, das Material digitalisiert zusammenzufassen. Bilden Sie dazu aus den Informationen zunächst Schwerpunktthemen, die Ihre Organisation intern sowie extern betreffen. Fassen Sie die Erkenntnisse innerhalb der Schwerpunktthemen wie in Abb. 7.1 zu Faktoren zusammen, die Einfluss auf Ihre Organisation nehmen.

Danach empfiehlt es sich, die internen und externen Einflussfaktoren nach zwei Bewertungsdimensionen zu priorisieren:

1. Stellt der Einflussfaktor perspektivisch ein Risiko für den Organisationserfolg dar?
2. Beeinflusst der Faktor Ihre Arbeitgeberattraktivität?

Mit Hilfe einer Wirkungsanalyse (siehe Datei: Abb. 7.2) können Sie den Handlungsbedarf der jeweiligen Einflussfaktoren bewerten. Das hilft Ihnen Prioritäten zu setzen, da nicht alle Informationen gleich wichtig für Ihren Employer-Branding-Prozess sind. Finden Sie

© Springer Fachmedien Wiesbaden 2014
C. Heider-Winter, *Employer Branding in der Sozialwirtschaft,*
DOI 10.1007/978-3-658-01196-3_7

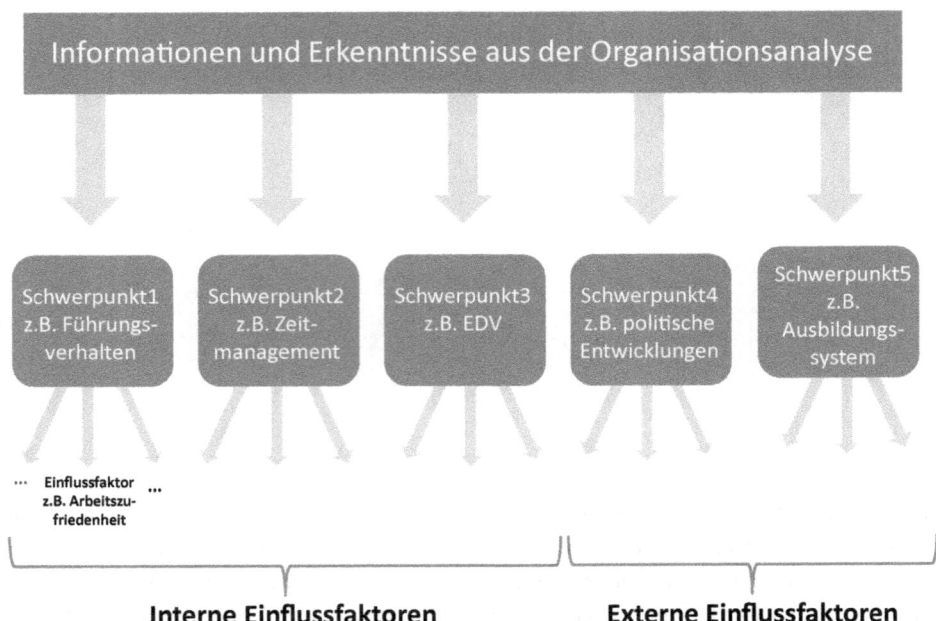

Abb. 7.1 Beispiel einer Informationsverdichtung von Schwerpunktthemen zu Einflussfaktoren. (Quelle: Eigene Darstellung)

Abb. 7.2 Analyse des Einflusses auf Erfolg und Arbeitgeberattraktivität. (Quelle: in Anlehnung an Stotz und Wedel 2009, S. 99)

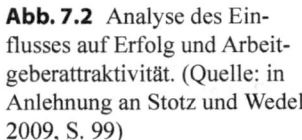

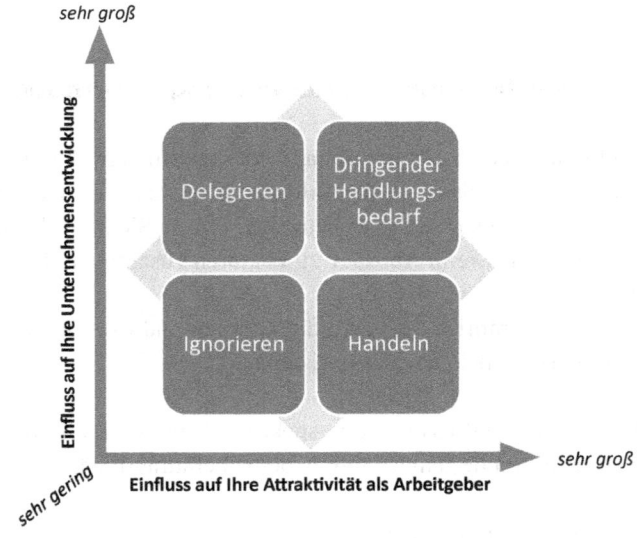

heraus, welche Einflussfaktoren die Attraktivität und das Image Ihrer Organisation schädigen können und ob Veränderungen zugunsten der Arbeitgebermarke notwendig sind. Zudem können Sie schnell erkennen, welche Stellen Sie als erstes angehen sollten und welche mittelfristig zu vernachlässigen sind (vgl. Seng und Annutat 2012, S. 28).

Den größten Handlungsbedarf haben Sie bei den Faktoren, die sowohl den Erfolg Ihrer Organisation als auch Ihre Arbeitgeberattraktivität beeinflussen. Das Beispiel des Führungsverhaltens, das sich negativ auf die Arbeitszufriedenheit auswirkt, gehört in diese Kategorie. Faktoren, die die Unternehmensentwicklung stark beeinflussen, aber nur gering die Arbeitgeberattraktivität beeinträchtigen, können an die zuständigen Abteilungen delegiert werden.

Für Evaluation

Die Informationsverdichtung bietet Ihnen für die spätere Evaluation eine übersichtliche Darstellung, die Sie leichter aktualisieren können. Behalten Sie die Entwicklung der Faktoren ganzheitlich im Blick. Schließen Sie sich daher auch mit den Abteilungen kurz, an die Sie die Faktoren delegiert haben, die nicht die Arbeitgeberattraktivität betreffen. In welche Richtung haben sich die Handlungsbedarfe entwickelt? Muss nachgesteuert werden?

7.2   Ermittlung der Attraktivitätsfaktoren

Ihre Arbeitgebermarke ist die Zusammenfassung all der Faktoren, die Sie als Arbeitgeber attraktiv machen. Die Attraktivitätsfaktoren bilden eine wesentliche Basis für Ihre Employer Value Proposition, mit der Sie Ihr Nutzenversprechen als Arbeitgeber formulieren. Die Initiative TOP-JOB in Kooperation mit der Universität St. Gallen hält sechs Bereiche für ausschlaggebend für die Arbeitgeberattraktivität:

- Führung und Vision,
- Motivation und Dynamik,
- Entwicklung und Perspektive,
- Kultur und Kommunikation,
- Familienorientierung und Demografie und
- internes Unternehmertum (vgl. Kamerar 2014, S. 1).

Diese Bereiche sind mit den Erkenntnissen aus Ihrer Organisation abzugleichen. Werfen Sie einen intensiven Blick auf das Arbeitsverhältnis in Ihrem Unternehmen, um die Attraktivitätsfaktoren zu identifizieren, die für Ihre Zielgruppen relevant sind und somit im Vordergrund stehen sollten:

1. **Skizzieren Sie das reguläre Arbeitsverhältnis in Ihrer Organisation mit rationalen Merkmalen.**
   - Welche Tätigkeiten werden bei Ihnen ausgeübt?
   - Wie sind die Weiterentwicklungs- und Karrieremöglichkeiten?
   - Welche Gehälter zahlen Sie?
   - Was ist in Bezug zur Lebensqualität wie beispielsweise der Vereinbarkeit von Beruf und Familie zu sagen?

- Wie sicher sind die Arbeitsplätze bei Ihnen?
- Welches Arbeitsumfeld, auch in punkto Standort, bieten Sie?

2. Gleichen Sie die Merkmale des Arbeitsverhältnisses mit der Organisationsanalyse ab und ergänzen Sie die Beschreibung des Arbeitsverhältnisses mit emotionalen Merkmalen.

- Welche weiteren Erkenntnisse haben Sie in der Organisationsanalyse gewonnen?
- Was haben Sie aus der Analyse Ihrer Unternehmens- und Führungskultur erfahren?
- Welche Werte mit welchen Ausprägungen stehen im Vordergrund und verbinden Sie miteinander?
- Wie wird mit Wertschätzung umgegangen?
- Welche Vertrauenskultur und welche Energie werden bei Ihnen gelebt?
- Was zeichnet Ihre Teamarbeit und Kommunikation aus?
- Wie werden Mitarbeitende motiviert?
- Welche der Merkmale sind positiv hervorgestochen?
- Welche Attraktivitätsfaktoren lassen sich daraus ableiten?

3. Lassen Sie die Ergebnisse von potenziellen und aktuellen Mitarbeitenden bewerten.

- Fehlt noch etwas?
- Gibt es Unterschiede zwischen beiden Gruppen und innerhalb der Parteien?
- Welche Prioritäten werden gesetzt?
- Welche Attraktivitätsfaktoren stehen im Vordergrund?

Die identifizierten Faktoren sollten den eigenen und zukünftigen Mitarbeitenden gleichermaßen wichtig sein und das Arbeitsverhältnis als einen Hauptaspekt auszeichnen. Diese Faktoren sind möglichst Resultat Ihrer Geschichte und haben somit die Unternehmenskultur nachhaltig geprägt. Denn diese Faktoren sollen Ihnen erlauben, sich von der Konkurrenz abzuheben, und sie sollen dementsprechend schwer zu imitieren sein (vgl. Stotz und Wedel 2009, S. 101 f.)

7.3   Ihr Nutzenversprechen als Arbeitgeber – die Employer Value Proposition

In zahlreichen Schritten haben Sie die Ergebnisse Ihre Organisationsanalyse reduziert und fokussiert. Sie haben die Attraktivitätsfaktoren Ihrer Organisation offengelegt. Im letzten Schritt wird Ihre Arbeit in Ihr Nutzenversprechen überführt, das all die Erkenntnisse und Priorisierungen vereint. Dazu zählen Ihre Stärken und Ihr Image als Arbeitgeber, Ihre bevorzugten Zielgruppen – ausgehend von den Werten, die bei Ihnen gelebt werden im Sinne von „Wer passt zu uns?", Ihre Unternehmensmarke, die Wettbewerbssituation auf dem Arbeitsmarkt und die Sichtweise der Führungsebene.

Mit Ihrer Employer Value Proposition (EVP) legen Sie die Positionierung auf dem Arbeitsmarkt fest. Sie fassen darin die Arbeitgeberpersönlichkeit Ihrer Organisation zusammen. Analog zum Marken-Branding beschreibt die EVP ein Angebot oder ein

Versprechen **von** jemandem und nicht für jemanden (vgl. Kriegler 2012, S. 168). Der Ausgangspunkt ist also Ihre Organisation. Die Leitfragen der Positionierung für Sie als Arbeitgeber, denen Sie auch schon in der Organisationsanalyse auf den Grund gegangen sind, lauten:

- Wodurch unterscheiden Sie sich von anderen?
  - Wer passt zu Ihrer Organisation und wer nicht?
  - Was macht Ihre Organisation besonders oder gar einzigartig?
- Was schafft Identifikation?
  - Wofür stehen Sie mit Ihrer Organisation als Arbeitgeber? Welche Werte verkörpern Sie als Arbeitgeber?
  - Welche Werte und Attraktivitätsfaktoren schaffen ein Höchstmaß an Identifikation?

Verdichten Sie die Ergebnisse und Attraktivitätsfaktoren, die sich während der Organisationsanalyse als Profilthemen für Sie als Arbeitgeber herauskristallisiert haben und die sich für Ihre Positionierungsstrategie auf dem Arbeitsmarkt als relevant erwiesen haben.
   Die EVP zeichnet sich dadurch aus, dass sie

- konform zu Ihrer Organisationsanalyse und daher identitätsstiftend,
- profilgebend,
- authentisch und
- einzigartig ist,
- einen Mehrwert verspricht,
- attraktiv ist und
- Emotionen weckt.

Dabei wird die Attraktivität durch die Präferenzen der Zielgruppe festgelegt. Ihre Einzigartigkeit resultiert daraus, dass konkurrierende Arbeitgeber nicht die gleichen Stärken vorzuweisen haben. Die Positionierung kann den Fokus auf Angebote, auf die Organisation selbst, auf Ihre Werte, auf die Persönlichkeit der Mitarbeitenden oder auf die Aufgaben legen (vgl. Trost 2009, S. 40).

▶   Die EVP ist Ihr Markenkern, also die Gesamtheit der Gedankenwelten, die Sie als Arbeitgeber versprechen, kommunizieren und erleben lassen. Sie mündet in Form eines übergreifenden Claims in einer zentralen Botschaft und damit korrespondierenden Bildern, Maßnahmen etc., die den Markenkern widerspiegeln.

Für die Formulierung des Markenkerns als emotionale, prägnante, kurze Botschaft auf den Punkt hat die Deutsche Employer Branding Akademie den Begriff des **Employer Brand Positioning Statements** eingeführt. Es sind beispielsweise Formulierungen à la „Die Arbeit bei uns ist wie…", „Wir bieten Ihnen…" oder „Wir stehen für…". Die EVP wird als **Unique Employment Proposition**, also als Äquivalent zum Alleinstellungsmerkmal aus dem Produktmarketing, verstanden. Kriegler macht damit den Unterschied zwischen Arbeitgebermarkenpositionierung und der Kernbotschaft als Arbeitgeber deutlich (vgl. Kriegler 2012, S. 173).

Beweisen Sie Mut bei der Formulierung Ihrer Kernbotschaft und der Entscheidung, mit welchen Attraktivitätsfaktoren Sie sich auf dem Arbeitsmarkt positionieren und differenzieren. Stellen Sie die emotionalen Vorteile heraus. Gute Arbeitsbedingungen mögen sowohl für potenzielle als auch für Ihre aktuellen Mitarbeitenden besonders bedeutsam sein. Im Zuge des Fach- und Führungskräftemangels werden sie allerdings schon bald zum Standard von Organisationen gehören und somit austauschbar sein. Das gilt nicht nur für den Arbeitsmarkt, sondern zeigt sich im gesamten Markenbewusstsein von Unternehmen. Darüber hinaus kennt es wahrscheinlich jeder von sich selbst:

> Marken können nicht mehr alleine auf gute Qualität bauen: Die Suche nach emotionalem Zusatznutzen entscheidet die Schlacht über die künftige Markenstärke. (Esch 2012, S. 41)

Ihre Arbeitgebermarke ist langfristig angelegt und muss mehr bieten als gute Arbeitgeberqualitäten. Je ehrlicher und schonungsloser Sie bei den Entscheidungen für bestimmte Profilthemen und für strategische Positionierungen auf dem Arbeitsmarkt sind, umso leichter fällt Ihnen die Formulierung Ihrer Kernbotschaft für die Kommunikation.

7.4 Bedürfnisse und Interessen unterschiedlicher Zielgruppen: die Marktbearbeitungsstrategie

Besonders bei größeren Organisationen, die regional oder überregional aufgestellt sind, stellt sich die Frage, inwiefern die Zielgruppen unter einem verbindenden Kommunikationsdach erreicht werden können. Trotz großer Gemeinsamkeiten in der Zusammenarbeit und in den gelebten Werten werden sich Ihre Mitarbeitenden nach Funktion und Standort durch eine Vielfalt an Vorlieben und Bedürfnissen unterscheiden.

Die Frage in der Marktbearbeitungsstrategie ist also: Sollen oder müssen die Kommunikationsmaßnahmen und vielleicht sogar die Employer Value Proposition so differenziert werden, dass sie die unterschiedlichen Zielgruppen berücksichtigen? Im Marketing werden

- differenzierte Strategien,
- undifferenzierte Strategien und
- konzentrierte Strategien

unterschieden. Je nachdem, ob und inwieweit eine Differenzierung vorgenommen wird, weil die Zielgruppen unterschiedlich angesprochen werden wollen, können mit identischen oder segmentspezifischen Maßnahmen Marktteile oder der gesamte Markt abgedeckt werden, wie in Tab. 7.1 ersichtlich (vgl. Wirtz 2008, S. 144).

Bei der **undifferenzierten Marktbearbeitung** werden also die Unterschiede innerhalb der Zielgruppe vernachlässigt, also beispielsweise Hochschulabsolventinnen

Tab. 7.1 Differenzierung in Relation zur Marktabdeckung. (Eigene Quelle in Anlehnung an Wirtz 2008, S. 145; Lippold 2011, S. 84)

		Grad der Differenzierung	
		Undifferenziert	Differenziert
Marktabdeckung	*Vollständig*	Undifferenzierte Marktbearbeitung	Differenzierte Marktbearbeitung im Gesamtmarkt
	Teilweise	Konzentrierte Marktbearbeitung	Differenzierte Marktbearbeitung im Teilmarkt
			Selektive Marktbearbeitung in einem Nischenmarkt

und -absolventen genauso angesprochen wie ausgebildete Fachkräfte. Spezifische Präferenzen werden ignoriert, um einen möglichst breiten Markt abzudecken. Solche Arbeitgeber positionieren sich in der Mitte der Präferenzen und hoffen, damit für alle Gruppen gleichermaßen interessant zu sein (vgl. Stotz und Wedel 2009, S. 106). Vorteile sind, dass durch die Vereinheitlichung der Kommunikationsstrategie die Kosten gesenkt werden. Auf der anderen Seiten können sich direkte Wettbewerber, die bestimmte Zielgruppen differenziert ansprechen, einen Vorteil in diesem Segment verschaffen (vgl. Wirtz 2008, S. 146).

Bei der **differenzierten Marktbearbeitung** steigen die Anforderungen an die Arbeitgeber enorm. Für jede Zielgruppe wird ein eigenes Konzept entwickelt, das die Vorlieben und Bedürfnisse der Teilzielgruppen optimal berücksichtigt. Damit verbunden sind also individuelle Ansprachen, was zu einer hohen Komplexität im Employer-Branding-Prozess führt (vgl. Stotz und Wedel 2009, S. 106). Möglich ist es aber auch, nur einen Teilmarkt differenziert anzusprechen. Ist der Grad der Differenzierung sehr hoch und dadurch der Markt sehr spezialisiert, spricht man auch von einer selektiven Marktbearbeitungsstrategie. Mit anderen Worten: die Strategie eines Nischenmarktes. Solche Arbeitgeber haben aufgrund der hohen Spezialisierung eine geschützte Marktposition (vgl. Lippold 2011, S. 84).

Der Unterschied zur **konzentrierten Marktbearbeitung** ist der Grad der Differenzierung. Beide decken nur einen Teil des Marktes, also der Zielgruppen, ab. Bei der konzentrierten Strategie werden die Kommunikationsmaßnahmen aber nicht zielgerichtet angepasst wie bei der differenzierten. Vielmehr wird die Gesamtstrategie nur auf eine Teilzielgruppe angewendet.

Um herauszufinden, ob Sie Ihre Strategien oder die Employer Value Proposition ausdifferenzieren sollten, eignet sich eine Analyse, die zeigt, ob eine Variabilität zwischen

- den Inhalten der Arbeitgebereigenschaften sowie den herausgestellten Präferenzen und
- den Positionen, Geschäftsbereichen, Standorten oder Tochtergesellschaften

besteht (vgl. Trost 2009, S. 58). Für diese Auswertung können die Daten aus der Unternehmensanalyse zu den Attraktivitätsfaktoren und Arbeitgebereigenschaften herangezogen werden. Zunächst muss also geklärt werden, welche größeren unterschiedlichen

Tab. 7.2 Bewertung der Attraktivitätsfaktoren in Teilzielgruppen. (vgl. Trost 2009, S. 59)

Standort		Priorisierte Attraktivitätsfaktoren	
	unterschiedlich	- Führungskultur	**- Arbeitsbedingungen**
		- Arbeitsbedingungen	- Gehalt
	gleich	- gelebte Freiheitswerte	
		- flache Hierarchien	
		- Leitbild	**- Arbeitsbedingungen**
		- Arbeitsbedingungen	
		- Work Life Balance	
		gleiches oder ähnliches Bildungsniveau	*Unterschiedliches Bildungsniveau*
		Bildungsniveau	

Zielgruppen für Sie jetzt und in Zukunft relevant sind und nach welchen Kriterien sie sich differenzieren lassen, z. B.:

- Arbeiten bei Ihnen viele unterschiedliche Professionen?
- Müssen Sie auf regionale Besonderheiten Rücksicht nehmen?
- Bestehen relevante Unterschiede im Dienstleistungsangebot?
- Welchen Einfluss haben die Standorte auf die gelebten Werte?

Welche Differenzierungskriterien, nach denen sich die Teilzielgruppen unterscheiden lassen, sind für Sie herausragend? Diese werden im nächsten Schritt verwendet. Dabei werden die herausgestellten Attraktivitätsfaktoren Ihrer Organisation von den Teilzielgruppen priorisiert und in die Analyse übertragen. Finden Sie also analog zu Tab. 7.2 heraus, wer welche Faktoren für besonders wichtig hält und ob deutliche Unterschiede bestehen. Angelehnt an Trost könnte das folgendermaßen aussehen:

Werden die Attraktivitätsfaktoren deutlich unterschiedlich in den Teilzielgruppen bewertet, sollte eine zielgruppenspezifische Ausrichtung der Arbeitgebermarke in Augenschein genommen werden. Haben beispielsweise flache Hierarchien oder flexible Arbeitsgestaltungen in bestimmten Teilzielgruppen, die Sie erreichen wollen, einen hohen Stellenwert, sollten Sie das in Ihrer Kommunikation beherzigen und in diesen Segmenten in den Vordergrund rücken. Elemente Ihrer Arbeitgeberattraktivität, die in allen Teilzielgruppen geschätzt werden, fließen in die übergreifende Arbeitgebermarke ein (vgl. Trost 2009, S. 59 f.).

Für Evaluation – Bewerbungsmanagement (Abschn. 10.3)
Wenn Sie Differenzierungen in der Ansprache Ihrer Zielgruppe vorgenommen haben, sollten Sie die unterschiedlichen Konzepte nach einer bestimmten Zeit mit Ihren Zielen und Erfolgen abgleichen. Ist es sinnvoll, dass Sie die Ansprache differenziert haben? Falls ja, sind die Kriterien zielgerichtet genug?

In der Sozialwirtschaft wird die Ausdifferenzierung voraussichtlich nicht derart spezifisch sein müssen wie bei globalen Unternehmen. Beiersdorf als internationales Hautpflegeunternehmen mit zahlreichen Marken wie Nivea oder Eucerin steht da vor ganz anderen Herausforderungen. Nichtsdestotrotz bieten zahlreiche Verbände oder Organisationen Dienstleistungen über mehrere Branchen hinweg an und benötigen daher Personal aus unterschiedlichen Disziplinen. Es lohnt sich deshalb zu analysieren, ob Heilerziehungspflegerinnen und -pfleger für Ihre Organisation genauso angesprochen werden können wie Sozialpädagoginnen und -pädagogen oder Azubis.

7.5   Ziele für das Employer Branding setzen

Da die Kommunikations- und Organisationsentwicklungsmaßnahmen des Employer Brandings nicht in erster Linie ökonomische Ziele haben, sondern auf Emotionen abzielen, stehen die psychologischen Zielsetzungen im Fokus. Soll beispielsweise der Bekanntheitsgrad Ihrer Organisation gesteigert werden, so soll in Ihrer Zielgruppe ein Verarbeitungsprozess von Informationen ablaufen, der letztlich zu einem gewünschten Verhalten führt. Erst auf der zweiten Ebene schlagen sich psychologische Ziele in wirtschaftlichen Erfolgen nieder.
   Es lassen sich drei psychologische Ziele unterscheiden:

- **Kognitive Ziele:**
  - Diese Ziele stellen auf die Wahrnehmung oder Kenntnis ab. Sie sind also auf die Steuerung ausgerichtet, wie Informationen verarbeitet, gespeichert oder aufgenommen werden sollen. Die Steigerung des Bekanntheitsgrades ist hier hervorzuheben.
- **Affektive Ziele:**
  - Ist die Bekanntheit erreicht, geht es darum, Sympathien und Emotionen zu wecken, um sich dadurch von Wettbewerbern abzugrenzen. Auf dieser Ebene sollen die Einstellungen und das Image zu Arbeitgebern beeinflusst oder vertieft werden.
- **Konative Ziele:**
  - Diese Ziele sind auf konkrete Verhaltensänderungen orientiert, die beispielsweise dazu führen, dass sich Menschen bei Ihnen bewerben.

Diese Ziele können nicht unabhängig voneinander betrachtet werden. Sie bauen, wie Abb. 7.3 zeigt, aufeinander auf (vgl. Aerni et al. 2012, S. 98 f.).
   Um Ihre Ziele zu operationalisieren, sollten Sie darauf achten, dass sie eindeutig und effizient sind, sprich SMART.
   Das Akronym stammt aus dem Projektmanagement und steht für die Anforderungen, die Ziele erfüllen sollten, damit sie eine klare Richtung vorgeben:

- **Specific – spezifisch**: Ziele sollten so konkret und eindeutig wie möglich definiert werden.

Abb. 7.3 Zielhierarchie.
(Quelle: in Anlehnung an Aerni
et al. 2012, S. 99)

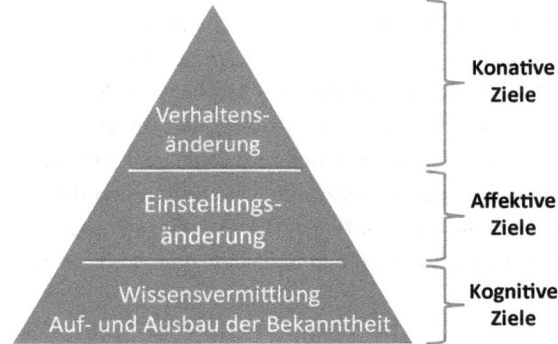

- **Measurable – messbar**: Legen Sie für Ihre Ziele messbare Kriterien fest, anhand derer Sie den Erfolg Ihrer Maßnahmen bestimmen können.
- **Accepted – anspruchsvoll**: Stapeln Sie bei Ihren Zielvorgaben nicht zu niedrig. Setzen Sie sich Ziele, die eine Herausforderung darstellen.
- **Realistic – realisierbar**: Diese Herausforderung muss allerdings auch zu bewältigen sein. Die Ziele müssen also realistisch und erreichbar sein.
- **Timley – terminierbar**: Zu jedem Ziel gehört eine klare zeitliche Vorgabe, bis wann es erreicht sein soll. Nur so ist es Ihnen möglich, zu planen und Meilensteine festzulegen (vgl. Tiefenbacher und Neuburger 2010, S. 46).

Verdeutlichen wir die kognitiven, affektiven und konativen Ziele nach den SMART-Kriterien an einem Beispiel. Vorher sind allerdings Vorbereitungen zu treffen.

Um Ziele zum Bekanntheitsgrad zu setzen, erfassen Sie den Ist-Zustand und befragen eine ausgewählte Zielgruppe zur Bekanntheit der Organisationen in Ihrem Wirkkreis. Das können Sie gestützt oder ungestützt abfragen. Beispielsweise fragen Sie für den ungestützten Bekanntheitsgrad „Welche Organisationen im näheren Umfeld kennen Sie?" Für den gestützten Bekanntheitsgrad geben Sie Antwortmöglichkeiten vor. Die Fragestellung wäre dann folgende: „Welche der folgenden Organisationen kennen Sie: Organisation1, Organisation2, usw.?" Sie können das auch bezogen auf Ihren Employer-Branding-Ansatz befragen.

Dabei dokumentieren Sie in der Befragung zusätzlich die Einstellungen zu Ihrer Organisation, um ebenfalls den Status Quo zu erfassen. Sie sollten also Kriterien festlegen, wie die Einstellung differenziert werden kann.

Beispiel

Bekanntheit (kognitiv):
Ein SMARTes Ziel könnte folgendermaßen lauten: Nach einem halben Jahr steigert sich innerhalb unserer Befragungsgruppe die Anzahl derjenigen, die unsere Organisation kennen, gestützt um 30 % und ungestützt um 50 %.

Wissen (kognitiv):
Nach einem halben Jahr wissen 60% der Befragten, die uns kennen, konkrete Details zu unserer Organisation. Die Details sollten dann noch eindeutig benannt werden.

Einstellung (affektiv):
Nach einem halben Jahr hat sich bei 50% der Befragten, die uns kennen, die Einstellung zu unserer Organisation jeweils um eine Schulnote verbessert.
Wenn Sie andere Bewertungskriterien nutzen, werden diese natürlich als Grundlage genommen.

Verhalten (konativ):
Das Verhalten können Sie a) bezogen auf Ihre Befragungszielgruppe messen oder b) unabhängig davon. Wenn Sie das Ziel unabhängig von Ihrer Befragungszielgruppe formulieren, also die Zahl der Bewerbungen bewerten wollen, müssen Sie dennoch den Ist-Zustand erfassen, um vergleichen zu können. Dafür sollten Sie konkrete Parameter festlegen, was Sie genau vergleichen wollen.

Nur die Zahl der Bewerbungen zu vergleichen, ist nicht aussagekräftig genug. So kann ein verzerrtes Bild entstehen, das bestimmte Einflussfaktoren außer acht lässt, wie beispielsweise dass ein spezifisches Stellenprofil unterschiedliche Personen erreicht oder Zeiträume, in denen viele ihre Ausbildung absolvieren, für mehr Bewerbungen sorgen.

a. 10% der Befragten werden sich innerhalb eines Jahres bei uns bewerben.
b. Die Zahl der Bewerbungen für eine vergleichbare Position steigert sich innerhalb eines halben Jahres um 20%. Die Zahl der Initiativbewerbungen steigert sich innerhalb eines halben Jahres um 20%.

Was bringt eine Zielsetzung, wenn sie nicht überprüft wird? Herzlich wenig. Sie wollen Erfolge feiern? Dann nutzen Sie Ihre Ziele als Motivation, um am Ball zu bleiben und sie zu erreichen. Das stärkt für alle das Durchhaltevermögen und macht die Sinnhaftigkeit Ihrer Maßnahmen konkret erlebbar.

Für Evaluation
Konkrete Ziele werden Ihnen bei der Evaluation weiterhelfen. Die Unterscheidung der psychologischen Ziele wird Ihnen bei der Evaluation wieder begegnen.

7.6   Vom Nutzenversprechen zu emotionalen Bild- und Textwelten

Die Gedanken um Employer Branding drehen sich häufig um die Konzeption von Kampagnen. Meist werden diese dann schlicht als Werbung betrachtet, die auf die bisherigen Maßnahmen einfach schnell aufgesetzt werden. „Machen wir alles ein bisschen schicker und hipper als bisher, damit wir die Jüngeren auch erreichen." Doch Kampagnen sind zeitlich befristet, Ihre Employer Brand ist es nicht. Übereilen Sie den Prozess Ihrer Bild- und Textsprache nicht und bleiben Sie konsequent. Denken Sie an dieser Stelle perspektivisch und schöpfen Sie die Kraft, die von Bildern, Farben und Worten ausgeht, strategisch aus.

Clever gemacht, profitieren Sie anschließend nicht nur von hübschen Motiven, sondern lösen Emotionen aus und stiften langfristig Identifikation. Der große Haken findet sich im Anspruch der Langfristigkeit.

> ▶   Das, was Sie jetzt entwickeln, muss Raum für zukünftige Modifikationen lassen, ohne das Grundkonzept in Frage zu stellen.

Das heißt, eine zukünftige Kampagne muss sich immer in das Gesamtgefüge Ihrer Kommunikationsmaßnahmen einreihen und ist nicht losgelöst davon. Ihre grundsätzliche Bild- und Textsprache ist daher keine Kampagne, die in einem bestimmten Zeitraum für Aufmerksamkeit sorgt. Sie geht weit darüber hinaus. Kampagnen sind Mittel zum Zweck, die gezielt dafür sorgen, dass die langfristig angelegten Bild- und Text-Botschaften Ihrer Employer Brand in einem abgesteckten Rahmen Höhepunkte verschaffen. Das macht schon deutlich, dass dieser Schritt eine wichtige Stufe in Ihrer Strategiefindung darstellt.

Werbe- oder PR-Agenturen, die Sie zu diesem Zeitpunkt möglicherweise an Bord holen, werden Ihnen naturgemäß sofort eine bunte Palette innovativer Maßnahmen, die dem Zeitgeist entsprechen, verkaufen wollen. Es erfordert eine ordentliche Portion Durchsetzungskraft und Mut, sich nicht von Trends verführen zu lassen, immer wieder das Wesentliche zu fokussieren und externen Kreativen gegenüber beharrlich zu bleiben.

Vieles, was Sie hier entwickeln und vordenken, muss noch nicht zwangsläufig in ein fertiges Design-Konzept münden, da Sie teilweise erst bei der Umsetzung des internen und externen Employer Brandings die konkrete Richtung festlegen können. Nichtsdestotrotz werden Ihnen die gewonnenen Erkenntnisse einen Vorteil bei der Umsetzung verschaffen.

7.6.1   Ausgangspunkt ist die Corporate Identity

Die Arbeitgebermarke ist fester Bestandteil Ihrer Corporate Identity und kann nicht unabhängig davon betrachtet werden. Dementsprechend orientiert sich die Gestaltung Ihrer Motive und Aussagen an dem, was bei Ihnen bereits vorhanden ist. Da es gerade im sozialwirtschaftlichen Bereich nicht unüblich ist, dass das Corporate Design, als visuelle Corporate Identity, noch nicht sonderlich ausgeprägt ist oder bereits seit Jahren oder Jahrzehnten keine Auffrischung erfahren hat, kann die Auseinandersetzung mit der Arbeitgebermarke auch zu einer Auseinandersetzung mit der Unternehmensidentität beitragen.

Die Entstehung des Corporate Designs ist vielleicht bei Gründung Ihres Trägers oder Ihrer Einrichtung behelfsmäßig abgelaufen und passt nun nicht mehr zu den gewonnenen Erkenntnissen. Stellen Sie während Ihrer Organisationsanalyse fest, dass ein Relaunch Ihrer Öffentlichkeitsmaßnahmen und des Designs überfällig ist, sollten Sie diesen Schritt in jedem Fall gemeinsam mit Ihrem Employer-Branding-Prozess bearbeiten, zumal im sozialen und Bildungsbereich viele Aussagen aus dem Arbeitgeberprofil auch das Organisationsprofil insgesamt bereichern. Schließlich geht es um die Arbeit mit Menschen, geleistet von Menschen.

► Die visuelle Anmutung der Arbeitgebermarke muss in jedem Fall zur Corporate Identity passen.

Ihre verwendeten Farbwelten, Ihr Logo, Ihre Website und das gesamte Erscheinungsbild Ihrer Organisation bilden, sofern Sie keine Veränderungen planen, das stilistische Grundgerüst für Ihre Bild- und Textsprache.

7.6.2   Eigenes kreatives Potenzial entzünden

Es ist Kreativität gefragt, aber nicht nur. Die Emotionen und Ideen, die Sie in einem langwierigen Prozess offengelegt haben, sind eine vielversprechende Quelle der Inspiration, die Sie nur noch anzapfen müssen. Ihre visuelle Darstellung soll schließlich authentisch sein. Das heißt, die Antwort auf die Frage, welche Bilder Sie verwenden sollten, ist bereits in Ihren Köpfen. Es spricht nichts dagegen, sich professionelle Unterstützung hierbei zu holen, um die Gedankenperlen in Worte und Bilder zu fassen.

Starten Sie Ihren eigenen kreativen Prozess und lassen Sie sich beispielsweise von einer außenstehenden Person anleiten oder inspirieren. Haben Sie Moderationskompetenz im Haus, kann der Außenstehende auch jemand aus Ihrer externen Zielgruppe sein, der den Blick für Neues öffnet.

Die Aufgabe muss nicht sofort an eine externe Agentur ausgelagert werden. Werber sind einfach geübter in strategischen Kreativitätsmethoden, aber nicht zwangsläufig kreativer. Hinzu kommt, dass externe Dienstleister den Kern Ihrer Authentizität nicht im gleichen Maße erfassen können wie Sie. Sie blicken von außen auf die Aufgabe und greifen im Zweifel auf bekannte Strategien und Konzepte zurück.

► In jedem von uns schlummert Ideenreichtum. Die Kunst besteht darin, den Raum und ein Ambiente des Loslassens zu schaffen, damit er sich frei entfalten kann.

Die Auswahl der Methoden, wie Sie zum Ziel kommen, ist breit gefächert. Brainstormings sind geläufig und erfordern in der Regel wenig Vorbereitung. Nach der Devise „Erst schreiben oder sagen und dann denken" kommt meist eine Vielzahl von spontanen Ideen zusammen.

Mit der Anzahl der Einfälle steigt die Wahrscheinlichkeit, eine innovative Idee zu finden. Dabei herrscht zunächst absolutes Kritikverbot. „Gibt es schon", „Will keiner sehen" oder „Zu langweilig" sind nicht einfach nur unbedachte und unhöfliche Phrasen, sondern wahre Motivationskiller und Fantasiebremsen. Das führt perspektivisch auch dazu, dass künftig kreative Ideen aus Angst zurückgehalten werden.

Jede Idee – und ist sie noch so abwegig – findet ihren Platz. Dabei kann Schnelligkeit sogar förderlich sein, weil der Ideenfluss aufrechterhalten und befördert wird. Ausschweifende Erklärungen können die Kreativität dagegen stoppen (vgl. Asen 2004, S. 118).

Die Qualität des Brainstormings steht und fällt aber mitunter mit dem Einfallsreichtum der Gruppe. Doch seien Sie schon bei der Ausgestaltung der Methode kreativ und bringen Sie motivierende Spielarten oder erweiterte Ausgestaltungen ein.

Post-it-Schlange

Das Brainstorming-Team wird in zwei Gruppen eingeteilt. Jede Gruppe hat fünf bis zehn Minuten Zeit und soll zur Fragestellung „Welche Bilder und Botschaften assoziiert ihr mit uns?" Ideen auf Post-its schreiben. Diese werden untereinander an die Wand geklebt, sodass sie eine Schlange formen. Die längste Schlange gewinnt (vgl. Riedel und Schraps 2010, S. 114).

Visuelle Konfrontation

Nach einer Ideenkonferenz zum spontanen Sammeln von Einfällen werden die Vorschläge begutachtet und eventuell konkretisiert oder neuformuliert. Diese erste Phase schließt mit einer Entspannungsphase ab, in der ca. fünf Bilder an die Wand projiziert werden. Die Bilder sollen nicht mit der Fragestellung in Berührung stehen. Es können beeindruckende Landschaften oder Naturschauspiele sein. Dabei ertönt beruhigende Musik. Anschließend werden sechs bis acht Bilder zur Fragestellung gezeigt. Das könnten beispielsweise Aufnahmen aus Ihrem Arbeitsalltag sein. Die Teilnehmenden beschreiben, was zu sehen ist. In der Regel sind die Ideen nun konkreter als die Spontaneinfälle (vgl. Zobel 2009, S. 36).

6-3-5-Methode XXL

Eine zunächst nicht gerade inspirierende Form der Ideenfindung ist die 6-3-5-Methode (siehe Tab. 7.3). Sechs Personen bekommen einen Zettel mit einer Tabelle, in die sie drei Ideen innerhalb einer kurzen Zeitspanne eintragen sollen. Der Zettel wird dann

Tab. 7.3 6-3-5-Brainwriting

	Idee 1 bis 3			Name
Teilnehmer 1 bis 6	1.1	1.2	1.3	
	2.1.	2.2.	2.3.	
	3.1.	3.2.	3.3.	
	4.1.	4.2.	4.3.	
	5.1.	5.2.	5.3.	
	6.1.	6.2.	6.3.	

fünf Mal weitergereicht. Der Nachfolger soll die Vorschläge des Vorgängers erweitern. Anschließend werden die Ideen besprochen.

Diese Methode des Brainwriting ist recht anonym und trägt nicht unbedingt zu einer spannenden Gruppendynamik bei. Sie birgt zudem die Gefahr vieler Redundanzen, aber auf der anderen Seite auch das Potenzial vieler Ideen.

In einer abgewandelten Form könnten Sie sich die Methode aber beispielsweise zunutze machen, um sich bei einer breiteren Basis in Ihrer Belegschaft erste Impulse zu holen. Sie legen mehrere Sechsergruppen fest, die Ihre Organisation in allen Bereichen widerspiegelt und denen Sie die Brainwriting-Vorlage geben. Im Rahmen beispielsweise einer Dienstbesprechung sollen die Einfälle zusammengetragen werden. Gemeinsam mit Ihrer Lenkungsgruppe fassen Sie die Ergebnisse aller Abteilungen zusammen und starten eine weitere, aber kleinere Kreativrunde.

► Recherchieren Sie selbst Kreativmethoden, die zu Ihnen passen, probieren Sie sich aus und mutieren Sie zur innovativen Ideenfabrik.

Übung macht den Meister. Haben Sie solche Kreativstrategien erst einmal in Ihrem Unternehmen etabliert, können Sie bei allen anstehenden Herausforderungen darauf zurückgreifen. Nicht zuletzt lassen Sie Ihre Mitarbeitenden Teil des großen Ganzen werden und können auf ein gesteigertes Maß an Engagement hoffen.

7.6.3   Bilder und Texte strategisch verknüpfen

Psychologisch betrachtet prägen sich Äußerungen besser ein, wenn Verbales bildhaft unterstützt wird. Beim Menschen ist die linke Gehirnhälfte auf die Verarbeitung von Schlussfolgerungen, Sprache und Zahlen spezialisiert. Die rechte Gehirnhälfte fokussiert die Verarbeitung von Non-Verbalem wie Bilder, Gerüche oder Gefühle. Inhalte, die beide Gehirnhälften ansprechen, prägen sich daher besser ein. Konstruktionen von Wort-Bild-Marken erreichen das genauso wie sprachliche Bilder. Diese können mit Präsentationen von Bildkomplexen und verbalen Etiketten, also einem Labeling, zu ganzen Erfahrungswelten angereichert werden. Die Produktwerbung nutzt solche Mechanismen in ausgeklügelter Weise. Durch semantische Netze prägen sich diese Verknüpfungen besonders gut ein, nicht nur mit ihren eigentlichen Botschaften, sondern auch mit speziellen Gefühlen (vgl. Karmasin 2007, S. 191 f.).

Angesichts der schier unendlichen Anzahl von Medien und Medienkanälen, die Informationen und Bildwelten aus allen denkbaren Bereichen bieten, ist die Herausforderung für die Gestaltung der eigenen Texte und Bilder nicht gerade klein. Sich innerhalb dieser Informationsflut Sichtbarkeit in seiner Zielgruppe zu verschaffen, setzt eine plakative, aufmerksamkeitsstarke und bildhafte Kommunikation voraus. Im Durchschnitt bleiben Ihnen zwei Sekunden, die Ihren Motiven in Werbeanzeigen gewidmet werden (vgl. Esch 2012, S. 29). Ihre Botschaften aus der Symbiose von Bild und Text müssen daher so prägnant sein, dass die Betrachtenden den Kern in diesem winzigen Zeitfenster erfassen können.

Dabei ist abzuwägen, welchen Anteil die Texte und welchen Anteil die Bilder bei den Motiven nehmen. Das orientiert sich auch an den Medienkanälen, in denen Sie die Motive nutzen, und kann entsprechend auf die vorliegenden Gegebenheiten angepasst werden. Klassischerweise soll zwischen Text und Bild eine Gleichordnung bestehen, sodass der eine Part den anderen ergänzt und umgekehrt. Besonders bei einfachen Inhalten wird auf diese Weise die Rezeption erleichtert. Ein Logo, das aus einer Wort-Bild-Marke besteht, ist ein Beispiel dafür. Passen Bild und Text nicht zusammen, spricht man von Text-Bild-Schere oder besonders im Fernsehen bei Nachrichtenbeiträgen von Ton-Bild-Schere. Bei umfangreicheren Inhalten können Text und Bild aber auch so aufeinander abgestimmt sein, dass sie durch die Kombination ihrer Verschiedenheit eine zusätzliche Bedeutung vermitteln. So spricht die Off-Stimme in einem Werbespot von Persil über die Leistung des Waschmittels. Zu sehen ist eine strahlende Naturlandschaft, sodass die Assoziation von Natürlichkeit bei der Rezeption mit einfließt (vgl. Karmasin 2007, S. 195).

7.6.4   Niederschlag Ihrer Arbeitgebermarke in Sprache und Verhalten

Die Assoziationen in Texten und Bildern zu Ihrer Organisation können in einer gemeinsamen Abstimmung zu Ihrem Sprachgebrauch münden. Fassen Sie die Ergebnisse zu Botschaften zusammen, die für Ihren Arbeits- und Führungsstil sprechen. Ergibt sich daraus ein Wording, das zu Ihrer Arbeitgebermarke passt und sich künftig als Corporate Wording in Ihrem Unternehmen und Ihren Öffentlichkeitsmaßnahmen widerspiegeln soll? Ansatzpunkte sind

- die Tonalität,
- die Wortwahl und
- der Sprachstil (vgl. Grupe 2011, S. 12).

Auf diese Weise verkörpern Sie Ihre Arbeitgebermarke im Sprachgebrauch und verschaffen ihr mehr Persönlichkeitsprofil. Das kann beispielsweise dazu führen, dass Sie die Berufsdisziplinen, Aufgabenbereiche oder Hierarchieebenen mit neuen Begrifflichkeiten anreichern, die Ihre Employer Brand sprachlich zum Ausdruck bringt und Ihren Mitarbeitenden gegenüber mehr Wertschätzung vermittelt. Sie bilden damit das semantische Kleid Ihrer Organisation.

Aus dem Wording ergeben sich zudem Richtlinien für das Verhalten mit Mitarbeitenden und Kundinnen sowie Kunden, das mit Ihrer Arbeitgebermarke verbunden ist. Formulieren Sie Ihre Employer Value Proposition aus für das gelebte Verhalten von

- Führungskräften,
- Geschäftsführung,

- Kollegium,
- Kindern,
- Jugendlichen oder
- älteren Menschen
- sowie deren Angehörigen.

Wer bereits ein Leitbild hat, wird hier schon vieles von den Aspekten mit aufgeführt haben. Im Zuge des Employer Brandings kann es damit zu einer Anpassung, Konkretisierung und Anreicherung kommen. Entsprechen die formulierten Idealvorstellungen nicht mehr den Ergebnissen aus der Organisationsanalyse, sollte nachkorrigiert werden.

Aus einer Ausdifferenzierung könnte auch ein Führungsleitbild entstehen. Konkretisieren Sie, welche Führungskultur Sie und Ihre Mitarbeitenden mit der EVP verbinden. Entwickeln Sie gemeinsam emotionale Botschaften und Leitlinien für das Führungsverhalten. Wer noch kein Leit- oder Führungsleitbild hat, kann damit die Basis legen. Um Glaubwürdigkeit und Nachhaltigkeit zu erreichen, soll die Employer Brand auf allen internen und externen Ebenen in Sprache und Verhalten authentisch spürbar werden.

7.7   Make or buy – Ressourcenplanung und Beteiligungsebenen im Employer-Branding-Prozess

Der Employer-Branding-Prozess wird je nach Umfang und Größe der Organisation vermutlich nicht ohne externe Unterstützung auskommen. Unabhängige Perspektiven von außen beflügeln zudem den Blick über den Tellerrand. Doch bevor Sie den Schritt wagen, einer Full-Service-Agentur das gesamte Arbeitspaket zu übertragen, sollten Sie die Talente und Motivationen aus Ihrem Personalschatz aktivieren.

Wer hat eine hohe technische Affinität und kennt sich mit Online-Tools aus? Wer hat grafisches Geschick und ist versiert im Umgang mit professionellen Software-Programmen wie beispielsweise der Adobe Creative Suite? Wer gilt als kreativer Querdenker mit frischen Ideen? Wer hat bereits Erfahrungen mit Presse- und Öffentlichkeitsarbeit gesammelt? Tummelt sich ein Fotografie-Könner in Ihren Kreisen? Wer kennt sich mit Angeboten von Agenturen aus und hat ein realistisches Gefühl für angemessene Preise?

▶   Wie überall im Leben ist die Entscheidung für externe Unterstützung in erster Linie eine Vertrauensfrage.

Nehmen wir als Analogie die Entscheidung für eine Autowerkstatt. Wenn Sie selbst keine Kfz-Ausbildung genossen haben, werden Sie bei einer Pkw-Reparatur darauf vertrauen müssen, dass die gefundenen Mängel tatsächlich welche sind und sie fachgerecht zum adäquaten Preis behoben werden. Hand auf's Herz, hatten Sie dabei schon einmal ein mulmiges Gefühl?

Die Interessen von Kunden und Verkäufern sind nun einmal nicht die gleichen. Selbst wenn Sie einen noch so kundenorientierten Dienstleister finden, dann können Sie nicht davon ausgehen, dass er nur und ausschließlich in Ihrem Interesse handelt. Klar ist, dass alle Geld verdienen wollen und das sei ihnen auch gegönnt. Damit Sie für Ihre Organisation dennoch zu überzeugenden Ergebnissen kommen, die Sie nicht geschröpft hinterlassen, sollten Sie vergleichen. Bei einem überzogenen Kostenvoranschlag Ihrer Kfz-Werkstatt würden Sie das Gleiche tun. Oder zumindest einen Bekannten, der sich auskennt, um Rat bitten, ob die Preise angemessen sind.

Die Spannen, die Sie innerhalb Ihres Employer-Branding-Prozesses für Kommunikationsmaßnahmen ausgeben können, gehen weit auseinander. Nicht alles, was teuer ist, muss professionell und gut sein oder zum Ziel führen. Und nicht alles muss aus einer Hand kommen. Geben Sie sich daher nicht mit dem Erstbesten zufrieden und vertrauen Sie zuerst auf Ihr Bauchgefühl, bevor Sie sich entscheiden.

Im Folgenden werden die Verantwortungsbereiche umrissen, die Sie für die Umsetzung Ihres Employer-Branding-Prozesses schaffen müssen.

Interne Prozess- und Maßnahmensteuerung

Intern gilt es, Ebenen zu etablieren, die den Employer-Branding-Prozess ganzheitlich koordinieren und den Maßnahmenstrauß immer wieder auf seine Zielfokussierung überprüfen. Die Zuständigkeiten, die zu Beginn festgelegt wurden – Lenkungsgruppe und Soundingboard – werden weiter konkretisiert und mit verbindlichen Befugnissen sowie Aufgaben ausgestattet. Die weiteren Verantwortungsbereiche und Kompetenzen machen deutlich, welche Zuständigkeiten damit verbunden sind. Da die Geschäftsführung in jedem Fall involviert sein muss, sie aber je nach Trägergröße nicht alles allein koordinieren kann, muss zwingend geklärt werden, wie Transparenz gewährleistet werden kann.

Bugetplanung, -steuerung und -controlling

Klassischerweise ist das finanzielle Controlling bei der Buchhaltung angesiedelt. Doch ebenfalls klassischerweise sind die Verantwortlichen in diesen Bereichen nicht in die Tiefen der fachlichen Arbeit involviert. Klären Sie daher von vornherein, wie Sie beides miteinander verzahnen und einen lückenlosen Kommunikationsfluss sicherstellen. Möglicherweise ist es ratsam, der Lenkungsgruppe ein eigenes Budget für Employer-Branding-Maßnahmen einzurichten. Dann muss auch innerhalb der Gruppe eine Verantwortlichkeit festgelegt werden, die das Finanzielle im Blick behält und zielgerichtet steuert. Es versteht sich von selbst, dass der- oder diejenige in so einer sensiblen Position Grundkenntnisse der Budgetplanung haben sollte.

Netzwerk-Kompetenz

Netzwerk-Kompetenz werden Sie auf zahlreichen Ebenen brauchen, inklusive Ihrer eigenen als Geschäftsführung. Auf der einen Seite geht es hierbei um Verantwortlichkeiten und Strukturen für die interne Kommunikation, sodass Sie Ihre Mitarbeitenden möglichst ganzheitlich und schnell informieren oder beteiligen können. Solch eine Position muss in Ihrem Unternehmen angesiedelt sein und kann nicht ausgelagert werden.

Auf der anderen Seite brauchen Sie diese Kompetenz, um Netzwerke intern wie extern aufrecht zu erhalten und zu erweitern. Das bezieht sich nicht nur auf die interne Kommunikation und Ihre Stakeholder, sondern beispielsweise auch auf Kontakte mit externen Dienstleistern. Wenn Sie eine Full-Service-Agentur beauftragen, ersparen Sie sich viel Zeit und Aufwand, um Grafiker oder Druckereien zu finden, sind aber gleichzeitig auf deren Preisniveaus mit Kooperationspartnern angewiesen. Da auch dort gern einmal eine Provision draufgeschlagen wird, fahren Sie in der Regel immer kostenintensiver, als wenn Sie eigene Kontakte aufbauen und selbst vergleichen. Mal ganz abgesehen davon, dass Sie bei Agenturen auf deren personelle Ressourcen begrenzt sind.

Was spricht dagegen, wenn Sie sich ein eigenes Dienstleistungsnetzwerk aufbauen und punktuell freie Art Directors oder Fotografen nach Bedarf und zwischenmenschlicher Wellenlänge an Bord holen? Sie bilden ein Team aus internen und externen Köpfen. Das ist nicht nur viel günstiger und viel überzeugender nach innen, sondern führt auch zu wesentlich mehr Innovation und Kreativität. Schließlich müssen Sie sich nicht durch das Denk-Korsett einer Agentur einengen lassen oder sich Maßnahmen aufschwatzen lassen, die die Agentur für richtig hält, aber fürs eigene Unternehmen nur bedingt sinnvoll sind. Solch ein Ansatz erfordert viel interne Koordinierung, aber auch Offenheit für Synergien und Kooperationen.

Online-Kompetenz
Im Rahmen des Employer Brandings werden Sie nicht umhin kommen, sich mit Online-Maßnahmen auseinander zu setzen. Sei es die eigene Website, Online-Stellenanzeigen, Online-Bewerbungen oder webbasierte Anwendungen der internen Kommunikation – alle Wege führen ins Netz.

Dass immer mehr Privatpersonen ihre eigenen Blogs oder Websites veröffentlichen, ist ein Indiz dafür, dass man bei knappem Budget nicht zwangsläufig eine professionelle Web-Agentur beauftragen muss. Es gibt unzählige Anbieter, die Baukastensysteme mit Designvorlagen vorhalten und unkompliziert den Schritt zur eigenen Website ermöglichen. Dabei müssen Sie oder einer Ihrer Mitarbeitenden nicht selbst programmieren können, sondern einfach eine technische Affinität mitbringen. Die Kosten liegen überschaubar zwischen 2 bis 40 € monatlich.

Wenn Sie bereits eine gute Basis-Website haben, dann brauchen Sie auch hier Menschen, die die Inhalte pflegen und erweitern. Das Gleiche gilt, wenn Sie Social Media wie beispielsweise Facebook auf Ihrer Maßnahmenagenda haben. Bauen Sie also Ihre interne Online-Kompetenz aus. Die Entwicklungen sind rasant. Wer in diesem Bereich nicht am Ball bleibt, versperrt sich einen der wichtigsten Kommunikationswege zur Zielgruppe.

Grafische und redaktionelle Kompetenz
Für die Umsetzung Ihres Employer-Branding-Prozesses werden Sie in jedem Fall grafische und redaktionelle Kompetenz benötigen, also Menschen, die das, was Sie als Arbeitgeber auszeichnet, in Worte und Bilder fassen können – und zwar überzeugend auf den Punkt. Wie oben bereits beschrieben, kann das punktuelle Verstärkung sein oder eine Agentur.

Vielleicht finden Sie in Ihrem internen Netzwerk aber auch eine Grafik-Koryphäe, die ein Gefühl für Corporate Designs hat, also Maßnahmen „aus einem Guss" denken und gestalten kann.

Für Evaluations-Querbezüge (Abschn. 10.3)
Ritualisieren Sie Reflexionsprozesse, in denen Sie überprüfen, ob die Verteilung der Verantwortungsbereiche und Zuständigkeiten noch zu den Anforderungen passt.

7.8   Meilensteinplanung für die Umsetzung der Employer-Branding-Strategie

Sie stehen am Ende Ihrer Organisationsanalyse und Strategiefindung – vorerst. Als laufender Prozess, der immer wieder auf den Prüfstand gestellt wird, haben Sie inzwischen wichtige Analyseschritte durchlaufen, die Ihnen im weiteren Verlauf immer wieder bei der Steuerung und Nachjustierung helfen.

Für die Umsetzung Ihres Employer Branding-Prozesses empfiehlt es sich, vorab den externen und internen zeitlichen sowie finanziellen Aufwand für den ersten Rollout festzulegen. Formulieren Sie präzise und ergebnisorientiert Meilensteine, die Sie dabei unterstützen, den Überblick zu wahren und sich auf das Wesentliche zu konzentrieren.

Meilensteinplanungen kommen naturgemäß bei Projekten ins Spiel, um Etappen festzulegen und Maßgaben zu setzen, wann Sie diese erreichen. Der Employer-Branding-Prozess ist zwar nicht in sich abgeschlossen. Die erste Umsetzungsphase, die Ihnen noch bevor steht, können Sie dennoch in Entwicklungsstufen untergliedern und sich Ziele für den Zeitpunkt der Realisierung setzen.

▶   Die Meilensteinplanung schafft Transparenz im gesamten Unternehmen und entlädt den Druck, alles auf einmal erreichen zu müssen.

Verbinden Sie das Erreichen einer Etappe doch mit einer Überraschung oder einem Event für Ihre Mitarbeitenden, um sie anzuspornen, die Teilziele gemeinsam zu erreichen.

Für Evaluation
Nutzen Sie die Meilenstein-Planung auch als Möglichkeit, Ihre kontinuierliche Evaluation zu strukturieren.

Legen Sie zunächst fest, in welche Etappen Sie die Umsetzung unterteilen wollen. Ganz grob könnten Sie zunächst die interne von der externen Realisierung differenzieren. Bei Ihren Zielsetzungen (Abschn. 7.3) lassen sich für die Etappenfindung weitere Marker finden. Dort haben Sie Zeiträume festgelegt, bis wann Sie als Arbeitgeber bestimmte Ziele erreicht haben wollen. Leiten Sie daraus Entwicklungsstufen ab. Bestimmen Sie die Dauer der einzelnen Entwicklungsstufen. Legen Sie daraus den Endtermin fest. Das ist momentan noch eine grobe Schätzung, doch gibt sie schon einmal Aufschluss darüber, welche Erwartungen Sie damit verbinden.

Konkretisieren Sie so weit wie möglich, welche Aufgabenpakete aus aktueller Sicht in den einzelnen Etappen anstehen. Legen Sie die Zuständigkeit fest, die aus mindestens zwei Personen bestehen sollte. Integrieren Sie auch den finanziellen Rahmen für die einzelnen Entwicklungsstufen.

Zwar wissen Sie zu diesem Zeitpunkt noch nicht konkret, welche Maßnahmen Sie umsetzen werden. Die Überlegungen bilden aber eine wichtige Basis, die im weiteren Prozess Schritt für Schritt ergänzt und nachjustiert wird. Sie können beispielsweise bei der Entscheidung für bestimmte Maßnahmen schon absehen, ob diese vom Aufwand in Ihre Planung passen und, falls dies nicht der Fall ist, Sie Abweichungen in Kauf nehmen wollen. Sie stecken mit Ihrer Meilensteinplanung den Realisierungsrahmen ab, den Sie bereit sind, personell, zeitlich und finanziell zu investieren. Die Entscheidungen müssen nicht in Stein gemeißelt sein, aber Sie verschaffen Struktur und Fokussierung für die anstehenden Aufgaben.

7.9   Zwischencheck Employer-Branding-Strategie

Mit der Positionierung Ihrer Arbeitgebermarke und der Festlegung Ihrer Employer-Branding-Strategie haben Sie eine der wichtigsten Entscheidungen mit den weitreichendsten Konsequenzen getroffen. Überprüfen Sie, ob Sie alles bedacht haben.

Fragen

- Wissen Sie, welche internen und externen Einflussfaktoren einerseits Ihren Organisationserfolg und andererseits Ihre Arbeitgeberattraktivität beeinflussen? Haben Sie adäquate Maßnahmen ergriffen?
- Haben Sie Ihre prioritären Attraktivitätsfaktoren ermittelt und sind diese geeignet, um Ihre Organisation von der Konkurrenz abzuheben?
- Haben Sie die relevanten Attraktivitätsfaktoren in Ihr Nutzenversprechen als Arbeitgeber – Ihre Employer Value Proposition – überführt und wissen Sie, was Ihren Markenkern ausmacht und wie Sie sich auf dem Arbeitsmarkt positionieren?
- Haben Sie die zentrale Kernbotschaft, die Ihren Arbeitgebermarkenkern prägnant auf den Punkt bringt, formuliert und ist sie nachhaltig?
- Steht Ihre Arbeitgebermarke im Einklang zur Unternehmensmarke?
- Haben Sie überprüft, ob Sie Ihre Kommunikationsmaßnahmen in Bezug auf unterschiedliche Zielgruppen differenzieren müssen?
- Haben Sie „smarte" Ziele für Ihren Employer-Branding-Prozess formuliert?

- Haben Sie die Richtung Ihrer Arbeitgebermarke für emotionale und identitätsstiftende Bild- und Textsprachen festgelegt?
- Sind die internen und externen Ressourcen sowie Beteiligungsebenen in Ihrem Employer-Branding-Prozess geklärt?
- Haben Sie Ihren Prozess mithilfe einer Meilensteinplanung strukturiert?

Literatur

Aerni M, Bruhn M, Pifko C (2012) Integrierte Kommunikation. Grundlagen mit zahlreichen Beispielen, Repetitionsfragen mit Antworten und Glossar. Compendo Bildungsmedien, Zürich

Asen K (2004) Kreativität und Problemlösung. In: Deutscher Manager-Verband e. V (Hrsg) Handbuch Soft Skills. Band III: Methodenkompetenz. vdf Hochschulverlag AG, Zürich, S 85–148

Esch F-R (2012) Strategie und Technik der Markenführung. Verlag Franz Vahlen, München

Grupe S (2011) Public relations. Ein Wegweiser für die PR-Praxis. Springer, Heidelberg

Kamerar S (2014) Hintergrundinformation. „Top Job" – das Projekt. topjob.de. http://www.topjob.de/upload//TJ_14_Projekt.pdf. Zugegriffen: 4. Mai 2014

Karmasin H (2007) Produkte als Botschaften. Konsume nten, Marken und Produktstrategien. mi-Fachverlag, Redline, Landsberg am Lech

Kriegler W (2012) Praxishandbuch Employer Branding – mit Arbeitshilfen online: Mit starker Marke zum attraktiven Arbeitgeber werden. Haufe-Lexware, Freiburg

Lippold D (2011) Die Personalmarketing-Gleichung. Einführung in das wertorientierte Personalmanagement. Oldenbourg Wissenschaftsverlag, München

Riedel C, Schraps S (2010) Wie Unternehmen kreativer werden. In: Gundlach C, Glanz A, Gutsche J (Hrsg) Die frühe Innovationsphase. Methoden und Strategien für die Vorentwicklung. Symposium, Düsseldorf, S 97–118

Seng A, Annutat S (2012) Strategisches Employer Branding. Einflussfaktoren des Employer Branding analysieren. In: DGFP e. V. (Hrsg) Employer branding: Die Arbeitgebermarke gestalten und im Personalmarketing umsetzen. W. Bertelsmann, Bielefeld, S 19–33

Stotz W, Wedel A (2009) Employer Branding: mit Strategie zum bevorzugten Arbeitgeber. Oldenbourg, München

Tiefenbacher A, Neuburger R (2010) Selbstmanagement. Compact, München

Trost A (2009) Employer Branding. In: Trost A (Hrsg) Employer branding. Arbeitgeber positionieren und präsentieren. Luchterhand, Köln, S 13–77

Wirtz B (2008) Multi-Channel-Marketing. Grundlagen – Instrumente – Prozesse. GWV Fachverlage, Wiesbaden

Zobel D (2009) Systematisches Erfinden. Methoden und Beispiele für den Praktiker. 5. vollständig überarbeitete und erweiterte Auflage. Mit 66 Bildern und 10 Tabellen. expert verlag, Renningen

Teil III

Die Umsetzung des internen und externen Employer-Branding-Prozesses

Endlich ist es soweit: die Gedanken, Synthesen und Erkenntnisse Ihrer Analyse münden in konkrete Maßnahmen und Ergebnisse zum Anfassen. Die Umsetzung des internen und externen Employer-Branding-Prozesses beginnt nicht willkürlich bei den trendigsten Maßnahmen, sondern bei den Basics. Intern befördern Sie alle Entwicklungen und Maßnahmen, die die Identifikation und die Bindung zu Ihrer Organisation stärken. Die innere Strahlkraft wird Ihre Arbeit für das externe Employer Branding wesentlich erleichtern. Wie beim Flirten reicht eine sympathische Ausstrahlung allein manchmal nicht aus. Dann heißt es, in die Offensive zu gehen, um die Aufmerksamkeit zu gewinnen.

Internes Employer Branding 8

Das interne Employer Branding zielt darauf ab, dass Ihre Arbeitgebermarke in sämtlichen Bereichen und Handlungen Ihrer Organisation spürbar wird und so die Zusammenarbeit entlang Ihrer Employer Brand beeinflusst. Je konsequenter Sie das Nutzenversprechen an Ihre Zielgruppe einhalten und umsetzen, desto glaubwürdiger werden Sie wahrgenommen und desto erfolgreicher können Sie als Arbeitgeber auftreten.

Das erfordert in der Belegschaft zunächst eine breite Akzeptanz Ihrer Employer Brand bis hin zur Identifikation, die Sie aktiv befördern. Für diesen Bewusstseinsprozess ist Führung gefragt. Im weiteren Verlauf wird die Basis dafür gelegt, dass Ihre Mitarbeitenden kontinuierlich beispielsweise mit Erlebnissen, Informationen, Handlungen oder visuellen Effekten mit der Arbeitgebermarke konfrontiert werden und den Nutzen vorgelebt bekommen oder selbst leben können.

► Und zwar nicht, weil es so sein muss, sondern weil es der Authentizität Ihrer Organisation als logische Konsequenz entspricht.

Dabei kommt das gesamte Spektrum der Personal- und Organisationsentwicklung zum Tragen und wird durch interne Kommunikationsmaßnahmen abgerundet.

8.1 Vorbereitung: HR-Prozesse überprüfen und an veränderte Verhältnisse anpassen

Aus Ihrer Organisationsanalyse und der Analyse Ihrer Führungskultur haben sich womöglich schon Handlungsfelder zur Optimierung aufgetan. Solch eine ehrliche Bilanz und Nabelschau der eigenen Prozesse geht nicht selten mit schmerzhaften Erkenntnissen einher. Die Ergebnisse sollen natürlich nicht verpuffen, sondern nachhaltig für eine verbesserte Arbeitswelt genutzt werden.

© Springer Fachmedien Wiesbaden 2014
C. Heider-Winter, *Employer Branding in der Sozialwirtschaft,*
DOI 10.1007/978-3-658-01196-3_8

Es gilt also zunächst, die großen internen Baustellen zu bearbeiten, um Ihre Arbeitgebermarke mit der Wirklichkeit zu synchronisieren. Breite Akzeptanz, die nach außen getragen wird, entsteht durch authentische Erlebnisse. Dabei ist klar, dass das in der gesamten Organisation nicht gleichermaßen abläuft und vielleicht schon während der Analysephase vermeintliche Querulanten zu Tage getreten sind, die dem großen Ziel im Wege stehen. Diese Erkenntnisse müssen ernst genommen und bearbeitet werden. Offene, beteiligungsorientierte und fehlerfreundliche Kommunikation sowie Zusammenarbeit sind der Schlüssel dazu.

8.1.1   Zwischenbilanz der Führungskultur

Baustellen in punkto Führungskultur stehen auf der Prioritätenliste ganz oben. Wenn Sie in diesem Bereich Handlungsbedarf erkannt haben, gehen Sie ihn zügig und sorgfältig an. Ist das Führungsverhalten als ein Quell der Arbeitsunzufriedenheit erkannt worden, dann spielen Ihre Mitarbeitenden bereits mit Kündigungsgedanken, während Sie gerade anfangen, über das Problem zu grübeln. Es darf also keine Zeit verloren werden.

Die Synthese Ihrer Analysephase ist in Ihr Kommunikationsdach gemündet. Darin haben Sie Ihr Versprechen als Arbeitgeber formuliert, das es nun einzuhalten gilt. Schließlich soll die Employer Brand intern spürbar werden. Wenn nicht einmal Zufriedenheit in Bezug auf die Führung herrscht, dann sind sämtliche Strategien zur Implementierung der Employer Brand zum Scheitern verurteilt.

▶   Die Bilanz der Führungskultur und Konsequenzen daraus sind der erste Ansatzpunkt, um die Basis für die interne Markenführung zu legen.

Die positiven Effekte der Arbeitgebermarke kommen bereits hier zum Tragen. Jetzt ist der beste Zeitpunkt, verbindliche Strukturen für das Einhalten Ihrer Führungsbotschaften zu treffen, die Sie gemeinsam entwickelt haben. Bedienen Sie sich aus dem gesamten Methoden- und Maßnahmenkatalog der Personal- und Organisationsentwicklung, um die Führung zu optimieren.

Die Stellschrauben im Führungsverhalten zur Zufriedenheit zu drehen, geht mit Maßnahmen für ein verbessertes Arbeitsumfeld einher. Sämtliche Ideen, die Bindewirkung bei Ihren Mitarbeitenden auslösen, verdienen, gehört und beachtet zu werden. Doch das geschieht nicht punktuell und zufällig. Richtungsweisender Ausgangspunkt ist stets Ihre Arbeitgebermarke.

Für Evaluation – Einstellungen zur Employer Brand und Arbeitszufriedenheit (Abschn. 10.1)
Zur zielgerichteten Weiterentwicklung Ihrer Führungskräfte empfehlen sich beispielsweise Befragungen aller Mitarbeitenden, die Sie regelmäßig wiederholen und aus denen Sie Handlungsbedarfe und die allgemeine Arbeitszufriedenheit ablesen können.

8.1.2   Säulenübergreifende Strukturen schaffen und Stakeholder systematisch bei der Planung einbeziehen

Gerade bei größeren Verbänden und Trägern haben sich feste Strukturen nach Referaten wie Pflege, Alten-, Kinder-, Jugend- oder Eingliederungshilfe etabliert. Der ressortbezogene Austausch über Verbands- und Trägergrenzen hinweg findet zwar rege statt. Für den themenübergreifenden Transfer zwischen den Referaten sowohl intern als extern werden allerdings nur selten Ressourcen bereitgestellt.

> ► Häufig ist nicht mal das Verständnis da, dass ein Austausch sinnvoll sein könnte. Dabei arbeiten die einzelnen Bereiche oft an den gleichen Fragestellungen.

Im Zuge der Sozialraumorientierung haben organisationsübergreifende Strukturen bereits Einzug in den sozialen und Bildungsbereich gehalten. Ihren Ursprung hat die Sozialraumorientierung in der Jugendhilfe mit der Entwicklung dezentraler Angebote wie dem Allgemeinen Sozialen Dienst. Die Ressourcen der öffentlichen Infrastrukturen sollten effektiver und effizienter genutzt und vernetzt werden. Die zunehmende Spezialisierung und Verinselung der Einzelangebote führte zu einer unüberschaubaren Angebotsvielfalt. Die Versäulung und Verrechtlichung der sozialen Arbeit sollte durchbrochen werden – hin zu mehr Prävention statt Intervention (vgl. Brinkmann 2010, S. 117).

Dass innerhalb einer Organisation sich alle gleichermaßen gut informiert fühlen, ist ein Anspruch, der kaum einzuhalten ist. Nichtsdestotrotz stellt die Frage, die dahinter liegt – wie können alle gleichermaßen informiert werden – einen interessanten Ansporn an die interne Kommunikation dar. Schon beim Blick auf die Führungskommunikation werden Sie erkannt haben, dass z. B. die Teil-Informationen innerhalb der Teams jeden einzelnen gut erreichen. Aber meist verbleiben Auskünfte innerhalb des Team-Korridors und wandern nicht in andere Einrichtungen oder Abteilungen.

Bei zahlreichen Informationen ist das auch überhaupt nicht nötig. Doch gerade bei Erfolgs- sowie Misserfolgsbeispielen oder Querschnittsthemen ist ein Austausch untereinander gewinnbringend, zum Teil sogar unabdingbar. Das wurde im Abschnitt zur Führungskultur schon deutlich. **Säulenübergreifende Strukturen verhindern**

* doppelte Fehler,
* doppelte Arbeiten,
* einseitige Erfolge
* und sie sparen Kosten.

Damit ist klar, dass Investitionen in diesen Bereich keineswegs on top kommen, sondern sich nachhaltig auszahlen. Der gesamte Employer-Branding-Prozess ist durchzogen von Querschnitts-Themen und -Aufgaben, angefangen bei der Analysephase über z. B. Inklusion bis zum Gesundheitsmanagement oder zur Demografie. Man stelle sich vor, jede Einrichtung oder jede Abteilung würde die Themen für sich individuell bearbeiten. Jeder hätte ein eigenes Konzept zur Herangehensweise erarbeitet. Im schlimmsten, aber nicht unwahrscheinlichsten Fall, widersprechen sich die Konzepte und Handlungsweisen sogar untereinander.

► 	Die Entsäulung erfordert kooperative Strukturen der Zusammenarbeit und Netzwerke, die über die eigene Organisation hinausgehen.

Nutzen Sie dafür die gesamten Erfahrungen, die Sie bis jetzt gesammelt haben. Reichern Sie die Zuständigkeiten der Lenkungsgruppe und des Soundingboards mit dauerhaften Aufgaben zur säulenübergreifenden Zusammenarbeit an. Während der Analysephase haben die Verantwortlichen bereits zahlreiche Kontakte in und außerhalb der Organisation geknüpft, auf die man leicht aufsatteln kann. Wandeln Sie die auf eine Projektphase angelegten Aufgaben in dauerhafte um. Das wird zudem die Prozesse der internen Kommunikation bereichern.

Rufen Sie sich dazu auch die Ergebnisse Ihrer **Umfeldanalyse** erneut ins Gedächtnis. Schon bei den internen Optimierungsmaßnahmen können die unterstützenden Stakeholder mit ihren Möglichkeiten einbezogen werden und einen weiteren Schritt zur Entsäulung darstellen. Anhand Ihrer gesetzten Prioritäten haben die Stakeholder mit den größten Unterstützungsmöglichkeiten den Vorrang. Möglicherweise finden Sie einrichtungsübergreifende Arbeitsformen, die Sie durch vernetzte Prozesse steuern. Es könnten sich auch Modelle neuer Finanzierungsressourcen ergeben. Setzen Sie Ihre Ideen und Netzwerkambitionen in die Tat um.

> **Für Evaluation – Entsäulung (Abschn. 10.2):**
> Legen Sie Kriterien fest, anhand derer Sie einschätzen können, wie die Entsäulung voranschreitet. Eine Bekanntmachung der Vorteile, die sich an bestimmten Stellen zeigt, sorgt dafür, dass die Bemühungen in diese Richtung nicht verebben.

Gerade in Bezug auf die Nachwuchsrekrutierung kommen externe Stakeholder wie Behörden und Ausbildungsinstitutionen ins Spiel, die ganzheitlich und übergreifend in die Rekrutierungsmaßnahmen einbezogen werden. Werden Zugänge in einem Bereich eröffnet, können die Erfahrungen und Kontakte für andere Bereiche nutzbar gemacht werden. Das schafft nicht nur für Ihre eigene Organisation einen Mehrwert, sondern beflügelt auch Ihre Kooperationspartner zu innovativen Formen der Zusammenarbeit.

Ausgehend vom Case-Management-Gedanken des Sozial- und Gesundheitssektors, bei dem der Klient oder Patient mit seinen Bedürfnissen in den Mittelpunkt gerückt wird, könnte auch auf den potenziell Bewerbenden mit seinen individuellen Belangen fokussiert werden. Bei der integrierten Versorgung arbeiten beispielsweise die unterschiedlichen medizinischen Disziplinen bei der Behandlung von chronischen Krankheiten zusammen. Um Abstimmungsprobleme zu vermeiden, kann ein Case Manager eingesetzt werden. Die Systemebene der Arbeit wird also um die Klientenebene erweitert (vgl. Brinkmann 2010,

S. 119 ff.). Das wird allerdings nur möglich, wenn Versäulungen durchbrochen und träger-, abteilungs- sowie verbandsübergreifende Netzwerke geschaffen werden.

8.1.3 Mehr Handlungs- und Gedankenfreiraum durch mehr Ressourcen

Sie müssen bei dem Gedanken, was an Arbeit auf Sie zukommen könnte, schon jetzt innehalten und tief durchatmen? Befreien Sie sich aus dem Gedankenkorsett fehlender Ressourcen. Dadurch, dass Sie die Organisationsanalyse gemeinsam durchlaufen haben, steht der Wissensstand zu Ihren materiellen Ressourcen und zu den Stakeholdern in der Belegschaft auf breiten Beinen. Lassen Sie sich nicht sofort von Kostengedanken entmutigen. Entwickeln Sie mit diesen Erkenntnissen gemeinsam individuelle Lösungen für mehr finanzielle und kreative Freiheiten.

Win-Win – Tausch von Lebensarbeitszeit

Nicht immer ist es Geld, das Sie für die Bewältigung von Aufgaben brauchen. Vielfach sind es bestimmte Dienstleistungen, die Sie zur Unterstützung benötigen und sich nicht leisten können. Entwickeln Sie ausgehend von Ihren sozialen Dienstleistungen doch ein Konzept zum Tausch von Lebensarbeitszeit. Für beispielsweise eine Stunde Beratung oder Mediation für Ihre Organisation bieten Sie eine oder mehrere Stunden Kinderbetreuung, Räumlichkeiten für Events oder Unterstützung im Altenpflegebereich (vgl. Brinkmann 2010, S. 232). Die Variationen sind vielfältig, genauso wie die Wertschöpfungen.

► Finden Sie Antworten auf die Frage, wie Sie Ihren Kostentreibern Einhalt gebieten können, und suchen Sie nach Möglichkeiten, wie Sie mehr Einnahmen generieren.

In Ihrer Umfeld-Analyse sollten Sie viele Anregungen finden. Darüber hinaus führen Diskussionen zu Spenden- oder Mitgliedereinnahmen vielleicht zu weiteren Erlösmöglichkeiten. Werden dadurch finanzielle Mittel freigesetzt, können diese später in die Bindemaßnahmen von Mitarbeiterinnen und Mitarbeitern zur Erlebbarkeit der Arbeitgebermarke investiert werden.

So können Sie beispielsweise Zeichen setzen gegen die Klagen, dass im sozialen und Bildungsbereich zu niedrige Gehälter gezahlt werden, selbst, wenn Sie aufgrund von Tarifbindungen wenig Spielraum haben. Fragen Sie sich, welchen Mehrwert Sie noch bieten können, um die Arbeitszufriedenheit zu steigern und Ihre Employer Brand mit Leben zu füllen.

Das fängt bei den Standardmaßnahmen an, mit denen Arbeitgeber aller Branchen schon jetzt um Verstärkung buhlen: Hier ist es das Ticket für den öffentlichen Nahverkehr, das Sie subventionieren können. Dort ist es das Mittagessen. Und wieder an anderer Stelle sind es gesponserte Sportkurse. Vielleicht können freigesetzte finanzielle Mittel sogar für mehr Personal eingesetzt werden, um die Arbeitslast zu mindern.

Ausgehend von den Assoziationen zu Ihrer Arbeitgebermarke finden sich noch zahlreiche weitere Optionen mit wesentlich mehr kreativem Zunder. Den Ideen sind keine Grenzen gesetzt, den Möglichkeiten meist ebenso wenig, wenn man erst einmal den Blick über den Tellerrand erhebt. Im Folgenden werden die Ebenen des internen Employer Brandings konkretisiert. Starten Sie gedanklich befreit mit Mut und Tatendrang in diese spannende Phase.

> **Für Evaluation – wirtschaftliche Lage (Abschn. 10.3)**
> Welche Ideen der Ressourcengewinnung und -freisetzung haben sich bewährt? Leiten Sie daraus verbindliche Prozesse ab, um Ihre Organisation zu stärken.

8.2   Interne Markenführung – vom Commitment zur gelebten Arbeitgebermarke

Die interne Markenführung bringt Ihre Employer Brand zur vollen Entfaltung. Sie zielt darauf ab, dass sich die Mitarbeitenden konform zur Arbeitgebermarke verhalten und dadurch die positiven Effekte des Employer Brandings spürbar und gelebt werden. Solch ein Vorhaben soll dazu beitragen, Einstellungen und Verhaltensweisen zu ändern. Es ist also ein Change Prozess, der Führung, Zeit und die Veränderungsbereitschaft Ihrer Mitarbeitenden voraussetzt.

8.2.1   Commitment zur Arbeitgebermarke fördern

Das breite Commitment für die Arbeitgebermarke resultiert aus dem Wissen zur Employer Brand und der Identifikation mit den damit verbundenen Werten und Botschaften. Aus dem Commitment, also der Überzeugung für die Marke, erwächst ein Verhalten, das die Arbeitgebermarke unterstützt und somit positiv auf das Markenimage einzahlt (vgl. Schumacher 2011, S. 75).

▶   Um erfolgreich Verhaltensänderungen zu bewirken, bedarf es eines langfristigen, ganzheitlichen Ansatzes, ausgehend von der Führungsspitze.

Die Verantwortung für die Markenführung ist als Philosophie auf Geschäftsführungs- oder Vorstandsebene verinnerlicht und der Markengedanke wird von dort aus ins Unternehmen getragen. Top down werden alle Ebenen Ihrer Organisation bei der Markenführung einbezogen (vgl. Mertins 2013, S. 82). Die kulturelle Entwicklung Ihrer Organisation wird strategisch auf die Arbeitgebermarke ausgerichtet.

In der Literatur werden für die interne Markenführung Anreiz- und Sanktionsmechanismen empfohlen. Mitarbeitende, die sich markenkonform verhalten, sollen belohnt werden. Widerständler und Zyniker, die dem Markenbewusstsein im Wege stehen, werden

„bestraft". Beispiele dafür sind jährliche Leistungsbeurteilungen, die mit der Möglichkeit einer Beförderung verknüpft sind. Markenkonforme Mitarbeitende erhalten dann den Vorzug (vgl. Sponheuer 2010, S. 252).

Da man die Bereitschaft zur Veränderung nicht erzwingen kann, werden in diesem Buch Bestrafungsmechanismen nicht als das passende Instrument angesehen. Schon der Grundgedanke des Behavioral Branding, womit ein bestimmtes markenkonformes Verhalten **gefordert** wird, formuliert in Kombination mit der Employer Brand, die ein Versprechen an die Mitarbeitenden darstellt, einen Widerspruch (Forster et al. 2012, S. 283).

Die Kehrseite der Behavioral-Branding-Medaille ist eine Kultur der Angst, die dann nicht nur auf die Querulanten wirkt, sondern auch die markenkonformen Mitarbeitenden negativ beeinflusst. So kann der gesamte Employer-Branding-Prozess in Frage gestellt werden.

Wie entgeht man also diesem Dilemma? Das in der Analysephase aufgebaute Vertrauen soll aufrechterhalten werden. Zugleich sollen die optimierungsbedürftigen Baustellen nicht nur gewürdigt, sondern bearbeitet werden. Organisationen, bei denen die Lücke zwischen Arbeitgebermarke und Unternehmenskultur sowie Führungsverhalten zu weit auseinander klafft, werden deutlich mehr Aufwand betreiben müssen, um ein gemeinsames Verständnis zu entwickeln. Die Beziehung zwischen Mitarbeitenden und der Arbeitgebermarke werden substantiell vom Grad der Authentizität des Nutzenversprechens geprägt.

▶   Organisationen, die viel Feingefühl und Sorgfalt in ihre Analysephase investiert haben, sind bei dieser Fragestellung deutlich im Vorteil.

Sie verspüren größere Gewissheit, dass sie mit ihren Analyseergebnissen den authentischen Kern der zufriedenstellenden Zusammenarbeit offengelegt haben. Es sind also keine Botschaften und Leitlinien, die aus dem Himmel gegriffen sind, sondern die in einem gemeinsamen Prozess herausgefiltert und fokussiert wurden. Dementsprechend sollte bereits eine breite Basis an internen Unterstützern Ihren Rücken stärken. Nun gilt es, diejenigen einzufangen, die noch Zweifel hegen oder sich sträuben – und das am besten ebenfalls gemeinsam.

Für Evaluation – Wissensstand zur Arbeitgebermarke (Abschn. 10)
Das Wissen zur Arbeitgebermarke und die Identifikation damit können Sie beispielsweise mit Befragungen konkret erfassen. Vergleichen Sie die Werte in regelmäßigen Abständen und eröffnen Sie Möglichkeiten zur gemeinsamen Weiterentwicklung.

8.2.2   Erlebbarkeit Ihrer Arbeitgebermarke fördern

Untersuchungen zeigen, dass die Voraussetzungen für ein markenkonformes Verhalten einerseits in der Person der Mitarbeitenden verankert sein müssen und zwar durch die Kategorien des

- Wollens und
- Könnens.

Andererseits schaffen interpersonelle und organisationale Rahmenbedingungen die nötigen Voraussetzungen und zwar durch die Kategorien

- Dürfen und
- Befähigen (vgl. Mertins 2013, S. 82).

Diese Kategorien gilt es zu fördern, um ein arbeitgebermarkenstärkendes Verhalten zu begünstigen. Erwecken Sie Ihre Botschaften zum Leben, indem Sie voneinander lernen:

- auf der Ebene der Führungskultur,
- auf der Ebene der Personalentwicklung und
- auf der Ebene der Kommunikation.

Für Evaluation – Synchronität der Führungskultur (Abschn. 10)
Erfassen Sie gleich zu Beginn den Ist-Zustand, wie stark Ihre Employer Brand in der Führungskultur, in der Personalentwicklung und in der Kommunikation zum Ausdruck kommt. Dadurch können Sie leichter Prioritäten setzen, welche Bereiche Sie zuerst bearbeiten, und später vergleichen, an welchen Stellen Sie noch Hand anlegen müssen. Zudem können Sie dadurch Ideen generieren, wie das Nutzenversprechen mehr zur Geltung kommen könnte.

Die Führungs-, Team- und damit verbundene Kommunikationsbeispiele, aus denen die Botschaften und Attraktivitätsfaktoren abgeleitet wurden, dienen als Vorzeigemaßnahmen, um sie weiter zu professionalisieren und auf allen Ebenen zu etablieren. Finden Sie heraus, welche Personen und Abteilungen als Inbegriff Ihrer Arbeitgebermarke gelten. Die größte Durchsetzungskraft geht dabei von den Führungskräften aus.

▶   Verschaffen Sie mit kreativen Ideen den internen Best-Practice-Beispielen mehr Aufmerksamkeit und Sichtbarkeit.

Sie dienen als Maßstab für Verbesserungsprozesse. Das macht schon deutlich, dass der wahre Kern des Employer Brandings nur aus sich selbst heraus entstehen kann. Wachsen Sie an sich selbst.

Die Ideen zum Rollout des internen Employer-Branding-Prozesses können vielfältig sein und orientieren sich an den Routinen und Analyseergebnissen der Organisation. Trainings- und Coaching-Angebote zur Verankerung der gelebten Werte Ihrer Arbeitgebermarke können hierbei hilfreich sein. Schaffen Sie Strukturen, die den gegenseitigen Austausch und das Voneinander-Lernen fördern.

Beispiel

Sie könnten beispielsweise interne Mentoring-Programme zwischen Vorzeige- und unterstützungsbedürftigen Führungskräften initiieren, die zum Erleben der Arbeitgebermarke beitragen. Oder setzen Sie öffentliche Zeichen der Anerkennung für besonders kompetente Führungskräfte und Teams, die als Vorbild fungieren und Orientierung bieten.

Nicht die Defizite und Probleme sowie daraus resultierende Bestrafungen sollen bei der Bewältigung im Vordergrund stehen. Ein positives Grundgefühl mit dem Fokus auf Erfolge und Möglichkeiten, wie es besser gehen kann, hält die Motivation hoch. Je breiter die Basis der Unterstützer für Ihre Arbeitgebermarke wird, umso mehr Menschen werden Sie nach und nach im Kreis der Markenbotschafterinnen und -botschafter begrüßen dürfen. Dabei ist es ratsam, den Fach- und Führungskräften bei diesem Veränderungsprozess klare Orientierung zu bieten.

▶   Die gegenseitigen Lernprozesse sollen nicht punktuell eingesetzt werden, sondern fester Bestandteil der Personalentwicklung und des Arbeitsalltags werden.

Abteilungsleiter, die sich beispielsweise vor einer Entscheidung oder bei einem Konflikt im Team unsicher sind, wissen, wen sie bei Bedarf um Unterstützung bitten können und wählen die Möglichkeit, die am meisten auf die Arbeitgebermarke einzahlt. Das interne Employer Branding soll eine markenorientierte Denkweise, die letztlich zu einem entsprechenden Verhalten führt, befördern.

Entwickeln Sie ausgehend vom Idealverhalten Ihrer Mitarbeitenden zur gelebten Arbeitgebermarke ein Zielkonstrukt für die interne Führung. Leiten Sie daraus Maßnahmen für die Arbeitspraxis ab, die Ihre Mitarbeitenden im markenstärkenden Verhalten unterstützen. Dabei werden Entscheidungsfreiheiten nicht unterdrückt, sondern gefördert (vgl. Mertins 2013, S. 84).

Hier ist Ihr Verkaufsgeschick gefragt, denn Sie werden dabei nur erfolgreich sein, wenn Sie Ihren Mitarbeitenden den Mehrwert deutlich machen können, der aus einer Stärkung der Arbeitgebermarke hervorgeht. Der Anspruch ist es, jedem Mitarbeitenden plausibel zu erklären, wie sich das individuelle Verhalten auf den Aufbau der Marke auswirkt und welches übergeordnete Ziel damit erreicht wird. Eine zufriedenstellende Arbeitsatmosphäre und ein attraktives Image in der Öffentlichkeit sollten schließlich im Interesse aller sein. Wenn jeder seinen Teil dazu beiträgt, eigene Ideen einbringen kann und auch noch weiß, wofür er es tut, fußt die Motivation auf einer persönlichen Ebene.

▶   Machen Sie Ihre Ziele zu den Zielen Ihrer Mitarbeitenden.

8.2.3   Gestaltung der Arbeitswelt entlang der Employer Brand fördern

In der Gestaltung der gesamten Arbeitswelt soll die Arbeitgebermarke spürbar werden. Die Maßnahmen werden so konzipiert, dass sie die Positionierungsstrategie Ihrer Organisation deutlich werden lassen. Die Frage ist also: An welchen Stellen des Unternehmens lösen Sie Ihr Versprechen noch nicht ein und warum? An welchen Stellen kann Ihre Arbeitgebermarke unkompliziert sichtbar werden, damit sie sich nachhaltig verankert?

Für Evaluation – Synchronität der Arbeitswelt (Abschn. 10)
Maßnahmen, die Sie im Bereich der Arbeitsweltgestaltung ergreifen, sind in die Evaluation einzubeziehen, schlicht und einfach um herauszufinden, ob sie tatsächlich ihren Zweck erfüllen. Verbinden Sie das mit der Befragung zur Spürbarkeit Ihrer Employer Brand. Vielleicht treten dabei sogar überraschende Ergebnisse zutage, wie etwa, dass bestimmte Modelle zur Arbeitsgestaltung sogar Ihrer Employer Brand widersprechen.

Sie werden überrascht sein, welch Potenzial freigesetzt werden kann, wenn Sie die Diskussion ohne Einschränkungen zulassen. Die Veränderungen können auf unterschiedlichen Ebenen ansetzen:

- **Arbeitszeitgestaltung**

Beispiel

Sie ermöglichen Ihren Mitarbeitenden mehr Freiheiten in der Gestaltung ihrer Arbeitszeit, da selbstbestimmtes Arbeiten einer Ihrer Kerngedanken der Employer Brand ist. Es müssen nicht mehr feste Tagesrhythmen eingehalten werden, sondern es wird die Basis für flexible Tagesgestaltungen geschaffen, die den Mitarbeitenden ein wesentlich selbstbestimmteres Arbeiten erlaubt, ohne dass die Aufgaben auf der Strecke bleiben.

- **Aufgabengestaltung**

Beispiel

Sie sehen sich als „Künstler" auf Ihrem Gebiet, der die individuelle Kreativität seiner Mitarbeitenden für die Entstehung von Meisterwerken braucht. Die Mitarbeitenden werden intensiv in die Gestaltung ihrer Aufgaben einbezogen und ein Talentmanagement eingeführt, sodass die Fach- und Führungskräfte auf spezifische Arbeitsbereiche spezialisiert werden, die zu ihnen passen und sie über sich selbst hinaus wachsen lassen.

- **Aufgabenverteilung**

Beispiel

Wesenszug Ihrer Arbeitgebermarke ist, dass Sie flache Hierarchien bevorzugen und der Teamgedanke interdisziplinär gedacht wird. „Dafür bin ich nicht zuständig!" ist ein No-Go. Die Teams werden neu strukturiert und abteilungsübergreifend miteinander vernetzt, sodass bei größerer Arbeitslast flexibler reagiert werden kann. Es werden Springerpositionen geschaffen, die in unterschiedlichen Einrichtungen aushelfen, wenn Personalknappheit herrscht.

Sie suchen als Arbeitgeber explizit berufserfahrene Männer oder Frauen und haben daher Möglichkeiten geschaffen, die auf die Lebenssituation der Zielgruppe zugeschnitten sind und Ihre Willkommenskultur für die Zielgruppen widerspiegeln. Das Verantwortungsbewusstsein für die Mitarbeitenden und der persönlichen Lebenslagen spiegelt sich in Ihrer Organisation ganzheitlich und konsequent wider.

- **Unterstützung bei familiären Angelegenheiten**

Beispiel

Mitarbeitenden mit kleinen Kindern oder pflegebedürftigen Angehörigen werden Home-Office-Möglichkeiten eingerichtet.

- **Gesundheitsförderung**

Beispiel

Entwickeln Sie genderspezifische Kursangebote beispielsweise für Männer zum Thema gesunde Ernährung mit dem Fokus gesundes Herz, Stressprävention, Übergewicht und mehr Leistungsstärke.

- **Arbeitsplatzgestaltung**

Beispiel

Sie richten einen Ruheraum als Rückzugsort zur Verarbeitung von besonderen Belastungssituationen ein. Der Raum (vielleicht sogar Ihr gesamtes Haus) ist in den Farben Ihrer Corporate Identity gehüllt.

Sie sehen sich als jungen, innovativen Arbeitgeber, der weiß, dass das Leben aus mehr als Arbeit besteht, und unterstützen ausdrücklich die persönliche Weiterentwicklung mit Spaß.

- **Verdienstmöglichkeiten**

Beispiel

Sie ermöglichen Spielraum für außertarifliche Bezahlungen, beispielsweise indem Ihre Mitarbeitenden auf Basis einer geringfügigen Beschäftigung sich bei einem Ihrer Kooperationspartner unkompliziert etwas dazu verdienen und sich gleichzeitig beruflich weiterentwickeln können.

- **Freizeitangebote**

Beispiel

Sie eröffnen Ihren Mitarbeitenden die Möglichkeit, Geschäftsreisen mit privaten Reisen zu verknüpfen, vielleicht sogar zu ausgefallenen Orten, die Sie mit Ihren Werten in Verbindung bringen.

- **Teambuilding-Maßnahmen**

Beispiel

Ein- oder zweimal im Jahr veranstalten Sie passend zu Ihrer Arbeitgebermarke ein Event für die gesamte Belegschaft. Die Jüngeren in Ihrem Unternehmen dürfen es ausrichten und dabei komplett quer denken. Vielleicht nehmen sie sich als Aufgabe die Entwicklung eines Begrüßungsrituals oder eines Unternehmenssongs zu Ihrer Employer Brand vor.

Es klingt simpel, aber es wirkt: Sie begünstigen den Markenaufbau, wenn Sie wiederkehrende Symbole verwenden, die leicht zu verstehen und schnell einprägsam sind. Spielerische Elemente, die die Markenwerte emotionalisieren, befördern ebenfalls den Wiedererkennungswert und die Nachhaltigkeit (vgl. Siebrecht 2012, S. 114 f.).

- **Vernetzung**

Beispiel

Mitarbeiterinnen und Mitarbeiter bekommen die Möglichkeit bei Kooperationspartnern, vielleicht sogar im Ausland, zu hospitieren und sollen dort u. a. Ihre Arbeitgebermarke vorstellen. Die Erfahrungen und Resonanz tragen sie anschließend spielerisch in die Organisation.

- **Karriere- und Weiterentwicklungsmöglichkeiten**

Beispiel

Möglichkeiten der nebenberuflichen Weiterqualifizierung mit entsprechenden Karriereoptionen sind fester Bestandteil der Organisation und werden gefördert. Ihre Führungskräfte spornen Ihre Mitarbeitenden dazu an und inspirieren sie zu neuen Erfahrungen.

Die Beispiele geben Ihnen einen Einblick, dass Ihre Employer Brand nur nachhaltig verankert wird, wenn sie bis in die Tiefen Ihres Unternehmens vordringt und Ihre Kommunikation, Ihr Personal- und Führungsmanagement durchdringt.

8.3 Interne Kommunikation in Symbiose mit der Arbeitgebermarke

Häufig als Stiefkind der Personalarbeit in Organisationen angesehen, kann die interne Kommunikation im Employer-Branding-Prozess ihre wahre Schönheit preisgeben – wenn sie ernst genommen wird. Sie stellt einen entscheidenden Stellhebel dar, um das Verhalten der Mitarbeitenden konform zur Arbeitgebermarke zu stärken.

Daher ist sie auch einer der wichtigsten Schritte bei der Umsetzung des internen Employer-Branding-Prozesses. Intern geht vor extern – immer! Dieses Credo kann man gar nicht oft genug wiederholen, angesichts dessen, dass es in der Praxis immer wieder ausgehebelt wird. Selbst bei der Entwicklung der geeigneten Maßnahmen fängt das Denken nicht bei den Tools an, sondern bei Ihren Erkenntnisperlen aus der Organisationsanalyse.

8.3.1 Interne Kommunikation bietet Nutzen auf allen Ebenen

Gerade kleinere Einrichtungen oder Träger werden vielleicht denken, dass ein Aufwand in diese Kommunikationsrichtung überflüssig ist. Doch wenn sie überlegen, wie oft zu hören ist: „Das habe ich nicht gewusst:" oder „Da sollte sich doch die Kollegin drum kümmern!", dann wird schnell deutlich, dass es hier um einen Mangel an interner Kommunikation geht.

Dabei bietet das kommunikative Stiefkind, systematisch ernst und angenommen, Nutzen auf allen Ebenen – nicht nur im Employer Branding (siehe Datei: Abb. 8.1). Wie bei der Entsäulung werden Dopplungen minimiert und Kosten reduziert (siehe Abschn. 8.1.1).

Ein gemeinsames Bild und eine gemeinsame Vision vom Arbeitgeber können nur geschaffen werden, wenn effiziente Kommunikationswege etabliert sind, die die Arbeitgebermarke immer wieder zum Vorschein bringen. Dementsprechend hat die interne Kommunikation stets Vorrang vor der externen Kommunikation. Die interne Kommunikation

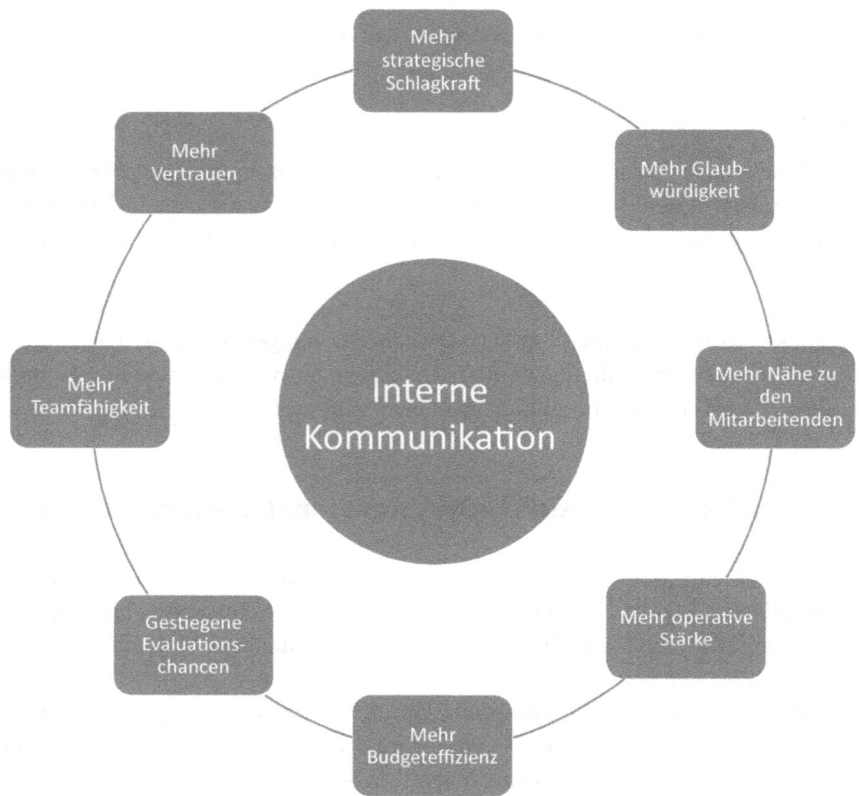

Abb. 8.1 Mehrwerte für die interne Kommunikation. (Quelle: Eigene Darstellung in Anlehnung an Führmann und Schmidbauer 2011, S. 19)

ist der Ausgangspunkt für externe Botschaften und Maßnahmen, mehr noch, die externe Kommunikation profitiert von der internen.

8.3.2   Voraussetzung für die interne Kommunikation im Employer-Branding-Prozess

Die Mitarbeitenden müssen darauf vertrauen können, dass sie die ersten sind, die wichtige Informationen zu ihrer Arbeit erfahren. Sie sollen nicht erst in der Presse lesen müssen, wofür ihr Unternehmen steht, um dann vielleicht sogar festzustellen, dass sie eine gänzlich andere Meinung vertreten. In Zeiten sozialer Medien rächt sich das schnell – ebenfalls öffentlich.

Durch die interne Kommunikation soll sichergestellt werden, dass Ihr Markenversprechen in allen internen Zielgruppen gleichermaßen bekannt und akzeptiert ist. **Sie bildet das verbindende Element zwischen**

- der arbeitsbezogenen Fachkommunikation, also der Kommunikation der Fachkräfte in den jeweiligen Abteilungen oder Ressorts, mit dem Ziel die Arbeit zu erledigen und
- der personenbezogenen Beziehungskommunikation. Damit wird auf die zwischenmenschliche, persönliche Ebene abgestellt (vgl. Führmann und Schmidbauer 2011, S. 25).

Nach der Familie ist die Arbeit einer der bedeutendsten sozialen Bezugsräume für Menschen. Gemessen an der Zeit, die Mitarbeitende bei Ihnen verbringen, ist die Erwartungshaltung an diesen Bezugsraum enorm. Die Organisation soll eine zweite Heimat bieten. Die interne Kommunikation nimmt hierbei eine herausragende Rolle ein, ob die Arbeitgeberassoziationen in Richtung Wohlbefinden oder Feindesland und Fremde umschlagen. Gradmesser dafür ist die interne Kommunikation, die im positiven Fall Ausdruck von Wertschätzung und Anerkennung ist. Mit dieser sozialen Funktion ist sie zentraler Bestandteil der Organisationskultur (vgl. Führmann und Schmidbauer 2011, S. 41 f.).

Um Veränderungen von Denk- und Handlungsweisen konform zur Employer Brand zu bewirken, muss die interne Kommunikation zwei Voraussetzungen erfüllen:

- **Verständlichkeit:** Der Mehrwert und der Kern Ihrer Arbeitgebermarke müssen so klar formuliert sein, dass Ihre Mitarbeitenden sie schnell begreifen und verinnerlichen können. Die Botschaften sollten also so konkret formuliert sein, dass jeder Mitarbeitende den Nutzen für seine Arbeit anschaulich erkennen und spüren kann.
- **Integrität:** Selbst nach der umfassendsten Vorbereitung und Beteiligung werden Sie auf Widerstände oder Gleichgültigkeit treffen. Eine authentische und offene Kommunikation kann dem entgegensteuern (vgl. Sponheuer 2010, S. 251).

Legen Sie bei Ihrem internen Employer Branding die Basis für eine wertschätzende und umfassende interne Kommunikation.

8.3.3   Die interne Kommunikation wird fit für die Employer Brand

Ihnen stehen zahlreiche Kanäle zur Verfügung, um die Botschaften zu Ihrer Arbeitgebermarke einseitig oder beteiligungsorientiert in den klassischen Medien der internen Kommunikation zu verbreiten. Abbildung. 8.2 gibt Ihnen einen beispielhaften Überblick.

Dabei dienen die einseitigen Kommunikationskanäle der umfassenden Verbreitung von Informationen. Das allein genügt aber nicht.

►   Unerlässlich ist es, effiziente und effektive Möglichkeiten zu schaffen, die die aktive Teilnahme ermöglichen.

Abb. 8.2 Instrumente der internen Kommunikation. (Quelle: Eigene Darstellung)

Ihre interne Zielgruppe soll angeregt werden, sich aktiv mit Ihrer Arbeitgebermarke aus-einanderzusetzen und eigene Ideen einzubringen.

Für Evaluation – interne Kommunikation (Abschn. 10.2)
Wie entwickelt sich die Beteiligung an Ihren internen Kommunikationsmaßnahmen? Kristallisieren sich Erfolgsbeispiele heraus und können oder sollten Sie auf bestimmte Instrumente verzichten?

Schließlich ist eines der übergeordneten Ziele, die eigene Belegschaft als Botschafterinnen und Botschafter – nicht als verpflichtetes Sprachrohr – für die Arbeitgebermarke zu ge-winnen. Das kann nur gelingen, wenn Beteiligung möglich, gewünscht und geschätzt wird. Das setzt eine intensive Verzahnung der internen und externen Kommunikation voraus.

Visuelle und inhaltliche Überführung der Employer Brand in die interne Kommunikation
Schon während der Organisationsanalyse (Abschn. 7.6) haben Sie sich mit Kernbotschaften, Wor-ding sowie Bild- und Textsprachen auseinandergesetzt und womöglich bereits eine Agentur zur kon-

zeptionellen Realisierung ins Boot geholt. Dann steht Ihr visuelles Employer-Brand-Konzept bereits jetzt oder zu einem Teil.

In diesem Buch wird die grundsätzliche visuelle und inhaltliche Strategie in der Organisations-analyse festgelegt (Abschn. 7.6), die visuelle Umsetzung bei den Botschafterinnen und Botschaf-tern Ihrer Marke konkretisiert (Abschn. 8.4) und beim externen Employer Branding (Abschn. 9.1) vollständig ausgerollt, damit der Fokus bei den internen Maßnahmen nicht zu sehr ins Externe ab-wandert. Es ist aber nachvollziehbar, wenn konzeptionelle Überlegungen an Ort und Stelle mit der grafischen Realisierung verbunden werden und frühzeitig für das interne Employer Branding ge-nutzt werden. Es ist nicht unwahrscheinlich, dass besonders die Maßnahmen der Öffentlichkeits-arbeit nach innen und außen parallel bearbeitet werden. Verlieren Sie jedoch bei aller Euphorie das Gesamtgefüge des internen Employer Brandings nicht aus dem Blick.

Haben Sie die Kanäle der internen Kommunikation festgelegt und Ihr Design steht, so gilt es, Ihr inhaltliches und visuelles Konzept der Employer Brand auf die Instrumente zu übertragen. Bereits etablierte Kanäle und hinzugekommene Instrumente werden ins neue Design gekleidet und inhalt-lich an das Corporate Wording angepasst.

▶   Die konsequente bildhafte und inhaltliche Stringenz zahlt innerhalb Ihrer Belegschaft intensiv auf das Wissen zur Arbeitgebermarke ein.

Nicht nur die klassischen Medien der internen Kommunikation werden auf den Prüfstand gestellt. Im Rahmen des internen Employer Brandings stehen alle Kommunikationswege auf dem Prüfstand, um sie mit der Arbeitgebermarke in Einklang zu bringen, um Wort beim Nutzenversprechen zu halten. In diesem Prozess gilt es herauszufinden, an welchen Stellen viel oder noch zu wenig kommuniziert und wie kommuniziert wird. Das können Sie bildhaft an Ihrem Organigramm aus der Organisationsanalyse zu den organisatori-schen Ressourcen darstellen.

Stellen Sie die Kommunikationsinstrumente und -wege, die dafür zum Tragen kom-men, in den Fokus. Wo besteht Handlungsbedarf und wie können Verbesserungen gemein-sam umgesetzt werden? Sind einige Abteilungen oder Einrichtungen schon einen Schritt weiter und können als Vorbild fungieren? Ziel ist es, ein ganzheitliches Wissen, Bild und Gefühl zu Ihrer Organisation entlang der Arbeitgebermarke zu entwickeln.

Meist sind die Teams, die von einer wertschätzenden Leitungskraft geführt werden, umfassender informiert als andere. Aber woran liegt das? Filtern Sie die Kommunika-tionsinstrumente und -wege heraus, die den Nutzen der Arbeitgebermarke am besten zum Tragen bringen und die größtmögliche Beteiligung ermöglichen.

Fragen

- Welches Team, welche Einrichtung, Führungs- oder Fachkraft ist am umfassendsten informiert und warum?
- Welche Instrumente und Wege werden genutzt?
- Muss jeder alles wissen?
- Lässt sich das auf die gesamte Organisation übertragen? Wo und wie sind Anpassun-gen vorzunehmen?

Neben den Inhalten und Kommunikationsinstrumenten kann dabei offengelegt werden, welche Unterschiede zwischen den Fach- und Führungskräften existieren. Meist ist die Wahrnehmung beider Parteien nicht deckungsgleich. In der internen Kommunikation sollen die Kommunikationswege und -inhalte unterschiedlicher Hierarchien aufeinander abgestimmt werden, sodass sie einander ergänzen.

▶   Orientieren Sie Ihre interne Kommunikation darauf, dass Informationen und
     glaubwürdige Botschaften, passend zur Arbeitgebermarke, wie selbstverständ-
     lich in das Tagesgeschehen eingebunden werden.

Sämtliche Nahtstellen der Kommunikation sollten dahingehend überprüft werden, wie die Employer Brand integriert werden kann. Als gelebtes Sinnbild Ihrer Zusammenarbeit sollte das zwischen den Zeilen bereits der Fall sein. Bringen Sie die vagen Zusammenhänge zwischen den Zeilen zum Vorschein und verschaffen Sie Ihnen mehr Profil.

Verknüpfen Sie beispielsweise Ihre Dienstbesprechung mit einem Ritual, das Ihre Marke zum Leben erweckt. Oder schaffen Sie kreative Räume, in denen Herausforderungen offen und transparent gemeinsam bewältigt werden, sodass das Wir-Gefühl und das Nutzenversprechen Ihrer Arbeitgebermarke erlebt werden.

8.3.4   Soziale Medien in der internen Kommunikation

Die Lust auf die interne Kommunikation steigt, wenn man sie aktiv mitgestalten kann. Soziale Medien können in diesem Zusammenhang auf digitaler Ebene eine entscheidende Rolle spielen und die interne Kommunikation durch innovative Wege anspornen. Grundsätzliche Voraussetzung ist, dass die Kommunikation in Ihrer Organisation bereits von einer offenen und dialogischen Atmosphäre geprägt ist.

Der Begriff sozial kennzeichnet, dass die Nutzenden Inhalte selbst zusammenstellen, kommentieren und entwerfen. Das Wissen wird also nicht mehr zentral von einer Stelle aus verbreitet. Wer bereits ein Intranet hat, entwickelt es beispielsweise so weiter, dass die Mitarbeitenden darin unkompliziert miteinander interagieren können. Laut einer aktuellen BITKOM-Studie haben bereits 13 % der deutschen Unternehmen eine soziale Plattform in ihrem internen Netzwerk aufgebaut. Knapp vier von zehn Befragten nutzen soziale Medien für ihre Kommunikation mit Mitarbeitenden (vgl. Puppe 2013, S. 1).

▶   Der Schritt in die sozialen Medien erfordert, dass in Ihrer Organisation eine
     breite Affinität zur Online-Kommunikation vorhanden ist.

Teilweise wird in sozialen Einrichtungen die Arbeit am PC und der Austausch per E-Mail als lästig empfunden. In diesem Kreis tummelt sich mitunter der ein oder andere Technikverweigerer oder zumindest -skeptiker. Ist das die Basis für die interne Kommunikation, werden sicher andere Maßnahmen erfolgversprechender sein. Hier viel Kraft in die verstärkte Mediennutzung zu stecken, ist vielleicht nicht unbedingt verschenkte Zeit. Diese Ressourcen können jedoch wesentlich besser genutzt werden, um mit den positiven Energien zu gehen, also die Wege zu wählen, die schneller zum Erfolg führen und breite Akzeptanz versprechen.

Funktioniert der E-Mail-Austausch aber bereits gut, selbst wenn dies nur unter den Leitungskräften der Fall ist, können soziale Medien eine wertvolle Bereicherung darstellen, die Ressourcen sparen und den einrichtungsübergreifenden Austausch ermöglichen. Damit wird auch die Verbreitung der Botschaften zur Arbeitgebermarke effizienter und nachhaltiger gestaltet sowie der Weg zum Enterprise 2.0 geebnet. Viele der hier vorgestellten Maßnahmen können ohne weiteres auch das externe Employer Branding bereichern.

Foren

In geschlossenen Foren können sich Mitarbeitende zu Schwerpunktthemen austauschen, ohne eine E-Mail-Flut zu verursachen. So verursachen E-Mails von der Geschäftsführung, sofern darauf reagiert werden soll, durch große Verteiler eine Vielzahl von weiteren E-Mails, die nach kurzer Zeit niemand mehr überschauen kann. Je nachdem, ob die Option „Antworten" oder „Allen antworten" ausgewählt wurde, werden zudem einige Mitarbeitende außen vor gelassen. Im Verlauf von Foren können die Beiträge dagegen übersichtlich nachvollzogen und jeweils mit Fragen oder Kommentaren ergänzt werden. Auf diesem Wege können Entscheidungen wesentlich schneller getroffen werden und fußen auf einer breiten Basis.

Wikis

So wie jeder in Wikipedia zum Gemeinschaftswissen beitragen kann, ist das auch im Unternehmenskontext möglich. Die Mitarbeitenden können mit der Wiki-Technik ohne große Vorkenntnisse gemeinsam an Projekten arbeiten oder ihr Wissen dokumentieren, das anschließend allen zur Verfügung gestellt wird. Es sind alle unabhängig von der Hierarchie eingeladen, ihr Wissen zu teilen, sodass jeder in der Gemeinschaft davon profitiert. Gerade im sozialen und Bildungsbereich sind zahlreiche Dokumentationen anzufertigen, die meist von den Zuständigen allein bearbeitet werden. Ein Wiki könnte für alle zu einer deutlichen Arbeitserleichterung führen, da sich vielfach Abläufe ähneln und dann auf bewährtes Wissen zurückgegriffen werden kann. Man muss das Rad also nicht jedes Mal neu erfinden. Legen Sie damit die Basis für ein unkompliziertes Wissensmanagement in Ihrer Organisation und schlagen Sie gleich mehrere Fliegen mit einer Klappe. Durch den anstehenden Generationswechsel erhalten Sie wichtiges Wissen, das mit der Verrentung älterer Mitarbeiterinnen und Mitarbeiter verschwinden würde. Zudem schaffen Sie eine übersichtliche Plattform zur Vermittlung Ihrer Arbeitgebermarke, die jederzeit für alle einsehbar ist und ergänzt werden kann.

Ein populärer Software-Anbieter in diesem Feld, der den Schwerpunkt auf das Wissensmanagement legt und zusätzlich schon viele soziale Netzwerkfunktionen ermöglicht, ist Confluence vom australischen Unternehmen Atlassian (vgl. www.atlassian. com/de/software/confluence).

Eine Open-Source-Lösung, somit also kostenfrei, ist MediaWiki. Die Software zeichnet sich durch eine hohe Benutzerfreundlichkeit aus, hat allerdings ihre Grenzen bei der Rollenverwaltung, die nur drei Gruppenunterscheidungen möglich macht (vgl. Adler et al. 2011).

Blogs

Blogs können nicht nur in der externen Kommunikation zum Tragen kommen. Auch in der internen Kommunikation schaffen sie Struktur anstelle der sonst eher unübersichtlichen E-Mail-Postfächer. Darin könnten beispielsweise Mitarbeitende eingebunden werden, die besonders Lust darauf haben, Neuigkeiten zur Entwicklung des Employer-Branding-Prozesses zu veröffentlichen. Es könnte auch ein Blog der Unternehmensführung sein, durch das die Top-down-Kommunikation persönlicher und emotionaler gestaltet werden kann. Je aktueller der Blog gehalten wird, umso attraktiver ist es für die Belegschaft, am Ball zu bleiben.

Internes Podcasting

Podcasts könnte man auch als Audio- oder Video-Blogging bezeichnen. Sie nutzen Film- oder Tonaufnahmen zur Vermittlung regelmäßiger Botschaften. Diese können abonniert werden. Im Unternehmenszusammenhang wäre es denkbar, dass die Geschäftsführung oder der Vorstand regelmäßig per Ton oder Video die Mitarbeitenden über aktuelle Entwicklungen informiert. Durch die Stimme oder das Gesicht erhalten die Mitteilungen eine wesentlich persönlichere Note, wenn es gut gemacht und das Ziel klar ist. Dieser Weg eignet sich also nicht für jede Organisation. Eine angenehme Stimme mit Talent zum Storytelling sollte gegeben sein. Wichtig dabei ist die Möglichkeit der Interaktion. Sie sollten sich die Frage stellen, wie und mit welchen Ziel Sie Rückmeldungen zu Ihren Podcasts erhalten können oder wie Sie die Beteiligung aller ermöglichen.

Social-Networking-Plattformen

Das, was Facebook, Xing oder meinVZ anbieten, kann die Zukunft für Ihr Intranet darstellen. Das heißt, es wird die Basis gelegt, um persönliche Profile einzurichten und sich miteinander zu vernetzen. In besonders ausgefeilten Social-Networking-Plattformen sind Blogs, Foren oder Wikis sogar direkt integriert. Damit tragen sie entscheidend zur Entsäulung innerhalb Ihrer Organisation bei.

Mittlerweile gibt es im Internet Anbieter, die Arbeitgeber zur internen Vernetzung nutzen können, ohne dass sie ein eigenes System aufsetzen müssen – sogenannte „Enterprise Social Networks". Beispielhaft sei hier der kalifornische Anbieter *Yammer* (vgl. www.yammer.com) genannt. Das firmeninterne soziale Netzwerk startete als Microblogging-Dienst à la Twitter für die Unternehmenskommunikation. Inzwischen gehen die Funktionen weit darüber hinaus und ermöglichen den gemeinsamen Austausch von Wissen und Dokumenten. Die Nutzung ist kostenfrei, allerdings auf Englisch. Mittlerweile hat Microsoft das soziale Netzwerk aufgekauft und Schnittstellen für seine Cloud-Version Office 365 entwickelt (vgl. Kalenda 2013).

▶ Es strömen immer mehr Anbieter auf den Markt, auch in Deutschland. Dabei kann die IT immer nur Mittel zum Zweck und nicht der Heilsbringer für jegliche Probleme sein.

Ein übertriebener Fokus auf die technische Realisierung führt meist dazu, dass enorme Kosten für eine unliebsame und unpassende Anwendung verursacht werden. Wirklich gelebt werden die Tools nur, wenn sie auf breite Akzeptanz stoßen. Das ist am ehesten der Fall, wenn nicht nur nach dem gewinnbringenden Software-Anbieter gesucht wird, sondern auch und besonders nach den bevorzugten Kommunikationswegen und Bedürfnissen der Mitarbeitenden.

▶ Das Commitment der Führungsebene ist der neuralgische Punkt beim internen Web 2.0. Von ihr aus müssen der Impuls und die Motivation dazu kommen.

Das heißt auch, dass die Geschäftsführung oder die Vorstandsebene später selbst von den Anwendungen Gebrauch macht. In gemeinsamer Abstimmung wird der individuell adäquate Weg gefunden. Sie sollten sich zudem bewusst sein, dass der Schritt zum Enterprise 2.0 die Kommunikationshierarchien aushebelt. Die Diskussion wird nicht mehr von oben bestimmt. Meinungen können frei geäußert werden. Dadurch sind die Kontrollmöglichkeiten von Vorgesetzten eingeschränkt. Besonders ältere Mitarbeitende könnten damit Probleme haben, zumal sie nicht mit den neuen Medien aufgewachsen sind und ihnen häufig eine stärkere Skepsis entgegen bringen (vgl. Führmann und Schmidbauer 2011, S. 182). Setzen Sie sich also klare Ziele, die Sie mit Ihrem Schritt in die internen sozialen Medien erreichen wollen.

▶ Die kulturelle Frage, ob die neue Art der Kommunikation zu Ihnen passt, sollte im Vordergrund stehen. Lassen Sie sich nicht leichtfertig von den Möglichkeiten, die mit sozialen Medien verbunden sind, verführen.

Schaffen Sie erst die Basis einer offenen, vertrauensvollen und vernetzten Kommunikation auf allen Hierarchieebenen, bevor Sie den Schritt ins Web 2.0 wagen.

▶ Ein Kulturwandel hin zu mehr Transparenz und angstfreier Kommunikation kann nicht über Nacht erreicht werden. Das erfordert Zeit und Geduld. Der

Schritt lohnt sich aber in jedem Fall, um überhaupt in der Lage zu sein, gemeinsam mehr zu erreichen.

Für Evaluation – interne Kommunikation (Abschn. 10.2)
Wenn Sie für Ihre interne Kommunikation den Weg in die sozialen Medien wagen,
können Sie die Beteiligung in der Regel unkompliziert an Online-Statistiken ablesen.
Dadurch lässt sich leicht auswerten, welche Inhalte und Kanäle von hohem Interesse
für Ihre Mitarbeitenden sind. Daraus lassen sich auch Rückschlüsse für die Offline-
Kanäle ziehen.

8.4   Botschafterinnen und Botschafter der Arbeitgebermarke

Ihre Mitarbeitenden, die Ihre Arbeitgebermarke als Botschafterinnen und Botschafter nach
innen und außen wohlwollend kommunizieren, stellen die Krönung Ihres internen Employer Brandings dar. Als überzeugende Multiplikatoren verbreiten sie die Stimmungen,
Argumente oder Zusammengehörigkeitsgefühle, die aus Ihrer Employer Brand resultieren
und sie dadurch weiter stärken. Doch wie kurbelt man diesen Prozess an – glaubwürdig
und aus eigenem Antrieb? Der Grad zwischen auferlegten und selbstbestimmten Botschaften ist schmal und verwischt zum Teil sogar. Für diese Auseinandersetzung bedarf es
daher viel Feingefühl und Selbstreflektion.

8.4.1   Botschafter oder Sprachrohr?

Der interne Employer-Branding-Prozess, um Mitarbeitende zu Markenbotschaftern zu
etablieren, stellt die Unternehmen aller Branchen vor mehr Fragen als Antworten. 2012
befragte die Managementberatung Kienbaum-Gruppe 234 Personalverantwortliche in
ihrer Studie „Internal Employer Branding". Danach fokussieren 70 % der Befragten ihre
Employer Branding-Maßnahmen auf eine attraktive Außendarstellung. Ein Viertel von
ihnen sucht noch nach passenden Maßnahmen für das interne Employer Branding. Ein
gutes Drittel hat Instrumente entwickelt, um die Mitarbeitenden langfristig für die Arbeitgebermarke zu sensibilisieren (vgl. Bethkenhagen 2012).
   Sie befinden sich also in guter Gesellschaft mit Ihren offenen Fragen. In der Studie
werden diverse Maßnahmenbeispiele aufgeführt, die auf den ersten Blick toll klingen, auf
den zweiten jedoch zum Teil nachdenklich stimmen:

- Markenschulungen, um die Mitarbeitenden mit der Employer Brand vertraut zu machen
- Interne Brand-Scouts werden ausgebildet, um die Marke in die Organisation zu tragen
- Work-Life-Balance
- Es wird ein geeignetes Kompetenzmodell eingerichtet, um die Mitarbeitenden entlang
  ihrer Stärken besser einsetzen zu können.

- Der Einarbeitungs-Prozess wird intensiv genutzt, um neue Mitarbeitende von Anfang an mit den Werten und der Kultur des Unternehmens in Berührung zu bringen. Damit soll von vornherein ein Maximum an Motivation, Engagement und Eigeninitiative freigesetzt werden.
- Sogenannte Exitgespräche werden etabliert, um ausscheidende Mitarbeitende wertschätzend zu verabschieden.
- Alumni-Netzwerke werden für das Employer Branding nutzbar gemacht (vgl. Bethkenhagen 2012).

Die Idee, Mitarbeitende zu Brand Scouts *auszubilden*, klingt schon von der Formulierung her nach einer aufgenötigten Maßnahme. Haben Sie doch auf den vorangegangenen Seiten immer wieder das Mantra – Authentizität! Authentizität! Authentizität! – lesen dürfen, sollte Ihnen bereits klar sein, dass die Gewinnung von Botschafterinnen und Botschaftern nicht durch Ausbildung und Schulung gelingen kann. Zumindest nicht, wenn man ins Herz der internen Zielgruppe treffen will. Der Ausgangspunkt ist immer Freiwilligkeit, Motivation und Identifikation.

Von der Begrifflichkeit des Botschafters her ergeben sich zwei zentrale Fragen für das interne Employer Branding:

- Was soll kommuniziert werden?
- Wo sollen die Botschaften verlautbart werden? Also, wie sollen Ihre Mitarbeitenden überhaupt befähigt werden, in die Rolle einer Botschafterinnen oder eines Botschafters zu schlüpfen?

Das, was Ihre Mitarbeitenden im Freundes- und Bekanntenkreis verlautbaren, können Sie nicht kontrollieren, aber Sie können zumindest bedingt Einfluss nehmen, um den Nährboden für positive Botschaften zu bereiten. Was kommuniziert wird, resultiert entscheidend aus der Zufriedenheit Ihrer Mitarbeitenden. Damit sind Ihnen bei positiver Ausprägung bereits anerkennende Worte sicher. Nun wollen Sie aber sicher auch, dass die intensive Arbeit zu Ihrer Arbeitgebermarke in passende Botschaften mündet.

▶ Es liegt an Ihnen, ein breites Wissen zu den Werten Ihrer Employer Brand in Ihrer Belegschaft zu vermitteln.

Dieser Aspekt zielt auf eine intensive interne Kommunikation. Sie ruft regelmäßig die Kernbotschaften in Erinnerung und verknüpft sie mit dem realen Geschehen im Tagesgeschäft. Die Arbeitgebermarke wird mit Leben aus der Praxis gefüllt und so für jeden spürbar.

8.4.2 Mitarbeitende werden zu Testimonials

In welcher Form und in welchen Kanälen die Botschaften verkündet werden, zielt auf den Mitmach-Charakter. Im regulären privaten und beruflichen Umfeld spricht jeder einmal über seine Arbeit und nimmt, wenn alles gut läuft, eine Botschafterrolle in Ihrem Sinne ein. Nur wenige bekommen aber die Möglichkeit, aktiv und öffentlich über Ihre Arbeit zu kommunizieren. Hier kommen Sie ins Spiel – im wahrsten Sinne des Wortes. Denn die Maßnahmen, um Ihre Mitarbeitenden in aktive Fürsprecher-Rollen einzubinden, sollen vor allem eines bringen: Spaß. An dieser Stelle, Sie merken es bereits, verschwimmen die internen und externen Employer-Branding-Maßnahmen deutlich. Das, was Sie hier entwickeln, zahlt parallel erheblich auf Ihr externes Employer Branding ein.

Zunächst sollte geklärt werden, wie offensiv Sie Ihre Mitarbeitenden in den Fokus Ihrer Kommunikationsmaßnahmen stellen wollen. Als öffentliche Botschafterinnen und Botschafter können sie auf der Website, in Broschüren und allen anderen Kommunikationsprodukten zu Ihrer Organisation Gesicht zeigen. Vergessen Sie dabei die internen Kanäle nicht. Die Mitarbeitenden nehmen damit die Rolle eines *Testimonials* ein, wie es im Werbejargon heißt. Abgeleitet vom lateinischen „testimonium" steht der Begriff für Zeugnis oder Zeugenaussage im Sinne einer Fürsprache für Ihre Organisation.

In der Werbung werden sie häufig in Verbindung mit Prominenten genutzt, um Produkten oder Dienstleistungen mehr Aufmerksamkeit und Glaubwürdigkeit zu verschaffen und zugleich den Kauf zu personalisieren. Es kann aber auch einfach die Frau oder der Mann von nebenan sein. Man denke nur an Herrn Kaiser, die fiktive Werbefigur der Hamburg Mannheimer (vgl. Stalzer 2007, S. 121).

Nicht jeder aus Ihrer Organisation wird hellauf begeistert sein, sich so öffentlich mit seinem Arbeitgeber zur Schau zu stellen. Doch bei einem großen Teil Ihrer Belegschaft kann damit sogar ein regelrechter Hype ausgelöst werden. Fotoshootings oder Filmdrehs, die dafür anberaumt werden, sind meist eine völlig neue Erfahrung. Sie eröffnen den Kontakt zu Menschen, mit denen man sonst nicht in Berührung kommt. Es ist also eine gelungene Abwechslung für den normalen Arbeitsalltag. Das Ganze lässt sich als Event aufziehen, für das sich Ihre Mitarbeitenden bewerben können. Je mehr Freude dabei freigesetzt wird, umso mehr Stolz wird im Anschluss mit den fertigen Produkten in Verbindung gebracht.

Praxistipp Fotografen-Auswahl: Lieber einmal mehr vergleichen

Die Kosten für professionelle Shootings können schnell das Budget in die Höhe treiben. Hat sich der Fotograf oder die Fotografin bereits einen Namen gemacht, ist meist eine Managementagentur im Spiel und das Gesamthonorar für ein eintägiges Shooting landet unverhofft im fünfstelligen Bereich. Nicht selten werden Sie die Fotorechte, die Sie über einen begrenzten Zeitraum von zwei oder drei Jahren eingeräumt bekommen, zusätzlich bezahlen müssen. Ist die Frist abgelaufen, wird die Rechtenutzung neu verhandelt und weitere Kosten werden fällig. Wenn es schlecht läuft und Sie sich nicht einig werden, sind Sie dazu angehalten, alle Kommunikationsmaterialien mit dem entsprechenden Bildmaterial zu vernichten und aus allen Kanälen zu entfernen. Gerade im Online-Bereich ist das eine fast unlösbare Anforderung.

Beziehen Sie diese Überlegungen bei Ihren Planungen mit ein und lassen Sie sich nichts von selbsternannten Besserwissenden aufdrängen, womit Sie nur kurz- und mittelfristig planen können. Holen Sie sich mehrere Angebote ein und klären direkt vorab, dass Sie die Fotorechte zeitlich und räumlich unbegrenzt übertragen bekommen. Auf diesen Punkt werden sich die Koryphäen im Metier kaum einlassen, es sei denn, sie wollen soziale Projekte unterstützen. Vielleicht leidet die Foto-Qualität am Ende ein Stück weit. Die Unterschiede werden aber wohl eher die Profis der Branche erkennen. Ist es Ihnen das wert?

Mitarbeiterinnen und Mitarbeiter, die freiwillig Botschaften zu Ihrer Organisation in den unterschiedlichen Kommunikationskanälen verbreiten, strahlen eine besonders hohe Glaubwürdigkeit und Emotionalität aus – *intern wie extern*. Diese Wirkung werden Sie mit einfachen Worten kaum in der Schnelle und Tiefe erzeugen. Durch die persönliche Ansprache schaffen Sie zudem ein hohes Maß an Identifikation. Menschen, die sich bei Ihnen bewerben, bekommen damit tiefe Einblicke in Ihre Arbeitswelt und haben die Möglichkeit, sich einzufühlen. Der Stolz, der auf den Motiven gezeigt wird, wird für die Betrachter spürbar. Das ist eine Verbindung, die direkt ins Mark der individuellen Motivation trifft und wesentlich mehr Überzeugungskraft versprüht als bloße Worte.

Intern können Sie die Botschafterinnen und Botschafter Ihrer Arbeitgebermarke mit neuen Zuständigkeiten zur internen Kommunikation ausstatten. Wer besonders von seiner Arbeit überzeugt ist, soll die Gelegenheit bekommen, das zu passenden Gelegenheiten immer wieder zu verlautbaren. Auf diesem Wege kann selbst der ein oder andere Skeptiker von der Begeisterung angesteckt und das Zusammengehörigkeitsgefühl gestärkt werden.

8.5   Zwischencheck internes Employer Branding

Verschaffen Sie sich einen Überblick, um Ihren internen Employer-Branding-Prozess zu optimieren und Prioritäten für weitere Maßnahmen festzulegen.

Wie fit ist Ihr internes Employer Branding?

- Haben Sie die erforderlichen Voraussetzungen für größtmögliches Commitment geschaffen?
- Haben Sie die nötigen Organisationsstrukturen geschaffen, um das Zusammengehörigkeitsgefühl entlang Ihrer Arbeitgebermarke zu stärken?
- Wie sehr passen Ihre Führungskultur und Ihre Personalentwicklung zu Ihrem Nutzenversprechen als Arbeitgeber?
- Ist Ihre Arbeitgebermarke im Arbeitsalltag erlebbar?
- Ist Ihre interne Kommunikation auf allen Ebenen auf die Employer Brand abgestimmt?
- Haben Sie Möglichkeiten etabliert, um Ihre Mitarbeitenden in ihrer Rolle als Markenbotschafter zu stärken?

Literatur

Adler F, Frost I, Gross D (2011) Tipps für die Wiki-Wahl. Die 8 besten Wiki-Tools für Unternehmen, cio.de, München. http://www.cio.de/strategien/2297050/. Zugegriffen: 2. Februar 2014

Bethkenhagen E (2012) Kienbaum-Studie internal employer branding 2012. Unternehmen vernachlässigen Mitarbeiter als Markenbotschafter. Gummersbach. http://www.kienbaum.de/desktopdefault.aspx/tabid-502/650_read-14030//search_highlite-internal%7cemployer%7cbranding/. Zugegriffen: 27. Jan. 2014

Brinkmann V (2010) Sozialwirtschaft: Grundlagen - Modelle - Finanzierung, Gabler Verlag, Wiesbaden

Forster A, Erz A, Jenewein W (2012) Employer branding. In: Tomczak T, Esch F-R, Kernstock J, Herrmann A (Hrsg) Behavioral branding. Wie Mitarbeiterverhalten die Marke stärkt. 3. Aufl., Gabler, Wiesbaden, S 277–294

Führmann U, Schmidbauer K (2011) Wie kommt System in die interne Kommunikation? Ein Wegweiser für die Praxis. Talpa-Verlag, Potsdam

Kalenda F (2013) Microsoft verstärkt Sharepoint- und Mail-Integration in Yammer. zdnet.de, München. http://www.zdnet.de/88172616/microsoft-verstaerkt-sharepoint-und-mail-integration-in-yammer. Zugegriffen: 1. Feb. 2014

Mertins D (2013) Mitarbeiter als Markenbotschafter der Arbeitgebermarke. Ein Steuerungsmodell des internen Markenmanagements. Diplomica Verlag, Hamburg

Puppe M (2013) Social-Media im Unternehmenseinsatz. Zwei Drittel aller Unternehmen nutzen Social-Media-Werkzeuge für die Kommunikation mit Mitarbeitern. bitkom.org, Berlin. http://www.bitkom.org/files/documents/BITKOM_Presseinfo_Social_Media_Unternehmen_08_07_2013.pdf. Zugegriffen: 1. Feb. 2014

Schumacher NM (2011) Interne Markenführung. Identitätsbasiertes Behavioral Branding in Luxusmarkenunternehmen. Epibli, Berlin

Siebrecht S (2012) Besonderheiten des Internal Branding: Behavioral Branding und Leadership Branding. In: DGFP e.V. (Hrsg) Employer branding. Die Arbeitgebermarke gestalten und im Personalmarketing umsetzen. W. Bertelsmann, Bielefeld, S 105–122

Sponheuer B (2010) Employer Branding als Bestandteil einer ganzheitlichen Markenführung. Gabler, Wiesbaden

Stalzer L (2007) Handbuch der Marktforschung. Facultas Verlags- und Buchhandels AG, Wien

Externes Employer Branding

9

Der externe Employer-Branding-Prozess fokussiert insbesondere auf eine positive und zugleich authentische Außendarstellung als Arbeitgeber mit dem vorrangigen Ziel, neue, passende Mitarbeitende zu gewinnen. Dabei werden alle Berührungspunkte von Bewerbenden mit Ihrer Organisation auf die Arbeitgebermarke abgestimmt. Durch den Instrumentenmix soll die Arbeitgebermarke als glaubwürdig und attraktiv wahrgenommen werden und Orientierung bieten.

Das externe Employer Branding beginnt bei der Konzeption Ihrer Außendarstellung auf dem Arbeitsmarkt. Ihre Personalwerbung, Ihre Stellenanzeigen, Ihre Website und Social-Media-Aktivitäten werden mit der Arbeitgebermarke synchronisiert. Darüber hinaus optimieren Sie sämtliche Berührungspunkte, die die Zielgruppe mit Ihrer Organisation hat oder schaffen neue und legen den Grundstein dafür, dass Ihr Unternehmen mehr Aufmerksamkeit in der Presse erhält.

9.1 Zielgerichtet die Employer Brand auf dem Arbeitsmarkt kommunizieren

Die externe Kommunikation der Arbeitgebermarke weist viele Parallelen zur Kampagnenplanung von Kreativagenturen auf. Es werden festgelegte Intervalle bestimmt, in denen die Kernbotschaften, die aus der Employer Brand resultieren, für zielgruppenadäquate Maßnahmen aufbereitet werden. Das zeigt schon an, dass Sie mit Ihren Methoden und Instrumenten, die Sie einmalig entwickeln, nicht jahrelang auf der Stelle treten können, sondern diese in regelmäßigen Abständen, ausgehend von aktuellen internen und externen Entwicklungen, weiterentwickeln.

Dabei reihen sich die Maßnahmen immer in das Grundgerüst Ihres öffentlichen Auftritts ein. In allen Kommunikationswegen spiegelt sich Ihre Arbeitgebermarke inhaltlich

© Springer Fachmedien Wiesbaden 2014
C. Heider-Winter, *Employer Branding in der Sozialwirtschaft,*
DOI 10.1007/978-3-658-01196-3_9

und visuell wider. Der erste Schritt der externen Employer-Branding-Maßnahmen ist daher, ein einheitliches Bild der Außendarstellung auf allen Ebenen zu entwickeln. Womöglich sind Sie diesen Schritt bereits bei Ihrem internen Employer Branding gegangen. Dann überprüfen Sie erneut, ob Ihre Botschaften, Motive und das Wording in alle Kommunikationsinstrumente implementiert sind. Wenn Sie nicht bereits externe Unterstützung in Anspruch genommen haben, werden Sie an dieser Stelle über spezialisierte Dienstleister nachdenken. Je nach geplantem Umfang Ihrer Aktivitäten werden Sie Expertise im Bereich

- Grafikdesign,
- Website-Design sowie -Programmierung,
- Social-Media-Konzeption und -Realisierung,
- Anzeigenschaltung bzw. Mediaplanung,
- Give Aways,
- Messeauftritte,
- Pressearbeit oder
- Eventmanagement

benötigen. Die Entscheidung, ob Sie in Ihrem eigenen Netzwerk vereinzelt Expertinnen und Experten zur Unterstützung mobilisieren oder eine Fullservice-Agentur zu Rate ziehen, ist von Ihren Steuerungskompetenzen, Ihren Vorkenntnissen und Ihrem Budget abhängig. Bei begrenzten finanziellen Ressourcen könnten Sie sich zunächst auf grafische und Website-Gestaltungen konzentrieren. Diese stehen beim externen Employer Branding als Erstes im Fokus.

Nicht wenige freiberufliche Grafik-Talente haben langjährige Erfahrungen in renommierten Agenturen gesammelt und bieten Ihnen mit weit weniger Aufwand konzeptionelle Kreativ-Unterstützung. Meist sind sie zudem noch gut vernetzt, um bei Bedarf weitere Expertise an Bord zu holen. Das setzt auf Ihrer Seite mehr Aufwand zur Planung und Umsetzung voraus. Zugleich haben Sie die Chance, wesentlich intensiver in die Kreativphase eingebunden zu werden.

9.1.1 Personalwerbung – konsequente Ausrichtung am Nutzenversprechen

Für Ihre Personalwerbung benötigen Sie aussagekräftige Motive, die Sie für die von Ihnen ausgewählten On- und Offline-Kommunikationskanäle adaptieren können. Die Überführung der Bild- und Text-Strategie (Abschn. 7.6) in Werbekreationen verleihen Ihrem Employer-Branding-Prozess das finale Gewand. Möglicherweise haben Sie bei Ihrer Suche nach Botschafterinnen und Botschaftern Ihrer Arbeitgebermarke (Abschn. 8.4.1) oder zuvor schon wesentliche Umsetzungsschritte geleistet.

Wenn das nicht der Fall ist und Sie nun eine Agentur beauftragt haben, dann sollten Sie bei aller Begeisterung für völlig ausgefallene Ideen dennoch einen kühlen Kopf bewahren. Stellen Sie sicher, dass die konzipierten Motive für die externe Kommunikation tatsächlich den Kern Ihrer Arbeitgebermarke treffen und nicht Ihre bisherigen internen Maßnahmen konterkarieren.

▶   Passgenauigkeit der Konzeption geht vor Schönheit.

Wem könnte man es übel nehmen, dass man sich eher von hübschen oder auffälligen Schöpfungen, die mehr dem persönlichen Gusto entsprechen, mitreißen und gleichzeitig blenden lässt? Die Überführung der Strategie in Kreationen birgt das größte Risiko, den Kern der Employer Brand zu verwässern. Außerordentliche Sorgfalt und Sensibilität sind bei diesem Schritt geboten.

Es kann beispielsweise sein, dass die Botschaften zur Positionierung der Arbeitgebermarke zu seicht formuliert werden oder die Agentur eigene Schwerpunktsetzungen vorgenommen hat, die sie für überzeugender hält. Hier haben Konzeptionen, die das Sinnbild Ihrer Strategie am genauesten wiedergeben, den Vorrang vor Einfallsreichtum. Die Vorschläge können Sie immer noch in der Auswahl der Bilder oder Botschaften anpassen. Der Kern, der zu Ihnen passt, bleibt aber bestehen (vgl. Voelk 2012, S. 261).

Lassen Sie sich bei diesen Entscheidungen nicht von den Kreativen dazu verführen, andere Schwerpunkte zu setzen, weil diese Ideen werbetechnisch besser zu vermarkten seien. Vertrauen Sie auf Ihre Erkenntnisse aus der Analyse, kämpfen Sie dafür und lassen Sie sich nicht beirren. Es geht um Glaubwürdigkeit und Passgenauigkeit, die Sie nur mit authentischen Botschaften erreichen. Bekennen Sie dementsprechend mutig Farbe bei Ihrer Schwerpunktsetzung – auch wenn es sich vermeintlich „schlechter" verkaufen lässt.

Pretest in der Zielgruppe

Falls Sie den Erfolgsfaktor zu Beginn des Buches (Abschn. 3.5) vergessen haben, kommt hier die Erinnerung. Bevor Sie in die Finalisierung Ihrer Öffentlichkeitsmaßnahmen gehen, sollten Sie sich noch einmal die Zeit nehmen, die Ideen der Zielgruppe zu präsentieren. Suchen Sie sich Mitarbeitende, die noch nicht allzu lange bei Ihnen sind, sowie mehrere potenzielle Bewerbende und zeigen Sie Ihnen, was Sie zu bieten haben. Sofern das Urteil nicht komplett vernichtend ist, sollten Sie die Hinweise mit aufgreifen. Treffen Ihre Ideen nicht auf positive Resonanz, können Sie entweder den Kreis der Befragten erweitern, um sich abzusichern, oder Sie sollten erneut in Klausur gehen.

Das kreative Konzept bildet die Grundlage für die einheitliche Gestaltung Ihrer Personalwerbung.

▶   Alle Instrumente werden so konzipiert und gestaltet, dass sie auf die Markenbildung einzahlen.

Das Hauptaugenmerk bei den Maßnahmen sollten Sie zunächst auf die Gestaltung Ihrer Website und Ihrer Stellenanzeigen legen. Beides stellt für Jobsuchende die wichtigste Informationsquelle im Bewerbungsprozess dar und ist somit ein Must-have für Sie. Der erste Eindruck muss überzeugen.

Damit Sie darüber hinaus überhaupt als attraktiver Arbeitgeber wahrgenommen werden und sich die richtigen Menschen bei Ihnen bewerben, liegt anschließend die Schwerpunktsetzung auf der Bekanntmachung Ihrer Employer Brand in der Zielgruppe. Doch zuerst kommt die Pflicht, bevor es an die Kür geht.

9.1.1.1   Stellenanzeigen – mit den richtigen Inhalten punkten

Ihre Stellenanzeige ist in das Kreativkonzept Ihrer Arbeitgebermarke gekleidet und Sie fragen sich, was Sie neben der Aufgabenbeschreibung noch an Informationen preisgeben sollten. Eine Online-Befragung unter mehr als 20.000 europäischen Fachkräften und 800 Personalverantwortlichen zeigt die Unterschiede auf zwischen dem, was Bewerbende in Stellenanzeigen erfahren möchten, und worüber Unternehmen Auskunft geben. Aus Deutschland beteiligten sich gut 13.500 Arbeitnehmende.

Drei Viertel der befragten Fachkräfte wollen aus der Stellenanzeige das Gehalt, Informationen zur Arbeitsumgebung wie die Ausstattung oder Anbindung, die Unternehmensgröße und -erfolge sowie Details zur Jobsicherheit erfahren.

▶   Dem Informationsbedürfnis der Bewerbenden kommen die Unternehmen nur
      bedingt nach.

Gerade einmal 6 %, wie in Abb. 9.1 erkennbar, machen Angaben zum Gehalt. Weniger als die Hälfte geht auf die Arbeitsumgebung ein. Zur Jobsicherheit äußern sich nur 15 %. Ein

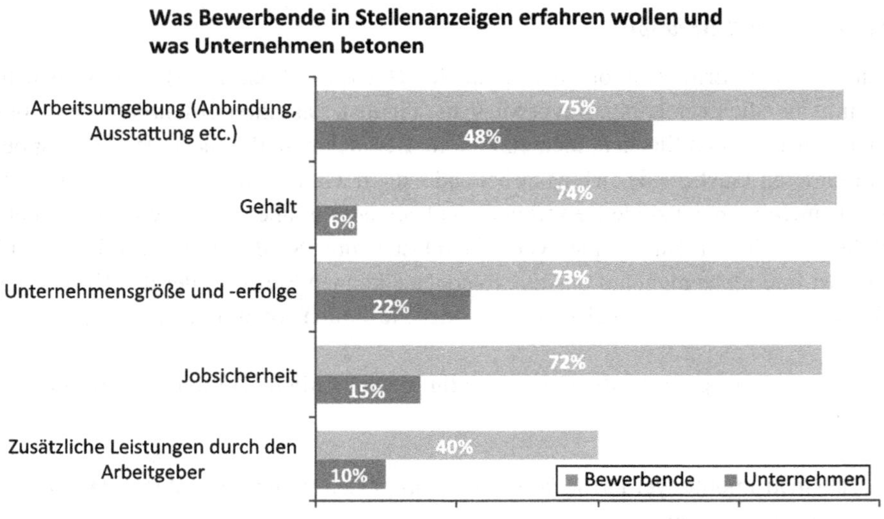

Abb. 9.1 Wunsch und Wirklichkeit von Stellenanzeigen. (Quelle: in Anlehnung an StepStone Deutschland 2012, S. 3)

knappes Viertel stellt sein Unternehmen konkreter vor (vgl. StepStone Deutschland 2012, S. 2 f.).

Damit wird schon deutlich, dass Sie sich mit einer konkreten und detaillierten Stellenanzeige positiv von der Konkurrenz abheben können. Bringen Sie dabei prägnant die Botschaften und das entsprechende Wording Ihrer Employer Brand auf den Punkt. Stellen Sie heraus, durch welche Vorteile, die Sie als Arbeitgeber zu bieten haben, die Botschaften bewiesen werden.

Bei Online-Anzeigen müssen Sie nicht alle Details ausformulieren, sondern können auf Beschreibungen, die beispielsweise auf Ihrer Website zu finden sind, verlinken. Nehmen Sie doch auch mal Informationen auf, die man sonst nie zu lesen bekommt. Geben Sie z. B. Veranstaltungen an, die Sie demnächst besuchen und auf denen man Sie informell kennenlernen kann. Oder verweisen Sie auf Pressebereiche zu Ihrer Organisation. Alle Maßnahmen, die Sie im weiteren Zuge des externen Employer Brandings noch entwickeln und die Ihrer Arbeitgebermarke mehr Profil und Glaubwürdigkeit verschaffen, sind dazu geeignet, sie verkürzt für die Stellenanzeige zumindest in Betracht zu ziehen.

Angaben zum Gehalt sind bei Arbeitgebern zwar äußerst unpopulär, doch können sie schon im Erstkontakt viele Missverständnisse ausräumen und Zeit ersparen. Gerade in sozialwirtschaftlichen Trägern sind Tarifverträge keine Seltenheit. Die Gehaltsstrukturen sind also kein Geheimnis. Dann können diese in der Stellenanzeige auch sichtbar gemacht werden.

9.1.1.2   Crossmediale und zielgruppengenaue Mediaplanung

Was Sie sich aus dem bunten Strauß der PR- und Marketingmaßnahmen herauspicken, um sich am Arbeitsmarkt Profil zu verschaffen, orientiert sich an den Präferenzen und Nutzungsgewohnheiten der Zielgruppen (Abschn. 6.2.6) sowie den Voraussetzungen innerhalb der Organisation. Bei einer gründlichen Analyse ist die Richtung meist schon klar vorgegeben.

▶   Online-Jobbörsen sind als Verbreitungsweg für Ihre Stellenanzeige ein Muss.

Dass Interessenten im Internet nach vakanten Stellen suchen, kann als Faktum angesehen werden. Mit Online-Stellenangeboten verschaffen Sie sich wesentlich mehr Reichweite, auch auf Ihrer Website. Fast jede Online-Jobbörse bietet der Kundschaft die Möglichkeit, Suchprofile zu speichern und so regelmäßig Jobangebote zu bekommen. Mit markanten Anzeigen können Sie sich hervortun und das nicht nur in Ihrem näheren Umfeld. Selbst wenn Ihre aktuelle Vakanz für den User nicht in Frage kommt, können Sie sich positiv hervortun.

Printstellenanzeigen sind dann sinnvoll, wenn Sie mit ziemlicher Gewissheit sagen können, dass sich Ihre Zielgruppe konzentriert in der Leserschaft befindet. Das könnte bei Trägern im ländlichen Gebiet auch für Anzeigen- und Wochenblätter gelten oder bei spezialisierten Vakanzen für Fachzeitschriften.

Neben den konventionellen Werbekanälen für ausführlichere, textlastige Stellenanzeigen steht Ihnen ein schier unendliches Spektrum an weiteren Werbeträgern zur Verfügung, auf denen Sie modifizierte Anzeigen präsentieren können. Das können Postkarten sein, die im Jugendclub oder Sportverein nebenan verteilt werden, oder aber das Großflächenplakat in der Innenstadt.

> **Für Evaluation – externe Kommunikation (Abschn. 10.1)**
> Überprüfen Sie sämtliche externe Kommunikationsmaßnahmen auf ihre Wirksamkeit. Sie wollen schließlich wissen, ob Ihr Geld sinnvoll investiert ist. Fragen Sie dazu beispielsweise bei Vorstellungsgesprächen oder Online-Bewerbungen, wie die Bewerbenden auf Ihre Organisation aufmerksam geworden sind. Analysieren Sie die Zugriffe auf Ihre Website im Zeitraum von Anzeigenschaltungen und vergleichen Sie mit anzeigenfreien Perioden. Generell können Sie Online-Maßnahmen meist sehr detailliert auswerten und für weitere Anpassungen nutzen.

Bei der Planung und dem Maßnahmenmix für die externe Kommunikation gibt es einige Aspekte zu berücksichtigen. Neudeutsch spricht man in der Druck-, Medien- und Werbeindustrie beispielsweise von Crossmedia, was zunächst auf nichts anderes anspielt, als das Sie mehr als ein Medium oder einen Kommunikationsweg werblich nutzen. Werbebotschaften kommen nachhaltiger zur Geltung, wenn die Zielgruppe auf unterschiedlichen Kanälen und Ebenen mit den Botschaften konfrontiert wird.

Crossmedia zeichnet sich dadurch aus, dass

- die Werbebotschaften über mindestens zwei unterschiedliche Werbeträger verbreitet werden,
- die Kommunikationsmaßnahmen zeitgleich ablaufen,
- die Werbebotschaften in den unterschiedlichen Kanälen inhaltlich verknüpft sind und durch Text- und Bildsprache als zusammengehörig wahrgenommen werden,
- die spezifischen Stärken des Werbeträgers genutzt werden, also die Werbebotschaft für z. B. Kino oder Print entsprechend den Voraussetzungen und Vorzügen des Werbeträgers modifiziert wird,
- die Rezipienten geleitet werden, um in allen Kanälen Kontakte zu evozieren, Beispielsweise wird die Zielgruppe durch den Verweis auf die Website in einem Radiospot oder auf einem Plakat von einem Medium sinnvoll zum nächsten geführt (vgl. Sauter 2006, S. 5 ff.).

Crossmedia besticht insbesondere dadurch, dass nicht einfach unterschiedliche Medien zusammengemixt werden, sondern die Auswahl der Kanäle zielgerichtet aufeinander abgestimmt wird. Das Ziel ist es, gegenseitige Wechselwirkungen hervorzurufen und den Nutzer mehrfach mit seinen Botschaften in Kontakt zu bringen (vgl. Sauter 2006, S. 12).

Geht man seinen Maßnahmenmix unter diesem Gesichtspunkt an, verändert das den Blick auf die weitere Planung.

▶   Die lautet die Fragestellung nicht mehr: Wo wollen wir überall unsere Botschaften verbreiten? Sondern: Was können wir mit unseren Botschaften im Printbereich verbinden, um Synergien im Online-Bereich zu heben?

Ausgehend von Ihrer Zielgruppenanalyse, Ihren Zielen und Ihrem Budget entwickeln Sie Ihre Mediaplanung. Zunächst fassen Sie die Werbe- und Informationskanäle sowie die entsprechenden Anzeigenpreise zusammen, die in Frage kommen. Priorisieren Sie die Möglichkeiten nach Aufwand und Nutzen. Welche Wege versprechen beispielsweise die höchste Reichweite, welche vermeiden Streuverluste, welche sind am kostenintensivsten, welche treffen am genauesten die Zielgruppe? Vorrang haben Maßnahmen mit dem höchsten Nutzen und dem geringsten finanziellen Aufwand. Ist hoher Nutzen nur durch viel Budget zu erreichen, sollten Sie abwägen, ob Sie das in Kauf nehmen oder alternative Wege finden.

Selbst gemacht und Geld gespart

Haben Sie sich für eine Agentur bei der Konzeptionierung und Mediaplanung entschieden, dann sollten Sie dennoch einige Aufgaben lieber selbst erledigen, um Kosten zu sparen und von potenziellen Kooperationen zu profitieren.

Anzeigenschaltung

Bei Ihren externen Maßnahmen werden Sie höchstwahrscheinlich Anzeigen oder Werbung als Kommunikationsweg in Betracht ziehen. Die Preise und Konditionen für die Schaltung lassen sich in den Mediadaten nachlesen. Dabei stolpern Sie vielleicht schon selbst über den Begriff „AE-Provision". Das ist der Betrag, den Agenturen für die Vermittlung des Kunden, also Sie, erhalten. In der Regel beläuft er sich auf 15 % des Anzeigenpreises.

Wenn Sie die Schaltung selbst abwickeln, können Sie die Vermittlungsprovision, die sonst Ihre Agentur bekommen würde, meistens als Rabatt geltend machen. Schließlich würde der Anbieter so oder so den verminderten Betrag bekommen, es sei denn, Sie wissen nicht um Ihren Anspruch. Im Außenwerbebereich lassen sich mit den Anbietern über den direkten Kontakt zudem individuelle Kooperationen aushandeln, sodass Sie als soziales Unternehmen beispielsweise Sonderkonditionen bekommen. Fragen Sie einfach nach und vergleichen Sie auch da, wer Ihnen das Beste bietet.

Druckaufträge

Ihre Broschüren, Flyer oder Postkarten sind gestaltet und nun steht der Druck kurz bevor. Ihre Agentur bietet Ihnen den Druck über einen Kooperationspartner an, mit dem sie schon lange zusammenarbeitet und der „exzellente" Qualität bietet. Anderes Beispiel: Sie haben die Schaltung von Großflächenplakaten gebucht. Sie bekommen vom Außenwerbeanbieter den Kostenüberblick für den Druck der Plakate. In beiden Fällen sollten Sie unbedingt weitere Preisvergleiche einholen. Für Broschüren sollten Sie auch Online-Druckereien einbeziehen. Die Kosten variieren immens. Selbst wenn Sie in der Qualität kleine Abstriche machen müssen, was, nebenbei bemerkt, nicht immer der Fall sein muss, können Sie zum Teil 50 % der Kosten und mehr sparen.

9.1.2   Karriere-Website – gefunden werden im Netz

Eine der wichtigsten Stellschrauben in Ihren externen Employer-Branding-Maßnahmen bilden der Aufbau und die Gestaltung Ihrer Website. Sie ist in der Regel nach der Online-Stellenanzeige der erste Anlaufpunkt für Bewerbende, um sich näher mit Ihrer Organisation zu befassen. Wer heutzutage etwas in Erfahrung bringen will, geht ins Netz. Durch das mobile Internet, das per Smartphone nun fast immer und überall verfügbar ist, gewinnt diese Entwicklung weiter an Fahrt. Je jünger die Zielgruppe ist, umso wichtiger wird die gezielte Auseinandersetzung mit Online-Kommunikation.

9.1.2.1   Eigene Karriere-Website oder nicht?

Gerade größere Unternehmen widmen ihren Rekrutierungsmaßnahmen eine eigene Karriere-Website, die als Teil der Corporate Identity erkennbar ist. Ob das für Ihre Zwecke notwendig ist, hängt von den Nutzungsgewohnheiten Ihrer Zielgruppe und den Erweiterungsmöglichkeiten Ihrer aktuellen Website ab. Ein wichtiger Vorteil von eigenständigen Karriere-Websites ist sicher, dass Sie die Web-Adresse, also die URL, selbst wählen können.

▶   Falls Sie einen einzigartigen Slogan finden, der im Netz noch nicht besetzt ist, bietet das bei der Domainfestlegung strategischen Nutzen zur Suchmaschinenoptimierung.

Geben Sie beispielsweise Ihren Slogan, der zur Wunsch-Domain wird, mal in einer Suchmaschine ein und schauen sich an, mit wie vielen anderen Seiten Sie konkurrieren müssten, um gefunden zu werden. Entwickeln Sie Wortkombinationen, die kaum oder gar keine Suchergebnisse produzieren, ist das für Sie die Chance, diese Lücke zu besetzen und leichter Einfluss auf das Suchmaschinen-Ranking zu nehmen.

Ist die Karrierepage eine Unterseite Ihrer Website, ergeben sich zum Teil unwahrscheinlich lange und umständliche URLs. Diese können Sie nicht auf Werbemotiven angeben. Behelfsmäßig werden dann die Employer-Brand-Motive auf die Startseite gepackt und zur Unterseite verlinkt. Haben Sie jedoch plakative Bilder mit starken Botschaften, geht auf diesem Weg ein Teil der Wirkung verloren. Mitunter haben gerade ältere Websites zudem ein veraltetes Content Management System, das nur wenig Raum für neue Gestaltungen lässt und so die Botschaften nicht zur vollen Geltung kommen.

Der Nachteil einer eigenständigen Seite ist sicher der Verlust des Gesamtüberblicks zu Ihrer Organisation. Auch hier kann man sich mit Verlinkungen weiterhelfen. Haben Sie bereits eine überzeugende Website, verliert diese dadurch an Aufmerksamkeit. Schließlich kann man nicht damit rechnen, dass jeder Interessent bereitwillig weiterklickt. Abhilfe könnte beispielsweise der Kauf einer kurzen und prägnanten Domain schaffen, die als Weiterleitung auf die Unterseite eingerichtet wird.

> **Für Evaluation – externe Kommunikation (Abschn. 10.1)**
> Die (Karriere-) Website auszuwerten ist die zwingende Minimum-Anforderung der externen Employer-Branding-Evaluation. Leichter und übersichtlicher geht es kaum. Lassen Sie sich ein Analytics-Programm einrichten – den Datenschutzhinweis auf der Website nicht vergessen. Fortan können Sie einsehen, aus welchen Ländern, Städten, von welchen externen Seiten usw. die User auf Ihre Website gelangen.

9.1.2.2 Wichtigste Konzeptionsanforderung der Website: Wege verkürzen

Für die grundsätzliche Konzeption der Seite sollte dem Gedanken, wie Wege verkürzt werden können, größere Aufmerksamkeit gewidmet werden. Diese Anforderung wird Ihnen nicht nur an dieser Stelle begegnen. Generell steht die enge Verzahnung aller Schnittstellen (siehe auch Abschn. 3.6) im Fokus Ihrer Maßnahmen, um im Bewerbungsprozess ein großes Maß an Orientierung und somit an Service zu bieten.

Haben es Interessenten auf Ihre Seite geschafft, dann sollten sie durch eine **unkomplizierte Navigation** schnell zum Ziel finden und sich übersichtlich einen Eindruck des zukünftigen Arbeitsplatzes verschaffen können. Die Übersichtlichkeit sollte sich im gesamten Layout der Seite widerspiegeln und sich durch **eine intuitive Navigation** auszeichnen. Beziehen Sie für den Test der Logik Ihre Mitarbeitenden ein. Treffen Sie eine Priorisierung der Inhalte, die zu Ihrer Zielgruppe passt:

> **Fragen**
>
> * Wie finden Ihre unterschiedlichen Zielgruppen schnell zu den passenden Informationen?
> * Welche Themen stehen für Ihre Zielgruppen im Vordergrund und sollten daher bei der Gestaltung mehr Raum einnehmen?
> * Welche Kommunikationswege werden bevorzugt?
> * Wie sollen Bilder, Tonaufnahmen, Videos und Texte verteilt werden?
> * Welche weiterführenden Informationen will Ihre Zielgruppen wissen und wie können Sie diese einbinden (Tarifverträge, Fragen zur Ausbildung, Informationen zu Karriereperspektiven, Fort- und Weiterbildungen oder Kinderbetreuung usw.)?
> * Welche zusätzlichen Informationen brauchen Menschen mit Behinderung oder aus dem Ausland?
> * Durch welche Kommunikationswege können die Bewerbenden unkompliziert und schnell Kontakt aufnehmen?
> * Welche Möglichkeiten geben Sie für Initiativbewerbungen an?
> * Wer ist die Ansprechperson auf der Website für die Bewerbenden und kann eine umfangreiche Erreichbarkeit sicherstellen?
> * Können die Kontaktinformationen unkompliziert aufgerufen und kopiert werden?

- Selbst wenn Sie noch nicht sicher sind, ob Sie in Social Media investieren wollen, sollten Sie Social Bookmarks auf Ihrer Website integrieren. So können Interessenten die Website in ihren sozialen Netzwerken weiterempfehlen.
- Können Sie die Stellenanzeigen direkt mit einem Einblick in die betreffende Einrichtung verknüpfen, sodass der zukünftige Arbeitsplatz eingesehen werden kann? Das kann auch mit einer Vorstellung des Teams verbunden sein – je persönlicher, desto besser.
- Können und sollen Kooperationspartner oder weitere Stakeholder auf der Website sichtbar werden?

Ausgehend von den Fragen, mit denen sich Bewerbende auf Ihrer Website beschäftigen könnten, werden **einfache** Antworten und Lösungen entwickelt. Hier also noch einmal die kleine Erinnerung, für wen Sie diese Seite gestalten. Beziehen Sie dabei ruhig ebenfalls Ihre Mitarbeitenden ein, um vielfältige Sichtweisen zu berücksichtigen. Ein umfassendes, aber leicht verständliches Bild Ihrer Organisation und Ihrer Möglichkeiten auf der Website stillt schnell wichtige Informationsbedürfnisse und schafft Vertrauen auf unkomplizierte Weise. Verschenken Sie an dieser Stelle kein Potenzial.

9.1.2.3   Die Website mit passenden Features anreichern

Die Anforderungen an Karriere-Websites haben sich im Laufe der vergangenen Jahre stark verändert. Sie entwickeln sich mehr und mehr zu interaktiven Kommunikationsplattformen. Im Zuge des mobilen Internets ist es beispielsweise unverzichtbar, dass Ihre Website mobile ready ist, also die Darstellung für Smartphones oder Tablets optimiert angezeigt wird. Mit einem sogenannten Responsive Design reagiert die Website auf die Anforderungen des jeweiligen Endgeräts, sodass u. a. die Navigation oder die Darstellung einzelner Elemente variiert.

Es gibt immer mehr Features, die sich auf Websites integrieren lassen. Große Konzerne beispielsweise, die ihr Personal international rekrutieren und eine hohe Zahl an Bewerbungen mit differenzierten Qualifikationsniveaus bewältigen müssen, haben eigene umfangreiche Online-Assessment-Plattformen, die sie mit spielerischen Elementen verknüpfen.

Doch nicht alles, was sein kann, muss es auch. Schließlich gehen damit immense Kosten einher, die nur mit einer ausgefeilten Strategie zu wahrem Nutzen führen. Verzichten Sie lieber auf zeitgeistige Trends und fokussieren Sie auf Anwendungen und Features, die den größten Erfolg versprechen – und zwar ganzheitlich. Dabei ist weniger – zugunsten der **Übersichtlichkeit** – oft mehr.

Wie oft sind Sie beispielsweise genervt, wenn Sie eine Website aufrufen und sofort mit einem Popup oder einem automatisch startenden Video belästigt werden? Oder aber Sie müssen geduldig warten, weil eine Flash-Animation lange lädt oder Sie suchen vergeblich nach einem einfachen Kontaktformular.

▶   Jedes Feature Ihrer Website soll einem sinnvollen Zweck dienen – und zwar aus Sicht Ihrer User.

Wir erinnern uns an den Köder, der dem Fisch und nicht dem Angler schmecken soll. Die Ergebnisse der Zielgruppenanalyse und Marktbearbeitungsstrategie (siehe Abschn. 6.4 und Abschn. 7.5) geben Aufschluss über die individuellen Bedürfnisse und Motive, die sich in der Website-Konzeption niederschlagen. Wenn Sie beispielsweise bestimmte Zielgruppen stärker ansprechen wollen, sollten diese auf der Website in Bildern und Worten auch vorkommen. Es könnten beispielsweise Foto-Slider oder Galerien sowie eingebettete Videos mit entsprechenden Protagonisten eine Rolle spielen.

Bei breitgefächerten Informationen können Suchfunktionen hilfreich sein. Haben Sie beispielsweise eine Vielzahl an vakanten Stellen, weil Sie bundesweit tätig sind, kann eine Suchmaske nach u. a. Einsatzort, Voraussetzungen, Teilzeit oder Vollzeit einen großen Service für die Besucher Ihrer Seite bieten. Auch FAQs – Frequently Asked Questions – können den Informationsfluss sortieren und befördern.

Eigentlich dem Web 2.0 zuzurechnen, worauf im Folgenden erst eingegangen wird, sollen in diesem Abschnitt auch Blogs als Element der Karriere-Website beleuchtet werden. Anders als bei z. B. Facebook geben die Autoren bei Blogs die Spielregeln vor und müssen sich nicht an die geltenden Vorgaben der jeweiligen Social-Media-Plattformen halten. Als Online-Tagebücher hielten sie in den 90er Jahren Einzug ins Web. Als Instrument des Employer Brandings können Sie die Blogs direkt auf Ihrer Seite oder in einem eigenen Web-Auftritt einbinden. Hier können z. B. Azubis kleine Geschichten aus dem Arbeitsalltag erzählen. Oder Sie gestalten einen eigenen Karriere-Blog, den Sie auf Ihrer Website anreißen und verlinken (vgl. Diercks 2014).

Das wohl bekannteste und gefühlt am häufigsten zitierte Corporate Blog stammt von Daimler. Seit 2007 geben dort Mitarbeiterinnen und Mitarbeiter aus allen Unternehmensbereichen Einblicke in das Konzernleben. In einer zweiseitigen Blogging-Guideline hat Daimler die Standards festgehalten, die den Autorinnen und Autoren viel Spielraum bei ihren Texten lassen, aber auch Orientierung bieten (vgl. Daimler 2007).

Mit Blogs können Sie zielgruppengenau, persönlich und authentisch Ihre Arbeitgebermarke unter Beweis stellen. Erwarten Sie sich von den Beiträgen keine außerordentliche Reichweite. Da Blogs für Suchmaschinen eine nicht zu verachtende Bedeutung haben, werden Ihre Geschichten dafür im Netz gefunden und zwar von denjenigen, die nach entsprechenden Geschichten suchen.

►   Voraussetzung für Blogs ist, dass Sie Ressourcen haben und bereitstellen, um
      Kontinuität zu gewährleisten.

Haben Sie Mitarbeitende, die zumindest ein gewisses Talent zum Schreiben haben und regelmäßig interessante, witzige oder unterhaltsame Inhalte zu erzählen haben? Können Sie diesen Mitarbeitenden die Zeit zum Schreiben einräumen? Wägen Sie wie bei allen anderen Features Ihrer Karriere-Website Gewinn und Aufwand genau ab. Priorität haben zunächst alle Optimierungsmaßnahmen, die den Kontakt zu Ihrer Organisation erleichtern.

9.1.3   Chancen, Potenziale und Grenzen von Social-Media-Aktivitäten im Employer Branding

User im Web 2.0 haben die Möglichkeit, selbst Inhalte zu gestalten und sie mit der Gesellschaft zu teilen. Es lassen sich content-orientierte Plattformen wie beispielsweise Blogs oder Wikis und beziehungs-orientierte Plattformen wie die sozialen Netzwerke Facebook oder Google+ unterscheiden (vgl. Schmidt 2013, S. 18). In Abschn. 8.3.5 haben Sie bereits erfahren, wie Sie mit sozialen Medien Ihre interne Kommunikation stärken können. Werfen wir nun einen Blick auf das Potenzial in der externen Kommunikation.

Social Media sind in aller Munde. Dabeisein ist alles, könnte man meinen. Doch nur wenn Social-Media-Aktivitäten mit einer zielgerichteten Strategie verbunden werden, können sie zum Erfolg der Fach- und Führungskräftegewinnung beitragen.

Zwar genießen Facebook & Co. eine breite Anhängerschaft. Doch im Bereich der Berufsorientierung spielen sie nicht die erste Geige. Untersuchungen zeigen, dass die Unternehmenswebsite für 90 % der Jobsuchenden immer noch die wichtigste Recherchequelle darstellt. 65 % nutzen darüber hinaus Suchmaschinen und 51 % Online-Jobbörsen. Kommentare von Unternehmen in sozialen Netzwerken finden nur bei gut einem Fünftel Beachtung. Blogs und Foren sind sogar nur für 15 % relevant (vgl. StepStone Deutschland 2011, S. 8).

▶   Social Media stellen kein Allheilmittel im Zuge des Employer Brandings dar, nur weil sie den Zeitgeist treffen.

Wer den Schritt in die sozialen Medien wagt, sollte den richtigen Ansatz wählen. Denn die persönlichen Netzwerke von Arbeitssuchenden wie Familie oder Freunde haben als Informationsquelle für 60 % eine große Bedeutung und genießen für 80 % eine besonders hohe Glaubwürdigkeit (vgl. StepStone Deutschland 2011, S. 8).

Mit der richtigen Strategie können die sozialen Medien durchaus gewinnbringend für die Rekrutierung sein. Der Social Media Recruiting Report 2013 zeigt, dass in 2013 eine von zehn Stellen über soziale Netzwerke besetzt werden konnte. Damit steht dieser Kanal bei mehr als 600 deutschen Personalverantwortlichen mittlerweile an dritter Stelle. Drei Jahre zuvor war es noch der siebte Platz. Getoppt wird das nach wie vor von Online-Jobbörsen und der eigenen Karrierewebsite (Institute for Competitive Recruiting 2013, S. 25). Das Thema ist also virulent, irgendwie hipp und eigentlich will man gern dabei sein. Die Frage, ob man den Schritt in Social Media tatsächlich wagt, hängt von mehreren Faktoren ab. Selbst wenn Sie aktuell zu der Entscheidung kommen, dass die sozialen Netzwerke nichts für Sie sind, muss diese Tür nicht für alle Zeit verschlossen sein.

▶   Social-Media-Strategien und -Maßnahmen erwachen erst durch die User zum Leben.

Menschen, die bereits auf Facebook, Twitter & Co. unterwegs sind, nutzen diese Medien wie selbstverständlich und ziehen daraus einen Mehrwert. Es stellt für sie keine zusätzliche Belastung dar. Dabei verwischen mitunter die Grenzen zwischen Beruflichem und Privatem – allerdings auf freiwilliger und durchaus gewollter Basis.

Häufig wird mit dem Thema ein intensiver Zeitaufwand verbunden, vor dem die meisten zurückschrecken. Immer wieder steht die Frage im Fokus: Wie viel Stunden kostet mich das pro Tag, um die Accounts zu betreiben? Die Antwort darauf steht und fällt mit dem Selbstverständnis und den vorhandenen Kenntnissen. Ihre Mitarbeitenden werden zum großen Teil so oder so in den sozialen Medien unterwegs sein. Nun würden sie z. B. die Erlaubnis bekommen, das auch offiziell während der Arbeit zu tun.

Sie merken schon beim Lesen der letzten Absätze, dass es in Ihnen unbehaglich kribbelt? Dann sind das ehrliche Eingeständnis und der Verzicht auf das Web 2.0 möglicherweise angezeigt. Finden Sie, bevor Sie über irgendwelche Maßnahmenpakete nachdenken, heraus, wie viel **Nährboden für Social-Media-Aktivitäten in Ihrer Organisation** vorhanden ist:

Fragen

- Wie ist die Haltung in Ihrer Organisation zu Social Media? Überwiegen die Bedenkenträgerinnen und -träger oder die Offenen und Neugierigen?
- Wie viel Überzeugungsarbeit müssten Sie leisten und lohnen sich die Anstrengungen?
- Wie viel Vertrauen wollen und können Sie schenken, um Ihren Mitarbeitenden großzügige Freiheiten im Web 2.0 zu gewähren?
- Überwiegt die Angst vor möglichen negativen Kommentaren oder die Neugier auf Verbesserungsvorschläge?
- Wie viel Affinität und Know-how zu dem Thema ist bereits jetzt bei Ihnen vorhanden und wie lohnenswert ist der Aufwand, um sich das Wissen anzueignen?

Um zu vielversprechenden Social-Media-Strategien zu gelangen, sollte Sie das Beantworten der Fragen bereits mit einem positiven Grundgefühl zurückgelassen haben: also eher mit der Vision, was alles durch die neuen Kanäle noch erreicht und erleichtert werden kann, und weniger mit der unbehaglichen Ahnung, was alles dadurch passieren könnte und wie das zu schaffen sein soll.

9.1.3.1   Strategy comes first

Bevor Sie wild loslegen, beispielsweise Ihre erste Facebook-Fanpage zu kreieren, gehen Sie noch einmal in sich. Jeder Kommunikationskanal Ihres externen Employer Brandings soll sich ins Gesamtgefüge einreihen und einem bestimmten Zweck dienen. Die sozialen Medien lassen sich nicht entkoppelt von allen anderen Maßnahmen betrachten. Zuerst steht daher die Strategieentwicklung auf der Tagesordnung.

Das Grundverständnis des Web 2.0 ist, Menschen zum Mitmachen zu animieren. Das wirft eine Reihe von Fragen auf, für die es zielgerichtete Lösungen zu entwickeln gilt:

- Was wollen Sie konkret mit den sozialen Medien ausgehend von Ihren übergeordneten Zielen zum Employer Branding erreichen?
  - Wollen Sie mehr Sichtbarkeit und Bekanntheit bei potenziellen Bewerbenden?
  - Sollen damit neue Wege der Kontaktaufnahme ermöglicht werden?
  - Wollen Sie mehr Feedback zu Ihren Arbeitgeberaktivitäten?
  - Wollen Sie Ihren internen Employer-Branding-Maßnahmen und -Erfolgen mehr Aufmerksamkeit verschaffen?

Mit jedem Ziel sind unterschiedliche Strategien verknüpft, die im Einklang zur Arbeitgebermarke entwickelt werden. Dahinter stehen die weiteren zentralen Fragen:

- Wie erreichen Sie Ihre Zielgruppe in den sozialen Netzwerken?
- Wie sollen die Menschen zum Mitmachen bewegt werden?
- Wobei sollen sie mitmachen, sprich: für welche Aspekte wollen Sie das Feedback der User einholen und warum?

Nur weil Sie in diversen sozialen Kanälen präsent sind, heißt das noch nicht, dass Sie von Anfragen überrannt werden.

▶   Erst, wenn Sie Ihrer Zielgruppe einen konkreten Mehrwert oder Service bieten, der auf das soziale Netzwerk zugeschnitten ist, und Sie Wege zur Bekanntmachung des Nutzens finden, erreichen Sie Beteiligung.

Versetzen Sie sich in die Lage eines Users. Warum sollte er oder sie ausgerechnet auf Ihrer Seite aktiv werden oder bleiben? Wie können Sie Ihre Wünsche mit denen Ihrer Zielgruppe verknüpfen? Ihre Strategie kann kurz oder langfristig angelegt sein und erfordert zielgerichtete Ansätze, aus denen Sie und Ihre Zielgruppe einen Mehrwert generieren.

9.1.3.2 Facebook, Twitter & Co. – relevante Social-Media-Kanäle im Überblick

Steigt man tiefer in die Materie von Social Media ein, wird man übermannt von der Flut an Informationen und Möglichkeiten. Da fällt es schwer, sich zu entscheiden und den Überblick zu behalten, wie Abb. 9.2 illustriert. Im Rahmen des externen Employer Brandings und bezogen auf die Sozialwirtschaft lassen sich dennoch Schwerpunkte setzen. Selbst bei den gängigsten Anbietern trennt sich schnell die Spreu vom Weizen, was tatsächlich für den sozialen und Bildungsbereich geeignet ist und zu Ihren Zielen sowie Ihrer Strategie passt.

Schon wenn Sie innerhalb Ihrer Organisation nachfragen, auf welchen Portalen Ihre Mitarbeitenden aktiv sind, bekommen Sie ein realistisches Gefühl, in welchem Bereich Sie Schwerpunkte setzen können.

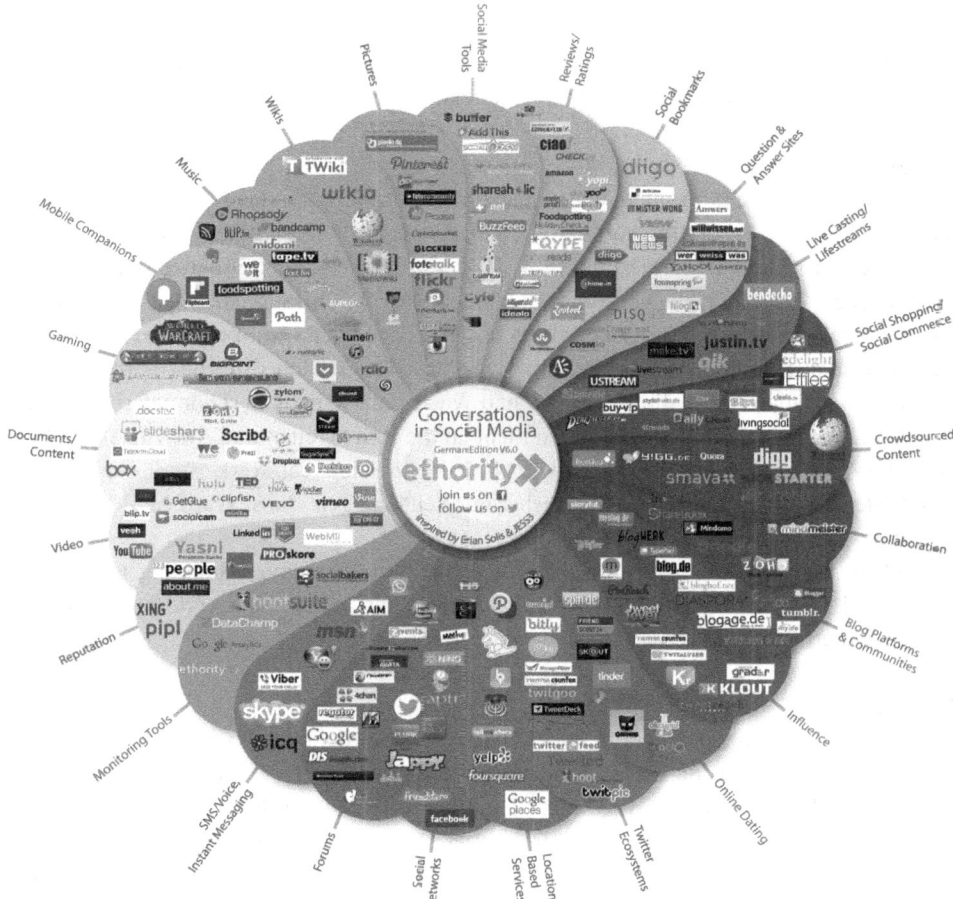

Abb. 9.2 Überblick über Social-Media-Kanäle. (Quelle: ethority GmbH & Co. KG, www.ethority. de/weblog/social-media-prisma)

Facebook

Das soziale Netzwerk ist mit seinen 1,2 Mrd. Usern weltweit Spitzenreiter (vgl. dpa 2014). Die eigene Fanpage kann kostenfrei mit relativ wenig Aufwand angelegt werden. Zahlreiche Web-Agenturen haben sich mittlerweile auf Facebook-Applikationen spezialisiert, sodass die Seite zielgerichtet erweitert werden kann. Videos, Fotos und externe Links lassen sich unkompliziert einbinden und durch die Community weiterverbreiten.

Das soziale Netzwerk bietet zahlreiche Möglichkeiten, sich attraktiv mit seiner Arbeitgebermarke zu präsentieren. Durch die Anzeigenschaltung, die von Facebook forciert wird, haben es Unternehmen ohne Sponsoring allerdings immer schwerer, im Stream der Fans aufzutauchen und somit beachtet zu werden. Relevante und aufmerksamkeitsstarke Inhalte sind daher das A und O. Für den Bereich der Sozialwirtschaft, der dem Technikfortschritt zuweilen kritisch gegenüber steht, ist Facebook wohl eines der gängigsten sozialen Medien. Hier wird es die größten Überschneidungen zwischen sozial interessierten Menschen, die noch nicht in diesem Bereich arbeiten, und Berufserfahrenen aus der Branche geben.

Google+

2011 drängte Google mit seinem eigenen sozialen Netzwerk auf den Markt und verknüpft damit viele seiner Produkte. Ähnlich wie bei Facebook können hier Firmen individuelle Profile einrichten. Über die Funktion Hangouts können sogar Videokonferenzen geführt werden. Mit einer eigenen Präsenz können sich Organisationen einen Vorteil beim Google-Ranking verschaffen. Wer bereits bei YouTube oder Gmail registriert ist, wurde automatisch mit einem Google+ -Profil ausgestattet. Das Gleiche gilt für Android-Smartphone-User. Dadurch sind die Nutzungs- und Wachstumsstatistiken schöngefärbt. Im Vergleich zu Facebook kann Google+ noch nicht an die Reichweiten und Aktivitätslevel heranreichen, soll aber mittlerweile weltweit Nr. 2 der sozialen Netzwerke sein. Zur Zahl der Mitglieder in Deutschland existieren bisher nur Schätzungen, die sich auf ca. 9 Mio. User belaufen (vgl. Buggisch 2014).

Bislang bestehen kaum Erfahrungen für das externe Employer Branding im Bereich Google+. Es bleibt abzuwarten, wie der Datenriese das soziale Netzwerk noch erweitert und für Unternehmen nutzbar macht.

YouTube

Die Video-Plattform von Google bietet Ihnen die Möglichkeit, kostenfrei Ihren unternehmenseigenen YouTube-Kanal einzurichten, um dort Image-, Werbefilme oder andere Videos zu publizieren und zu verwalten. Die User können die Filme bewerten, kommentieren und auf ihren Websites oder zahlreichen anderen Online-Präsenzen einbinden.

Im Frühjahr 2013 verkündete der Konzern, dass er mit 53 Partnern in einem Pilot-Projekt die Einführung von Bezahlkanälen testet. Anbieter wie beispielsweise National Geographic Kids offerieren ihre Kanäle als Abonnement, die man für eine monatliche Gebühr in Anspruch nehmen kann. Damit werden den Unternehmen, die Video-Kanäle auf YouTube betreiben, weitere Erlösmöglichkeiten geboten. In Deutschland sind die Dienste noch nicht verfügbar (vgl. Krause 2013). Wo die Reise hingeht, wird damit aber schon deutlich.

Wenn Sie im Rahmen Ihres externen Employer Brandings Filme einbinden wollen, um z. B. bewegte Aufnahmen zu Ihren Arbeitsweisen zu veröffentlichen, haben Sie mit YouTube eine vielseitig einsetzbare Plattform. Sie brauchen die Videos nicht auf Ihrer eigenen Website hosten, sondern können Sie auf YouTube hochladen und bei Ihnen unkompliziert einbetten. Die Zuschauerinnen und Zuschauer können die Filme dann auf Ihrer Website abspielen oder direkt auf YouTube sehen, kommentieren und weiterverbreiten.

Die Plattform hat daher eine wichtige Multiplikatorfunktion, da man durch unterschiedliche Quellen auf Ihre Veröffentlichungen aufmerksam werden kann. Das setzt allerdings voraus, dass Sie Futter für dieses Medium haben, also Ressourcen für Bewegtbilder bereitstellen.

Kununu

Seit 2007 treibt die Arbeitgeberbewertungsplattform Unternehmensführungen zuweilen die Schweißperlen auf die Stirn. Anonym können aktuelle und ehemalige Mitarbeitende sowie Bewerbende und Azubis ihre (potenziellen) Arbeitgeber auf kununu bewerten. Das Wort stammt laut eigenen Angaben aus der afrikanischen Sprache Suaheli und steht für „unbeschriebenes Blatt" (vgl. kununu.de).

Im deutschsprachigen Raum ist kununu mittlerweile der größte Anbieter seiner Art und wurde 2013 vom sozialen Business-Netzwerk XING AG aufgekauft (vgl. Kopka 2013). 153.000 Arbeitgeber aus Deutschland, Österreich und der Schweiz werden dort anhand zahlreicher Kriterien wie Arbeitsatmosphäre, Chefs, Gehalt oder Image differenziert bewertet. Bestimmte Kontrollinstanzen und Bewertungsregeln sichern, dass sich auf kununu keine Hetztiraden abspielen. Daher werden die Ergebnisse von Personalverantwortlichen auch ernst genommen.

Unternehmen können wiederum auf die Rückmeldungen reagieren, indem sie ihr Profil kaufen. Auf die Bewertungen können sie zwar keinen Einfluss nehmen, dafür mit einem Employer-Branding-Profil ihren Ruf aktiv mitgestalten. Bei besonders schlechten Kritiken erfordert das also schon eine gehörige Portion an Mumm und strategischer Raffinesse, damit die Authentizität gewahrt wird. Wer noch nicht auf kununu sichtbar ist, kann sich mit einem Unternehmensprofil mehr Bekanntheit verschaffen. Schließlich ist davon auszugehen, dass Bewerbende diese Quelle bei ihren Recherchen einbeziehen. Für Arbeitgeber ist das Angebot kostenpflichtig.

Denkbar wäre auch, die eigenen und ehemaligen Mitarbeitenden zu motivieren, dort Ihre Organisation ehrlich und frei von eventuellen Sanktionen zu bewerten. Da Sie damit tiefe Einblicke in Ihre Arbeitsstrukturen gewähren, die ein gewisses Risiko für Ihren Ruf bergen, sollten Sie eine große Gelassenheit und Offenheit aufbringen für kritische Rückmeldungen. Diese können immer als Anlass für Verbesserungen genommen werden.

XING und LinkedIn

Im Zusammenhang von Recruiting-Aktivitäten werden stets die konkurrierenden sozialen Netzwerke XING und LinkedIn genannt. Beide sind auf die Vernetzung von Geschäftsbeziehungen ausgerichtet. Ähnlich wie bei anderen sozialen Netzwerken können User dort ein Profil anlegen und sich zusätzlich mit ihren beruflichen Erfahrungen sowie ihrem aktuellen Arbeitgeber präsentieren. Im deutschsprachigen Raum ist XING Marktführer, international der amerikanische Anbieter LinkedIn.

Aktuell stehen sozialwirtschaftliche Arbeitgeber mit ihren Rekrutierungsmaßnahmen auf diesen Plattformen noch allein auf weiter Flur. Durchforstet man bei beiden Portalen die Branchenverzeichnisse wird man bei XING kaum passende Kategorien finden und bei LinkedIn kaum deutsche Organisationen aus dem sozialen und Bildungsbereich. Bei XING sind derzeit die vertretenen Top5-Branchen die Informationstechnologie, der Dienstleistungssektor, Consulting, Marketing und Werbung sowie Internet.

Das macht deutlich, dass in der Sozialwirtschaft die berufliche Vernetzung weniger über die professionellen Business-Anbieter abläuft. Das kann sich in Zukunft noch än-

dern. Aktuell stecken die Bestrebungen auf Arbeitgeber- und Fach- sowie Führungskraft-
seite aber noch in den Anfängen. Ein erster Schritt in diese Richtung könnte zumindest
sein, dass sozialwirtschaftliche Arbeitgeber für ihre Suche nach Unterstützern stärker in
diesen Netzwerken aktiv werden.

Twitter

Mit dem Microblogging-Dienst können User in 140 Zeichen Kurznachrichten, so genann-
te Tweets, für alle sichtbar verbreiten. Ist man bei Twitter registriert, kann man die Mi-
ni-Blogs anderer abonnieren und wird damit zum Follower. Kommentieren, weiterleiten
und als Favorit kennzeichnen, quasi als Pendant zum Facebook-Like, ist für User ebenso
möglich.

Im internationalen Vergleich gehört Deutschland zum Twitter-Entwicklungsland. 6 %
der Bundesbürgerinnen und -bürger zwitschern laut Marktforschungen. Im europäischen
Wirtschaftsraum EMEA sind Saudi-Arabien und die Türkei führend bei der Nutzung. Da
der Dienst auf die digitale Kommunikation zugeschnitten ist, überrascht es wenig, dass
unter den Twitterern überproportional viele Selbstständige, Marketing- und Medien- sowie
IT- und Internet-Profis zu finden sind (vgl. Kroker 2013).

In der Sozialwirtschaft haben mittlerweile die größeren Verbände wie u. a. die Spitzen-
verbände der Freien Wohlfahrtspflege eigene Twitter-Accounts. Führend darunter ist beispielsweise der Bundesverband des Deutschen Roten Kreuzes mit 14.600 Followern (vgl.
twitter.com/roteskreuz_de). Der Fokus bei ihnen liegt mehr auf der Verbreitung sozialpoli-
tischer Informationen als auf der Gewinnung von Fach- und Führungskräften. Angesichts
dessen, dass die Zielgruppe der potenziellen Mitarbeitenden nur vereinzelt auf Twitter vertreten ist, spielt der Kanal für Organisationen im Zuge des externen Employer Brandings
wahrscheinlich nicht die erste Geige. Zumindest müsste die Strategie so ausgefeilt sein,
dass Aufwand und Nutzen in einem akzeptablen Verhältnis stehen und zum Ziel führen.

> **Für Evaluation – externe Kommunikation (Abschn. 10.1)**
> Wie bei den internen Social-Media-Kanälen stehen Ihnen auch für die externen
> unkomplizierte Auswertungstools zur Verfügung. Bei Facebook ist beispielsweise
> direkt ein Statistik-Tool integriert. Werten Sie Daten in Bezug zu Ihren weiteren
> On- und Offline-Aktivitäten aus.

9.1.3.3   Beispiele für strategische Social-Media-Ansätze

Bei allen Social-Media-Strategien ist die Bekanntmachung Ihres Angebots, um daraus
Traffic zu generieren, das Schwierigste. Daher sollte schon im Konzeptansatz der Zugang
zur Zielgruppe integriert sein. Im Folgenden werden Ihnen drei beispielhafte Herangehensweisen vorgestellt, die den Mehrwert für die Zielgruppe, Ihren Nutzen und den Zugang zu potenziellen Mitarbeitenden miteinander verbinden.

Veranstaltungen

Sie sind beispielsweise mit Ihrer Organisation einmalig oder regelmäßig auf Veranstaltungen, auf denen Sie potenzielle Mitarbeitende gewinnen könnten. Dann wäre ein
strategischer Ansatz, die Social-Media-Kanäle zu nutzen, um die realen Kontakte vor
Ort mit einem Anreiz auf die sozialen Medien zu lotsen. Der Anreiz könnten Gewinn-
spiele oder exklusive Informationen sowie Kontakte sein, die auf die Arbeitgebermarke
einzahlen. Zur nächsten Veranstaltung könnten Sie Ihre Anhänger dann über die sozialen Medien mobilisieren und sie zwischenzeitlich mit witzigen Alltagsgeschichten
Ihrer Organisation informieren.

Vielleicht haben Sie aber auch nur eine große (einmalige) Veranstaltung wie eine
Jobmesse oder Ähnliches, auf die Sie in Social-Media-Kanälen aufmerksam machen
wollen. Ziel ist es, mehr Besuch und anschließendes Feedback zu generieren. Dann
wird vorab Ihre interne Community angestiftet, die bei Ihren Mitarbeitenden und Stakeholdern anfängt, zur Verbreitung beizutragen.

Der wohl interessanteste Aspekt des Web 2.0 ist zugleich der am meisten unterschätzte
und gefürchtetste: die direkte Feedback-Möglichkeit. Vielfach werden die Social-Media-
Kanäle dazu „missbraucht", lediglich die Inhalte aus Pressemitteilungen oder aus News-
lettern weiterzuverbreiten. Es wird eher als einseitiger Kommunikationskanal gesehen.
Die Rückmeldungen halten sich dementsprechend in Grenzen, weil die Information im
Vordergrund steht. Der eigentliche Sinn des Web 2.0 ist damit allerdings nicht erfüllt. Sie
wollen gezielt Community-Meinungen zu Ihrer Organisation einbeziehen? Dann schaffen
Sie die Basis dafür.

Eine einfache und niedrigschwellige Möglichkeit des direkten Feedbacks sind die So-
cial-Media-Ressourcen auf Ihrer Website, also beispielsweise die Einrichtung von Kom-
mentarfunktionen oder Social Plugins. Letzteres bedeutet in diesem Zusammenhang, dass
Sie Besucherinnen und Besuchern Ihrer Seite ermöglichen, die Inhalte über soziale Medien wie Twitter, Facebook oder Google– per Klick zu teilen. Damit erhalten Sie mehr
externe Links, die auf Ihre Website verweisen und sich positiv auf die Suchmaschinenoptimierung auswirken. Ihre Möglichkeiten, auf die geteilten Inhalte zu reagieren, sind
allerdings äußerst begrenzt.

Ist Ihre Social-Media-Strategie auf Feedback-Möglichkeiten ausgerichtet, dann legen
Sie fest, für welche Themen Sie Meinungen einbeziehen wollen, wie Sie die Inhalte zur
Bewertung freigeben können und wie Sie Menschen zum Mitmachen gewinnen und an-
schließend motivieren.

Gezieltes Feedback zur Optimierung

Ihre gesamte Ideenfindung zu den Employer-Branding-Maßnahmen bietet Ansätze, um
sie mit der Community zusammen zu entwickeln oder zu verfeinern. Das hat gleich mehrere Vorteile. Sie verbessern die Zielgruppengenauigkeit Ihrer Instrumente und machen
Ihre Zielgruppe durch die Beteiligung zu einem Teil Ihrer Organisation. Damit können
Sie externe Botschafterinnen und Botschafter für die Employer Brand gewinnen.

Auch hier muss geklärt werden, wie Sie den Zugang zur Online-Zielgruppe eröffnen. Wollen Sie den Nachwuchs erreichen, bietet sich z. B. der Kontakt zu Schulen und Ausbildungsstätten in Ihrer Nähe an. Schauen Sie doch mal in den Klassen vorbei und bitten Sie um Teilnahme an der Online-Bewertung. Bringen die Aktionen und Feedbacks Spaß und zeigen, was in der Praxis daraus geworden ist, haben Sie ein treues und stolzes Publikum gefunden. Das strahlt über die Grenzen Ihrer Erstkontakte hinaus, da die Fans die geteilten Inhalte, Likes oder Links für ihren Freundeskreis sichtbar machen. Die eine oder andere Bewerbung ist Ihnen dabei sicher. Vielleicht ist es auch ein Türöffner im realen Leben für eine engere Beziehung zur Institution, die Sie für Ihr Projekt gewinnen konnten.

Die sozialen Medien eignen sich im Rekrutierungsprozess darüber hinaus, um Kommunikationswege zu erleichtern und zu beschleunigen. Während Sie sich mit der Optimierung oder Konzeption Ihrer Website beschäftigt haben, sind wahrscheinlich schon viele Ideen aufgekommen, wie sich das mit den sozialen Medien verbinden lässt. Zielt Ihre Strategie auf diesen Aspekt ab, gilt es zunächst zu klären, welche Informationen die Zielgruppe schneller und interaktiver erreichen sollen und warum. Verbinden Sie die Lösungssuche mit den Möglichkeiten der sozialen Netzwerke.

Online-Beratung oder -Expertise

Auf den vorherigen Seiten ist bereits deutlich geworden, dass die Wege in sozialwirtschaftliche Berufe sehr komplex sind und Orientierung dringend geboten ist. Bieten Sie Menschen in der Phase der Berufsfindung doch eine soziale Plattform, auf der sie ihre Fragen loswerden, direkt mit Ihnen in Verbindung treten können und gezielte Informationen erhalten. Tipps, weiterführende Kontakte und Einblicke in Ihre Arbeitswelt könnten das Angebot ergänzen. Zielgruppen können sowohl potenzielle Nachwuchskräfte sein, als auch Quereinsteigerinnen und Quereinsteiger.

Solch eine Möglichkeit muss zwar auch bekannt gemacht werden, damit Sie Bewegung auf Ihrer Plattform haben. Da Leistungen dieser Art aber kaum existieren, ist das Thema sogar für die Medien interessant und kann Ihnen als Arbeitgeber mehr öffentliche Aufmerksamkeit verschaffen (Der Weg zu einer guten Story Abschn. 9.3.2)

9.1.3.4   Tipps zu Social-Media-Inhalten

Mit der ersten eigenen Fanpage oder dem eigenen Twitter-Account stellt sich schnell die Frage, welche Inhalte die Zielgruppe interessieren könnte und wie man diese am besten aufbereitet. Die Social-Media-Strategie gibt die grundsätzliche Richtung vor. Doch damit die User am Ball bleiben, sollte die Strategie mit einem inhaltlichen Konzept verbunden werden. In digitalen Zeiten haben sich die Geschwindigkeiten potenziert. Für die sozialen Medien bedeutet das, regelmäßig interessanten Content zu liefern. Die Anforderungen beziehen sich also auf die Fülle und auf den Mehrwert des Inhalts.

▶   Je selbstverständlicher die Nutzung von Social-Media-Kanälen in Ihrer Organi-
     sation integriert ist, umso leichter fällt es, die User auf dem aktuellen Stand zu
     halten.

Ihre Mitarbeitenden könnten beispielsweise die Erlaubnis bekommen, ohne vorherige
Freigabe Neuigkeiten zu veröffentlichen. Die Kreativität und damit das Engagement werden durch viel Freiraum aktiv befördert. Dadurch sind das Wissen und die Zuständigkeiten
auf vielen Schultern verteilt, sodass die Ideen zu interessanten Veröffentlichungen verviel-
facht werden.

▶   Es sollte vorab ein gemeinsamen Verständnis über die Auswahl passender
     Inhalte und den angemessenen Kommunikationston hergestellt werden.

Am besten gießen Sie die Gedanken in ein eigenes Richtlinien-Papier, das es den Mitarbeitenden unkompliziert und angstfrei ermöglicht, zu kommunizieren. Auch für User,
die Ihre Beiträge kommentieren, können Sie eine sogenannte **Netiquette** festlegen. Die
Wortschöpfung aus Net und Etiquette steht für Verhaltensorientierungen, wie in den einzelnen Online-Diensten kommuniziert werden soll. Darin werden beispielsweise Hinweise zu respektvollem und verantwortungsbewusstem Umgang gegeben. Die Netiquette
können Sie auf Ihrer Website einbinden und dann in den jeweiligen Social-Media-Auf-
tritten verlinken.
    Bei der Ausgestaltung der Inhalte genießen visuelle News den Vorrang vor Textwüsten.
Das heißt 1.) **Fassen Sie sich kurz und knapp.** Niemand will z. B. auf seinem Tablet el-
lenlange Artikel lesen. Und 2.) **Denken Sie bei Ihrer Social-Media-Kommunikation in
Bildern.** Bei den sozialen Netzwerken laden witzige oder aufsehenerregende Fotos dazu
ein, geteilt und kommentiert zu werden. Die Floskel „Ein Bild sagt mehr als 1.000 Worte"
wird im Bereich Social Media auf die Spitze getrieben. Doch nicht nur Fotos werden digi-
tal rumgereicht. Genauso verhält es sich mit Online-Videos, mit denen sich gerade jüngere
Menschen dann beispielsweise nach Feierabend auf dem Smartphone die Zeit vertreiben
und ein Schmunzeln auf die Lippen zaubern lassen.
    Bevor Sie nun ins Grübeln oder vielleicht sogar in Panik geraten, wie Sie die Masse
an spaßigen und außergewöhnlichen Meldungen generieren sollen, kommt sofort die Ent-
warnung hinterher. Eine überwältigende Zahl von sozialen Netzwerkerinnen und Netz-
werkern haben diesen Job schon für Sie erledigt. Neben Ihren eigenen Inhalten können Sie
sich zusätzlich selbst mit anderen Seiten vernetzen und deren Inhalte auf Ihren Accounts
teilen.

▶   Bei Ihren Inhalten, mit denen Sie z. B. exklusive Einblicke in Ihren Arbeitsalltag
     gewähren, spielen Fotos Ihrer Mitarbeitenden oder generell von Personen eine
     wichtige Rolle.

Wenn alle einverstanden sind, dass die Fotos online gestellt werden dürfen, steigern die Bilder oder auch Videos erheblich die Verbreitung. Jeder kennt den psychologischen Trick dahinter von sich selbst. Sie waren beispielsweise auf einer Veranstaltung, auf der Fotos gemacht wurden. Im Anschluss bekommen Sie die Info, dass die Bilder eingesehen werden können. Als erstes suchen Sie nach Aufnahmen von sich selbst oder voyeuristisch nach Personen, die Sie kennen. Solche Fotos werden in den privaten Netzwerken der Abgebildeten aufgegriffen, markiert, kommentiert und geteilt. Dadurch erlangen Ihre Inhalte Aufmerksamkeit in einem wesentlich größeren Kreis.

Denken Sie also bei sämtlichen Veranstaltungen darüber nach, inwiefern Sie diese fotomäßig und strategisch für Ihre Social-Media-Kanäle „ausschlachten" können. Darüber hinaus steht hinter jeder Veröffentlichung die Frage, ob sie zum Mitmachen – wie es vom Grundgedanken der sozialen Medien vorgesehen ist – einlädt. Bloße Posts von Pressemitteilungen können schon mal vorkommen, doch tragen sie nicht zwingend zu einer Aktion bei. Sie haben Ihren Account mit einer gezielten Strategie gestartet. Kommen Sie ihr also nach, indem Sie fragen, auffordern, einladen, sprich das Mitmachen ermöglichen.

9.1.3.5 Social Media und rechtliche Fallstricke

Der Begriff Social Media löst bei zahlreichen Menschen den inneren Datenschutz-Alarmknopf aus. Viele von den Bedenkenträgern werden den Schritt in die sozialen Netzwerke erst gar nicht wagen. Ihre Skepsis ist nicht unbegründet. Gibt man doch bei Facebook oder anderen Netzwerken leichtfertig viel über sich preis, während die Daten im Ausland gehostet werden und sich somit der Kontrolle entziehen. Doch was und wie viel jemand über sich verrät, liegt in der Hand jedes Einzelnen. Es beginnt bei der Entscheidung, ob man sich mit Klar-Namen anmeldet und endet bei den Privatsphäre-Einstellungen. Verschaffen Sie sich darüber gemeinsam einen Überblick und geben sich gegenseitig Tipps.

Als Unternehmen, das sich in die sozialen Medien wagt, sollten Sie Obacht geben vor rechtlichen Fallstricken.

▶   Das Urheberrecht macht auch vor Twitter & Co. nicht halt. Besonders fremde Fotos, für die Sie nicht das Einverständnis zur Veröffentlichung haben, sind mit Vorsicht zu genießen und können rechtliche Abmahnungen nach sich ziehen.

Das gilt auch für journalistische Online-Artikel, die Sie mit einem Vorschaubild teilen. Entfernen Sie beim Teilen sicherheitshalber das Miniaturbild. Das Risiko, dass Ihr Urheberrechtsverstoß im Falle von Vorschaubildern gefunden wird, ist zwar eher als gering einzustufen, da Social Media schwer durchsucht werden können. Doch man muss sein „Glück" nicht forcieren. Viele Urheberrechtsverstöße werden durch die unrechtmäßige Verwendung von Profil- oder Titelbildern aufgedeckt (vgl. Schwenke 2012).

Bilder von Personen dürfen Sie nur im Netz veröffentlichen, wenn Sie deren Einverständnis haben. Klären Sie daher lieber einmal zu viel die Details. Bei öffentlichen Veranstaltungen ist dieses Recht gemäß § 23 Kunsturhebergesetz etwas gelockert, doch auch hier schadet die Information nicht, dass Sie vor Ort fotografieren oder filmen lassen und die Aufnahmen für die Off- und Online-Kommunikation nutzen. Lassen Sie dagegen lieber die Finger von Fotos aus Datenbanken oder Stock-Archiven.

Im Graubereich liegt das Teilen von Inhalten mit Empfehlungsbuttons. Jemand, der etwa Sharing-Buttons auf seine Website setzt, kann in der Regel nicht ohne weiteres Urheberrechtsverletzungen geltend machen. Das Risiko ist ebenfalls als gering einzustufen und wiegt die erhöhte Sichtbarkeit der Beiträge auf (vgl. Bundesverband deutscher Pressesprecher 2013, S. 11).

▶   Bei allen Veröffentlichungen sollten Sie darauf achten, keine Schmähkritik oder rechtswidrige Aussagen zu verbreiten.

Das gilt auch für Inhalte, die User auf Ihren Seiten verbreiten. Löschen Sie Kommentare, die einen Rechtsverstoß darstellen, sofort, wenn Sie davon erfahren (vgl. Bundesverband deutscher Pressesprecher 2013, S. 11).

▶   Wie auf Ihrer Website darf das Impressum auch in Ihren Social-Media-Accounts nicht fehlen.

Es muss zudem gemäß § 5 Telemediengesetz leicht erkennbar und unmittelbar erreichbar sein. Auf Facebook kann dazu eine eigener Reiter angelegt werden oder die Information wird in der Infobox mit dem deutlichen Hinweis „Impressum" sowie dem dazugehörigen Link so platziert, dass sie auf den ersten Blick und nicht erst durch Weiterklicken erkennbar ist.

Mittlerweile sind im Internet zahlreiche Anwaltskanzleien in Blogs unterwegs, informieren regelmäßig über Neuerungen und geben wertvolle Praxistipps. Tendenziell hinkt das deutsche Urheberrecht den rasanten Entwicklungen im Internet hinterher. Halten Sie sich daher bei den Expertinnen und Experten auf dem Laufenden.

9.2   Persönlicher Kontakt im Bewerbungsprozess im Einklang mit der Employer Brand

Im Rahmen der Arbeitsmarktkommunikation haben Sie Ihre Employer Brand in sämtliche externe Kommunikationsinstrumente überführt und auf Ihre Zielgruppe angepasst. Mitunter haben Sie z. B. im Rahmen Ihrer Social-Media-Aktivitäten schon den aktiven Kontakt zu potenziellen Mitarbeitenden gesucht oder wurden bereits von Interessenten gefunden. Die Wege der Kontaktanbahnung werden im weiteren Verlauf des externen Employer Branding systematisiert und offensiv gestaltet, um das Recruiting in Schwung zu bringen.

Dabei geht es in vielerlei Hinsicht um konzertierte Netzwerkarbeit. An dieser Stelle kommen Recruiting-Events, Kontakte zu Ausbildungsstätten und interne Netzwerke ins Spiel, die gezielt für den persönlichen Kontakt mit möglichen Nachwuchs-, Fach- und Führungskräften genutzt werden. Angesichts der eher knappen Ressourcen im sozialen und Bildungsbereich werden Sie eventuell sogar darauf angewiesen sein, Aktionen gemeinsam mit anderen Trägern zu initiieren.

Spätestens zu diesem Zeitpunkt wird die Forderung zu Beginn des Buches, dass Sie zum Netzwerker werden sollen (Abschn. 3.5), Realität. Im Vergleich zur freien Wirtschaft, die mit beeindruckenden Messeständen auf den einschlägigen Berufsorientierungsveranstaltungen präsent ist, werden Sie breiter und kreativer denken müssen, um aufzufallen und Ihre Zielgruppe anzutreffen.

9.2.1   Offensive Nachwuchssuche – Recruiting-Events

Das Geschäft mit der Nachwuchs- und Rekrutierungsarbeit boomt. Absolventen-Kongresse und Messen zur Studien- oder Ausbildungsorientierung sprießen allerorts aus dem Boden. Um die Stände möglichst voll zu kriegen, akquirieren die Veranstalter häufig Unternehmen aus allen Branchen. Da fällt es als Besucher schon schwer, den Überblick zu behalten und das Richtige zu finden. Denken Sie für die Teilnahme an allen Events an Informationsmaterialien, Plakate, Banner, Streuartikel oder einen eigenen Messeaufsteller. Ihre Arbeitgebermarke soll sich im Außenauftritt widerspiegeln, auffallen und spürbar werden.

Gerade bei den größeren Events sind sozialwirtschaftliche Träger deutlich unterrepräsentiert, was zum Teil in den hohen Standkosten, zum Teil im Desinteresse und zum Teil im Unwissen begründet liegt. Doch damit prägen sie für junge Menschen auch nachhaltig das Spektrum der zur Verfügung stehenden beruflichen Perspektiven.

▶   Die Kontakte vor Ort sind gerade bei großen Events häufig zwar eher beliebig
        und oberflächlich, doch stellen sie ein wichtiges Element des externen Emp-
        loyer Brandings dar und entfalten eine erhebliche Multiplikatorwirkung.

Entscheiden Sie sich für eine der großen Veranstaltungen, können Sie Kosten reduzieren, indem Sie sich **Partner-Träger** suchen, mit denen Sie auf einem gemeinsamen Stand unter einem verbindenden Motto präsent sind. Sie stehen dann zwar untereinander in Konkurrenz, doch können Sie sich auch dort mit einer Zurschaustellung Ihrer Arbeitgebermarke von den anderen abheben.

Um möglichst große Authentizität zu erlangen und die Hemmschwellen zur Kontaktaufnahme abzubauen, empfiehlt es sich, vor Ort mit jüngeren Fachkräften oder Azubis präsent zu sein. Ein gut besetzter Stand mit Personen aus der Altersgruppe senkt deutlich die Scheu vor einer Kontaktaufnahme. Häufig trauen sich junge Menschen nicht heran, wenn nur eine Person die „Willkommens-Fahne" schwingt.

Wie bei den Website-Aktivitäten sind solche Veranstaltungen umso erfolgreicher, je mehr konkrete Angebote Sie den Interessenten machen können, also je mehr Sie die Wege in den Beruf und zu Ihrem Träger verkürzen.

Briefen Sie Ihr Messe-Team ausführlich

- zu den Zugangswegen in den Beruf,
- zu den Zukunftschancen,
- zu den Besonderheiten sowie Vorzügen Ihres Unternehmens,
- zu den Botschaften Ihrer Arbeitgebermarke und
- zu den Möglichkeiten, schon jetzt Praxiserfahrungen in Ihrer Organisation zu machen.

Versuchen Sie die Interessenten **längerfristig zu binden**, indem Sie Kontaktdaten sammeln und sie anschließend zeitnah über Arbeits- oder Ausbildungsmöglichkeiten auf dem Laufenden halten. Regen Sie durch Empfehlungsmöglichkeiten dazu an, dass Ihre Angebote weiterverbreitet werden.

Darüber hinaus bekommen Sie auf zahlreichen kleineren Berufsorientierungsevents den Zugang zu Ihrer Zielgruppe. Viele Schulen veranstalten selbst Messen, ebenso wie Ausbildungsstätten, Träger von Freiwilligendiensten und Arbeitsagenturen. Die Kosten für eine Teilnahme halten sich in der Regel im Zaum oder entfallen ganz und mitunter lassen sich gezieltere Angebote stricken. Aktivieren Sie Ihr Netzwerk und entwickeln Sie **verbindliche Kooperationen** wie beispielsweise Praktikumsplätze, die für eine Partnerschule reserviert werden.

Doch Sie müssen nicht immer auf bestehende Berufsorientierungsveranstaltungen aufsatteln. In Ihrer Zielgruppenanalyse haben Sie Gewohnheiten und Freizeitaktivitäten recherchiert. Komplett quer gedacht, lassen sich daraus **völlig neue Formate** entwickeln, die Sie zur Rekrutierung nutzen können und die normalerweise nicht dafür gedacht sind. Vielleicht ist es ein Sport- oder Musikevent, ein Besuch bei der freiwilligen Feuerwehr oder ein Stand beim Stadtfest.

Für Evaluation – externe Kommunikation (Abschn. 10.1)
Halten Sie bei Ihren Recruiting-Events fest, wie viele Besucherinnen und Besucher Ihren Stand besuchen. Sie können die Daten sogar vertiefend beispielsweise nach Bildungsabschlüssen oder Herkunft erfassen, um zu sehen, wen Sie mit Ihren externen Employer-Branding-Maßnahmen in erster Linie anziehen. Wenn Sie wiederkehrend bestimmte Veranstaltungen oder Messen besuchen, lohnt es sich natürlich, zu vergleichen und die Erkenntnisse in das Employer Branding einfließen zu lassen.

9.2.2 Empfehlungen von Mitarbeitenden systematisieren

Im Bereich der Rekrutierung, wenn Sie nicht zu öffentlichen Ausschreibungen verpflichtet sind, können Sie mit dem Rückhalt Ihrer Mitarbeitenden wesentlich schneller und effizienter Personal gewinnen – und zwar durch Empfehlungen aus eigenem Hause. Ihr internes Netzwerk aus Kolleginnen und Kollegen wird durch den Kreis der Freunde, Bekannte und Verwandte um ein Vielfaches erweitert.

▶   Empfehlungen von Mitarbeitenden haben die größte Wahrscheinlichkeit, in
    einen Arbeitsvertrag zu münden.

Die großen Vorteile von persönlichen Jobvermittlungen liegen auf der Hand. Sie strahlen eine wesentlich größere Glaubwürdigkeit und Überzeugung aus. Meist sind solche
Tipps sehr fundiert, weil der Mitarbeitende seinen Freund oder seine Freundin viel besser einschätzen kann, als dies in einer normalen Bewerbungssituation jemals möglich
sein wird.

▶   Durch die Arbeitgebermarke wird die Passgenauigkeit der Empfehlungen noch
    weiter vertieft.

Schließlich können die Mitarbeitenden nun nicht nur vage Aussagen zur Arbeitsatmosphäre und den Arbeitsbedingungen treffen, sondern konkret Auskunft über die gelebten Werte geben. Personen, die sich von solchen Empfehlungen zu einer Bewerbung hinreißen
lassen, haben also meist ein sehr konkretes Bild von Ihrer Organisation und treffen diese
Entscheidung bewusst. Erfüllen sich die mit den Informationen verbundenen Erwartungen
dann auch in der Realität, haben Sie langjährige, treue und engagierte Mitarbeiterinnen
und Mitarbeiter gewonnen.

In der Regel finden sich solche Kandidatinnen und Kandidaten auch wesentlich schneller in die Organisation ein, da die persönlichen Vorabinformationen ein klareres Bild von
den Arbeitsabläufen und Anforderungen gezeichnet haben. Schon vor Arbeitsantritt fließen umfangreiche informelle Informationen, die die Einarbeitung erleichtern. Es ist sogar
davon auszugehen, dass sich der Mitarbeitende, der die Empfehlung aussprach, für die
Kollegin oder den Kollegen verantwortlich fühlt und sich selbst darum kümmert, dass er
oder sie sich gut einfindet.

▶   Ihr Aufwand für das Besetzen einer Stelle wird durch gezielte Empfehlungen
    Ihrer Mitarbeitenden deutlich reduziert.

Nicht nur, dass Sie sich nervenaufreibende Bewerbungsverfahren ersparen. Sie müssen
auch wesentlich weniger Anstrengungen investieren, den Bewerbenden von Ihrer Organisation zu überzeugen, also ihm die Arbeit schmackhaft zu machen. Das befreit Sie natürlich nicht davon, Ihre Arbeitgebermarke im Vorstellungsgespräch authentisch zu kommunizieren.

Es lohnt sich daher, im Rahmen des internen Employer Brandings von vornherein einen
Blick auf Empfehlungsprogramme für Mitarbeitende zu werfen. Je nachdem, wie groß Ihr
Empfehlungskreis ist, empfiehlt es sich, eine Zielgruppe für ein gezieltes Empfehlungsmanagement festzulegen. Besonders bei der Besetzung von Schlüsselstellen weisen Personen mit dem gleichen beruflichen Hintergrund und Potenzial die erfolgversprechends-
ten Kontakte und das größte Netzwerk auf. Auch ehemalige Mitarbeitende, Verwandte
und Bekannte Ihrer Belegschaft können in die Zielgruppe mit aufgenommen werden.

Mit Ihrer gestärkten Arbeitgebermarke und internen Kommunikation sollten Sie alle Hebel in Bewegung setzen, Ihren Empfehlungskreis so ausführlich und regelmäßig wie möglich zu informieren. Daraus können sogar kleine Events entstehen, auf denen Sie persönlich Ihre Ziele und Möglichkeiten kundtun.

▶   Legen Sie in Ihrem Empfehlungsmanagement die Basis für eine offene Feedbackkultur.

Fragen Sie aktiv nach, an welchen Stellen Unterstützung für die Empfehlung gewünscht wird und welche Aspekte verbessert werden können. Ehrliche Rückmeldungen, warum es doch nicht zu einer Einstellung gekommen ist, gehören ebenso dazu. So kann die Qualität der Empfehlungen optimiert werden.

War die Bewerbung nicht von Erfolg gekrönt, aber die Kandidatin oder der Kandidat dennoch vielversprechend, dann halten Sie sich die Option für eine spätere Einstellung offen. Auch bei einer Absage gilt es, Wertschätzung entlang Ihrem Nutzenversprechen als Arbeitgeber auszusprechen. Solche Personen können in Ihr Netzwerk aufgenommen und regelmäßig über offene Stellen informiert werden.

> **Für Evaluation – Empfehlungsmanagement (Abschn. 10.1)**
> Systematisieren Sie Ihr Empfehlungsmanagement, indem Sie es detailliert auswerten. Wie viele Einstellungen werden über diesen Weg ermöglicht und wie bewerten Sie die Qualität im Vergleich zu Bewerbenden, die auf anderen Wegen zu Ihnen gefunden haben?

9.2.3 Employer Brand im Bewerbungsmanagement spürbar werden lassen

Ziel im Bewerbungsprozess ist es, dass das Nutzenversprechen Ihrer Arbeitgebermarke an allen Berührungspunkten mit Ihrem Träger oder Ihrer Organisation spürbar wird. Je konsistenter die Darstellung ist, desto deutlicher kommt die Employer Brand zum Tragen. Was zunächst banal klingt, hinterlässt bei den Bewerbenden nachhaltig tiefen Eindruck, wenn Sie Ihre Botschaften und Ihre Wertschätzung durchgängig zum Ausdruck bringen. Bei einer regulären Bewerbung kommen folgende Berührungspunkte in Frage, die mit der Arbeitgebermarke in Einklang gebracht werden:

- erster persönlicher Kontakt auf einer Veranstaltung
- Eingang der Bewerbung
- schriftliche oder telefonische Einladung zum Vorstellungsgespräch
- telefonische Vorgespräche
- Vorstellungsgespräch
- Einstellungszusage

- Einarbeitung
- Absage für die ausgeschriebene Stelle

Bei zahlreichen Unternehmen werden nicht einmal Absagen an die Bewerbenden verschickt, die für die Stelle nicht in Frage kommen. Das ist nicht nur unhöflich, sondern zeugt auch von einer geringen Wertschätzung, die ein schlechtes Licht auf Sie als Arbeitgeber wirft. Sofern die Kandidatin oder der Kandidat nicht völlig ungeeignet für Ihren Träger ist, können Sie sich einen Pool von Bewerbenden anlegen, den Sie für spätere Stellenangebote erneut kontaktieren. Das festigt das positive Erleben Ihrer Organisation. Schließlich eröffnen Sie einen Spalt Hoffnung, dass es später noch klappen könnte. Stellen Sie zudem sicher, dass sämtliche Mitarbeiterinnen und Mitarbeiter, mit denen die Bewerbenden in Kontakt kommen, Ihr Nutzenversprechen verkörpern und einlösen.

Legen Sie verbindliche Zeitschienen für die Beantwortung von Anfragen fest. Schnelligkeit ist angesagt bei der Kontaktaufnahme. Wochenlang nichts zu seiner Bewerbung zu hören, steigert die Skepsis, ob Sie ein guter Arbeitgeber sind. Mal ganz abgesehen davon, dass sich der- oder diejenige währenddessen anderweitig orientiert, möglicherweise fündig wird und Ihre Chance vertan ist.

Geeignete Kandidatinnen und Kandidaten sollten Sie rasch zum Vorstellungsgespräch einladen. Bringen Sie dem Bewerbenden beim Termin Wertschätzung entgegen und lassen Sie ihn nicht unnötig lang warten, um beispielsweise Autorität oder Wichtigkeit zu demonstrieren. Nehmen Sie lieber die Perspektive eines Verkäufers ein, der seinen potenziellen Kunden von seiner Ware – dem Arbeitsplatz – überzeugen muss (Abschn. 3.6). Nutzen Sie also die Möglichkeit, Ihre herausgearbeiteten Attraktivitätsfaktoren deutlich zum Ausdruck zu bringen. Das gilt speziell dann, wenn Sie Probearbeitstage vereinbaren. Nicht nur der Bewerbende steht auf dem Prüfstand. Auch Sie als Arbeitgeber müssen Ihr Versprechen einlösen.

Für Evaluation – Bewerbungsmanagement (Abschn. 9)
Für die Optimierung des Bewerbungsmanagements ist es entscheidend, die Ausgangslage zu dokumentieren, um angestoßene Veränderungen in Bezug zu Ihren Employer-Branding-Erfolgen zu setzen. Was muss verändert werden und wie ist die (quantitative) Ausgangslage der Bewerbungen? Nutzen Sie zudem Befragungen, um die Zufriedenheit der Kandidatinnen und Kandidaten mit dem Ablauf zu überprüfen.

9.3   Die Pressearbeit gezielt für das Employer Branding nutzen

Ein unverzichtbarer Bestandteil der externen Öffentlichkeitsarbeit in Ihrem Employer-Branding-Prozess ist die Pressearbeit. Sie nimmt bei der Beeinflussung Ihres Images eine bedeutende Rolle ein und verhilft Ihnen zu mehr Sichtbarkeit für Ihre Maßnahmen und Erfolge.

Häufig haben gerade kleine Träger der Sozialwirtschaft wenig Erfahrung im Kontakt mit Redaktionen. Dabei können sie sich mit einem überschaubaren Aufwand mehr Aufmerksamkeit in der Öffentlichkeit verschaffen. Haben Sie erst einmal die Prinzipien verinnerlicht, wie Journalistinnen und Journalisten ihre Themen auswählen, können Sie sich zum Liebling der Medien etablieren, weil sich die Zusammenarbeit mit Ihnen als einfach erweist und zu schnellen Resultaten führt. Das ist eine Win-Win-Situation für beide Seiten. Die Kosten sind darüber hinaus überschaubar. Schließlich kauft man keine Anzeige, sondern platziert Themen in der Presse.

▶   Pressearbeit spart nicht nur Geld, sondern überzeugt auch die Zielgruppe.
    Medienveröffentlichungen haben eine wesentlich höhere Glaubwürdigkeit als
    Werbung.

Das zeigen auch Studien. Gerade im Zusammenhang mit der Rekrutierung von Fach- und Führungskräften machen sich Interessierte bei ihrer Recherche nach potenziellen Arbeitgebern auf die Suche nach Medienberichten. Für 64 % der Jobsuchenden strahlen Presseveröffentlichungen über den potenziellen Arbeitgeber viel Glaubwürdigkeit aus. Da überrascht es geradezu, dass bei Recruiting-Maßnahmen vielfach die Pressestelle außen vor gelassen wird. Nur 3 % der europäischen Unternehmen beziehen sie in ihre Employer-Branding-Maßnahmen mit ein (vgl. StepStone Deutschland 2011, S. 8).

In der Sozialwirtschaft werden Geschäftsführungen häufig gar nicht vor der Entscheidung stehen, ob sie ihre Pressestelle einbeziehen, da gerade bei kleinen Trägern kein Geld, aber vielfach auch kein Bewusstsein für solche Positionen vorhanden ist. Umso wichtiger ist es, dass Sie sich Wissen aneignen, wie Sie dennoch die Medien erreichen können und sie in Ihren Employer-Branding-Prozess einbeziehen. Dabei haben es Organisationen im sozialen und Bildungsbereich wesentlich leichter als Wirtschaftsunternehmen. Durch ihre Arbeit mit Menschen können sie unproblematisch emotionale Bilder und Botschaften liefern, denen von vornherein mehr Authentizität beigemessen wird. Nutzen Sie Ihr Potenzial.

Für Evaluation – externe Kommunikation (Abschn. 9.1)
Auf die gezielte quantitative und qualitative PR-Evaluation haben sich mittlerweile ganze Agenturen und Medienbeobachter spezialisiert. Für die Pressearbeit im Rahmen des Employer Brandings sollte es zunächst genügen, die Zahl der Veröffentlichungen und Medienkontakte sowie den grundlegenden Tenor zu Ihrer Arbeitgebermarke zu erfassen. Als Recherchequelle eignet sich beispielsweise GENIOS, das u. a. als Pressedatenbank fungiert (www.genios.de). Dort können Sie mit Stichwörtern zu Ihrem Unternehmen die regionale und überregionale Presse nach Artikeln durchforsten, wenngleich Sie nicht direkt auf die vollständigen Berichte zugreifen können. Ergänzen Sie die Recherche z.B. mit „Google-Alerts", durch die Sie per E-Mail bei neuen Online-Veröffentlichung informiert werden. Bilanzieren Sie: Welche Themen ziehen am meisten und wie entwickelt sich der Kontakt mit den Redaktionen?

9.3.1   Wie wählen Journalistinnen und Journalisten aus?

Die zentrale Frage bei der Medienarbeit ist: Was interessiert Journalistinnen und Journalisten? Dazu soll Ihnen hier ein kurzer theoretischer Einblick in die Wissenschaft gegeben werden, der keinen Anspruch auf Vollständigkeit erhebt, Ihnen jedoch grundsätzliche Mechanismen nahe bringt.

9.3.1.1   Der Gatekeeper-Ansatz

In den 1950er Jahren prägte David Manning White den Begriff des Gatekeepers – also des Schleusenwärters, Torwärters oder Pförtners – für Journalistinnen und Journalisten. Die Ursprünge der Forschung gehen auf den Sozialpsychologen Kurt Lewin zurück. Er untersuchte das Einkaufsverhalten unterschiedlicher Milieus. Kernergebnis seiner Untersuchungen ist, dass die Entscheidungen, was an Lebensmitteln gekauft wird, entweder mittels neutraler Regeln oder von einem Gatekeeper, zu damaliger Zeit also der Hausfrau, getroffen werden (vgl. Schmidt 2013, S. 35).

► 	Mit dem journalistischen Gatekeeper bildete White die Analogie zur Selektion von Informationen, die schließlich zu Nachrichten werden.

Der Fokus von Whites Forschung lag auf der Nachrichtenauswahl einer kleinen amerikanischen Tageszeitung. Die sogenannten „news wire" nannte er passenderweise „Mr. Gates" (vgl. Kirsch 2003, S. 1 f.). Dahinter steckt also eine Aktivität der Filterung, womit der Informationsfluss gesteuert wird. Somit wird gleichzeitig die Information zur Gruppe – der Öffentlichkeit – kontrolliert. Eine Gatekeeper nimmt Einfluss darauf, welche Informationen die Gesellschaft erreichen und welche nicht (vgl. Küter 2013, S. 5).

Eine Woche lang erfasste White, warum sich Redakteurinnen und Redakteure für oder gegen eine Agenturnachricht, die über Fernschreiber einliefen, entschieden. Er wollte herausfinden, ob persönliche Vorurteile, Themenkreise oder ein individueller Schreibstil die Auswahl beeinflussten und ob bei der Auswahl die Leserschaft berücksichtigt wird. Im Ergebnis stellte White fest, dass „Mr. Gates" keine feststehenden Selektionskriterien für die Nachrichtenauswahl hat und daher sehr subjektive Entscheidungen fällt. Es werden die Nachrichten für das Publikum ausgewählt, die der Gatekeeper für wahr und relevant hält (vgl. Kramer 2004, S. 4).

Bei seinen Untersuchungen wurden allerdings weder die Nachrichtenquellen, noch die Rezeption oder Redaktionsrichtlinien einbezogen. Trotz der Kritik an Whites Vorgehen wurde die Darstellung des journalistischen Gatekeepers zur eingängigen Grundlage und löste zahlreiche empirische, kommunikatorzentrierte Folgeforschungen aus (vgl. Kirsch 2003, S. 2). Das Entscheidungsverhalten von Journalistinnen und Journalisten wurde durch den Gatekeeper operationalisierbar. Damit waren die USA den Forschungen in Deutschland weit voraus. Dort untersuchte man zu dieser Zeit noch die historischen und normativen Kriterien von Journalismus (vgl. Kramer 2004, S. 3).

▶   Zu heutiger Zeit hat sich die Rolle des Gatekeepers von Redaktionen durch die
    sozialen Online-Medien in vielschichtiger Weise verändert. Man spricht mittler-
    weile vom Gatewatcher.

Rezipienten werden selbst zu Nachrichtenselekteuren und können Informationen direkt
von Unternehmen erhalten. Die Vermittlung von Botschaften über den Umweg von Medien ist nicht mehr zwangsläufig notwendig. Im Printbereich greift die Kontrollfunktion
allerdings immer noch, wenngleich Rückmeldungen auf Veröffentlichungen heutzutage
direkter und schneller möglich sind. Doch was im Blatt steht, entscheidet immer noch die
Redakteurin oder der Redakteur (vgl. Bredl 2013, S. 16).

9.3.1.2   Die Nachrichtenwert-Theorie

Da die Wirklichkeit zu komplex ist, um sie in Gänze abzubilden, müssen Redaktionen selektieren, vereinfachen und die Komplexität greifbar machen. Dafür bilden sie
Stereotype – news values. Das sind Eigenschaften von Ereignissen, die sie beachtenswert
machen. Sie geben also einen stereotypisierten Ausschnitt der Realität wider (vgl. Lippmann 2007, S. 315 ff.).

Begründet wurde die Nachrichtenwert-Theorie 1922 vom Journalisten und Medienkri-
tiker Walter Lippmann, weiterentwickelt vom norwegischen Friedensforscher Einar Öst-
gaard und schließlich von den norwegischen Forschern Johan Galtung und Mari Holmboe
Ruge in einen Katalog von zwölf Nachrichtenfaktoren überführt. Nachrichtenfaktoren
entscheiden darüber, ob ein Ereignis zur Nachricht wird. Aufgrund der empirischen Über-
prüfbarkeit und des Informationsgehalts haben die Forschungen von Galtung und Ruge
den bedeutendsten Anteil an der Nachrichtenwertforschung. Von ihren zwölf Nachrichtenfaktoren sind die ersten acht kulturunabhängig. Die letzten vier sind kulturabhängig (vgl.
Schmidt 2013, S. 36 ff.):

- *Frequenz:* Das Ereignis muss dem zeitlichen Ablauf des Mediums entsprechen.
- *Schwellenfaktor:* Überschreitet ein Ereignis eine bestimmte Schwelle an Auffälligkeit,
  wird es zur Nachricht.
- *Eindeutigkeit:* Je klarer und eindeutiger das Ereignis ist, umso größer ist die Wahr-
  scheinlichkeit, dass es zur Nachricht wird.
- *Bedeutsamkeit:* Hier wird auf die Tragweite des Ereignisses hinsichtlich des Ausmaßes
  an Betroffenheit oder hinsichtlich der Relevanz abgestellt.
- *Konsonanz:* Das Ereignis muss zu vorhandenen Vorstellungen und Erwartungen pas-
  sen.
- *Überraschung:* Das Ereignis ist unvorhersehbar und selten.
- *Kontinuität:* Ist ein Ereignis erst einmal zur Nachricht geworden, hat es große Chancen, weiterhin von den Medien beachtet zu werden.
- *Variation:* Die Aufmerksamkeit für Ereignisse, die eher ausbalancierend wirken oder
  zur Variation des Nachrichtenbildes beitragen, ist eher gering.
- *Bezug auf Elite-Nationen:* Meldungen über Elite-Nationen genießen eine hohe Aufmerksamkeit.

- **Bezug auf Elite-Person:** Auch Elite-Personen genießen bei Journalistinnen und Journalisten viel Aufmerksamkeit.
- **Personalisierung:** Je mehr ein Ereignis auf Personen oder das Schicksal von Personen fokussiert, desto eher wird es zur Nachricht.
- **Negativismus:** Bad news is good news – nach diesem Credo entscheiden Redaktionen. Je negativer ein Ereignis ist, desto eher wird es zur Nachricht (vgl. Galtung und Ruge 1965, S. 65).

Je genauer und je mehr Nachrichtenfaktoren auf ein Ereignis zutreffen, umso eher wird darüber berichtet. Dabei werden die Bestandteile der Meldung hervorgehoben, die zu den Nachrichtenfaktoren passen. Es findet also eine Verzerrung in Richtung der Nachrichtenfaktoren statt. Fehlt ein Nachrichtenfaktor, kann er durch einen anderen ausgeglichen werden (vgl. Schmidt 2013, S. 38 f.).

9.3.2   Der Weg zu einer guten Story

Um es mit einem Thema in die Medien zu schaffen, gilt es, ein paar grundsätzliche Strategien zu beherzigen. Schon der Nachrichtenfaktor Eindeutigkeit zeigt die Richtung an. Entwickeln Sie Geschichten mit klaren Botschaften. Sie können mit einem Thema nicht alles auf einmal transportieren. Entscheiden Sie sich, was im Vordergrund stehen soll, und konzentrieren Sie sich dann auf diesen Aspekt.

Visualisierung bedenken
Die Redewendung „Ein Bild sagt mehr als 1.000 Worte!" sollten Sie sich nicht nur bei den sozialen Medien, sonder auch bei Ihrer Pressearbeit zu Herzen nehmen. Eine tolle Geschichte, die zahlreiche Nachrichtenfaktoren abdeckt, verliert an Relevanz, wenn man sie nicht visualisieren kann. Selbst im Radio brauchen Sie O-Töne, die die Geschichten hörbar illustrieren.
    In diesem Zusammenhang spielen Einverständniserklärungen für Film-, Foto- und Tonaufnahmen eine wichtige Rolle. Wenn Sie das selbst in die Hand nehmen, ersparen Sie den Redaktionen viel Arbeit und wertvolle Zeit. Einverständniserklärungen können Sie gut vorbereiten und schon lange vor geplanten Presseterminen einholen. Dann müssen Sie, wenn es so weit ist, nur noch informieren, dass ein Termin stattfindet.
    Eine Formulierung, die dann von den zuständigen Personen mit Angabe des Namens, der Kontaktdaten, des Datums und Orts unterzeichnet wird, könnte beispielsweise so aussehen:

Einverständniserklärung

über die Abtretung von Persönlichkeitsrechten bei Aufnahmen.
    Hiermit gebe ich dem *Träger XY* mein Einverständnis für Film-, Foto- und Ton-Aufnahmen von mir/meines Angehörigen/meines Kindes/.

Ich habe keine Einwände gegen eine Veröffentlichung der Aufnahmen für digitale und gedruckte (Werbe-) Medien sowie für Presseveröffentlichungen in Print/Internet/ Fernsehen/Funk, Homepage, Facebook, YouTube, etc.

Durch diese Erklärung verzichte ich zeitlich und räumlich uneingeschränkt auf meine Ansprüche bzw. die Ansprüche meines Angehörigen gegenüber dem Träger XY, gegenüber den Medien- und Pressevertretern bzw. gegenüber Dritten, die evtl. aus Persönlichkeits-, Leistungsschutz- und Urheberrechten sowie ähnlichen Rechten an Bildmaterial für die werbliche und redaktionelle Nutzung, Verbreitung und Veröffentlichung des angefertigten Bild-Materials in veränderter oder unveränderter Form für den *Termin* entstehen.

Die Aufnahmen können in unveränderter und veränderter Form, einzeln oder zusammen mit anderen Aufnahmen vom *Träger XY* sowie Medienvertretern gespeichert werden.

Es gibt zahlreiche Beispiele von Trägern und Organisationen, die solch ein Einverständnis schon bei Aufnahme in die jeweilige Einrichtung mit einholen. Damit verschaffen Sie sich nicht nur Sicherheit bei Presseterminen. Sie erleichtern sich damit auch den Aufwand, wenn Sie beispielsweise ein Fotoshooting für eigene Zwecke planen.

Multiperspektivität anbieten
Entwickeln Sie mit Ihrer Pressearbeit einen echten Service, indem Sie Journalistinnen und Journalisten ein Fullservice-Paket anbieten. Sie haben ein spannendes Thema, dann bedenken Sie neben der Visualisierung auch, wen Sie als Interviewpartner ins Spiel bringen können.

- Wer kann das Thema eloquent, bildhaft und konkret auf den Punkt bringen?
- Gibt es möglicherweise zusätzlich zu Fach- und Führungskräften noch einen Experten aus Ihrem Netzwerk zum Thema, der vertiefend Auskunft geben kann?
- Können Sie das Thema mit leserrelevanten Anreizen, also einem bestimmten Service verknüpfen?
- Stehen Eltern oder Angehörige für Interviews zur Verfügung?

Das sind Fragen, mit denen sich Redaktionen bei der Bearbeitung eines Themas auch beschäftigen. Je mehr Sie zu bieten haben, umso größer ist die Chance, dass Ihren Themen mehr Raum in der Zeitung oder im Fernsehen geschenkt wird.

Übergeordneter Kontext
Bei bestimmten Themen lohnt es sich, den Horizont zu öffnen. Es geht zwar um ein lokales oder regionales Ereignis, aber möglicherweise hat es Bezüge zu größeren, aktuellen Themen. Stellen Sie interessante Querverbindungen zu übergeordneten Kontexten her:

- Steht Ihr Thema beispielsweise exemplarisch für eine aktuelle Entwicklung?
- Lassen sich Querverbindungen zu anderen Branchen ziehen?
- Haben beispielsweise andere Bundesländer, Länder, Branchen etc. schon positive Erfahrungen in dem Bereich gesammelt?
- Könnte Ihr Vorhaben auch für andere Zielgruppen interessant sein oder gar die ganze Stadt oder den Stadtteil insgesamt beflügeln?
- Illustriert ihr Ereignis einen bestimmten Trend oder sind aus Ihrem Projekt einzigartige Vorteile erkennbar, die zu Trends führen könnten?

Auch hier können Expertenmeinungen hilfreich sein. Vielleicht kennen Sie eine anerkannte Persönlichkeit für einen bestimmten Schwerpunkt, die Ihrem Thema mit Fachkenntnissen oder wissenschaftlichen Erfahrungswerten mehr Nachdruck und Relevanz verleihen kann. Auf diese Weise schaffen Sie es, übergeordnete Aufmerksamkeit zu erregen, also auch regional oder überregional wahrgenommen zu werden.

Zahlen, Daten, Fakten
Medien lieben harte Fakten, am besten in Form von nachweisbaren Zahlen. Nicht umsonst florieren in den letzten Jahren Studien unterschiedlichster Couleur. Die Vorteile davon liegen auf der Hand, vermitteln die Ergebnisse doch Seriosität, Expertise und Kompetenz. So nutzen beispielsweise viele Unternehmensberatungen Studien, um sich als Experten für spezifische Themen zu etablieren. Die Boston Consulting Group veröffentlichte etwa die Studie „Creating People Advantage 2013: Lifting HR Practices to the Next Level" und fand darin heraus, dass Unternehmen im Personalmanagement noch Optimierungsbedarf haben. Sie zeigen also eine Entwicklung oder einen Bedarf auf und haben in ihrem Beratungsportfolio Lösungen zur Behebung des Problems.

Solche Studien gehen mit nicht unerheblichen Kosten einher. Meist beauftragen größere Unternehmen spezialisierte Marktforschungsinstitute oder -agenturen. Je nach Aufwand kann solch eine häufig online-gestützte Befragung dann schnell mal im fünfstelligen Bereich landen. Aufwand und Nutzen stehen für Organisationen also in keinem Verhältnis. Dennoch können Sie sich der Magie der Zahlen bedienen und solche Strategien für sich nutzbar machen.

- Gibt es z. B. schon veröffentlichte Studien zu Ihrem Thema? Können Sie daraus einzelne Kernergebnisse nutzen, um Ihrem Thema mehr Relevanz zu verschaffen? Recherchieren Sie doch einfach mal im Internet zu Ihrem Thema unter dem Stichwort „Studie". Das statistische Bundesamt sowie die Landesämter können ebenfalls zahlreiche Untersuchen und Fakten aus dem sozialen und Bildungsbereich vorweisen.
- Haben Sie selbst in Ihrer Einrichtung oder Ihrem Träger nachweisbare Erfolge, also Zahlen, für ein Thema vorzuweisen?
- Haben Sie interessante Zahlen aus Ihrer Organisationsanalyse, die Sie für die Pressearbeit nutzen können?

Im Internet sind zudem mittlerweile zahlreiche Online-Tools zu finden, mit denen Sie einfach selbst Befragungen unkompliziert durchführen können. Suchen Sie im Internet nach „Online-Befragungen". Eine Vielzahl unterschiedlicher Plattformen steht Ihnen zur Auswahl. Zum Teil können Sie die Angebote testweise sogar kostenlos nutzen. Das A und O dabei sind natürlich gepflegte E-Mail-Verteiler. Schlagen Sie doch gleich mehrere Fliegen mit einer Klappe und generieren Sie Zahlen, die Sie auch für Ihre Organisationsentwicklung nutzen können:

- Befragen Sie Ihre Kundinnen und Kunden, also z. B. Eltern, Jugendliche oder Angehörige zu Ihrem Service, zu Trendthemen oder aktuellen Ereignissen.
- Befragen Sie Ihre Mitarbeitenden, was sie sich wünschen und warum sie bei Ihnen arbeiten.
- Schließen Sie Kooperationen mit Ausbildungsstätten und befragen Sie die Azubis zu ihren Erwartungen an potenzielle Arbeitgeber.
- Befragen Sie die Einrichtungen innerhalb Ihres Trägers oder die Mitglieder innerhalb Ihres Verbandes, wie viele offene Stellen sie zu besetzen haben.

Wenn Sie solche Befragungen durchführen, werden Sie Ergebnisse bekommen, die Sie gleich für mehrere Pressemitteilungen nutzen können. Auf diesem Wege verschaffen Sie sich über einen längeren Zeitraum Sichtbarkeit zu gewünschten Themen.

9.3.3 Beispiele für die Pressearbeit im sozialen und Bildungsbereich

Aus den Forschungen der Journalistik lassen sich für die Pressearbeit in der Sozialwirtschaft praktische Schlussfolgerungen ziehen. Zunächst stellt sich die Frage, welche Nachrichtenfaktoren mit hoher Wahrscheinlichkeit in Ihrem Umfeld vorzufinden sind, die Sie leicht nutzen und in den Vordergrund stellen können. Im Folgenden wird Ihnen anhand von Beispielen gezeigt, wie Sie pressewirksame Themen finden oder schaffen.

Bedeutsamkeit durch Neuigkeit
Fragen Sie sich bei allen Themen, die Sie in den Medien platzieren wollen, was das Neue daran ist. Haben Sie nur ein allgemeines Thema, versuchen Sie daraus eine Neuigkeit zu ziehen. Ist ein Trend erkennbar oder lassen sich Querverbindungen zu aktuellen Entwicklungen herstellen, die exemplarisch bei Ihnen erlebbar werden?

Beispiel

Sie sind als Arbeitgeber bereits erfolgreich, weil Ihre Pflegekräfte Ihnen zum Teil seit Jahrzehnten die Treue halten. Das wollen Sie gern in den Medien sichtbar machen, doch es gibt keinen aktuellen Aufhänger dafür.

Dann kreieren Sie einen. Veranstalten Sie einen Tag der Mitarbeitenden, an dem Sie ihnen mit einer besonderen Aktion für die langjährige Treue danken. Oder feiern Sie ein Jubiläum der Dienstältesten. Oder verbinden die Nachricht mit Themen, was Sie in Zukunft (Neues) planen, damit der Erfolg beständig bleibt. Denken Sie in Bildern, welche Fotos oder Filmaufnahmen zu Ihrem Thema gemacht werden können. Auch das kann ein guter Anreiz für einen Pressebericht sein. Schrauben Sie die Erwartungen allerdings nicht zu hoch. Bei solchen Themen werden Sie eher die lokalen Medien erreichen, aber auch diese werden von vielen in Ihrem Stadtteil wahrgenommen.

Bedeutsamkeit durch Prominenz
Auf den ersten Blick mag Prominenz als Nachrichtenanreiz nicht für Presseveröffentlichungen in der Sozialwirtschaft in Frage kommen. Bei genauerem Hinschauen und Überlegen kommt man aber vielleicht doch zu einer anderen Erkenntnis. Der ein oder andere in Ihrer Organisation kennt möglicherweise doch eine lokale Größe. Eventuell sitzen sogar im Vorstand oder Verbandsrat Persönlichkeiten, die in der Stadt bekannt sind.

Beispiel

Sie eröffnen eine weitere Einrichtung für Menschen mit Behinderung und suchen dafür Fachkräfte.

Bei diesem Beispiel können Sie gleich mehrere Fliegen mit einer Klappe schlagen. Dass Sie Mitarbeitende suchen und dass Sie eine Einrichtung eröffnen ist eine Neuigkeit, die je nach Anzahl der offenen Stellen auch eine gewisse Tragweite und somit Relevanz hat. Kombinieren Sie solche Ereignisse doch noch mit einer lokalen Prominenz wie beispielsweise dem Bürgermeister, der zur offiziellen Einweihung kommt. Dann haben Sie garantiert Medienvertreter vor Ort.

Bedeutsamkeit und Personalisierung durch Nähe
Dieser Nachrichtenfaktor ist bei Ihrer lokalen Pressearbeit schon mal grundsätzlich gegeben, da für Lokalredaktion die Ereignisse und Unternehmen aus dem nahen Umfeld essentiell zum Überleben sind. Ab und an lässt sich aber Nähe auch auf andere Weise erzeugen.

Beispiel

Einer Ihrer Mitarbeiter nimmt an einem internationalen Austausch teil, um sich im Bereich der frühkindlichen Pädagogik weiterzubilden.

Nutzen Sie solche Ereignisse doch für Ihre Pressearbeit, indem Sie den Nachrichtenfaktor Nähe nutzen. Ereignisse im Ausland, bei denen Deutsche betroffen sind, genießen in den Medien generell eine hohe Aufmerksamkeit. Nutzen Sie das für sich. Verpacken Sie den Auslandsaufenthalt so, dass er für das Publikum daheim auch interessant sein könnte und stellen die Beteiligung Ihrer Kita und Ihres Mitarbeiters in den Fokus. Personalisieren Sie die Story. Vielleicht können Sie darüber hinaus relevante

Vergleiche zwischen Ihrer und ausländischen Kitas aufzeigen oder dass Ihre Arbeit im Ausland hochgelobt wurde. Schaffen Sie mit dem Thema Bedeutsamkeit. Unter Umständen locken Sie noch damit, dass Sie Fotos vor Ort erstellen lassen, die die Redaktionen nutzen können.

Personalisierung durch Emotionen
Wir kennen das alle: Beim Zappen durchs Fernseh-Einerlei bleiben wir aus unerfindlichen Gründen an bestimmten Stellen hängen. Sei es das kleine Mädchen mit dicken Tränen in den Augen, eine Szene des Abschieds oder Wiedersehens oder erschütternde Bilder, die zeigen, wie eine Bevölkerung leidet. Es sind Bilder, die zu Herzen gehen, die unsere Gefühle ansprechen. Es sind Human-Interest-Kriterien, nach denen Journalistinnen und Journalisten ihre Themen auswählen. Die Sozialwirtschaft ist voll von großen und kleinen emotionalen Geschichten und Redaktionen sind ständig auf der Suche danach. Verbinden Sie also Ihre Employer-Branding-Themen mit den emotionalen Aspekten Ihrer Arbeit.

Beispiel

Ein Jugendhilfe-Träger sucht in einer Großstadt für die aufsuchende Sozialarbeit mit männlichen Jugendlichen einen engagierten Sozialpädagogen, am liebsten einen Mann mit Migrationsgeschichte.

Dann bieten Sie den Redaktionen doch eine emotionale Story über die Arbeit an, die den potenziellen Kandidaten erwartet. Versuchen Sie einen der Jugendlichen mit seinem familiären Hintergrund journalistisch portraitieren zu lassen und machen Sie deutlich, dass Sie Verstärkung brauchen. Am besten wählen Sie einen Jugendlichen, mit dem sich ein Bewerber nach Ihrem Suchprofil größtmöglich identifizieren kann.

Bedeutsamkeit durch Fortschritt
Zu den Human-Interest-Kriterien, mit denen menschliche und emotionale Aspekte zusammengefasst werden, zählen eine Reihe unterschiedlicher Elemente, die die Aufmerksamkeit von Redaktionen wecken. Dazu zählen beispielsweise Humor, Konflikt, Spannung, Sex und Liebe, aber auch Wissenschaft und Fortschritt (vgl. Ruhrmann und Göbbel 2007, S. 22). Im sozialen und Bildungsbereich lassen sich eine ganze Reihe von Themen identifizieren, die für Fortschritt stehen und in der Regel gesellschaftlichen Bezug haben, also für viele Menschen relevant sind: neue Bildungs-Konzepte, neue Methoden im Pflegebereich oder Studien von Verbänden. In der Sozialwirtschaft finden sich auch viele innovative Beispiele für die Arbeitszeitgestaltung oder die Vereinbarkeit von Beruf und Familie. Diesen gilt es, im Rahmen des Employer Brandings mehr Aufmerksamkeit zu verschaffen.

Beispiel

Ein Wohlfahrtsverband hat die Vertrauensarbeitszeit eingeführt, um den beruflichen Alltag flexibler zu gestalten.

In der freien Wirtschaft ist der Begriff noch nicht sehr bekannt. Clever kommuniziert, können Sie sich mit solchen Themen als attraktiver Arbeitgeber in der Öffentlichkeit platzieren. Auch das Interesse von Redaktionen wird bei solchen Modellen geweckt. Schließlich ist der Fach- und Führungskräftemangel ein Thema, das alle Branchen betrifft. Maßnahmen, die dem entgegen steuern und für eine neue Arbeitswelt sprechen, werden daher viel Beachtung finden. Fast in jeder Tageszeitung sind die Rubriken „Karriere" oder „Jobs" zu finden. Der soziale und Bildungsbereich taucht hier allerdings nur selten auf. Hier können sich Arbeitgeber mit wenig Aufwand mehr Aufmerksamkeit verschaffen.

Bedeutsamkeit durch Service
Verbraucher- und Servicethemen haben in den vergangenen Jahren in der Berichterstattung Konjunktur. Im Nachrichtenbereich zeichnet sich eine zunehmende Serviceorientierung ab. Das resultiert aus der zunehmenden Kommerzialisierung der journalistischen Nachrichtenproduktion und dem immer schneller werdenden Nachrichtenfluss (vgl. Ruhrmann und Göbbel 2007, S. 63 ff.). Journalistinnen und Journalisten sind also angehalten, Themen zu finden, die andere noch nicht publiziert haben und mit denen sie sich durch einen zusätzlichen Lesermehrwert von der Konkurrenz abheben können. Pressestellen können das wunderbar für ihre Arbeit nutzen.

Beispiel

Ein Träger für Freiwilligendienste ist noch auf der Suche nach engagierten jungen Menschen für die nächste Periode.

Veranstalten Sie doch eine Informationsbörse für Eltern und Jugendliche und machen Sie daraus eine pressewirksame Geschichte mit Mehrwert. Bieten Sie den Redaktionen einen Bericht über einen Ihrer Freiwilligen bei der Arbeit an. Verknüpfen Sie das Ganze mit dem Service der Informationsbörse. Besonders Wochen- und Anzeigenblätter werden das dankbar aufgreifen. Das sind zwar nicht die Medien, die Jugendliche bevorzugt lesen. Dafür tun es ihre Eltern oder Großeltern und die spielen im Bereich der Berufsorientierung eine bedeutende Rolle. Häufig begleiten sie ihre Kinder sogar zu solchen Terminen.

Die Beispiele sind nur ein kleiner Auszug dessen, was im Bereich der Pressearbeit für die Sozialwirtschaft möglich ist. Es ist lohnenswert, sich intensiver damit auseinander zu setzen. Wer die journalistischen Auswahlkriterien verinnerlicht hat, schafft es leicht, mit den richtigen Strategien in allen Bereichen seine Themen zu platzieren. Journalistinnen und Journalisten orientieren sich bei der Themenauswahl schließlich am vermuteten Publikumsinteresse.

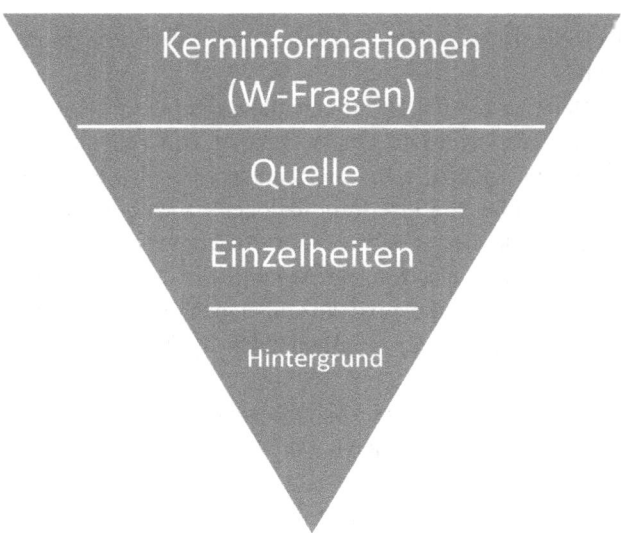

Abb. 9.3 Prinzip der umgekehrten Pyramide für den Nachrichtenaufbau. (Quelle: Eigene Darstellung)

9.3.4 Kontakt zur Presse: Was ist zu beachten?

Sie haben ein passendes Thema und wollen nun Kontakt zur Redaktion aufnehmen. Wie gehen Sie das am besten an? Journalistinnen und Journalisten haben nur wenig Zeit und sind eng in die Taktung des Nachrichtengeschehens eingebunden. Sie haben also am Telefon in der Regel wenig Zeit, um ein Thema zu platzieren. Das bedeutet für Sie, dass Sie Ihren Themenvorschlag kurz und bündig nach journalistischen Kriterien darstellen müssen. Wie Sie das schaffen, lernen Sie am besten, wenn Sie sich mit dem Verfassen und den Feinheiten von Pressemitteilungen auseinandersetzen.

9.3.4.1 Pressemittleilungen verfassen

Pressemitteilungen sind keine Werbetexte. Die Maßgabe ist es, authentisch und konkret mit Fakten zu überzeugen. Übertreibungen und Lobhudeleien haben nichts in solchen Texten zu suchen. Pressemitteilungen orientieren sich am Stil und Aufbau einer journalistischen Nachricht. Daher passiert es immer häufiger, dass Redaktionen und Nachrichtenagenturen gute Pressemitteilungen oder Ausschnitte davon eins zu eins übernehmen.

Das Wichtigste, die Kerninformation, steht im ersten Absatz und gibt Antworten auf die sechs W-Fragen:

- Wer?
- Was?
- Wann?
- Wo?
- Wie?
- Warum?

Der klassische Nachrichtenaufbau folgt dem Prinzip der umgekehrten Pyramide (siehe Abb. 9.3).

Nehmen Sie die Nachrichtenfaktoren bei der Priorisierung der Wichtigkeit zu Hilfe. Anschließend wird die Quelle genannt. Die Nennung des Ursprungs Ihrer Information ist besonders wichtig, wenn Sie Studien zitieren. Redaktionen wollen transparent nachvollziehen, woher Sie Ihre Informationen haben und sie gegebenenfalls nachprüfen. Häufig wird die Quelle schon im ersten Absatz mit aufgeführt. Dann folgen weniger wichtige Informationen, also Einzelheiten und zum Schluss Hintergrundinformationen. So können die Redaktionen die Texte von unten nach Belieben kürzen und erfassen sofort die News. In der Regel sind Pressemitteilungen ca. eine bis eineinhalb Seiten lang.

▶ Verzichten Sie beim Schreiben von Pressemitteilungen auf Fachbegriffe. Einfache Formulierungen haben Vorrang.

Gerade bei Nachrichten liegt die Kunst darin, Sachverhalte einfach und verständlich darzustellen, sodass sie im Zweifel jeder verstehen kann. Verabschieden Sie sich von dem Anspruch, durch komplizierte Ausdrucksweisen vermeintliche Kompetenz zu signalisieren. Das heißt, Schachtelsätze sind in zwei oder drei verständliche Sätze zu entzerren und Passivsätze zu vermeiden. Generell erhöht die Gegenwartsform die Lesbarkeit und den Spannungsbogen. Bilden Sie lieber kürzere Sätze mit maximal etwa 15 Wörtern. Achten Sie zudem darauf, dass Sie Abkürzungen einmalig einführen, also einmal komplett ausschreiben und in Klammern dahinter die Abkürzung. Erst dann können Sie diese im weiteren Text verwenden.

▶ Sie können Ihre Pressemitteilungen mit Zitaten anreichern.

Wenn die Zeit der Redaktionen für eigene Interviews knapp ist, werden die Zitate aus Pressemitteilungen gerne übernommen. Allerdings sollten nur maximal zwei unterschiedliche Personen zu Wort kommen und das auch nur dosiert. Zitate sollten nicht über mehr als zwei, drei Zeilen laufen. Benennen Sie die Personen konkret mit der Funktion und formulieren Sie knackige sowie bildhafte Aussprüche. Sie sollen die Kerninformation emotional unterstreichen und nicht doppelt zusammenfassen.

Vom Layout her sind Pressemitteilungen übersichtlich mit einer gut lesbaren Schrift gestaltet, als Pressemitteilung gekennzeichnet und haben ein Datum. Die Überschrift oder Headline kann durch eine Subline bzw. Unterzeile, die die Überschrift konkretisiert, ergänzt werden. Machen Sie in jedem Fall logische Absätze, um den Text zu strukturieren. Wenn es sich anbietet, können Sie auch Zwischenüberschriften verwenden. Oft wird der erste Absatz, in dem das Wichtigste steht, gefettet.

Der Absender der Pressemitteilung ist auf der ersten Seite klar durch ein Logo erkennbar. Es bietet sich also an, spätestens jetzt das Logo in druckfähiger Auflösung von mindestens 300 dpi vorrätig zu haben. Am Ende fassen Sie in einem Abbinder, der auch Boilerplate oder Backgrounder genannt wird, die wichtigsten Angaben zu Ihrer Organisation oder Ihrer Einrichtung zusammen. Vergessen Sie Ihre Website nicht. Darunter steht der zuständige Kontakt für die Presse mit Telefon, Fax und E-Mail.

► Machen Sie es den Redaktionen so einfach wie möglich.

Überlegen Sie gut, ob Sie die Pressemitteilung in Ihrer E-Mail als PDF oder Word-Dokument versenden. Wenn Sie den kompletten Text der Pressemitteilung auch im E-Mail-Text haben – was übrigens zu empfehlen ist – können Sie ohne Probleme ein PDF anhängen. Dann kann die Journalistin oder der Journalist die Nachricht unproblematisch heraus kopieren. Wenn Sie die Nachricht nicht in den Mail-Text aufnehmen, sollte im Anhang zwingend ein Word- und nicht ein PDF-Dokument sein.

9.3.4.2   Das Telefonat mit der Redaktion

Mit Ihrer Pressemitteilung haben Sie Ihr Produkt – das Thema, das Sie „verkaufen" wollen – punktgenau zusammengefasst und sind bereit für die Kontaktaufnahme mit der Redaktion. Generell haben besonders die tagesaktuellen Medien am Vormittag Redaktionskonferenz. Das beste Zeitfenster, um sie zu erreichen und auch um Pressemitteilungen zu versenden, ist in der Regel zwischen 10.30 und 12 Uhr. Um den Redaktionsschluss herum ab ca. 16.30 Uhr sind viele Journalistinnen und Journalisten ebenfalls ansprechbar.

Sie haben zwei Möglichkeiten, um Ihre Themen in den Medien zu platzieren. Entweder rufen Sie gezielt Redaktionen an und schlagen ihnen am Telefon ein Thema vor. Oder, wenn Sie in mehreren Medien gleichzeitig auftauchen wollen und Ihr Thema das auch hergibt, verschicken Sie Ihre Mitteilung an einen Presseverteiler.

Für die **telefonische Themenplatzierung** lassen Sie sich direkt mit der zuständigen Redakteurin oder dem Redakteur verbinden. Falls Sie noch keine passenden Kontakte geknüpft haben, erfragen Sie den Ansprechpartner für soziale und Bildungsthemen.

Stellen Sie sich kurz vor und klären Sie zunächst, ob Ihr Kontakt Zeit für einen Themenvorschlag hat. Falls Sie ein Zeitfenster geschenkt bekommen, nutzen Sie es und platzieren Sie Ihr Thema knapp und interessant. Gehen Sie mit den Möglichkeiten hausieren, die Ihr Thema zu bieten hat: mögliche Interviewpartner, Film- und Fotomöglichkeiten oder spannende Hintergrundinformationen. Falls Sie gleich abgewimmelt werden, lassen Sie sich nicht entmutigen. Meist werden Sie gebeten, dass Sie später noch einmal anrufen oder dass Sie es per E-Mail schicken sollen.

Darauf sind Sie ja bereits gut vorbereitet. Schicken Sie also einen Auszug Ihrer Pressemitteilung, mit der möglichen Geschichte, die daraus entstehen kann, als Themenvorschlag per E-Mail. Wenn Sie gleich die gesamte Pressemitteilung verschicken, erwecken Sie den Eindruck der Beliebigkeit und als sei dies nicht die einzige Redaktion, die Sie adressieren.

Seien Sie freundlich hartnäckig, falls Sie innerhalb von ein bis zwei Wochen noch nichts gehört haben. Melden Sie sich erneut telefonisch oder per E-Mail und bringen sich noch einmal ins Gedächtnis. Dabei gilt im Umgang mit Journalistinnen und Journalisten stets: Es geht immer noch eine Spur freundlicher.

Für den **Versand Ihrer Pressemitteilung an mehrere Redaktionen** brauchen Sie zunächst einen Presseverteiler samt möglichst personalisierter E-Mails und Telefonnummern. Falls Sie oder Ihre Pressestelle schon einen haben, kann Ihre Meldung zügig raus. Falls nicht, können Sie ihn selbst im Internet auf den Websites der jeweiligen Medien recherchieren. Im Impressum oder in Rubriken z. B. „Über uns" finden sich oft die direkten Kontaktdaten. Für lokale oder regionale Themen ist die Auswahl überschaubar und Sie kommen schnell zum Ergebnis. Bei überregionalen Themen können Sie auch die Hilfe von PR-Agenturen in Anspruch nehmen, die letztlich auf **Journalistendatenbanken** zugreifen. Die größten Player im deutschsprachigen Raum sind Zimpel oder Epic Relations von der dpa-Tochter news aktuell.

Sowohl bei der gezielten Ansprache von Journalistinnen und Journalisten als auch beim Versand von Pressemitteilungen sollten Sie damit rechnen, dass ein Termin in Ihrer Einrichtung oder bei Ihrem Träger zustande kommt. Klären Sie den Ablauf des Termins und bereiten Sie die Gesprächspartner darauf vor. Liegen die Einverständniserklärungen für Film-, Foto- oder Tonaufnahmen schon vor, informieren Sie noch mal alle Parteien über den Termin. Müssen Sie das noch nachholen, kalkulieren Sie die Zeit dafür mit ein.

Meldet sich eine Redaktion bei Ihnen für ein Interview an, können Sie schon erfragen, welche Fragen gestellt werden, sodass Sie und die anderen Interviewpartner sich gezielt darauf vorbereiten können. Bringen Sie so viele Details wie möglich in Erfahrung, damit Sie nachher keine bösen Überraschungen erleben. Es empfiehlt sich, dass Organisationen mit einer Pressestelle eine medienerfahrene Begleitung entsenden. Das gibt den Mitarbeitenden vor Ort mehr Sicherheit und den Redaktionen ein Gesicht zu den Themen Ihrer Organisation.

9.3.5 Krisenkommunikation – vorbereitet auf den Ernstfall

Nicht immer ist der Kontakt mit Redaktionen angenehm und führt zu schönen Berichterstattungen, die Ihre Organisation in ein positives Licht rücken. Kommt es in der Arbeit mit Menschen zu Skandalen wie beispielsweise Machtmissbrauch, Vernachlässigung oder Gewalt, wird der Umgangston rauer und das Interesse der Medien unerbittlich. Aber auch wenn Ihre Employer-Branding-Maßnahmen als Vorspiegelung falscher Tatsachen entlarvt werden oder öffentlich daran gezweifelt wird, sollten Sie in Ihrer Öffentlichkeitsarbeit vorbereitet sein, um adäquat reagieren zu können.

Schließlich sind die moralischen Maßstäbe an die Sozialwirtschaft schon aus ihrem eigenen Anspruch und ihrer meist öffentlichen Förderung oder steuerlichen Bevorzugung höher als an Privatunternehmen. Dabei stellt die öffentliche Krise zugleich eine nachhaltige, interne Krise dar.

Mit einer umfangreichen internen Kommunikation (Abschn. 8.3) haben Sie einen Grundpfeiler für Ihre Krisenkommunikation gelegt und stellen sicher, dass Ihre Employer-Branding-Maßnahmen nicht konterkariert werden. Denn im Krisenfall geht es darum, alle Fäden zusammen zu halten und gezielt zu steuern, was nach außen dringt. Die gute Nachricht: Auf solche Ereignisse können Sie sich vorbereiten.

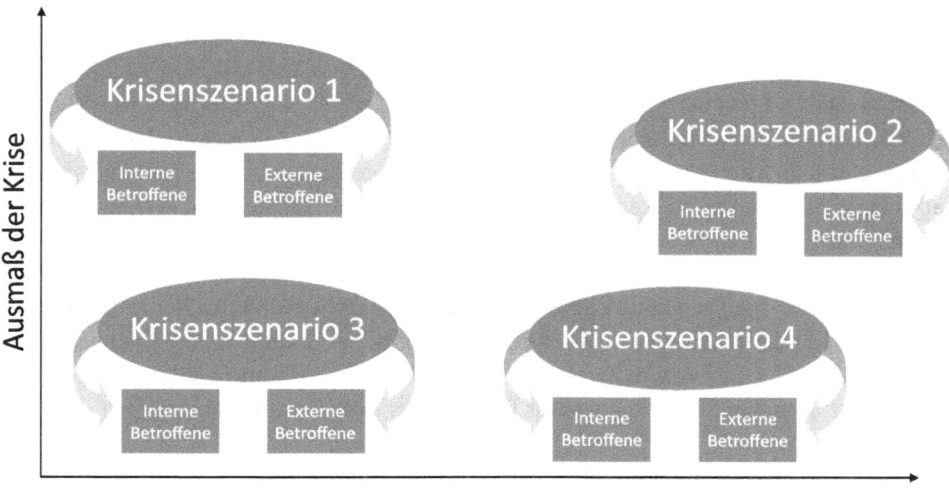

Abb. 9.4   Szenario-Analyse. (Quelle: Eigene Darstellung)

Eine Krise hat drei Dimensionen, die bei der Betrachtung, ob sie zu einer öffentlichen Krise wird, berücksichtigt werden sollten:

- das tatsächliche Ereignis,
- das Verhalten der Organisation zur Krisenbewältigung sowie
- die Wahrnehmung der Krise in der Öffentlichkeit.

Die Dimensionen stehen in Abhängigkeit zueinander. Wie eine Organisation mit der Krise umgeht, beeinflusst entscheidend, wie sie in der Öffentlichkeit wahrgenommen wird und wie sehr sie dem Image schadet (vgl. Bundesministerium des Innern 2008, S. 10).

9.3.5.1   Entwickeln Sie eine Szenario-Analyse

Organisationen, die schon ein umfassendes Schutzkonzept zur Prävention vor Machtmissbrauch etabliert haben, sollten bereits eine Strategie für die Krisenkommunikation als wichtigen Baustein eingeflochten haben. Ist das noch nicht der Fall, bietet der Employer-Branding-Prozess die besten Voraussetzungen, um sich für den Krisenfall zu wappnen.

Sie haben im Rahmen Ihres Employer-Branding-Prozesses zahlreiche Zuständigkeiten festgelegt, die Sie für die Klärung vieler Fragen nutzen können. Konkretisieren Sie zunächst, was für Sie eine öffentliche Krise darstellt, die Ihr Ansehen und Ihr Image nachhaltig beschädigen kann. Erstellen Sie eine Liste unterschiedlicher **Szenarien** und klassifizieren Sie diese gemeinsam mit Ihren Mitarbeitenden nach dem Grad des möglichen Schadens. Ergänzen Sie die Szenarien, wie in Abb. 9.4 dargestellt, um den Kreis der internen und externen Betroffenen.

Die Szenarien werden sowohl nach der Schadenshöhe priorisiert als auch nach der Zeit, die Ihnen für die jeweilige Krise zur Verfügung steht. Gewalttätige Übergriffe von Mitarbeitenden gegenüber Schutzbefohlenen lösen innerhalb kürzester Zeit einen hohen öffentlichen Schaden aus. Beide Faktoren zusammen – wenig Zeit und großer Schaden – erfordern das höchste Präventionsniveau. Wieder andere Krisen bahnen sich langsam an und haben einen sanfteren Zeitverlauf in der öffentlichen Darstellung, wenngleich die Bekanntmachung ebenso hohe Einbußen nach sich zieht. Auf die unterschiedlichen Szenarien mit ihren jeweiligen Anforderungen sollten Sie adäquat vorbereitet sein.

Die Szenario-Analyse verhilft Ihnen auch dazu, mögliche Gefahrenquellen offenzulegen, sodass Krisen erst gar nicht entstehen. Wenn Sie schon zu diesem Zeitpunkt adäquate Maßnahmen einleiten können, ergreifen Sie die Chance. Das kann vielleicht sogar der erste Schritt zu einem Schutzkonzept für Ihren Träger oder Ihre Einrichtung sein.

9.3.5.2   Krisenstab, Kontaktliste und Leitfaden festlegen

Aus Ihrer Szenario-Analyse können Sie ablesen, welche Personen zu Ihrem Krisenstab gehören. Wer hat den besten Überblick in bestimmten Bereichen? Wer muss als erstes innerhalb der Organisation informiert werden? Wer muss für welchen Vorfall von außen hinzugezogen werden? Entscheidend dabei ist, dass Kontaktmöglichkeiten zu allen Ebenen der Betroffenen bestehen, sodass diese in der Lage sind, die Kommunikation zusammen zu halten und zu steuern. Die Einrichtung eines **Krisenstabs** ist ein wichtiger Schritt der präventiven Krisenkommunikation. Denn im Ernstfall werden Sie unter starkem Zeitdruck tiefgreifende Entscheidungen mit weitreichenden Konsequenzen treffen müssen.

Sie werden mit zahlreichen Fragen von innen und außen konfrontiert. Wie können Sie die Opfer schützen? Wie können Sie in Verdachtsmomenten Ihre Fach- und Führungskräfte vor pauschalen Verdächtigungen schützen? Wie konnte es so weit kommen? Wie gelingt Ihnen eine transparente Kommunikation, die keine Panik schürt? Klären Sie also vorab die Ressourcen und Aufgaben, wer was zu tun hat. Rufen Sie dafür eine **Krisen-Kontaktliste** ins Leben und bestimmen Sie einen Krisenmanager. Der Krisenmanager sollte aus der Unternehmensspitze sein oder aus der Pressestelle. Er kommuniziert im Krisenfall als einziger mit den Medien. Über diesen Fakt sollte verbindlich Einvernehmen hergestellt werden.

▶   Gerade im Krisenfall trägt eine One-Voice-Policy dazu bei, dass Informationen
       zielgerichtet und versiert kommuniziert werden.

Gelangen Aussagen von unterschiedlichen Personen mit unterschiedlichen Meinungen an die Öffentlichkeit, wird nur noch mehr Verwirrung gestiftet. Daher sollte sichergestellt werden, dass der **Krisenmanager medienfit** und der Herausforderung gewachsen ist. Medientrainings können herbei unterstützen, damit sich die Zuständigen vor der Kamera erleben und lernen, die richtigen Botschaften zu wählen oder sich nicht aus der Reserve locken zu lassen. Sie müssen Sicherheit gewinnen, wie bestimmte Aussagen und

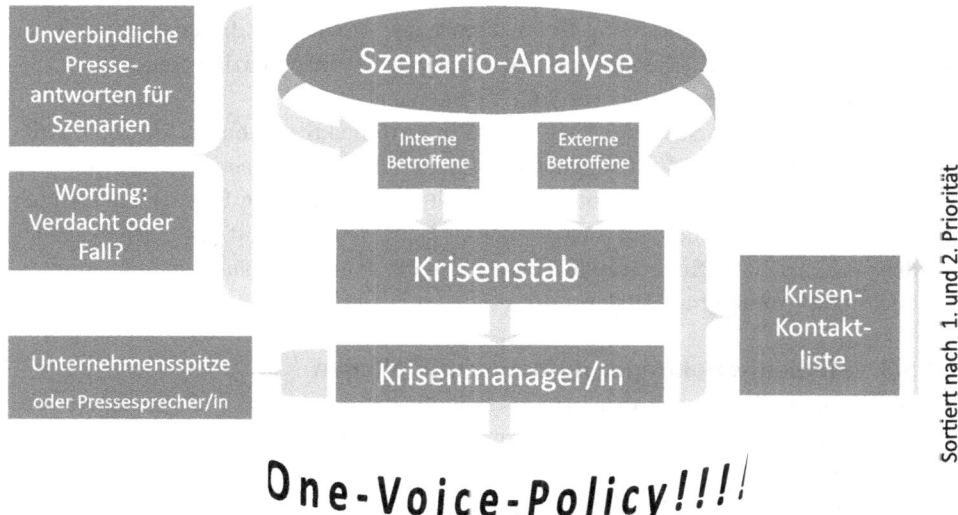

Abb. 9.5 Gewappnet für die öffentliche Krise. (Quelle: Eigene Darstellung)

Informationen in der Öffentlichkeit aufgenommen werden und welche Missverständnisse entstehen können. Gerade in der Krise gilt es, authentisch emotional und empathisch zu kommunizieren.

In der Kontaktliste sind die Mitglieder des Krisenstabs sowie die Personen, die darüber hinaus zwingend informiert werden müssen, enthalten. Bei kleineren Trägern wird die Liste wahrscheinlich überschaubar sein. Bei größeren Trägern, die stark in Netzwerke eingebunden sind, geht der Kreis des Krisenstabs unter Umständen über die eigenen Mitarbeitenden und die für die Krise zuständigen Stellen hinaus. Die Kontakte sind abgestuft nach Priorität für Ihre Organisation zu sortieren. Abbildung 9.5 gibt einen Gesamtüberblick zur Krisenkommunikation.

Der Krisenstab hat erste Priorität und bekommt im Krisenfall den vollständigen Überblick sowie Informationen zum weiteren Vorgehen. Alle Anfragen werden an den Krisenmanager weitergeleitet. Er ist der wichtigste Ansprechpartner für den Informationsfluss. Für ihn sollte also auch eine Vertretung bestimmt werden, die bei Vorfällen befugt ist, zu handeln.

Die Krisenkontakte der zweiten Priorität bekommen Mindestinformationen, die weniger detailliert sind. Generell sollten Sie auch hier beherzigen: interne Kommunikation geht vor externer Kommunikation. Im Krisenfall müssen Sie also schnell sicherstellen können, dass intern alle Schlüsselstellen informiert sind und gegebenenfalls zu einem persönlichen Treffen zusammengerufen werden. Das erfordert Zeit, in der Sie noch nicht extern kommunizieren können.

Da Zeit und Timing im Krisenfall die entscheidende Rolle spielen und das Nicht-Kommunizieren ein Tabu darstellt, sollten Sie für die unterschiedlichen Szenarien aus Ihrer

Analyse präventiv **unverbindliche Presseantworten** entwickeln, die im Krisenfall der ersten Informationspflicht Genüge tun und Empathie für die potenziell Betroffenen zeigen. Auf diese Weise können Sie wertvolle Zeit gewinnen.

Zusammen mit Ihrer Szenario-Analyse und Ihrer Kontaktliste können Sie einen **Leitfaden** entwickeln, der alle Zuständigkeiten aufführt und Handlungsanweisungen gibt, was wann wie warum zu tun ist. Mit solch einem Leitfaden verschaffen Sie allen Beteiligten Handlungssicherheit. Legen Sie sich in diesem Leitfaden auch auf ein entsprechendes Wording fest, also dass Sie bestimmte Begriffe in der externen Kommunikation vermeiden oder in den Vordergrund stellen.

9.3.5.3   Medienbeziehungen aufbauen und pflegen

Um die Kommunikation mit den Medien zielgerichtet zu steuern und spontane sowie skandalöse Berichterstattung zu verhindern, ist ein vertrauensvolles Verhältnis mit Redaktionen unumgänglich. Hegen und pflegen Sie Ihre Kontakte – nicht erst im Krisenfall.

Vielleicht können Sie einigen bei der einen oder anderen Gelegenheit exklusive Themen anbieten. Möglicherweise können Sie ihnen anderweitig Einblicke gewähren oder Kontakte vermitteln, an die sie sonst nur mit Mühe kämen. Schaffen Sie ein vertrauensvolles und zuverlässiges Verhältnis, das Ihnen in und außerhalb der Krise mehr Glaubwürdigkeit verleiht. Für den Ernstfall können Sie sich diese Beziehungen zunutze machen und auf einen Verbrüderungseffekt hoffen.

Journalistinnen und Journalisten, die Sie persönlich kennen, werden mit Ihnen in der Berichterstattung weniger hart ins Gericht gehen, Ihnen im besten Fall mehr Zeit gewähren und brisante Erkenntnisse aussparen. Kommen die befreundeten Redaktionen als erstes an Informationen, können Sie darauf vertrauen, dass Sie vorab informiert und hinzugezogen werden. Dadurch haben Sie in Krisenfällen strategische Vorteile.

Recht am eigenen Wort

Besonders im Krisenfall muss strategisch abgewogen werden, was Sie sagen. Passiert es doch einmal, dass Ihnen etwas Ungeschicktes herausgerutscht ist, dann haben Sie dennoch eine Chance, es wieder gut zu machen. Durch das allgemeine Persönlichkeitsrecht ist Ihr Recht am eigenen Wort geschützt. Sie haben bei Interviews mit Journalistinnen und Journalisten daher das Recht, die direkten und indirekten Zitate autorisieren zu lassen. Bei Fernsehinterviews ist das zwar eher unüblich, aber wenn Sie nicht live vor der Kamera O-Töne geben, können Sie auch in solchen Situationen darauf bestehen, dass der O-Ton noch einmal aufgenommen wird, wenn Sie sich verhaspelt haben.

Bei Interviews für Print- und Onlinemedien ist es wesentlich einfacher. Sie haben kein Anrecht, den kompletten Artikel einzusehen, aber Sie können die Redaktionen freundlich bitten, dass sie Ihnen die Zitate zur Freigabe schicken. Mit dieser Forderung wird allerdings ein gewisses Misstrauen offenbart. Gehen Sie daher mit Fingerspitzengefühl an die Sache heran und beharren Sie nicht dogmatisch auf Ihren Rechten. Dann werden Ihnen die Redaktionen auch entgegen kommen und das Vertrauensverhältnis wird gewahrt. Sichern Sie zudem zu, dass Sie die Zitate schnell und unbürokratisch freigeben.

9.3.5.4   Der Ernstfall – versiert und bedacht durch die Krise

Im Krisenfall, der für Sie wahrscheinlich trotz aller Vorbereitung überraschend kommt, können Sie von Beginn an, Einfluss auf das Ausmaß nehmen. Ihre Präventionsarbeit unterstützt Sie dabei, dass Sie währenddessen einen kühlen Kopf bewahren. Denn zunächst müssen Sie Herr der Lage werden und den Überblick gewinnen.

Alle Informationen sammeln

Von Beginn an sollten Sie alle Daten und Fakten penibel genau sammeln, um ein exaktes Bild von der Situation zu erhalten. Holen Sie den Krisenstab dazu. Neben dem Kommunikationsaspekt müssen Sie eventuell rechtliche Schritte einleiten, zuständige Stellen informieren oder Maßnahmen zum Opferschutz ergreifen. Nur mit dem nötigen Wissen können Sie die richtigen Entscheidungen treffen.

Der Krisenmanager koordiniert, dass so schnell wie möglich alle Informationen zusammengetragen werden. Dazu gehört auch das Wissen, wer schon was weiß. Die Informationen werden dann aufbereitet und zeitnah aktualisiert.

Intern informieren

Stellen Sie mit dem Krisenstab sicher, dass die interne Kommunikation mit entsprechenden Handlungsanweisungen oder Maßnahmen schnellstmöglich stattfindet. Je nachdem, mit welcher Krise Sie es zu tun haben, wird es darum gehen, Angehörige oder Fachkräfte ins Boot zu holen, um gemeinsam die Herausforderung zu bewältigen, also ein „Wir"-Gefühl zu entwickeln. Schließlich wollen Sie verhindern, dass Betroffene sich nicht ernst genommen fühlen und ihrem Frust in den Medien Luft verschaffen.

Bauen Sie durch schnelle und kompetente Informationen, eventuell durch persönliche Treffen mit Angehörigen oder Betroffenen verletztes Vertrauen wieder auf. Gehen Sie nicht in die Defensive, intern wie extern. Stimmen Sie ein Vorgehen ab und einigen Sie sich auf die One-Voice-Policy. Stellen Sie den Mehrwert für alle Beteiligten heraus. Sie müssen die Risiken minimieren, dass Redaktionen beispielsweise auf Eltern zugehen und nicht an Sie verweisen.

Pressestatements vorbereiten

Greifen Sie auf Ihre Vorbereitungen zurück und konkretisieren Sie Ihre Angaben, sofern Ihnen das möglich ist. Die Aussagen, die Sie vor der Presse treffen, müssen in jedem Fall wahr sein. Wenn Sie zu bestimmten Fragen noch keine Antworten haben, dann stehen Sie dazu und verstricken Sie sich nicht in Falschaussagen. Einmal veröffentlicht werden Sie damit immer wieder konfrontiert – und zwar öffentlich. Gehen Sie nicht in die Defensive. Das erzeugt Angst auf allen Ebenen.

Die Salami-Taktik, also dass Informationen häppchenweise preisgegeben werden, ist in jedem Fall zu vermeiden. Informationen, die höchstwahrscheinlich eh zur Presse durchdringen, aber nach und nach von Ihnen veröffentlicht werden, ziehen die Krise künstlich in die Länge. Das macht es nachhaltig schlimmer, als wenn die schlechte Botschaft auf einen Schlag veröffentlicht wird. Es sollte also sehr genau abgewogen werden, was Sie zurückhalten.

Kontakt zur Presse

Je nachdem, wie viel die Presse schon weiß oder bereits berichtet hat, sind unterschiedliche Maßnahmen empfehlenswert:

- *Die Presse kommt auf Sie zu, weil sie von der Krise erfahren hat:*
    - Wenn noch nicht alle Details vorliegen, gilt es, Zeit zu gewinnen. Verwenden Sie die vorbereiteten Pressestatements, um die erste Informationspflicht zu befriedigen.
    - „Kein Kommentar!" ist keine Option. Das deutet eine gewisse Unbeholfenheit oder Überforderung an, die in so einer Lage mehr als unerwünscht ist und nicht für Vertrauen sorgt.
    - Wenn die Redaktion zuerst Sie angesprochen hat, dann halten Sie sich den Kontakt warm und sorgen dafür, dass die Journalistin oder der Journalist darauf vertrauen kann, von Ihnen informiert zu werden.
    - Wenn Sie noch nicht alle nötigen Informationen zusammen haben, einigen Sie sich darauf, wann Sie weitere Informationen liefern können und was Sie noch abklären müssen. Absprachen müssen Sie natürlich einhalten.
    - Finden Sie zudem heraus, was die Redaktion bereits weiß.
- *Es wurde noch nicht berichtet, aber es ist wahrscheinlich, dass die Presse davon erfährt:*
    - Wenn ein Bekanntwerden unvermeidbar erscheint, sollten Sie das Heft des Handels in der Hand behalten und selbst an die Presse gehen. Nur so können Sie steuern, welche Informationen an die Medien gelangen.
    - Redaktionen finden immer einen Weg, an ihre Informationen zu kommen. Im Zweifel werden Quellen zu Rate gezogen, die Sie lieber nicht gedruckt sehen wollen.
    - Verhindern Sie, dass unwahre Gerüchte entstehen, die Ihrem Image zusetzen. Stehen sie erst einmal im Raum, setzen sie sich nachhaltig fest, selbst wenn sie später entkräftet werden.
    - Greifen Sie auf Ihre vertrauensvollen Beziehungen mit Journalistinnen und Journalisten zurück.
    - Wägen Sie ab, ob Sie einer Redaktion exklusive Informationen geben. Der Vorteil ist, Sie können die Bedingungen, was nach außen dringt, und den Ton der Berichterstattung mitgestalten – also eine größtmögliche Einflussnahme im Krisenfall. Der Nachteil ist, dass Sie damit eine Ungleichbehandlung der Medien vornehmen, die Ihnen bei Bekanntwerden der Bevorzugung zum Nachteil gereichen kann.
    - Stellen Sie bei den Redaktionen sicher, dass die Kommunikation zu den Betroffenen nur über den Krisenmanager laufen soll.

„Unter 2" und „Unter 3"

Vertrauliche Informationen, für die Sie nicht als Quelle bekannt werden wollen, können Sie Redaktionen informell mit den Ausdrücken „Unter 2" und „Unter 3" kenntlich machen. International sind die Formulierungen auch als Chatham House Rule bekannt (vgl. Becker 2014, S. 94). Mit „Unter 2" geben Sie die Erlaubnis, dass die Informationen veröffentlicht werden dürfen, aber nicht als Zitat einer personalisierten Quelle. In den Nachrichten hört man dann Formulierungen wie „Aus den Kreisen der Betroffenen…". Bei „Unter 3" darf die Redaktion die Information für Hintergrundrecherchen nutzen, sie aber nicht direkt veröffentlichen. Indirekt können die Informationen aber in Berichte einfließen.

- *Es wurde noch nicht berichtet, ein Bekanntwerden ist vermeidbar.*
  - Häufig werden bestimmte Vorfälle oder Ereignisse erst durch ein Bekanntwerden zu einer tatsächlichen Krise.
  - Mitunter ist nicht mal klar, ob die Redaktionen überhaupt vorhaben, über bestimmte Ereignisse zu berichten. Dann wecken gut gemeinte Veröffentlichungen von Organisationen, die gern für Transparenz sorgen wollen, ein Interesse, das eigentlich nicht da war. Bewahren Sie also einen kühlen Kopf und wägen Sie die Situation professionell ab.
  - Ist das Bekanntwerden tatsächlich vermeidbar, sollten Sie durch die interne Kommunikation sicherstellen, dass das auch so bleibt.

Nachbereitung – aus Fehlern lernen

Nach der Krise ist vor der Krise. Nutzen Sie die Chance, aus Ihren Erfahrungen zu lernen. Dokumentieren und evaluieren Sie die Ereignisse. Was lief gut? Wo müssen Sie noch optimieren und den Krisenplan anpassen? Wer fehlt noch im Krisenstab? Passen Sie Ihr zukünftiges Vorgehen an. Dabei ist es nicht unwahrscheinlich, dass Verbesserungsmaßnahmen über den Kreis des Krisenstabs hinausstrahlen und Ihre gesamte Organisation mobilisieren, Veränderungen zur Verhinderung von Krisen zu etablieren.

Sind Sie ohne Präventionsmaßnahmen in die Krise geraten, dann nutzen Sie die Erfahrungsschätze. Das Wissen, was Sie unter harten Bedingungen gesammelt haben, ist die beste und leichteste Basis für die Entwicklung eines Krisenplans. Spätestens jetzt sollten Sie den Nutzen erkannt haben.

9.4 Zwischencheck externes Employer Branding

Von schicken Motiven über witzige Stellenanzeigen ist bei Ihnen inzwischen alles vorhanden? Dann verschaffen Sie sich dennoch einen Überblick, wo Sie nachsteuern können oder was noch in Angriff genommen werden sollte:

Wie fit ist Ihr externes Employer Branding?

- Haben Sie motivierende Konzepte und Motive für Ihre Personalwerbung entwickelt, die Ihre Arbeitgebermarke konkret wiedergeben?
- Haben Sie die Zielgruppe bei der Gestaltung Ihrer Motive einbezogen?
- Sind Ihre Stellenanzeigen auffällig und konkret und als verlängerter Arm Ihrer Employer Brand erkennbar?
- Passt Ihre Mediaplanung zur Zielgruppenanalyse und in das Gefüge Ihres gesamten Employer-Branding-Prozesses?
- Haben Sie crossmediale Bezüge in Ihre Mediaplanung integriert?
- Spricht aus Ihrer Website Ihr Nutzenversprechen als Arbeitgeber?
- Ist Ihre Website so serviceorientiert und intuitiv, dass Bewerbende schnell und umfassend zum Ziel kommen?
- Passen Ihre Social-Media-Wünsche zu den Bedingungen innerhalb Ihrer Belegschaft?
- Passt Ihre Social-Media-Strategie zur Zielgruppenanalyse und in Ihr Maßnahmenportfolio?
- Bieten Sie Ihren Mitarbeitenden Orientierung, wie sie sich im Web 2.0 am besten verhalten sollen?
- Haben Sie alle Möglichkeiten ausgeschöpft, auf Veranstaltungen und Messen Ihre Zielgruppe mit Ihrer Arbeitgebermarke zu erreichen?
- Haben Sie eine Basis etabliert, sodass Ihre Mitarbeitenden dazu angeregt werden, Fach- und Führungskräfte für Ihre Organisation zu begeistern?
- Halten Sie Ihr Nutzenversprechen an allen Berührungspunkten Ihres Bewerbungsmanagements ein?
- Nutzen Sie Ihre Pressearbeit gezielt für das Employer Branding und sind Sie auf Krisen vorbereitet?

Literatur

Becker T (2014) Medienmanagement und öffentliche Kommunikation. Der Einsatz von Medien in Unternehmensführung und Marketing. Springer, Wiesbaden

Bredl S (2013) Neue Möglichkeiten der Partizipation im Online-Journalismus durch das Web 2.0. Bachelor + Master Publishing, Hamburg

Buggisch C (2014) Social Media und soziale Netzwerke – Nutzerzahlen in Deutschland 2014, Christian Buggischs Blog. Erlangen. http://buggisch.wordpress.com/2014/01/07/social-media-und-soziale-netzwerke-nutzerzahlen-in-deutschland-2014. Zugegriffen: 9. Feb. 2014

Bundesministerium des Innern (2008) Krisenkommunikation. Leitfaden für Behörden und Unternehmen, Berlin

Bundesministerium für Arbeit und Soziales (2013) Zusammenarbeiten. Inklusion in Unternehmen und Institutionen. Ein Leifaden für die Praxis. Berlin. http://www.bmas.de/SharedDocs/Downloads/DE/PDF-Publikationen/a755-nap-leitfaden.pdf?__blob=publicationFile. Zugegriffen: 4. Jan. 2014

Bundesverband deutscher Pressesprecher (2013) Onlinerecht. Ein rechtlicher Ratgeber für Öffentlichkeitsarbeit im Internet. BdP, Berlin

Daimler AG (2007) Daimler Blogging Guideline. blog.daimler.de. Stuttgart. http://blog.daimler.de/wp-content/uploads/2007/05/daimler-blogging-policy.pdf. Zugegriffen: 28. Feb. 2014

Diercks J (2014) Karriere-Websites – darauf kommt es an. Teil 3. Was sind Elemente guter Karriere-Websites? Heute: Blogs…, blog.recrutainment.de, Hamburg. http://blog.recrutainment. de/2014/01/28/karriere-websites-darauf-kommt-es-an-teil-3-was-sind-elemente-guter-karriere-websites-heute-blogs/. Zugegriffen: 28. Feb. 2014

Galtung J, Ruge MH (1965) The structure of foreign news. J Peace Res 2(1):64–91

Institute for Competitive Recruiting (2013) Social media recruiting report 2013. Endlich der Durchbruch? http://www.competitiverecruiting.de/ICR-Social-Media-Recruiting-Report-2013.html. Zugegriffen: 7. Feb. 2014

Kirsch K (2003) Der Journalist als Gatekeeper – die Forschungsansätze im Überblick. Grin, Norderstedt

Kopka M-S (2013) Pressemitteilung: Marktführer bündeln ihre Kräfte: XING übernimmt Arbeitgeber-Bewertungsplattform kununu. xing.com, Hamburg. https://corporate.xing.com/ ?id=112&L=0&tx_ttnews%5Btt_news%5D=1380. Zugegriffen: 9. Feb. 2014

Kramer J (2004) Organisatorischer Journalismus: Ansätze und Ergebnisse der Redaktionsforschung. Grin, Norderstedt

Krause M (2013) Erste Bezahlkanäle auf Youtube. tagesspiegel.de, Berlin. http://www.tagesspiegel. de/medien/video-erste-bezahlkanaele-auf-youtube/8189416.html. Zugegriffen: 9. Feb. 2014

Kroker M (2013) Twitter: Eine halbe Milliarde Mitglieder; nur 6 Prozent in Deutschland zwitschern. Kroker's Look@IT Blog, Düsseldorf. http://blog.wiwo.de/look-at-it/2013/03/01/twitter-eine-halbe-milliarde-mitglieder-nur-6-prozent-in-deutschland-zwitschern. Zugegriffen: 9. Feb. 2014

Küter J (2013) Der Journalist als Gatekeeper: Über eine zentrale Rolle des Mediensystems. Grin, Norderstedt

Lippmann W (2007) Public opinion. Filiquarian Pub Llc, Minneapolis

Ruhrmann G, Göbbel R (2007) Veränderung der Nachrichtenfaktoren und Auswirkungen auf die journalistische Praxis in Deutschland. Abschlussbericht für netzwerk recherche e. V. April 2007. Wiesbaden. http://www.netzwerkrecherche.de/files/nr-studie-nachrichtenfaktoren.pdf. Zugegriffen: 16. Jan. 2014

Sauter R (2006) Crossmedia-Kampagnen: Aspekte der inhaltlichen und formalen Integration. Diplomica, Hamburg

Schmidt O (2013) Public relations und journalismus: Wie die Öffentlichkeitsarbeit die Medienberichterstattung beeinflusst. disserta, Hamburg

Schwenke T (2012) Vorschaubilder beim Teilen von Inhalten in Social Media – Praxistipps zur Minderung des Abmahnrisikos. http://rechtsanwalt-schwenke.de/vorschaubilder-beim-teilen-von-inhalten-in-social-media-praxistipps-zur-minderung-des-abmahnrisikos/. Zugegriffen: 21. Februar 2014

StepStone Deutschland (2011) Der StepStone employer branding report 2011. StepStone Deutschland GmbH, Düsseldorf. http://www.stepstone.de/b2b/stellenanbieter/jobboerse-stepstone/upload/Employer-Branding-Report.pdf?cid=B2C_CLC_SYS19. Zugegriffen: 30. Dez. 2013

StepStone Deutschland (2012) Jobsuche 2013. Wie Recruiter und Bewerber vorgehen und was sie erwarten. StepStone Deutschland GmbH, Düsseldorf. http://www.stepstone.de/b2b/stellenanbieter/jobboerse-stepstone/upload/StepStone-Studie-Jobsuche-2013.pdf?cid=B2C_CLC_SYS19. Zugegriffen: 30. Dez. 2013

Voelk C (2012) Schritt 14: Strategie werblich umsetzen – Agenturpartner finden und Kreativkonzept entwickeln. In: Kriegler WR (Hrsg) Praxishandbuch Employer Branding. Mit starker Marke zum attraktiven Arbeitgeber werden. Haufe-Lexware, Freiburg, S 249–265

Evaluation des Employer-Branding-Prozesses – Erfolgskontrolle und Nachsteuerung

Die Employer-Brand-Strategie wird durch ein regelmäßiges Controlling abgerundet. Es wird also überprüft, ob die Marke richtig positioniert ist und ihre Ziele erreicht. Das bezieht sich sowohl auf das Image des Arbeitgebers als auch auf seine Identität. Da Märkte dynamisch sind, kann ein Nachsteuern auf allen Ebenen nicht ausgeschlossen werden. Das Führen der Arbeitgebermarke gleicht somit einem Kreislauf (vgl. Lukasczyk 2012b S. 44).

Das Employer-Brand-Management unterteilt sich in wiederkehrende Aufgaben, die klare, langfristige Zuständigkeiten verlangen:

- die Erfolgskontrolle der bisherigen Maßnahmen
- die Nachsteuerung
- das Controlling der Konsistenz von Inhalten und Erscheinungsbild
- die Beobachtung interner und externer Einflussfaktoren
- die Integration von relevanten Veränderungen in das Employer Branding (vgl. Kriegler 2012, S. 338)

Wenn man sich vor Augen hält, welche Umwälzungen es in den vergangenen Jahren im Pflegebereich gegeben hat, wird deutlich, dass Ihre Arbeitgebermarke und die damit verbundenen Maßnahmen kontinuierlich in Augenschein genommen werden müssen. Zeitgeistige Trends und personelle Veränderungen z. B. in der Führungsspitze sollen Ihre Employer Brand überdauern und sie nicht in Frage stellen oder verwässern.

Die Evaluation von Employer-Branding-Maßnahmen steht allgemein noch am Anfang. Standardisierte Kennzahlensysteme, die den Erfolg messen und helfen, die Prozesse zu steuern, sind in den meisten Unternehmen nicht etabliert, wie eine Befragung von 160 Personalverantwortlichen aus mittelständischen und größeren Unternehmen zeigt. Nur ein Drittel der Befragten nutzt aktiv einzelne Kennzahlen für die Erfolgskontrolle und Nachsteuerung (vgl. Lichtenauer 2013).

© Springer Fachmedien Wiesbaden 2014
C. Heider-Winter, *Employer Branding in der Sozialwirtschaft*,
DOI 10.1007/978-3-658-01196-3_10

Kennzahlen tragen dazu bei, die Komplexität zu reduzieren. Anhand der Analysephase kann man ablesen, dass für die Steuerung und Evaluation der Arbeitgebermarke nicht jedes Detail gleichermaßen im Blick behalten werden kann. Das führt dazu, dass Informationen verdichtet werden. Die Frage ist allerdings, welche Kennzahlen tatsächlich sinnvoll, aussagekräftig und fehlerlos sind (vgl. Quenzler 2012, S. 140).

In Abschn. 6.3 haben Sie sich bereits mit psychologischen Zielsetzungen auseinandergesetzt, die für die Evaluation in diesem Buch die Grundlage bilden werden. Auf drei aufeinander aufbauenden Ebenen

1. Bekanntheit und Wissen,
2. Einstellung und Haltung und
3. Verhalten

evaluieren Sie die Veränderungen Ihres Prozesses und setzen sie anschließend in Relation zu relevanten internen und externen Entwicklungen. Die Bewertung zeigt Ihnen die konkreten Handlungsfelder der Nachsteuerung auf.

Wie tiefgehend Sie das Controlling in Ihren Arbeitsalltag implementieren, hängt von Ihrer Größe und Ihren Ressourcen ab. Viele der Erfolgsfaktoren können bei einer überschaubaren Anzahl von Mitarbeitenden ohne komplexe Befragungen erfasst werden, genauso wie zahlreiche kritische Stimmen zu bestimmten Bereichen den Optimierungsbedarf in einem der Handlungsfelder anzeigen.

10.1 Evaluation auf der Ebene von Bekanntheit und Wissen

Die Bekanntheit und das Wissen zu Ihrer Arbeitgebermarke legen überhaupt erst die Basis dafür, dass sich Einstellungen verändern können. Es geht also darum, dass Ihr Nutzenversprechen durch die getroffenen Maßnahmen erlebbare Wirklichkeit an allen Nahtstellen wird, an denen Ihre interne und externe Zielgruppe mit Ihrer Organisation in Berührung kommt. Überprüfen Sie die Ebenen, die dazu beitragen, dass die Wahrnehmung und das Erleben Ihrer Arbeitgebermarke intensiviert werden, sodass das Wissen gesteigert werden kann. Gehen Sie den Quellen von Informationsdefiziten auf den Grund. Dazu gehören folgende Aspekte:

▶ **Prüfschleife**

- **Wissensstand der (potenziellen) Mitarbeitenden zur Arbeitgebermarke**
  – Wenn Sie es während des internen Employer Brandings (Abschn. 7.2.1) nicht bereits in Angriff genommen haben, dann ist jetzt die beste Zeit dafür. Befragen Sie Ihre Mitarbeitenden, was sie über Ihre Arbeitgebermarke wissen. Solche Ergebnisse nutzen natürlich nur, wenn Sie diese in regelmäßigen Abständen wiederholen, um Veränderungen ablesen zu können.

- Beziehen Sie bei der Befragung die nun folgenden Aspekte mit ein, um herauszufinden, an welchen Stellen Sie gezielt auf die Wissensvermittlung Einfluss nehmen können.

▶ **Evaluation des Wissens durch Information**

- **Synchronität der kommunizierten Botschaften mit der Employer Brand**
  - Sowohl in Ihrer internen wie in Ihrer externen Kommunikation, auch diejenige, die auf informellem Wege stattfindet, geht es um eine Konsistenz Ihrer Botschaften. Bei der Umsetzung wird es Ihnen vielleicht nicht auf Anhieb gelungen sein, sämtliche Kommunikationswege mit der Employer Brand zu synchronisieren. Je konsequenter Sie an dieser Stelle sind, umso schneller und intensiver setzt sich Ihre Arbeitgebermarke in den Köpfen fest.
  - Stellen Sie regelmäßig Ihre internen und externen Informations- und Pressematerialien auf den Prüfstand und kontrollieren Sie bei neuen, dass Sie Ihren Standards entsprechen.
  - Legen Sie bei Ihren (potenziellen) Mitarbeitenden die Basis dafür, dass das Wissen zu Ihrer Arbeitgebermarke einheitlich ist. Greifen Sie dafür auch auf die Kategorien zurück, die Sie bereits festgelegt haben (Abschn. 5.2.4.1).
- **Synchronität der Führungskultur mit der Employer Brand**
  - Den Ist-Zustand, wie stark Ihre Führungskultur die Employer Brand zum Scheinen bringt, haben Sie bei Ihren internen Maßnahmen (Abschn. 7.1.1) bereits erfasst. Bleiben Sie am Ball, um die nachhaltige Wissensimplementierung abzusichern.
  - An welchen Stellen müssen Sie noch kontinuierlich Kenntnisse nachsteuern, um den Mehrwert Ihrer Maßnahmen bekannter zu machen?
  - Durch welche Kommunikationsmaßnahmen können Sie die Ausrichtung der Führungskultur noch intensiver vermitteln?
  - Dadurch können Sie bei Führungskräften, die noch nicht ganz ins Bild passen, auch Druck von unten ausüben und Einstellungs- sowie Verhaltensänderungen bewirken. Mitarbeitende fordern dann ein, dass sie entsprechend der Führungskultur behandelt werden wollen.

▶ **Evaluation des Wissens durch Erleben**

- **Synchronität der Arbeitswelt mit der Employer Brand**
  - Durch direktes Erleben des Nutzenversprechens steigern Sie ebenfalls die Bekanntheit und das Wissen.
  - Tragen Sie hier die Ergebnisse Ihrer Befragung zusammen, wie Ihre Arbeitgebermarke im Alltag zum Tragen kommt, und kontrollieren Sie, an welchen Stellen Sie gezielte Maßnahmen noch bekannter machen oder sie modifizieren müssen.

- Wo müssen Sie in der Gestaltung der Arbeitswelt noch nachsteuern, um das Erleben der Employer Brand zu steigern?
- Wie entwickeln sich getroffene Maßnahmen?
- **Synchronität des Bewerbungsmanagements mit der Employer Brand**
  - Ausgehend von der Ausgangslage Ihres Bewerbungsmanagements (Abschn. 8.2.3) sollten Sie regelmäßig überprüfen, ob die Prozesse noch optimiert werden müssen und wie Sie das Wissen zum Verfahren auf breiter Front etablieren können.
  - Um die Passgenauigkeit der potenziellen Mitarbeitenden zu erhöhen, ist es zudem erforderlich, dass die Führungskräfte, die das Vorstellungsgespräch führen, regelmäßig auf dem aktuellen Stand gehalten werden.
  - Die dokumentierten Veränderungen werden immer wieder in Augenschein genommen, ob sie tatsächlich zum Erfolg beitragen.

10.2   Evaluation auf der Ebene von Einstellungen und Haltungen

Ist das Wissen zu Ihrer Arbeitgebermarke breit gestreut und durchfließt Ihre Organisation – quasi – synergetisch, lassen sich Veränderungen auf der Ebene der inneren Einstellungen feststellen. Hier geht es um Akzeptanz und Identifikation, die Sie wohl am unkompliziertesten mittels Befragungen herausfinden können. Die Wissensebene ist die zwingende Voraussetzung dafür. Stellen Sie also hier Optimierungsbedarfe fest, sollten Sie die vorhergehenden Aspekte überprüfen. Zugleich können Sie auf der Einstellungsebene konkreter feststellen, wo mögliche Informationsdefizite schlummern. Wer bei der Analysephase wenig beteiligungsorientiert gearbeitet hat, könnte bei niedrigem Akzeptanzgrad der Employer Brand auf größere Prozessanpassungen stoßen, beispielsweise weil Inhalte sogar komplett neu ausgerichtet werden sollen.

▶   **Einstellungen zur Employer Brand auf Fach- und Führungsebene**

- Die Befragung zum Wissensstand zur Employer Brand sollten Sie verknüpfen mit Fragen zum Grad der Akzeptanz, der Identifikation und der Bindung zu Ihrer Organisation. Finden Sie bei negativen Bewertungen heraus, was dazu geführt hat.
- Je differenzierter die Befragung soziodemografische Daten erfasst, desto genauer können Sie Optimierungen vorantreiben, vorausgesetzt allerdings, dass dabei die eventuell geforderte Anonymität gewahrt bleiben kann.

▶   **Entwicklung der Arbeitszufriedenheit**

- Mit einer positiven Entwicklung der Arbeitszufriedenheit tragen Sie schon die ersten Früchte Ihrer Maßnahmen. Scheuen Sie also nicht vor möglichen negativen Ergebnissen zurück. Nur mit Transparenz und Ehrlichkeit können

Sie Verbesserungen in die Realität umsetzen. Stetig aktualisiert haben Sie zudem ein Instrument, um Störherde offen zu legen.

▶ **Image-Entwicklung**

- Als einen Ihrer ersten Analyseschritte (Abschn. 5.2.1) haben Sie Ihr Image intern und extern unter die Lupe genommen.
- Welche Veränderungen können Sie beispielsweise nach einem halben Jahr oder einem ganzen Jahr feststellen?
- Das interne Image können Sie mit den Ergebnissen Ihrer Mitarbeitenden-Befragung anreichern.

▶ **Zufriedenheit der Bewerbenden und neuen Mitarbeitenden**

- Die Befragungen der Bewerbenden (Abschn. 8.2.3) geben Ihnen Aufschluss darüber, wie zufrieden die Beteiligten mit dem Rekrutierungsverfahren oder mit der Einarbeitungsphase waren.
- Auch hier können Sie direkt Erfolge ablesen, wenn Sie Ihr Bewerbungsmanagement gewinnbringend systematisieren.

10.3   Evaluation auf der Ebene von Verhalten

Ihre Arbeitgebermarke ist von den Köpfen in die Herzen Ihrer Zielgruppe gewandert. Das schlägt sich auf der Verhaltensebene vielseitig nieder. Hier können Sie überprüfen, was aus Ihren Bestrebungen zur Steigerung des Bekanntheits- und Wissensgrades geworden ist, und regelmäßig Anpassungen vornehmen, wenn Sie Ihre Vorstellungen noch nicht erfüllt sehen.

▶ **Entwicklung des Verhaltens im Arbeitsalltag**

- **Entwicklung des Führungskräfteverhaltens**
  - Schon in den Befragungen zur Zufriedenheit und Spürbarkeit der Arbeitgebermarke werden Sie erfahren haben, ob sich das Verhalten Ihrer Führungskräfte in die gewünschte Richtung bewegt. Sorgen Sie auf der Ebene des Verhaltens für Prozessqualität. Haben Sie bestimmte Verhaltensstandards festgelegt, dann überprüfen Sie, ob diese tatsächlich eingehalten werden.
  - Ein wichtiges Indiz an dieser Stelle ist zudem beispielsweise die Entwicklung von internen Konflikten sowie den Krankheitsständen, die im nächsten Punkt erneut aufgegriffen werden.
- **Entwicklung der Entsäulung und der externen Kooperationen**
  - Mit einer verbesserten internen Kommunikation und mehr Netzwerkkompetenz in Ihrem Unternehmen sollten sich wesentliche Veränderungen

im Bereich der Entsäulung (Abschn. 7.1.2) und der externen Kooperationen abzeichnen.

- Wie haben sich mögliche strukturelle Veränderungen auf der Arbeitsebene entwickelt? Beziehen Sie dazu die aktualisierten Ergebnisse Ihrer Wettbewerbs- und Umfeldanalyse (Abschn. 5.3) ein.
- Wie nah sind Sie Ihren Zielen gekommen, die Sie sich gesetzt haben, und was müssen Sie noch verbessern, um die Veränderungen zu beschleunigen?

▶ **Verhaltensentwicklungen durch interne und externe Kommunikationsmaßnahmen**

- **Entwicklung der internen Kommunikation – klassische und soziale Medien**
  - Eine erfolgreiche interne Kommunikation (Abschn. 7.3) ist einer der wichtigsten Katalysatoren im Rahmen Ihres Employer Brandings. Nutzen Sie daher sämtliche Auswertungsmöglichkeiten, um die Instrumente zu evaluieren und zu optimieren.
  - Ziel ist eine größtmögliche Beteiligung und Aktivierung der Mitarbeitenden. Wie entwickelt sie sich bei Ihnen und was hat sich verändert?
- **Bilanz der externen On- und Offline-Kommunikationsmaßnahmen**
  - Überführen Sie Ihre gesamten externen Kommunikationsmaßnahmen (Abschn. 8.1, Abschn. 8.3) in eine Übersicht, aus der Sie den Ressourcenaufwand, die Dauer, Reichweite, Ziele, Erfolge usw. ablesen können.
  - Als Kriterien zur Bewertung des Erfolgs können Sie beispielsweise die Zahl der positiven Presseberichte zu Ihrer Arbeitgebermarke nehmen (Abschn. 8.3) oder die Zahl der Bewerbungen, die durch einen bestimmten Informationskanal auf Sie aufmerksam wurden sowie die Zugriffe auf Ihre Website (Abschn. 8.1.4).
  - Nehmen Sie hier zudem die Auswertung Ihrer Recruiting-Events mit auf (Abschn. 8.2.1).

▶ **Prüfschleife** Setzen Sie die Verhaltensänderungen, die sich im Arbeitsalltag und durch die Kommunikationsmaßnahmen zeigen, in Bezug zu folgenden Aspekten:

- **Entwicklung des Empfehlungsmanagements von Mitarbeitenden**
  - Was könnte es Schöneres geben, als wenn Arbeitgeber fast nichts unternehmen müssen, um neue Mitarbeitende zu finden, weil die eigenen Angestellten diesen Job erledigen? Die Entwicklung des

Empfehlungsmanagements (Abschn. 8.2.3), sofern Sie es aktiv betreiben, ist einer der deutlichsten Erfolgsindikatoren Ihrer internen
Employer-Branding-Maßnahmen.

– Analysieren Sie, wie viele Stellenbesetzungen auf Empfehlungen zurückzuführen sind, und wie sich die Qualität der empfohlenen Bewerbenden von denen, die durch andere Kanäle zu Ihnen gekommen sind,
unterscheidet.

– Wie verhalten sich die Entwicklungen des Empfehlungsmanagements zu
den Kommunikationsmaßnahmen?

• **Entwicklung des Bewerbungsmanagements**

– Zur Systematisierung Ihres Bewerbungsmanagements gehört eine übersichtliche Datenerfassung mit konkreten Kennzahlen und saisonalen Entwicklungen, die Sie in der Regel unkompliziert erfassen können.

– Werten Sie beispielsweise aus, wie viele Bewerbungen Sie erreichen, wie
lang eine durchschnittliche Stellenbesetzung dauert oder wie viele Vorstellungsgespräche Sie führen müssen, um eine Vakanz zu besetzen. Wie
viele (finanzielle und personelle) Ressourcen müssen Sie pro Stelle auf-
wenden? Wie entwickelt sich die Fluktuationsrate oder die Passgenauigkeit der Bewerbenden?

– Hierzu gehört auch die stetige Evaluation der differenzierten Zielgruppenansprache (Abschn. 6.5). Erreichen Sie mit Ihrer Strategie tatsächlich
diejenigen, die Sie erreichen wollen, oder müssen Sie Modifizierungen
vornehmen?

– Wie verhalten sich die Entwicklungen des Bewerbungsmanagements zu
den Kommunikationsmaßnahmen?

10.4   Evaluations-Querbezug zur strategischen Organisations- und Personal-Planung

Die Veränderungen, die Sie durch Ihre Employer-Branding-Maßnahmen in Gang setzen,
sowie die Entwicklungen Ihres Umfelds wirken sich nachhaltig auf Ihre Organisations-
und Personalentwicklung aus. Es ist daher unabdingbar, dass Sie Ihre Evaluation mit Analysen aus diesem Bereich verbinden und auf dem neuesten Stand halten.

▶ **Querbezüge nach innen**

• **Entwicklung der Personal- und Organisationsstruktur**

– In der Analyse Ihrer personenabhängigen Ressourcen (Abschn. 5.2.3.2)
haben Sie umfangreiche Daten gesammelt, die sich durch neu gewon-

nene Arbeitskräfte verändern. Was bedeutet das für Ihre Personal- und Organisationsstruktur?

– Entstehen beispielsweise neue Handlungsbedarfe, dadurch dass mehr jüngere Angestellte an Bord kommen? Oder muss die Arbeit neu verteilt werden, da die Teams größer werden?
– Welche Auswirkungen haben die Veränderungen auf Krankheitszeiten?
– Wie entwickelt sich Ihr Verhältnis von Schlüssel- und Engpassfunktionen (Abschn. 5.4.1) und was bedeutet das für die Zukunft Ihrer Organisation?
– Müssen Verantwortungs- und Zuständigkeitsbereiche weiterentwickelt oder untergliedert werden?

• **Entwicklung des Personalbedarfs**
– Ausgehend von der Entwicklung der Personalstruktur ergeben sich immer wieder Veränderungen für den Personalbedarf (Abschn. 5.4.2). Das wirkt sich wiederum auf die Ausrichtung Ihrer Kommunikationsmaßnahmen aus.
– Welche Rückschlüsse können Sie ziehen, wenn Sie beispielsweise Ihre gewünschte Zielgruppe nicht erreichen?
– Was müssen Sie ändern, wenn Sie eine Teilzielgruppe erfolgreich angesprochen haben? Sind dann noch alle Kommunikationsmaßnahmen in diese Richtung erforderlich?
– Mit welchen Erfordernissen sind Sie jetzt, in einem halben oder ganzen Jahr konfrontiert?

• **Entwicklung der wirtschaftliche Lage**
– Die Veränderungen Ihrer Maßnahmen werden sich auch auf Ihre wirtschaftliche Lage auswirken. Suchen Sie nach relevanten Beziehungen zwischen dem Employer-Branding-Prozess und Ihrer wirtschaftliche Lage, damit das nicht zufällig passiert.
– Verstecken Sie die Analyse Ihrer materiellen Ressourcen (Abschn. 5.2.2) nicht in der Schublade. Wie hat sich Ihre wirtschaftliche Lage insgesamt entwickelt und was können Sie direkt auf Ihre Employer-Branding-Aktivitäten zurückführen? An welchen Stellen wirkt sich der Fach- und Führungskräftemangel auf Ihre wirtschaftliche Situation aus? Welche Schlüsse ziehen Sie daraus?
– Wie verhalten sich Aufwand und Nutzen Ihrer Employer-Branding-Maßnahmen im Vergleich zu Ihren vorherigen Aktivitäten?
– Ziehen Sie die Ergebnisse in wiederkehrenden Intervallen zu Rate und setzen Sie sie in Bezug zu Ihrem Prozess. Welche Veränderungen zeichnen sich ab? Was sollte verstärkt oder unterlassen werden?
– Evaluieren Sie regelmäßig Ihre Maßnahmen zur Ressourcengewinnung (Abschn. 7.1.3) und bewerten Sie deren Einfluss auf die anderen Bereiche.
– In welchem Verhältnis steht die verbesserte interne Kommunikation zur wirtschaftlichen Lage?
– Müssen Verantwortungs- und Zuständigkeitsbereiche verändert werden?

▶ **Querbezüge nach außen**

• **Entwicklung des Umfelds und Wettbewerbs**
  – Sie stehen mit Ihrer Organisation nicht beziehungslos auf dem Arbeits-
    markt. Neben internen Einflussfaktoren gilt es, die externen Veränderun-
    gen kontinuierlich zu dokumentieren, um adäquat darauf reagieren zu
    können.
  – Bringen Sie die Datenbasis Ihrer Umfeld- und Wettbewerbs-Analyse
    (Abschn. 5.3) turnusmäßig auf den aktuellen Stand und ergänzen Sie
    spontane Veränderungen lieber gleich.
  – Welche Querbezüge können Sie zu Ihrem Employer-Branding-Prozess
    feststellen? Welche Entwicklungen beeinflussen ihn maßgeblich?

Um die Prozessqualität Ihres Employer Brandings nachhaltig zu sichern, sollten Sie kontinuierlich überprüfen, an welchen Punkten Sie interne und externe Verantwortungsbereiche und Zuständigkeiten anpassen müssen. An welchen Stellen müssen Sie auf der Ebene
von Bekanntheit und Wissen Einfluss nehmen, um auf den Ebenen der Einstellung und
des Verhaltens Erfolge zu erzielen? Selbst wenn Sie nicht alle einzelnen Unterpunkte detailliert bearbeiten können, so haben Sie dennoch einen groben Überblick, der Ihnen beim
weiteren Vorgehen Prioritäten aufzeigt.

Literatur

Kriegler W (2012) Praxishandbuch Employer Branding – mit Arbeitshilfen online: Mit starker Mar-
    ke zum attraktiven Arbeitgeber werden. Haufe-Lexware, Freiburg
Lichtenauer M (2013) Studie zum Thema Erfolgskennzahlen im Employer Branding. defacto-x.de,
    Erlangen (http://www.defacto-x.de/html/news-309/items/studie-zum-thema-erfolgskennzahlen-
    im-employer-branding.html?page=2%20. Zugegriffen: 23. Feb. 2014)
Lukascyk A (2012b) Strategisches Employer Branding. Die Employer Brand führen. In: DGFÜ e.V.
    (Hrsg.) Employer Branding: Die Arbeitgebermarke gestalten und im Personalmarketing umset-
    zen, W. Bertelsmann Verlag, Bielefeld, S 40–44
Quenzler A (2012) Controlling des Employer Branding. In: DGFP e. V. (Hrsg) Employer Branding:
    Die Arbeitgebermarke gestalten und im Personalmarketing umsetzen. W. Bertelsmann, Biele-
    feld, S 139–162

Teil IV

Blick in die Praxis—Arbeitgeber-Beispiele aus der Sozialwirtschaft

Die Herangehensweisen an das Thema Employer Branding sind so vielfältig wie die Bereiche der Sozialwirtschaft. Hier sind es punktuelle Maßnahmen, die auf die Arbeitgeberattraktivität einzahlen, da ist es eine Werbekampagne, die zur Fachkräfterekrutierung genutzt wird, und an anderer Stelle ist es ein ganzheitlicher Prozess, der in die Organisationsentwicklung implementiert wird.

Employer Branding, das auch als solches wahrgenommen wird, ist im sozialen und Bildungsbereich noch im Anfangsstadium. Spannend ist es daher, zu sehen, welche Erfahrungen in den unterschiedlichen Entwicklungsstufen gesammelt wurden. Es erwartet Sie im Folgenden ein praktischer und vielseitiger Blick auf sozialwirtschaftliche Organisationen aus ganz Deutschland, die am Anfang oder inmitten ihres Employer-Branding-Prozesses stehen – oder erste Gedanken zum Thema fassen. Sammeln Sie Inspirationen für Ihre eigene Arbeitgebermarke.

Mit gemeinsamer Kraft – träger- und verbandsübergreifend dem Fachkräftemangel begegnen

Verschafft sich eine ganze Branche Klarheit darüber, was sie von anderen abhebt und warum der Beruf ergriffen wurde, kann ein gesamtes Berufsfeld aufgewertet werden. Das ist der erste Schritt vom Employer zum Profession Branding. Der Begriff des Profession Brandings ist in der Fachwelt noch nicht thematisiert. Analog zum Employer Branding geht es hierbei um den Markenkern einer Branche, die sich durch einzigartige und identitätsstiftende Faktoren von anderen Professionen abhebt.

Auf diese Weise sollen die bereits ausgebildeten Kräfte durch ein verbessertes Image mehr gesellschaftliche Wertschätzung erfahren, ihrer Profession treu bleiben und zu stolzen Botschaftern ihres Berufs werden. Dadurch wird der Nachwuchs mobilisiert, die gleiche Ausbildung zu ergreifen oder sie zumindest im Rahmen der Berufsorientierung ernsthaft in Betracht zu ziehen. Dabei legen die unterschiedlichen Ausbildungsformen unterschiedliche Strategien und Herangehensweisen nahe. Bei dualen Formen sind die Auszubildenden direkt bei einem Arbeitgeber angestellt. Bei schulischen Ausbildungen und Studiengängen besteht der Hauptbezug zur Fachschule oder (Fach-) Hochschule.

Das Potenzial, nachhaltig unternehmensübergreifend für einen bestimmten Beruf zu werben, genießt bisher keine breite Aufmerksamkeit. Der Fokus liegt immer noch auf einzelnen Arbeitgebern. Die Gründe dafür liegen auf der Hand. Wer will als Arbeitgeber schon in Kauf nehmen, dass die Konkurrenz die Nachwuchskräfte vor der Nase weg schnappt?

Doch gerade in der Sozialwirtschaft lohnen sich gemeinsame Initiativen, um das Angebot an potenziellen Fachkräften insgesamt zu erhöhen und mehr Druck auf die Politik auszuüben. Dadurch können beispielsweise wichtige Stellschrauben in der Ausbildung angepasst werden. Was für einzelne Unternehmen Erfolg verspricht, kann schließlich

© Springer Fachmedien Wiesbaden 2014
C. Heider-Winter, *Employer Branding in der Sozialwirtschaft*,
DOI 10.1007/978-3-658-01196-3_11

auf eine gesamte Branche übertragen werden. Ein motivierendes Berufsimage legt den Nährboden für den sozialen und Bildungsbereich, sodass sich auch in Zukunft noch genügend Menschen für pädagogische oder pflegerische Aufgaben entscheiden.

11.1   Vom Employer zum Profession Branding – Vielfalt, MANN! Dein Talent für Hamburger Kitas

Cornelia Heider-Winter und Katja Gwosdz

Als eines von 16 Modellprojekten in Deutschland zeigte der PARITÄTISCHE Wohlfahrtsverband Hamburg mit seiner Koordinierungsstelle des Hamburger Netzwerkes ‚MEHR Männer in Kitas‘, dass effiziente Maßnahmen zur Gewinnung von Männern in der frühkindlichen Bildung nur nachhaltig wirken können, wenn alle relevanten Akteure vernetzt und die Männer zielgruppengerecht angesprochen werden. Innerhalb von zwei Jahren konnten mit dem träger- und verbandsübergreifendem Netzwerk in der Hansestadt 20 % mehr männliche Fach- und Führungskräfte in Kitas gewonnen und ein Ansturm auf die Fachschulen für Sozialpädagogik entfacht werden. Die Profilierung des Erzieherberufs hin zu einer Marke, mit der man sich identifizieren kann, verschaffte der Kita-Profession mehr gesellschaftliche Aufmerksamkeit und Wertschätzung.

11.1.1   Das Modellprogramm ‚MEHR Männer in Kitas‘

26 Mal so viele Frauen wie Männer arbeiten in deutschen Kitas. Das entspricht einem Anteil von 3,8 % der Belegschaft. In Hamburg liegt der Männeranteil bei knapp elf Prozent. Die Hansestadt ist damit Spitzenreiter unter den Bundesländern. Da Männer genauso zur Gesellschaft gehören wie Frauen, sich das in der frühkindlichen Bildung aber nicht widerspiegelt, initiierte das Bundesministerium für Familie, Senioren, Frauen und Jugend (BMFSFJ) im Juli 2010 das von EU und vom Europäischen Sozialfonds geförderte Modellprogramm ‚MEHR Männer in Kitas‘. Es ist Teil der gleichstellungspolitischen Gesamtinitiative „Männer in Kitas“.

Ziel des Modellprogramms war es, den Anteil männlicher Fachkräfte im Bereich der frühkindlichen Pädagogik auf das von der EU empfohlene Niveau von mindestens 20 % anzuheben. Dazu soll der Beruf in der Öffentlichkeit mehr Wertschätzung und Aufmerksamkeit erhalten. Außerdem soll das Berufswahlverhalten junger Männer erweitert und moderne Rollenvorbilder für Männer gestärkt werden.

Die Koordinierungsstelle des Hamburger Netzwerkes ‚MEHR Männer in Kitas‘ ist beim PARITÄTISCHEN Wohlfahrtsverband Hamburg angesiedelt und entwickelte als eines von 16 Modellprojekten bis Ende 2013 neue Strategien und Maßnahmen, um mehr Jungen und Männer für den Erzieherberuf zu gewinnen. Das Aktionsbündnis läuft unter dem Kampagnendach „Vielfalt, MANN! Dein Talent für Hamburger Kitas" und wurde von allen Hamburger Kita-Anbietern sowie Verbänden getragen. Dazu gehören das Diakonische Werk Hamburg, die Arbeiterwohlfahrt Hamburg, das Deutsche Rote Kreuz Landesverband Hamburg, die Evangelisch-Lutherischen Kirchenkreise Hamburg-West/Südholstein und Hamburg-Ost, der Caritasverband für Hamburg, die Vereinigung Hamburger Kindertagesstätten und SOAL Alternativer Wohlfahrtsverband.

11.1.2 Breites Netzwerk als Fundament

Die Arbeit des Hamburger Modellprojekts lässt sich grob in zwei Bereiche aufteilen: die inhaltliche Arbeit mit Fachleuten sowie Öffentlichkeitsmaßnahmen zur Gewinnung von Interessierten. Das Fundament der Arbeit bildet das Hamburger Netzwerk ‚MEHR Männer in Kitas' aus allen Kita-Trägern und -Anbietern der Hansestadt sowie allen behördlichen und privatwirtschaftlichen Schlüsselstellen, die für Ausbildung und Berufsorientierung relevant sind. Zu Beginn 2011 lag der Fokus des Projekts auf einer umfassenden Bestandsaufnahme und darauf, das Netzwerk zusammenzuführen. Es sollte auf das gemeinsame Ziel „Mehr Männer in Kitas" eingeschworen werden. So gab es beispielsweise diverse Fachveranstaltungen, um die Diskussion und den Wissenstransfer zu befördern.

Jährlich veranstaltete das Hamburger Netzwerk eine große Tagung für die Kita-Welt mit Fachvorträgen und Workshops. Die Fachtagungen in 2011 und 2012 waren mit jeweils 140 Teilnehmenden gut besucht und fanden im Oktober 2013 mit der Abschlusstagung ihren Höhepunkt. In fünf meist vierteljährlichen Arbeitskreisen zu den Themen Berufsorientierung, Qualifizierung sowie Quereinstieg, Kita-Management, Machtmissbrauch und Männer in Kitas fanden regelmäßig und trägerübergreifend Input und Austausch statt. Es wurden dort gemeinsam Konzepte erarbeitet und Netzwerke geknüpft. Zum Projektende wurden Handreichungen beispielsweise zum Schutz vor Machtmissbrauch veröffentlicht und den Mitgliedern des PARITÄTISCHEN Hamburg, den 58 Modell-Kitas sowie den Netzwerkpartnern zugänglich gemacht.

Das breite Netzwerk war nicht nur wichtig, um auf der fachlichen Ebene Fortschritte und Gemeinsamkeiten zu erreichen. Ohne dessen Unterstützung hätten viele Öffentlichkeitsmaßnahmen nicht oder nicht so zügig stattfinden können. Auch für die Entwicklung der breiten Öffentlichkeitskampagne war es unabdingbar. Generell wurde daher das Netzwerk im Projektverlauf zuerst über anstehende Maßnahmen informiert, bevor es an die breite Öffentlichkeit ging. Ein Projektbeirat, in dem sich die entscheidenden Vertreter aus den Kitaträgern, den Verbänden, den Behörden und der Wissenschaft versammelten, wirkte dabei als wesentlicher Multiplikator für die Vermittlung von Informationen. Durch die intensive Netzwerkarbeit sollte auch sichergestellt werden, dass sich die bereits langjährig tätigen Erzieherinnen durch „Mehr Männer in Kitas" nicht abgewertet fühlen und sie mit zum Erfolg beitragen. Mit Newslettern und regelmäßigen persönlichen Treffen wurde die interne Kommunikation weiter gestärkt.

11.1.3   Die Analyse der Ausgangslage und der Zielgruppe

Schon zu Projektbeginn war klar, dass die Netzwerkarbeit nur nachhaltig gelingen kann, wenn sie sowohl extern als auch intern auf einer zielgerichteten Kommunikationsstrategie fußt. Wir, also das Team der Koordinierungsstelle, entwickelten daher ein umfassendes Kommunikationskonzept mit dem Ziel, das Berufswahlspektrum junger Männer zu erweitern, dem Erzieherberuf insgesamt mehr gesellschaftliche Anerkennung zu verschaffen und die Schlüsselstellen zwischen Berufsorientierung und Praxis nachhaltig miteinander zu vernetzen. Die strategische Kommunikationsrichtung sollte dabei nicht nur die potenziellen Nachwuchskräfte berücksichtigen, sondern auch den Rückhalt und die Akzeptanz in der Kita-Szene, insbesondere bei den Erzieherinnen erreichen.

Der erste Schritt zu einer erfolgreichen Kommunikationsstrategie, die nach außen und zugleich nach innen wirksam sein sollte, war eine genaue Analyse von entscheidenden Faktoren der Berufswahl von Jugendlichen und des Erzieherberufes. Unser Hauptinteresse galt den folgenden drei Faktoren:

- die Attraktivitätsfaktoren für den Erzieherberuf
- die Einflussfaktoren für Berufsorientierung
- die Gewinnfaktoren für Kita-Fach- und Führungskräfte

Die ersten zwei Faktoren wurden in mehreren Gruppendiskussionen, die nach Geschlechtern getrennt wurden, herausgefiltert. Dazu fanden beispielsweise Termine mit Jugendlichen an allgemeinbildenden Schulen statt sowie Workshops, zu denen wir Fachkräfte aus Kitas einluden. Die Ergebnisse haben zwar keinen repräsentativen Charakter, doch in Verbindung mit der vorangegangenen Literatur-Recherche lieferten sie eine fundierte Basis für die Strategieentwicklung.

Die Analyse war, wie in Tab. 11.1 ersichtlich, folgendermaßen strukturiert:

11.1.4   Die zentralen Hürden für Männer, den Erzieherberuf zu ergreifen

Schon die Recherche der einschlägigen Veröffentlichungen zeigte, dass junge Männer überwiegend die gewerblichen Berufe des Handwerks wählen. Bei weiblichen Auszubildenden dominiert der Dienstleistungssektor. Seit Jahr und Tag treffen junge Frauen und Männer die immer wieder gleichen Entscheidungen für ihren Beruf. In technischen Ausbildungsberufen schwankt der Frauenanteil seit zehn Jahren unverändert zwischen 10 bis 12 % (vgl. S. 146).

Umgekehrt haben die Männer die sozialpädagogischen Arbeitsfelder kaum auf dem Schirm. Unter den begehrtesten Ausbildungszielen von jungen Männern finden sich Berufe, die fast ausschließlich männlich dominiert sind. Die Berufswahlentscheidungen von Schülerinnen und Schülern sind also in erster Linie eine Frage des Geschlechts und nicht der Talente oder Vorlieben. Der Erzieherberuf taucht im männlichen Spektrum der zur Wahl stehenden beruflichen Möglichkeiten gar nicht auf, denn er wird strikt als Frauendomäne

Tab. 11.1 Die Bestandsaufnahme des Hamburger Modellprojekts ‚MEHR Männer in Kitas'. (Quelle: Der PARITÄTISCHE Wohlfahrtsverband Hamburg e.V)

1. Attraktivitätsfaktoren für den Erzieherberuf	
Innensicht	*Außensicht*
• männliche Kita-Erzieher	• Schüler
• weibliche Kita-Erzieher	• Schülerinnen
Fragestellungen	
• Was macht den Beruf Kita-Erzieher/in attraktiv/unattraktiv? Was hält mich in der Kita?	• Was macht einen Beruf allgemein attraktiv?
Aufgabenstellung	
• Daraus die übereinstimmenden Hauptfaktoren für den Beruf aus männlicher und weiblicher Sicht entwickeln.	• Daraus die Hauptfaktoren aus männlicher und weiblicher Sicht entwickeln.
• Welche Faktoren stimmen überein und sind die zentralen Schwerpunkte, um für den Beruf Kita-Erzieher zu werben?	
2. Einflussfaktoren für Berufsorientierung	
Innensicht	*Außensicht*
• männliche Kita-Erzieher	• Schüler
• weibliche Kita-Erzieher	• Schülerinnen
Fragestellungen	
• Werdegang? Wer hat sie beeinflusst? Einfluss des familiären Hintergrunds?	• Welche Berufsziele haben sie? Wer beeinflusst sie? Wie laufen die Entscheidungsprozesse ab? Einfluss des familiären Hintergrunds?
	• Interesse an sozialen Berufen? Ja oder nein? Warum?
Aufgabenstellung	
• Daraus die übereinstimmenden Hauptfaktoren aus männlicher und weiblicher Sicht entwickeln.	• Daraus die gemeinsamen Hauptfaktoren aus männlicher und weiblicher Sicht entwickeln, die für soziale Berufe (nicht) in Frage kommen.
• Zielgruppe: Welche Faktoren stimmen überein und was sagt das über die Zielgruppe aus?	
3. Gewinnfaktoren	
Leitung	*Fachkräfte*
• Kitaleitungen	• Männliche Kita-Erzieher
• Trägerleitungen, Fachberatungen	• Weibliche Kita-Erzieher
Fragestellungen	
• Personalentwicklung: Was müssen Männer mitbringen? Welche Anstrengungen wurden bisher unternommen, um mehr Männer zu gewinnen? Was war vielversprechend?	• Personalentwicklung: Was müssen Männer mitbringen, die in einer Kita arbeiten? Befürchtungen? Wünsche?
• Teamentwicklung: Gibt es Erfahrungen, was sich verändert, wenn Männer hinzukommen? Stolpersteine, Erfolgsgeschichten?	• Teamentwicklung: Gibt es Erfahrungen, was sich verändert, wenn Männer hinzukommen? Stolpersteine, Erfolgsgeschichten?
• Konzeptentwicklung: Ausrichtung der Einrichtung? Veränderungen? Förderung ehrenamtlicher Tätigkeiten etc.? Erfahrungen?	• Konzeptentwicklung: Erfahrungen mit unterschiedlichen Konzepten der Einrichtung?
• Innensicht: Zentrale Faktoren für/gegen das Argument „Mehr Männer in Kitas"	

wahrgenommen und akzeptiert. Eine der zentralen Hürden dafür, dass Männer diesen Beruf nicht ergreifen, ist somit die fehlende Aufmerksamkeit.

Des Weiteren haftet dem Erzieherberuf in der Öffentlichkeit ein eher geringschätziges Image an. „Da verdienst du doch nichts!", „Die spielen doch nur rum!" oder „Männer haben da nix zu suchen!" sind einige der viele Konnotationen, die sich ins Bewusstsein mogeln, wenn man an den Beruf denkt. Daraus ergeben sich drei Hauptansatzpunkte, die alle in dem Ziel einer Imageverbesserung münden.

In Bezug auf die Gehaltsfrage hat sich bei der Analyse ein differenzierteres Bild für die Bewertung ergeben. Angesichts der Tatsache, dass die Top-Ausbildungsziele junger Männer – Kfz-Mechatroniker, Einzelhandelskaufmann und Industriemechaniker – bei Berufseinstieg zum Teil schlechter oder unwesentlich besser entlohnt werden als Erzieher, sind wir zur Auffassung gelangt, dass die Höhe des späteren Gehalts für die Berufswahl einer eher untergeordnete Rolle spielt. Vielmehr ist es die öffentliche Reproduktion des Vorurteils, dass Erzieher im Vergleich zu anderen Berufen kaum Geld verdienen, die eine weitere Hürde bei der Rekrutierung für die Erzieherausbildung darstellt. Die Gehaltsdebatte kann dabei als ein Zeichen gewünschter öffentlicher Wertschätzung gesehen werden.

In ähnlicher Weise beeinflusst die wenig hinterfragte Verknüpfung des Berufs mit dem weiblichen Geschlecht die gesellschaftliche Wahrnehmung des Berufes. Die wenigsten Menschen haben selbst oder in ihrem Umfeld einen männlichen Erzieher erlebt, insofern ist es für sie quasi selbstverständlich, dass in Kitas „nur" Frauen arbeiten. Doch natürlich gibt es auch männliche Erzieher. Sie sind nur bei weitem nicht so präsent. Das muss sich ändern.

Der dritte Punkt ist die gefühlte geringe Wertschätzung der Arbeit. Die Bedeutung der frühkindlichen Bildung rückt erst nach und nach auf die öffentliche Agenda. Das Selbstverständnis von Kindertagesstätten als Bildungseinrichtungen setzt sich nur langsam durch. Dass Kinder zu erziehen und zu bilden, eben nicht nur aus Spielen und Windelnwechseln besteht, muss in der Gesellschaft erst noch richtig ankommen Dass Männer zu diesen Bildungsprozessen dazu gehören und sich die Vielfalt der Gesellschaft schon in Kitas widerspiegeln sollte, gerät dabei schnell in den Hintergrund.

11.1.5   Ergebnisse der Gruppendiskussionen für die Zielgruppenanalyse

Aus der Gegenüberstellung der Perspektiven Berufserfahrener und -unerfahrerener entwickelten wir die zentralen Attraktivitätsfaktoren für den Erzieherberuf. Beide haben und suchen Spaß bei ihrer Arbeit und wollen Abwechslung. Erzieher beschreiben ihren Alltag mit den Worten „Ich erlebe jeden Tag etwas Neues". Junge Männer wollen passend dazu nicht jeden Tag im Büro sitzen, sondern auch mal an die frische Luft und etwas erleben. Freiräume in der Alltagsgestaltung spielen als Berufsanforderungen und als Motiv, einen Beruf zu ergreifen, eine bedeutende Rolle.

Zudem zeigte sich, dass besonders männliche Erzieher häufig ein persönliches Profil haben, das sie in ihre Arbeit in der Kita einbringen. Sie spezialisieren sich anhand Begabungen oder Vorlieben auf Aufgabenbereiche und erleben das Gefühl der Selbstverwirklichung. Mal ist es der frühere Elektriker, der mit den Kindern einen alten PC auseinander nimmt, mal ist es der Hobby-Gitarrist, der Musikstunden gibt. Allen gemeinsam ist die große Freude über die Anerkennung, die sie durch Kinder erhalten: ihr Lachen, ihre strahlenden Kinderaugen, das Gefühl, gebraucht zu werden.

Die Motive Spaß, Abwechslung, Freiräume in der Alltagsgestaltung und Anerkennung mündeten bei uns in den zentralen Attraktivitätsfaktor und Markenkern: Vielfalt. Vielfalt in den Aufgaben, im Alltag, bei den Kindern, in der Alltagsgestaltung und in den Herausforderungen. Kein Tag ist wie der andere.

Bei den Gruppendiskussionen der Jugendlichen wurde ferner in Bezug auf die Einflussfaktoren für Berufsorientierung besonders ein Fakt deutlich, der unsere Arbeit nicht unbedingt erleichterte: Es herrscht bei den Entscheidungen für den späteren Beruf eine hohe Orientierungslosigkeit. Die Entscheidungen sind häufig zufällig oder werden deutlich vom Bekannten- sowie Freundeskreis geprägt.

Diese Prägung findet nicht in der Weise statt, dass die Freunde oder Eltern konkret Einfluss nehmen, sondern dass sich die Jugendlichen einfach aus Bequemlichkeit und aufgrund mangelnder alternativer Vorbilder daran orientieren. Die Berufe des besten Freundes oder des Vaters werden einfach übernommen. Da überrascht es nicht, dass Erzieher, wie die Analyse zeigte, oft erst auf dem zweiten Bildungsweg in den Beruf gefunden haben. Obwohl der Erzieherberuf aufgrund von Praktikumserfahrungen schon frühzeitig als theoretische Option in Frage kam, entschieden sie sich zunächst für sogenannte männlich konnotierte Ausbildungsberufe. Eine weitere Kernerkenntnis war daher, dass es an der Zeit ist, Erziehern aus der Kita-Praxis in der Öffentlichkeit mehr Aufmerksamkeit zu verschaffen. Da männliche Erzieher noch so selten sind, haben junge Männer in der Berufsorientierungsphase kaum die Möglichkeit, mit ihnen in Berührung zu kommen und sich ein Bild von ihrer Arbeit oder ihrer Person zu verschaffen. Daher musste dieser Transfer durch das Projekt geleistet werden.

11.1.6   Die Synthese – Vielfalt, MANN!

Nach der umfangreichen Bestandsaufnahme war es die Herausforderung, alle Perspektiven in einer kurzen, zentralen Kernbotschaft zu bündeln und den Markenkern in Bildwelten zu visualisieren. Zurückblickend kann man sagen: Je mehr wir wussten, umso klarer wurde das Ergebnis. Alles zentrierte sich um den Vielfalt-Gedanken als Grundmotivation. Damit verbunden war aber auch die Forderung nach mehr Männern, die wiederum zu mehr Vielfalt führen. Resultierend aus dem dritten Analyseschwerpunkt – den Gewinnfaktoren – wurde deutlich, dass es nicht DEN bestimmten männlichen Erzieher gibt. Sie haben alle unterschiedliche Werdegänge, Geschichten und Hobbys und stehen ebenfalls für Vielfalt. Genauso wie wir unterschiedliche Frauen in Kitas brauchen, genauso brauchen wir unterschiedliche Männer, um Kindern eine Vielzahl an Rollenvorbildern zu präsentieren.

Der Beruf bietet Vielfalt, die Erzieherinnen und Erzieher erleben jeden Tag Vielfalt und wir wollen „Vielfalt, MANN!" in Hamburger Kitas. Um das Kampagnendach zu konkretisie-

Abb. 11.1 Das Logo zur
Kampagne „Vielfalt, MANN!"
(Quelle: PARITÄTISCHE
Wohlfahrtsverband Hamburg
e. V.)

ren und mit den Bildwelten in Verbindung zu bringen, entwickelten wir im Team den zweiten Teil des Slogans: „Dein Talent für Hamburger Kitas". Abbildung 11.1 zeigt das Logo.

Das Kampagnendach symbolisiert auf der einen Seite, was der Erzieherberuf in einer Kita zu bieten hat. Zugleich dient das Motto als Aufforderung an die Gesellschaft, dass nicht nur Frauen, sondern auch Männer in all ihrer Vielfalt in der frühkindlichen Pädagogik erwünscht sind – und gebraucht werden. Analog zum Employer Branding wurde hiermit das Nutzenversprechen als zentrale Kernbotschaft nicht für einen einzelnen Arbeitgeber, sondern für die gesamte Profession des Erzieherberufs in der Kita formuliert – die Profession Value Proposition. Sie wurde eingebettet in Bildwelten, die die Gesamtheit des Nutzenversprechens transportieren.

Ausgehend von den Analyseergebnissen fiel schnell die Entscheidung, echte Erzieher aus dem Hamburger Netzwerk in den Mittelpunkt der Motive zu rücken. Gemeinsam mit einem freiberuflichen Grafiker und einem Texter entwickelten wir das Corporate Design und dazu passende Bildwelten, die den Markenkern des Erzieherberufs widerspiegeln. Herausgekommen sind vier auffällige Motive in grellgrünem und -blauem Layout. Drei Erzieher und ein Fachschüler aus unserem Netzwerk zeigen auf T-Shirts assoziationsreiche Berufe und Funktionen, mit denen Bilder, individuelle Talente und Aufgaben in Verbindung gebracht werden, die auch im Alltag von Kitas eine Rolle spielen. Sie sind beispielsweise Mutmacher, Ingenieur oder Coach. Hiermit zeigen wir auf, wie vielfältig und damit anspruchsvoll der Beruf ist. Mit der Botschaft: „Sei alles, werde Erzieher!" werben wir, wie Abb. 11.2 zeigt, um männliche Verstärkung in der frühkindlichen Bildung.

11.1.7   Kampagnenauftakt im November 2011

Im November 2011 fiel der offizielle Startschuss zur Kampagne. Im einheitlichen Corporate Design, das sich in Aussehen und Aussage in allen Medien wiederfand, gingen wir an

Abb. 11.2 Die „Vielfalt, MANN!"-Kampagnenmotive zu „Sei alles, werde Erzieher!" (Quelle: Der PARITÄTISCHE Wohlfahrtsverband Hamburg e. V.)

die Öffentlichkeit. Der Start mit breit angelegten Außenwerbemaßnahmen wurde auf einer gut besuchten Pressekonferenz in einer der Modell-Kitas kommuniziert. Dafür wurden vorab die Film- und Foto-Einverständniserklärungen der Eltern eingeholt, damit die Pressevertreter vor Ort interessante Bilder einfangen konnten. Für die Pressearbeit haben wir zudem zentrale Botschaften entwickelt, die die gesamte Gedankenwelt des Markenkerns und die zugrundeliegende Argumentation von „Vielfalt, MANN!" wiedergeben:

- Vielfältige Männer (und Frauen) werden in Kitas gebraucht.
- Mädchen und Jungen brauchen vielfältige Frauen und Männer zur Orientierung und Begleitung in den Lebensstart.
- Wir haben einen Fachkräftemangel in Kitas und können bei der Suche nach qualifiziertem Personal nicht auf eine Hälfte verzichten.
- Die Vielfalt der Gesellschaft soll sich in Kitas widerspiegeln.
- Der Erzieherberuf ist vielfältig.
- Erzieher gestalten und bewegen die Zukunft der Gesellschaft.
- Die Arbeit ist sinnstiftend und essentiell für unsere Gesellschaft.
- Erzieher ist ein anspruchsvoller und verantwortungsvoller Job.

Vor allem durch Großplakate in U- und S-Bahnhöfen sowie an öffentlichen Plätzen und Postern im öffentlichen Nahverkehr waren unsere Motive im Hamburger Stadtbild sehr präsent. Dabei hat sich gezeigt, dass es die richtige Entscheidung war, zunächst einen kürzeren Zeitraum zu wählen, dafür in dieser Zeit aber möglichst viele unterschiedliche Medienkanäle umfangreich zu bedienen. Damit war „Vielfalt, MANN!" in Hamburg zu Beginn so präsent, dass man sich dem Thema nur schwer entziehen konnte und sich die geballte Aufmerksamkeit auf ein bis dato völlig unterrepräsentiertes Thema konzentriert hat. Dies war für den erfolgreichen Auftakt von „Vielfalt, MANN!" einer der wesentlichen Erfolgsfaktoren.

Vor Kampagnenstart sollte sichergestellt werden, dass die Kommunikationsmaßnahmen auch im Kita-Feld auf Akzeptanz stoßen. Daher informierten wir vorab alle Hamburger Kitas und baten um ihre Unterstützung für das Projekt. Ziel war es, dass die Kitas aktiv zeigen, dass Männer bei ihnen erwünscht sind, Kita-Träger sich dabei ihrer Rolle als attraktive Arbeitgeber bewusst werden und ihre Potenziale zur Nachwuchsgewinnung ausschöpfen. Parallel dazu haben alle Hamburger Schulen mit Sekundarstufe Informationsmaterialien zur Berufsorientierung erhalten.

11.1.8 Vernetzende Website

Mit dem Start der Außenwerbung begannen auch viele andere Kommunikationsmaßnahmen. Die Website www.vielfalt-mann.de ging online. Durch Außenwerbung und Pressearbeit erlangte sie innerhalb kürzester Zeit eine hohe Reichweite und ein auffälliges Google-Ranking, da sie auf den Plakaten prominent angegeben ist. Unter den Suchbegriffen

„Kita" und „Erzieher" unter mehr als 1,83 Mio. Ergebnissen taucht „Vielfalt, MANN!" an der Spitze auf.

Die zielgruppenaffine Seite richtet sich sowohl an Schüler als auch an Berufserfahrene und ist passend zum Markenkern vielseitig und multimedial gestaltet. Erstmalig wurden dort zentral alle Infos rund um den Erzieherberuf zusammengefasst. Von detaillierten Infos zur Ausbildung über Fördermöglichkeiten und konkreten Ansprechpartnern finden die User schnell zum Ziel.

Hier finden Interessierte zudem ein Kontaktformular, durch das uns mittlerweile mehr als 600 Beratungsanfragen erreichten. Was die Website nicht klären konnte, beantworteten wir zeitnah telefonisch oder per E-Mail. Schließlich ist die Ausbildung zum Erzieher sehr komplex. Durch den Informationsdschungel könnte man sich schnell abgeschreckt fühlen, besonders wenn man bedenkt, wie zufällig und bequem die Berufswahl verläuft. Die jungen Männer sollen bei der Suche nach Informationen schnell ans Ziel kommen und bei Bedarf auch wissen, wo sie konkret nachfragen können.

11.1.9   Eigener YouTube-Kanal

In zahlreichen Videos geben Erzieher und Erzieherinnen außerdem Einblicke in ihren Beruf. Es kommen darin die Gesichter der Kampagne zu Wort und werden in ihrem Kita-Alltag gezeigt. Die Videos sind auf einem eigenen YouTube-Kanal gebündelt und werden auf der Website an unterschiedlichen Stellen eingebettet. Wir haben darauf geachtet, dass wir die Vielfalt des Berufes wiedergeben und sehr unterschiedliche Aspekte des Kita-Feldes beleuchten.

Die Hauptzielgruppe sind interessierte junge Männer, doch auch das bereits im Kita-Bereich arbeitende Fachpersonal sollte sich angesprochen fühlen. Daher gibt es neben den Videos Experteninterviews, Berichte über unsere Fachtagung, Informationen über das Projekt oder Zusammenfassungen von Aktionen im Rahmen des Netzwerkes. Außerdem nutzten wir Videoclips, um nicht nur die Website und den YouTube-Kanal zu verbinden, sondern um auch auf spezielle On- und Offline-Aktivitäten hinzuweisen.

11.1.10   Kreativ auf Facebook

Im Februar 2012 wagte das Projekt den Schritt auf Facebook. Die Strategie der Fanpage www.facebook.com/Vielfalt.MANN basiert auf dem Gedanken, immer wieder reale Offline-Veranstaltungen mit Aktionen auf Facebook zu verknüpfen, um die Zielgruppe längerfristig zu binden. Vereinzelte Aktionskonzepte sollten also darauf abzielen, die Fans Teil eines „großen Ganzen" werden zu lassen und auf den Markenkern von „Vielfalt, MANN!" einzuzahlen. Die Ideen wurden durch unser Team der Koordinierungsstelle entwickelt und inhouse realisiert.

Abb. 11.3 Gorbi und Bengt
mit ihren Puppen. (Quelle: Der
PARITÄTISCHE Wohlfahrts-
verband Hamburg e. V)

So wurden beispielsweise auf der Berufsorientierungsmesse EINSTIEG in 2012 und 2013 zwei nachhaltige Aktionen durchgeführt, die mittlerweile knapp 1.200 Fans auf die Fanpage lockten. In 2012 veranstaltete das Projekt die Aktion „Puppet up! Sei ein Kindskopf". Mittels eines Fotowettbewerbs wurde das reale Vorbild für eine „Vielfalt, MANN!"-Puppe gesucht. Da es nur wenige männliche Puppen gibt, sollten junge Männer ihr Gesicht leihen für männliche Mini-Verstärkung in den projektbeteiligten Kitas.

Die Teilnehmer ließen sich mit einem witzigen Aufsteller fotografieren und sollten dabei ein Talent oder Hobby angeben, das in der Kita eine Rolle spielen könnte.Für die Teilnahme gewannen sie ein „Vielfalt, MANN!"-Shirt. Die Auswahl für die Hobbys und Talente reichte vom Bassisten bis zum Feuerwehrmann. Wir luden die Fotos auf Facebook hoch und gaben sie in einer Applikation zum Abstimmen frei. Nur Fans konnten am Voting teilnehmen. Innerhalb weniger Tage vervielfachte sich die Fanzahl und erreichte Anfang März den Stand von mehr als 800 Personen. Die fotografierten jungen Männer hatten jeweils in ihren Freundeskreisen dafür geworben, dass für sie abgestimmt wird. So erreichte der Fotowettbewerb eine hohe überregionale Aufmerksamkeit. Am Ende standen zwei Gewinner fest, die optische Vorbilder für zwei handgefertigte Puppen – Gorbi und Bengt – wurden (siehe Abb. 11.3). In einer weiteren kleinen Aktion, die wir fotografisch und in einem kleinen Video festhielten, übergaben die beiden Puppenväter ihre „Mini-me"s persönlich an die Kinder einer Projekt-Kita, stellvertretend für alle Projekt-Kitas, die jeweils eine „Vielfalt, MANN!"-Puppe erhielten. Bei der Aktion präsentierten die beiden Gewinner anhand eines gemeinsamen Songs, wie sie ihr Talent in die Kita einbringen.

Anfang 2013 hatten wir die Idee, ein genderbewusstes Kinderbuch zu veröffentlichen, um den Kita-Fachkräften eine besondere und bisher eher seltene praktische Unterstützung ihres pädagogischen Alltags zu geben. Doch auch diese Idee sollte beteiligungsorientiert umgesetzt werden. Daher nutzten wir wieder die Berufsorientierungsmesse EINSTIEG. Dieses Mal, um das reale Vorbild für den Kinderbuch-Protagonisten zu finden. Es war erneut ein Fotowettbewerb. Diesmal wurde der Gewinner durch die meisten Likes des entsprechenden Fotos gekürt. Die Teilnehmer mussten also auch hier wieder ihre Community

Abb. 11.4 Das reale Vorbild
Olli mit seinem Buch „Potzbadibautz, MANN! Bruchlan-
dung in Ollis Kita". (Quelle:
Der PARITÄTISCHE Wohl-
fahrtsverband Hamburg e. V)

mobilisieren. Im Herbst 2013 entstand daraus das Werk „Potzbadibautz, MANN! Bruch-
landung in Ollis Kita", das im Monika-Fuchs-Verlag in Zusammenarbeit mit dem PARI-
TÄTISCHEN Hamburg erschienen ist. Das „Vielfalt, MANN!"-Kinderbuch kann man
sogar im regulären Buchhandel erwerben. Abbildung 11.4 zeigt das reale Vorbild Olli mit
seinem Buch.

Darüber hinaus wurde die Fan-Gemeinschaft mit regelmäßigen News aus dem Kita-
Bereich, Gewinnspielen wie einem Adventskalender und Diskussionsrunden in Bewegung gehalten. Es entstanden immer wieder kleine Diskussionen, und viele nutzten die
Gelegenheit, ihre konkreten Fragen an uns zu richten, die wir möglichst zeitnah beantworteten.

11.1.11   Erfolgreiche Pressearbeit

In den drei Projektjahren war es uns wichtig, die Presse regelmäßig für das Thema zu
interessieren und auf deren Anfragen passgenau zu reagieren. Wir gaben zu passender Gelegenheit Pressemitteilungen heraus, die wir an die Hamburger Redaktionen und an Pres-
seagenturen verschickten. In ganz besonderen Fällen wählten wir den Weg über das Nach-
richtennetzwerk ots, um eine bundesweite Verbreitung zu erreichen. Bei Presseanfragen

konnten wir dank unseres guten Netzwerkes schnell die gewünschten Protagonisten und Schauplätze organisieren – inklusive der Dreh- oder Fotogenehmigungen. So erreichten wir, dass in über 200 Veröffentlichungen wohlwollend über Hamburger Männer in Kitas berichtet wurde und sich die markenorientierte Argumentation zu „Vielfalt, MANN!" in der Berichterstattung verfestigte. Es gelang sogar, mit diesem regionalen Projekt bundesweites Medieninteresse auszulösen und das Image des Erzieherberufs in der Presse zu verbessern.

Die reichweitenstarke Pressearbeit führte dazu, dass der PARITÄTISCHE Hamburg im September 2012 mit dem Goldenen Apfel als Pressestelle des Jahres 2012 ausgezeichnet wurde. Die Auszeichnung verlieh der Bundesverband deutscher Pressesprecher in der Kategorie NGO/Verbände neben Thyssen Krupp (Kategorie Unternehmen) und der Techniker Krankenkasse (Kategorie Politik).

11.1.12   Der PARITÄTISCHE Hamburg findet Antworten auf den Fachkräftemangel

Durch „Vielfalt, MANN! Dein Talent für Hamburger Kitas" ist es uns gelungen, das Netzwerk aus allen Kita-Trägern und den Spitzenverbänden der freien Wohlfahrtspflege zu beflügeln und mit gemeinsamer Kraft um mehr Männer in Kitas zu werben. Die Kampagne hat zu einem starken Zusammenhalt und einem unvergleichbar hohen Maß an Identifikation innerhalb des Netzwerkes geführt. Inzwischen ist „Vielfalt, MANN" zu einer Wort-Bild-Marke für den Erzieherberuf – einer Profession Brand – mit hohem Wiedererkennungswert geworden, die weit über Hamburgs Grenzen hinweg bekannt geworden ist. Das hat dazu geführt, dass der Zusammenhalt innerhalb des Netzwerks gestärkt wurde und alle Beteiligten das Image des Erzieherberufs verbessert haben. Einige der Modell-Kitas haben in ihrer Einrichtung beispielsweise eigene Veranstaltungen, wie einen „Vielfalt, MANN!"-T-Shirt-Tag, initiiert, um für mehr Männer in Kitas und für mehr Anerkennung in ihrem Berufsfeld zu werben.

Das Projekt ‚MEHR Männer in Kitas' startete zudem zu einer Zeit, als das Kita-Feld von einem starken Fachkräftemangel bedroht war. Der PARITÄTISCHE Hamburg, der das Projekt in der Hansestadt initiierte, zeigte erfolgreiche Lösungswege auf. Die Rückmeldungen aus dem Netzwerk und von Außenstehenden zeigen, dass sich Männer von den Plakaten und den Gedanken, ihr vielfältiges Talent in den Kita-Alltag einbringen zu können, emotional tief angesprochen fühlen. Viele der hauptsächlich quereinstiegswilligen Männer haben schon lange den Wunsch gehegt, Erzieher zu werden und teilweise mit dem Auftakt von „Vielfalt, MANN!" den letzten Entschluss zur Verwirklichung gefasst. Uns erreichten zahlreiche Rückmeldungen, wie beispielsweise: „Ohne euch wäre ich jetzt nicht dort, wo ich bin." Oder: „Ihre Kampagne hat mir den Anstoß geboten, meinem ursprünglichen Wunschberuf nachzugehen." Die Arbeit des PARITÄTISCHEN Hamburg gibt Männern den bisher fehlenden Mut, den Beruf zu ergreifen. Und das schlägt sich

Tab. 11.2 Entwicklung des Männeranteils in Kitas von 2010 bis 2013. (Quelle: Bundesweite Koordinationsstelle „Männer in Kitas")

	Ausgebildete Fachkräfte				Gesamt
	Männlich		Weiblich		
	Anzahl	%	Anzahl	%	Anzahl
2013	1.007	9,05	10.126	90,95	11.133
Anstieg	9,10 %				
2012	923	8,84	9.519	91,16	10.442
Anstieg	10,01 %				
2011	839	8,56	8.967	91,44	9.806
Anstieg	9,39 %		4,34 %		
2010	767	8,19	8.594	91,81	9.361

auch in Zahlen nieder: Seit 2010 arbeiten in allen Hamburger Kitas 31 % mehr männliche Fachkräfte (siehe Tab. 11.2).

Durch die enge Zusammenarbeit mit den Hamburger Behörden ist es uns zudem gelungen, der berufsbegleitenden Weiterbildung für Erzieherinnen und Erzieher mehr Sichtbarkeit und deutlich mehr Nachfrage zu verschaffen. Aus der Zusammenarbeit ging eine eigene Website hervor, die eine Kontaktliste mit potenziellen Arbeitgebern bereithält, die die Azubis während der Ausbildung anstellen. Auf diese Weise konnten die Zugangswege deutlich erleichtert werden, und Kita-Träger haben sich dem Thema geöffnet. Die Zahl der berufsbegleitenden Ausbildungsanfängerinnen und -anfänger hat sich inzwischen mehr als verdoppelt.

Der Hamburger Senat gab im Juni 2013 sogar bekannt, dass die Anmeldezahlen zur Erzieherausbildung alle Rekorde brechen und sich im Vergleich zu 2009 nahezu verdoppelt haben. 84 % mehr Männer als 2010 haben ihre Ausbildung begonnen. Aber auch insgesamt ist die Zahl der Ausbildungsanfänger seitdem um 51 % gestiegen. Mittlerweile mussten sogar Wartelisten eingeführt werden, um der großen Schar der Bewerbenden Herr zu werden. „Vielfalt, MANN!" hat nicht nur die Männer erreicht, sondern als identitätsstiftende Profession Brand auch zahlreiche Frauen angesprochen.

Und auch die bundesweite Fachwelt aus Sozialwirtschaft und PR-Branche zollte der Arbeit der Koordinierungsstelle ihren Respekt. Auf dem 8. Kongress zur Sozialwirtschaft wurde das Hamburger Netzwerk aus 131 Einreichungen als Vorzeigeprojekt für „innovative Beschäftigung" ausgewählt und von der Bank für Sozialwirtschaft mit dem sechsten Platz unter den besten Sozialkampagnen ausgezeichnet. Im Herbst 2013 folgte schließlich die Auszeichnung mit dem Internationalen Deutschen PR-Preis in der Kategorie Non-Profit-Organisationen, den der PARITÄTISCHE Hamburg von der Deutschen Public Relations Gesellschaft und dem F.A.Z.-Institut erhielt. Der PARITÄTISCHE Hamburg hat mit seinem Modellprojekt somit überzeugende Antworten auf den Fachkräftemangel gefunden.

Die Autorinnen

Cornelia Heider-Winter
Cornelia Heider-Winter ist für Öffentlichkeitsarbeit und Kommunikation im PARITÄ-TISCHEN Wohlfahrtsverband Hamburg tätig. Daneben ist sie seit 2011 Pressespre-cherin des Hamburger Netzwerkes „MEHR Männer in Kitas", das beim Verband an-gesiedelt ist.

Katja Gwosdz ist erfahrene Videojournalistin und Exper-tin für den Einsatz von Bildern in der Kommunikation. Bis Ende 2013 setzte die studierte Historikerin die Werbe- so-wie Imagefilme des Hamburger Modellprojekts ‚MEHR Männer in Kitas' in Szene und war mit für Marketing sowie Öffentlichkeitsarbeit zuständig. Zuvor arbeitete sie mehrere Jahre für zahlreiche TV-Produktionsfirmen und Redaktionen. (Quelle: Der PARITÄTISCHE Wohlfahrts-verband Hamburg e. V)

11.2 Caritasverband der Diözese Rottenburg-Stuttgart eröffnet „1000 neue Chancen"

Bernhard Slatosch und Yvette Kohler

Der Caritasverband der Diözese Rottenburg-Stuttgart setzt den Fach- und Führungs-kräftemangel an die Spitze seiner Agenda. Mit seinem „1000 neue Chancen" Netzwerk unter dem Caritas-Dach stellt sich die Organisation ganzheitlich den personalpoliti-schen Herausforderungen und zeigt, wie die Bindung sowie Rekrutierung von Mit-arbeitenden trägerübergreifend und markenorientiert gelingen kann.

11.2.1 Ausgangslage

Dienstgeber der Sozialwirtschaft könnten eigentlich gelassen in die Zukunft schauen, wenn das Kölner Institut der deutschen Wirtschaft davon ausgeht, dass angesichts demo-grafischer und gesellschaftlicher Entwicklungen der Bedarf an karitativen Dienstleistun-gen deutlich steigen und sich die Zahl der Beschäftigen im Wohlfahrts- und Pflegesektor bis 2050 verdreifachen wird (vgl. Enste und Pimpertz 2008, S. 10). Wo aber schon heu-te, wie die Prognos-Studie der deutschen Caritas bestätigt, in vielen Bereichen der Cari-tas ausreichend geeignetes Personal fehlt und offene Stellen nur schwer oder mit großer zeitlicher Verzögerung besetzt werden können, kann es einem nur angst und bange werden (vgl. Kemper et al. 2012, S. 8). Wenn das Statistische Landesamt allein für Baden-Württemberg einen Rückgang der Absolventinnen und Absolventen allgemeinbildender Schulen bis zum Jahr 2020 (im Vergleich zum Schuljahr 2008/2009) um durchschnittlich 21 %, in manchen Landkreisen sogar um etwa 30 % errechnet, ist die Prognose klar: Nimmt die Zahl der Schulabgänger und Menschen im erwerbsfähigen Alter weiter ab, wird sich die angespannte Situation im Wohlfahrtssektor dramatisch verschärfen (vgl. Wolf 2010, S.10).

Der Arbeitsmarkt in der Sozialwirtschaft entwickelt sich immer mehr von einem Anbieter- zu einem Nachfragermarkt. Gerade in den Hilfefeldern mit großem und steigendem Personalbedarf können Bewerbende zunehmend nach eigenen Bedürfnissen und nach individuell passenden Rahmenbedingungen auswählen. Persönliche und familiäre Lebensbedingungen, grundsätzliche Bereitschaft zur Mobilität, horizontale und vertikale Entwicklungs- und Karrierechancen beeinflussen die Wahl der Arbeitsfelder und des Arbeitgebers. Dienstgeber der Caritas müssen sich der Herausforderung stellen, attraktiv für (potenzielle) Mitarbeitende zu sein, ihre Motive und Lebenswelten wahrnehmen und berücksichtigen.

11.2.2   Entstehung und Grundlagen der Kampagne

Der Caritasverband der Diözese Rottenburg-Stuttgart zählt als Wohlfahrtsverband der katholischen Kirche zu den Spitzenverbänden der Freien Wohlfahrtspflege von Baden-Württemberg. Er vertritt ca. 1.900 katholische Einrichtungen und Dienste in allen Sparten der pflegerischen und sozialen Arbeit. Etwa 31.000 hauptamtlich Beschäftigte begleiten und betreuen ca. 500.000 Klienten pro Jahr und werden dabei von etwa 33.000 ehrenamtlich bzw. freiwillig Engagierten unterstützt. Der Diözesancaritasverband (DiCV) ist selbst Träger ambulanter sozialer Dienste in neun Regionen mit ca. 1.500 hauptamtlichen Mitarbeiterinnen und Mitarbeitern.

Der Diözesancaritasverband Rottenburg-Stuttgart und seine korporativen Mitglieder haben die derzeitige und zukünftige Situation auf dem Arbeitsmarkt für sich als *die* personalpolitische Herausforderung und Zukunftsfrage identifiziert und beschlossen, sie beherzt anzugehen. Im diözesanen „Forum Personalpolitik" wurde der DiCV 2009 beauftragt, ein Projekt zum strategischen Personalmarketing aufzusetzen. Zu den Zielen zählte, eine Kampagne zu konzipieren und die Attraktivität der Arbeit bei Caritas-Organisationen bekanntzumachen. In die Projektorganisation wurden neben den Vorständen und Geschäftsführungen der Mitgliedsorganisationen auch deren Fachexpertinnen und -experten der Bereiche Personalpolitik und Marketing einbezogen. Damit gelang es, zentrale Perspektiven zu analysieren, zu integrieren und ein gemeinsames Briefing für die Suche nach einer Werbeagentur zu erstellen. Diese sollte ein überzeugendes Konzept entwickeln und umsetzen. Das Rennen machte die Ulmer Agentur Meumann und Haller. Es zeigte sich, dass der von ihr entwickelte Slogan „1000 neue Chancen", wie im Logo in Abb. 11.5 zu sehen, in vielerlei Hinsicht trägt.

Abb. 11.5 Kampagnenlogo „1000 neue Chancen". (Quelle: Caritasverband der Diözese Rottenburg-Stuttgart e. V)

Zunehmend differenzierter Kompetenzbedarf der Einrichtungen und Dienste, Flexibilisierung von Aufgaben und Arbeitszeiten, konzeptionelle und strukturelle Veränderungen der Verbände und Unternehmen innerhalb der Caritas sowie kritische Rahmenbedingungen (Refinanzierung, Fachkraftquoten) haben bei den Verantwortlichen das Bewusstsein dafür geschärft, Personalgewinnung nicht nur als operativen Prozess des Personalmanagements zu betrachten, sondern als zentralen Aspekt einer strategisch ausgerichteten Personalpolitik wahrzunehmen. Dabei unterstützen die 2005 veröffentlichten „Empfehlungen zur Personalpolitik im Deutschen Caritasverband" nicht nur den DiCV Rottenburg-Stuttgart darin, sich strukturell und strategisch neu auszurichten.

Es war von vornherein unstrittig, dass es in der Kampagne keinesfalls allein um Werbung für soziale und pflegerische Berufe gehen darf. Sie ist ein strategisch angelegter Ansatz zur Personalgewinnung, mit dem die Arbeitgebermarke Caritas sowohl mit personalpolitischen als auch Marketinginstrumenten positiv aufgeladen wird. Dabei sollte die EU-Beschäftigungs- und Bildungsstrategie, die sich an Kompetenzen orientiert (gleich wo, wie oder in welchem Zeitraum erworben) und horizontale und vertikale Durchlässigkeit (zwischen Bildungsebenen, Berufen und Beschäftigungsfeldern) befördert, angemessen berücksichtigt werden. Auch sollte das gesamte Spektrum an Beschäftigungs- und Entwicklungsmöglichkeiten in der verbandlichen Caritas erkennbar sein.

In einem Verband souveräner Mitgliedsorganisationen löste die Frage, wie die spezifische Markenarchitektur (Dachmarke Caritas, Marken der Trägerkonsortien, Unternehmen, Einrichtungen und Dienste) zu würdigen sei, spannende Diskussionen aus. Die Marketing-Profis im Projekt empfahlen einhellig, unter der Dachmarke Caritas aufzutreten und gegebenenfalls Aktionen und Werbemittel mit den eigenen Markenzeichen zu ergänzen. Sie sehen die Chance, im gemeinsamen Personalmarketing von der Bekanntheit und dem positiven Image der Dachmarke Caritas zu profitieren. Ein solcher gemeinsamer Auftritt ergänze eigene Aktivitäten der Organisationen, sei ein zusätzliches, kein konkurrierendes Angebot.

Als „faire, vielfältige, interessante, zukunftssichere und soziale Arbeitgeber" wollen sich die diözesanen Caritas-Organisationen profilieren – mit den **„Fünfmal Plus"** der Caritas (siehe Abb. 11.6). Das Fundament für die „5 Plus" bilden die christlichen Werte und Haltungen, die nicht gesondert herausgestellt werden, da die Caritas alle Menschen – unabhängig von der Religionszugehörigkeit – zur tätigen Nächstenliebe und zum Mitwirken am Sendungsauftrag der Kirche einlädt. Der Komparativ der Adjektive soll deshalb auch nicht für den Vergleich zu anderen Unternehmen oder Organisationen stehen, sondern

Abb. 11.6 Die 5 Plus der
Caritas. (Quelle: Caritasver-
band der Diözese Rottenburg-
Stuttgart e. V)

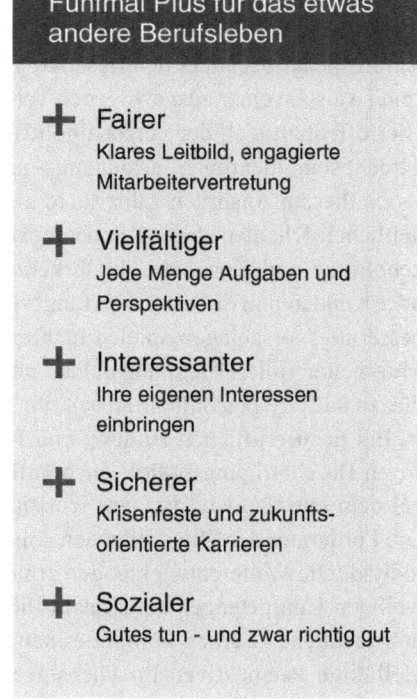

aufzeigen, dass die Caritas als Arbeitgeber „fairer, vielfältiger, interessanter, sicherer und
sozialer" ist, als vielfach von der Öffentlichkeit wahrgenommen.

Darin spiegelt sich auch der Selbstanspruch der Caritas, nicht nur neues Personal zu gewinnen, sondern die eigenen Organisationen qualitativ und kontinuierlich zu entwickeln
und durch Glaubwürdigkeit kompetente Fach- und Arbeitskräfte zu binden. Zunächst sind
folgende Schlüsselfaktoren identifiziert:

- Arbeitsplatzkultur
- Qualität und Innovation
- Kompetenzorientierung und (Berufs-) lebensbegleitendes Lernen
- „Work-Life-Balance" und familienbewusste Personalpolitik
- Image und kontinuierliche Aufmerksamkeit

Es erscheint fast banal, wenn man die These aufstellt, die Arbeitsplatzkultur beeinflus-
se entscheidend die Zufriedenheit der Mitarbeitenden. Dennoch ist der Caritas bewusst,
wie wichtig Glaubwürdigkeit, Respekt und Fairness in den Organisationen sind, um als
attraktive Arbeitgeber wahrgenommen zu werden. Die Mitarbeiterinnen und Mitarbeiter sollen ihrem Dienstgeber, den Führungskräften und dem Team vertrauen können, um
die anspruchsvollen Aufgaben gut wahrzunehmen und sich fachlich und persönlich zu

entwickeln. Geachtet wird deshalb auf die Kompetenz der Führung, bewusste Führungs-
kräfte- und Teamentwicklungen sowie Förderungs- und Anerkennungsmaßnahmen, die
den Respekt gegenüber den Beschäftigten ausdrücken, als auch auf Fairness, die sich beispielsweise in einer ausgewogenen Vergütung und Gerechtigkeit am Arbeitsplatz darstellt.
Hier offenbart sich der personalpolitische Anspruch: Arbeit bei der Caritas soll fair und
gerecht sein, identitäts-, beziehungs- und sinnstiftend wirken!

Zu diesem Anspruch zählt auch, mit Qualität und Innovationen den Ansatz der ganzheitlichen Klienten- bzw. Kundenzufriedenheit zu befördern. Die Offenheit für neue Erkenntnisse und Konzepte, das Erkennen von Bedarfen und Bedürfnissen von Klienten
oder Kunden und die verantwortungsvolle Reaktion darauf sowie die Würdigung von Ver-
besserungsvorschlägen spielen hierbei eine besondere Rolle. Alle Mitarbeiterinnen und
Mitarbeiter (aller Handlungsfelder und aller Organisationseinheiten!) sollen stolz sein
dürfen auf ihre persönliche Arbeit, ihr Team und ihren Arbeitgeber.

Bei der Beruflichen Bildung und Personalentwicklung wird der Ansatz der Europäischen Beschäftigungspolitik für berufliche Mobilität und Lebenslanges Lernen verfolgt,
bei dem entscheidend ist, was jemand wirklich weiß und in der Praxis umsetzen kann.
Die Förderung der Mitarbeitenden soll an den vorhandenen Kompetenzen anknüpfen und
individuelle Weiterentwicklungen ermöglichen. Personal soll bedarfsgerecht nach den jeweiligen Kompetenzen eingesetzt (ohne Über- oder Unterforderungen) und persönliches
und fachliches Lernen kontinuierlich unterstützt werden. Damit eröffnen sich nicht nur
vielfältige Perspektiven für Dienstgeber, sondern gleichermaßen für Dienstnehmer und
Interessierte (Stichworte: horizontale und vertikale Karrieren).

Mit der Achtung der persönlichen „Work-Life-Balance" und durch familienbewusste
Personalpolitik sollen die unterschiedlichen Lebenssituationen und -phasen der Beschäftigten gewürdigt werden. Bei der Gewinnung und Bindung von Personal wird beispielsweise die Entwicklung von attraktiven (und verlässlichen!) Arbeitszeitmodellen immer
wichtiger. Ebenso bedeutsam sind alle Maßnahmen, die der Psychohygiene, Fitness und
Gesundheit dienen, um auf Dauer den anspruchsvollen Aufgaben im Gesundheits- und
Sozialwesen gerecht werden zu können.

Ein positives Image aufzubauen und zu erhalten, erfordert eine kontinuierliche „positive" Öffentlichkeitsarbeit. Gerade in der Sozialwirtschaft ist erst eine Sensibilität für die
Wirkung von Aussagen zu wecken: Wer möchte schon in Berufen oder Arbeitsfeldern
tätig sein, die immer mit Personal-„Notstand" oder „schlechter Bezahlung" in Verbindung
gebracht werden oder von denen allgemein keine Entwicklungs- oder Karrierechancen bekannt sind? Eine kurzfristige Aufmerksamkeit von derzeitigem und zukünftigem Personal
als attraktiver Arbeitgeber zu gewinnen, reicht nicht aus. Nach Georg Francks „Ökonomie
der Aufmerksamkeit" muss diese Aufmerksamkeit immer wieder durch neue Aktionen
bestätigt werden (vgl. Krone 2005, S. 56), was am besten durch zielgruppenspezifische
Ansprache gelingt. Anzuknüpfen ist immer an den Motiven und Lebenslagen derjenigen,
deren Aufmerksamkeit man gewinnen möchte.

Besucht man die Jobbörse der bundesweiten Caritas (www.caritas-jobs.de), entdeckt
man außer Stellenausschreibungen für Pflege- und Sozialberufe auch Angebote, die man

möglicherweise nicht sofort mit der Caritas in Verbindung bringt: Ausbildungen im kauf-
männischen und IT-Bereich, Ausschreibungen für Kochpersonal, Personalsachbearbei-
tung, Elektromeister, Buchhaltung und viele mehr. Die Vielfalt der Caritas und ihrer
zahlreichen souveränen Mitgliedsorganisationen zeigt sich nicht nur in den Berufs- und
Beschäftigungsmöglichkeiten, sondern auch bei den Mitarbeitenden selbst. So ist bei der
Einstellung (entgegen vieler Vorurteile gegenüber der Caritas als katholischem Arbeitgeber) nicht immer die Konfession entscheidend, sondern vor allem die menschenfreund-
liche Haltung, die Qualifikation und Kompetenz sowie die Identifikation mit den von der
Caritas und deren Einrichtungen verfolgten Werten und Zielen. Ohne das eigene Profil als
katholische Dienstgeber zu leugnen oder zu vernachlässigen, wird religiöse, multikultu-
relle und weltanschauliche Vielfalt geschätzt, wenn sie dem christlichen Sendungsauftrag
der Organisationen dient und die niemanden ausschließende Liebe Gottes zu allen Menschen lebendig wird.

11.2.3   Personalpolitische Instrumente

Um zu gewährleisten, dass wirklich „drin“ ist, was außen draufsteht und um die beschrie-
benen Schlüsselfaktoren umzusetzen, braucht es personalpolitische Instrumente, die dazu
beitragen, diesen Anspruch sicherzustellen. So werden bei den Partnern beispielsweise
kreative Konzeptionen beruflicher Orientierungsmaßnahmen, innovative kompetenz-
orientierte Aus-, Fort- und Weiterbildungs- oder Studienkonzepte erarbeitet und das Spektrum an Qualifizierungsangeboten erweitert. Alle Maßnahmen sollen auf die Vielfalt der
Ausbildungs-, Entwicklungs- und Beschäftigungsmöglichkeiten in der gesamten Caritas
aufmerksam machen. Darüber werden Standards für ein „Faires Praktikum“, zur „Lern-
prozessgestaltung des Lernortes Praxis während Ausbildungs- und Studienzeiten“, Quali-
fikationsmodelle für beruflichen Wechsel oder zur Durchlässigkeit von Beschäftigungsfeldern entwickelt und trägerübergreifende Qualifikationsangebote (z. B. zur Führungskräfteentwicklung) verabredet.

   Gezielte Projekte fördern die Sensibilität für genderspezifische Fragestellungen
(z. B. Frauen in Führung; mehr Männer in Sozial- und Pflegeberufe) und familienbewusste Personalpolitik (z. B. Arbeitszeitmodelle, Teilzeit für Führungskräfte, Eltern-
zeit-Kontakthalte-Programm, Familienentlastende Dienste usw.). Gerade in der Sozialwirtschaft, in der Mitarbeitende zumeist Menschen in existenziellen Grenzsituationen
begleiten, hat die Gesundheitsprävention und -fürsorge einen wichtigen Platz in der
Personalpolitik einzunehmen. Für unterschiedliche Dienste werden spezielle Gesund-
heitsprogramme entwickelt, die spezifische Lebens- und Arbeitsbedingungen berücksichtigen.

   Bei einem christlichen Arbeitgeber wie der Caritas spielt dabei auch die spirituelle
Kultur und Bildung eine wichtige Rolle. Gerade in einer zunehmend säkularisierten Ge-
sellschaft gewinnen diese Angebote zunehmend an Bedeutung. Sie ermöglichen neuen
Mitarbeitenden, sich mit dem Kultur- und Wertehintergrund der Organisation (sowie

der Glaubwürdigkeit des Vorgelebten) zu beschäftigen und dabei zugleich zu prüfen, ob man sich selbst mit den Werten und Ziele der Organisation identifizieren kann.

Der DiCV Rottenburg-Stuttgart und seine Mitglieder können an bereits gemeinsam entwickelten Angeboten und Instrumenten anknüpfen, wie dem „Spirituellen Zentrum Tabor", dem „Caritas-Master-Stipendienprogramm", dem diözesanen Fortbildungsnetzwerk „Caritas-Quali-Net" oder dem Qualifizierungsprogramm „projekt und studium" in Kooperation mit der Katholischen Hochschule Freiburg/Campus Stuttgart. Weitere personalpolitische Instrumente sind der mit der Katholischen Hochschule Freiburg gemeinsam entwickelte Studiengang „Management und Führungskompetenz", bei dem zukünftige Fach- und Führungskräfte ausgebildet werden, die bundesweite Caritas-Internet-Stellenbörse caritas-jobs.de sowie der DiCV-Studienpreis für herausragende Studienabschlussarbeiten.

11.2.4   Marketinginstrumente

Eine Kampagne mit Leben zu füllen, in dem die bereits erläuterten Inhalte und Voraussetzungen für einen attraktiven Arbeitgeber geschaffen werden, ist eine Sache. Ein andere ist es, die Arbeitgebermarke mit ihren Eigenschaften bekannt zu machen. Dabei kommen die Marketinginstrumente ins Spiel.

Im Rahmen des gemeinsamen Personalmarketings will man unterschiedliche „Personalzielgruppen", vor allem engagierte, kreative und jüngere Menschen, ansprechen. Neben Schülerinnen, Schülern und Studierenden, Berufs- und Wiedereinsteiger(inne)n und sich beruflich neu Orientierenden sollten auch jene (Interne und Externe) aufmerksam werden, die sich für eine (horizontale oder vertikale) Karriere in der Sozialwirtschaft interessieren.

Die Agentur entwickelte dafür einen „Internet-Profiler" als sogenannten „Chancenfinder", der Interessenten nach ihren Voraussetzungen, persönlichen Motiven und spezifischen Interessen zu Informationen, Aus-, Fort- und Weiterbildungs- oder Studienmöglichkeiten beziehungsweise konkreten Stellenangeboten leitet (siehe Abb. 11.7). Auch der Deutsche Caritasverband konnte gewonnen werden, der über spezifische Informationen (zum Beispiel zu sozialen Berufen) und Datenbanken (zum Beispiel Caritas-Internet-Jobbörse, Web-Visitenkarten der Einrichtungen und Dienste) verfügt und im Rahmen der neuen Caritas-Webfamilie Aktualität und Verknüpfungen sicherstellen will. Aus dem Slogan ist eine chancenreiche Webadresse geworden: www.1000-neue-Chancen.de.

Diese Internetseite ist das Herzstück der Kampagne. Alle Werbemittel, die entwickelt wurden, verweisen auf diese Webadresse.

11.2.5   Das diözesane Netzwerk „1000 neue Chancen"

Mit der Gründung eines „Diözesanen Netzwerks zur strategischen Personalgewinnung" im Juni 2012 mündete die Projektphase in eine verbindliche Struktur. Auch hier gilt: Nomen est

Abb. 11.7 Chancenfinder auf www.1000-neue-chancen.de. (Quelle: Caritasverband der Diözese Rottenburg-Stuttgart e. V)

omen. Als Netzwerkpartner auf Augenhöhe füllen der DiCV Rottenburg-Stuttgart mit (zunächst) zwölf Mitgliedsorganisationen „1000 neue Chancen" mit Leben. Sie erhoffen sich davon, dass sich auch für sie 1000 neue Chancen eröffnen. Gemeinsam werden personalpolitische und Marketing-Instrumente entwickelt, verabredet und umgesetzt. Mit ihrem Beitritt und einem (organisationsspezifischen) Zuschuss zu den Entwicklungskosten erhalten die Mitglieder des Netzwerkes die Möglichkeit, die Werbemittel zu nutzen. Jedes Mitglied entscheidet selbst, in welchem Ausmaß es sich im Netzwerk oder bei gemeinsamen Aktionen engagiert. So bleibt der finanzielle Einsatz in der Verantwortung der einzelnen Partner.

Am 9. April 2013 wurde die Kampagne mit der Auftaktveranstaltung der Öffentlichkeit vorgestellt. Es gab eine Pressekonferenz und den symbolischen Start von 1000 Luftballons für „1000 neue Chancen" auf dem Stuttgarter Schlossplatz. Vorstände der beteiligten Netzwerkpartner stellten den anwesenden Journalistinnen und Journalisten die Personalkampagne vor und legten dabei auch den Verdienst von Fachkräften der Sozialwirtschaft offen. Anders als vermutet liegt dieser nämlich in der Regel über dem Einkommen von Fachkräften verschiedener anderer Branchen (z. B. Handel, Hotel- und Gastronomie). Neben der offiziellen Veranstaltung wurden am gleichen Tag von den Trägern und Caritas-Regionen Mitteilungen an die regionale Presse verschickt, um eine flächendeckende Berichterstattung sicherzustellen und die Kampagne bekannt zu machen.

Aktuell folgen weitere Aktionen, um Aufmerksamkeit für die Kampagne innerhalb der eigenen Organisationen und in der (Fach-) Öffentlichkeit zu wecken:

- Informationen für Mitarbeitende verteilt als Gehaltsbeileger oder über die Hauspost,
- Informationsveranstaltungen für Mitarbeitende bei den Netzwerkpartnern,
- Beiträge in Mitarbeitendenzeitungen der Netzwerkpartner,
- gemeinsame Stände bei Fach- und Berufsorientierungsmessen sowie
- Kinospots.

11.2.6   Erste Erfahrungen und Erkenntnisse

Die ersten Auswertungen und Reflexionen der Netzwerkpartner offenbaren: Es ist ein langer und anspruchsvoller Weg, zu dem man sich gemeinsam entschieden hat. Bei allen Beteiligten wächst das Bewusstsein, strategische Personalgewinnung und -bindung nicht an Agenturen oder Fachbereiche delegieren zu können. Die „5 Plus der Caritas" und die identifizierten Schlüsselfaktoren sind kontinuierlich und gleichwertig zu entwickeln und zu bearbeiten. Das ergab auch die gemeinsame Analyse des ersten Netzwerk-Strategie-Tages. Darüber hinaus wurde klar: Qualitative Weiterentwicklungen sind zu kommunizieren, zu überprüfen und als Schritte in die richtige Richtung zu würdigen. Die Verantwortung liegt nicht allein bei den Führungskräften, sondern muss innerhalb der Dienstgemeinschaft geteilt werden. Auch die Mitarbeitenden und ihre Vertretungen haben ihren Beitrag zu leisten, die Organisation und die Arbeitsplätze attraktiv und zukunftsfähig zu gestalten.

Über die Strukturen des Netzwerks (Netzwerkversammlung, Steuerungsgruppe, Expertengruppen Marketing und Personalpolitik) werden nun personalpolitische und Marketing-Instrumente gemeinschaftlich geprüft und zur Umsetzung verabredet. Dabei bleibt die Souveränität der Partner immer gewahrt. Jeder Netzwerkpartner entscheidet selbst, wann der richtige Zeitpunkt der Implementierung oder der Beteiligung an regionalen bzw. zentralen Aktionen ist. Deutlich wird aber auch, dass es neben allen Marketingmaßnahmen vor allem wichtig ist, weiterhin an der Umsetzung personalpolitischer Instrumente zu arbeiten, da sie die entscheidende Grundlage für einen attraktiven Arbeitgeber und somit das Employer Branding bilden.

Im Laufe der Kampagnenarbeit entstehen immer wieder Herausforderungen, die sich vor allem an den Schnittstellen der Zusammenarbeit finden lassen. Unterschiedliche Verständnisse oder „Tiefendimensionen" bei den Netzwerkpartnern sind wahrzunehmen und zu klären. Auch mit dem Deutschen Caritasverband, der die relevanten Internetseiten der Kampagne bzw. des Netzwerks verantwortet, sind weitere Gespräche erforderlich, um noch verbindlichere Prozesse der Be- und Überarbeitung im Sinne des strategischen Ansatzes zu vereinbaren.

11.2.7   Eine bundesweite Öffnung ist angedacht

Inzwischen zeigen auch andere Diözesan-Caritasverbände und deren Mitgliedsorganisationen Interesse an dem Konzept und einer Beteiligung. Ihnen ist bewusst, dass eine strategische und markenorientierte Personalarbeit, die an der gemeinsamen „Dachmarke Caritas" anknüpft, ein ergänzendes Angebot für die plurale Trägerlandschaft der Caritas darstellt. Die Souveränität der verbandlichen Partner bleibt sowohl bei der Umsetzung der Instrumente als auch beim Ressourceneinsatz gewahrt. Sie erhalten eine zusätzliche Gelegenheit, Interessenten auf sich aufmerksam zu machen und sich als attraktive Arbeitgeber zu erweisen. Darin liegen in der Tat bundesweit „1000 neue Chancen"![1]

Die Autoren

Bernhard Slatosch studierte Erziehungswissenschaften, Psychologie, Sozialwissenschaften und Gerontologie in Essen, Marburg und Dortmund. Er absolvierte Zusatzqualifikationen, u. a. als psychotherapeutischer Berater, Personal- und Organisationsentwickler und im Bereich Betriebswirtschaft. Seit 1992 arbeitet er beim Caritasverband der Diözese Rottenburg-Stuttgart, leitete dort die zentrale Fort- und Weiterbildungsstätte und verantwortet seit 2008 die verbandliche Personalpolitik. (Quelle: Caritasverband der Diözese Rottenburg-Stuttgart e. V)

Yvette Kohler studierte Dienstleistungsmanagement für soziale Organisationen an der DHBW Stuttgart (Abschluss Bachelor of Arts). Seit März 2013 nimmt sie an dem Qualifizierungsprogramm „projekt und studium" teil und ist im Kompetenzfeld Personalpolitik als Projekt- und Leitungsassistentin tätig. (Quelle: Caritasverband der Diözese Rottenburg-Stuttgart e. V)

---

[1] Teile des Artikels wurden bereits im neue caritas-Jahrbuch 2013 (S. 278 ff.) veröffentlicht.

Literatur

Enste D, Pimpertz J (2008) Wertschöpfungs- und Beschäftigungspotenziale auf dem Pflegemarkt in Deutschland bis 2050. IW-Trends 35(4):1–16

Kemper L, Steiner M, Hackmann T, Müller D (2012) Krankenhauslandschaft 2020 – im Verbund stärker! Studie zu den zukünftigen Herausforderungen für kirchliche Krankenhäuser in Deutschland. Prognos AG, Basel

Krone, J (2005) Alle auf Empfang? Kommerzielles Fernsehen und die Ökonomie der Aufmerksamkeit. Nomos, Baden-Baden

Wolf, R (2010) Deutlicher Rückgang der Schülerzahlen an allgemeinbildenden Schulen zu erwarten. Ergebnisse der Vorausrechnung der Schülerzahl an allgemeinbildenden Schulen bis 2030. Statistisches Landesamt Baden-Württemberg, Monatsheft BW 3/2010

Kindertagesstätten auf dem Weg zur Arbeitgebermarke

Die frühkindliche Bildung hat in den letzten Jahren tiefgreifende Veränderungen durchlaufen. Die familienpolitische Anforderung der Vereinbarkeit von Beruf und Familie mündete im Rechtsanspruch auf einen Kita-Platz ab dem ersten Lebensjahr und trat am 1. August 2013 in Kraft. Das löste zuvor bundesweit einen verstärkten Ausbau von Krippenplätzen aus – stets begleitet von der Suche nach zusätzlichem qualifizierten Personal. Gleichzeitig steigen kontinuierlich die Qualitätsanforderungen an Fach- und Führungskräfte und erhöhen den Druck auf die Personalentwicklungen der Träger. In dieser Gemengelage verbinden einige Organisationen das Nützliche mit dem Praktischen und setzen sich mit ihrer Arbeitgebermarke auseinander.

12.1 Kampagnenstartschuss als erster Schritt zur strategischen Arbeitgebermarke – die „bildungsverrückte" FRÖBEL-Gruppe

Beate Timmer, René Drochner und Tibor Hegewisch

Der Rechtsanspruch auf einen Kita-Platz für Einjährige und eine neue Niederlassung mit elf Krippen und Kindergärten in München setzte die FRÖBEL-Gruppe unter Druck, innerhalb kürzester Zeit zahlreiche Erzieherinnen und Erzieher zu gewinnen. Mit ihrer Kampagne „bildungsverrückt" wollte der bundesweit tätige Träger eigentlich nur „ein bisschen" Personalwerbung „ausprobieren" und fand sich am Ende in der ernsthaften Entwicklung seiner Arbeitgebermarke wieder.

12.1.1 Überregionale „Kompetenz für Kinder"

Die FRÖBEL-Gruppe betreibt Kindergärten, Horte und Familienberatungsstellen in verschiedenen gemeinnützigen Gesellschaften in den Bundesländern Berlin, Brandenburg,

© Springer Fachmedien Wiesbaden 2014
C. Heider-Winter, *Employer Branding in der Sozialwirtschaft*,
DOI 10.1007/978-3-658-01196-3_12

Hamburg, Nordrhein-Westfalen, Bayern, Sachsen, Niedersachsen und Schleswig-Holstein sowie in Australien und der Türkei. Gegenwärtig werden unter dem Leitgedanken „Kompetenz für Kinder" rund 12.000 Kinder in 130 Einrichtungen von über 2.300 Mitarbeiterinnen und Mitarbeitern betreut.

Namensgeber der FRÖBEL-Gruppe ist der Pädagoge Friedrich August Wilhelm Fröbel, der als Gründer der Kindergärten und als Pionier der Reformpädagogik gilt. Die FRÖBEL-Einrichtungen verstehen sich als Orte für alle Kinder und ihre Familien – unabhängig von sozialer und kultureller Herkunft, von besonderem Förderbedarf und vom Geschlecht. Sie setzen das klare Versprechen, die Rechte von Kindern und die Entfaltung ihrer Bildungschancen in den Mittelpunkt zu stellen, und richten die Aufmerksamkeit der daran Beteiligten auf die gemeinsame Zielsetzung. Eigentümer aller regionalen Gesellschaften der FRÖBEL-Gruppe ist der gemeinnützige FRÖBEL e. V.

12.1.2   Rechtsanspruch auf Kita-Platz und Standortausweitung spitzen Fachkräftebedarf zu

Als am 1. August 2013 der Rechtsanspruch für die Betreuung der unter Dreijährigen und zugleich das Betreuungsgeld in Kraft trat, richteten Politik, Medien, und viele Akteure den Blick vor allem auf das Erreichen von Betreuungsplatzzahlen. Doch was sich bereits seit mehreren Jahren andeutete und trotzdem außer Acht gelassen wurde, war, dass auch das Gesamtsystem der frühkindlichen Bildung, Erziehung und Betreuung in Deutschland einer grundlegenden Revision bedurft hätte. Denn wie sich nach dem Stichtag zeigen sollte, lassen sich Krippen und Kindergärten ohne Personal nicht eröffnen.

Die Ausgangslage für FRÖBEL war klar: In verschiedenen Regionen und insbesondere in den deutschen Großstädten ist der Fachkräfte-Markt leergefegt. Neues Personal ist zwar in der Ausbildung – jedoch kurzfristig kaum oder nicht verfügbar. Dieser aktuelle Fachkräftemangel stellte vor allem die neugegründete FRÖBEL-Regionalgesellschaft in München vor ein schwer lösbares Problem: Binnen eines Jahres müssen mindestens 100 Erzieherinnen und Erzieher gewonnen werden, um elf neue Einrichtungen bis Ende Sommer 2014 eröffnen zu können.

Ähnlich verhält es sich in Nordrhein-Westfalen, wo der Krippenausbau zu einer starken Arbeitskräfteknappheit geführt hat. Im Ergebnis werben verschiedenste Träger von Kindertageseinrichtungen sich gegenseitig das vorhandene Personal ab. Vor diesem Hintergrund stand die FRÖBEL-Gruppe vor der Herausforderung, einen neuen Ansatz in der Ansprache und Gewinnung von neuem Personal zu finden. Es galt, einerseits Aufmerksamkeit für den Träger in den relevanten Zielgruppen herzustellen und zugleich ein originelles und authentisches Alleinstellungsmerkmal hervorzuheben, das sich deutlich vom üblichen Tenor der Stellenanzeigen abhebt. Die ungewöhnliche Kampagne „bildungsverrückt", die wir hier vorstellen, wird auch nach innen durch die Unternehmenskultur eingelöst.

12.1.3   Auf dem Weg zu „bildungsverrückt"

Am Beginn der FRÖBEL-Kampagne stand nicht, wie üblich in einem Employer-Branding-Prozess, eine strategische Ausgestaltung zuvor gewonnener Erkenntnisse über Zielgruppen, Unternehmenskultur und Marktumfeld. Nicht, dass diese Erkenntnisse nicht existierten. Erst kurz zuvor wurde beispielsweise ein neues Leitbild auf den Weg gebracht, das in einem fast zweijährigen Basisprozess die Vision, Mission und Werte der Organisation darstellt. Auch lagen Ergebnisse der im Frühjahr 2013 intern durchgeführten Befragung unserer Mitarbeitenden vor. Die „bildungsverrückt"-Kampagne war von Beginn an als Testballon angedacht, um Erfahrungswerte im Umgang mit Tools der Personalwerbung zu gewinnen und auch, um dem knappen Zeitfenster bis zur Eröffnung der ersten Einrichtungen in München gerecht zu werden. Nichtsdestotrotz sollten die Botschaften zur externen Kommunikation eine Zuspitzung der gewonnenen Analyse-Ergebnisse sein und die Arbeit in der FRÖBEL-Gruppe widerspiegeln.

Während einer externen Beratung fiel bei der Beschreibung, welche Mitarbeiterinnen und Mitarbeiter wir suchen, quasi nebenbei das Wort „bildungsverrückt". In der weiteren, lediglich einen Tag dauernden Entwicklung der Idee wurde deutlich, dass dieses Wort hervorragend zu FRÖBEL als Arbeitgeber sowie zu unseren Kolleginnen und Kollegen passt. Auch das FRÖBEL-Leitbild wird in mehrfacher Hinsicht aufgenommen, indem wir den Bildungsauftrag der Kindertagesstätten einerseits und die vielfältigen, zum Teil „wahnsinnigen" Herausforderungen des Alltags sowie deren kreative Überwindung andererseits ansprechen können.

Zudem können wir auf unsere eigenen, sehr breit angelegten Fortbildungsangebote des FRÖBEL-Bildungskalenders verweisen sowie den Grad an Freiraum betonen, den unsere pädagogischen Fachkräfte in der konzeptionellen und praktischen Ausgestaltung ihrer Arbeit mit den Kindern genießen. Mit „bildungsverrückt" suchen wir diejenigen Bewerberinnen und Bewerber, die bildungsverrückt genug sind, den eigenen Gehaltsaufstieg über Fort- und Weiterbildungen zu steuern statt über Alter und Dauer der Betriebszugehörigkeit – und die sich zudem, wie in München oder Nordrhein-Westfalen, auf das Abenteuer der Gestaltung eines neu eröffneten Kindergartens einlassen.

Werbetechnisch kam hinzu, dass das Wort selbst eine gewisse Seltenheit besitzt und bis dato noch unbesetzt war. Das Herzstück der Kampagne war damit formuliert und im Ergebnis entwickelte die Kommunikationsabteilung von FRÖBEL in nur drei Monaten von der ersten Beratungsrunde bis zum ersten Plakataushang eine hauseigene, zunächst auf München zugeschnittene Stellenkampagne.

12.1.4   Mit „bildungsverrückt" auf ungewohntem Terrain

Eine Stellenkampagne wie „bildungsverrückt" war für die Kommunikationsabteilung von FRÖBEL nicht das übliche Tagesgeschäft. Denn Kern der Kampagne ist es, diejenigen Mitarbeiterinnen und Mitarbeiter mit dem Label „bildungsverrückt" zu zeigen, die dies auch

Abb. 12.1 Eines der drei
Kampagnenmotive zu
„bildungsverrückt". (Quelle:
FRÖBEL-Gruppe)

tatsächlich von sich sagen. Für eine überwiegend inhouse organisierte und gesteuerte Kampagne bedeutete dies: telefonieren, casten, anfragen, Kolleginnen und Kollegen überzeugen und sodann Dienstpläne umgestalten. Das Shooting der Kampagne fand nach äußerst kurzer Vorbereitung in einem unserer Kindergärten in Berlin statt. Einen Tag lang verbrachten ein Meisterfotograf, ein Grafiker sowie sieben Kolleginnen und Kollegen in einem Kindergarten-Freizeitraum zwischen Bauklötzen, Wurfringen und anderem Spielzeug.

Dabei entstand mehr aus Beobachtung als Planung eine Kampagnenvariante, die besonders gut zum Ausdruck bringt, dass sich Bewerberinnen und Bewerber in die künftige Rolle als Erzieherin, Erzieher oder sogar Leitung hineinversetzen sollen. Die Motivreihe zeigt hier nicht das Gesicht, sondern nur einen Teil des Körpers – es bleibt der Phantasie und dem Interesse des Betrachters überlassen, sich in das Bild hineinzuversetzen. Die Bildsprache der anderen Motive wurde bewusst offen gehalten. Sie zeigen freundliche und neugierige Kolleginnen und Kollegen in gestellten, leicht überzogenen Situationen in Anlehnung an ihren Alltag (siehe Abb. 12.1).

12.1.5   Verknüpfung von On- und Offline-Kanälen zur Zielgruppenansprache

Während das Shooting und Finishing der Aufnahmen relativ schnell ging, verliefen die folgenden Schritte doch zeitintensiver als geplant. Neben dem Wording der Kampagne nahm besonders die Aktionswebseite www.bildungsverrückt.de viele zeitliche Ressourcen in Anspruch. Denn die Micropage basierend auf Wordpress sollte es ermöglichen, sich in nur drei Klicks online zu bewerben und dies möglichst auch auf mobilen Medien wie etwa Smartphones. Das war vor allem deswegen wichtig, da unsere Anzeigen im öffentlichen Raum auch QR-Codes beinhalteten, die Interessierte direkt auf unsere „responsive" Website lotsten. Diese Verknüpfung zwischen offline- und online-Medien machte den Einsatz einer für mobile Plattformen tauglichen Website zwingend notwendig.

Die digitale Welt ist das eine – aber die Erzieherinnen und Erzieher sollten dort abgeholt werden, wo sie sich aufhalten, in den Medien, die sie lesen, und sie sollten uns unterwegs im öffentlichen Raum bemerken. Große und überregionale Tageszeitungen schieden nicht nur wegen der enormen Schaltungskosten aus, sondern auch weil die einmalige Erscheinungsweise und das Nutzungsverhalten der anvisierten Zielgruppe nicht im Einklang stehen. Stattdessen wählte FRÖBEL andere Kontaktplätze. So wurde beispielsweise in der Münchner S-Bahn vier Wochen lang geworben – und das kurz vor der Landtagswahl und der Münchner Wiesen 2013. Über eine Postkartenvariante, die insbesondere in hochschulnahen Cafés und Lokalen, aber auch in den Fachschulen in den Sekretariaten direkt verteilt wurde, konnte zusätzlich Aufmerksamkeit bei den derzeit in der Ausbildung befindlichen Studierenden und Absolventen erzeugt werden.

Die naheliegende Nutzung sozialer Netzwerke wurde dagegen bewusst nicht aktiv einbezogen. Diese Entscheidung basierte vorwiegend darauf, dass zu diesem Zeitpunkt noch keine Social-Media-Strategie mit entsprechenden Guidelines vorlag. Durch den besonderen Charakter der hochkomplexen und sensiblen Beziehungsdienstleistung, die wir an Kindern und Familien erbringen, haben Themen wie Privatsphäre und Datenschutz eine besondere Bedeutung. Dies hieß natürlich nicht, dass nicht auch soziale Netzwerke zur Verbreitung der Kampagne beitrugen. Die Mehrzahl der Aufrufe unserer Kampagnenseite kam tatsächlich über das größte soziale Netzwerk Facebook und weitere branchennahe Portale wie beispielsweise erzieherin.de.

Im März 2014 erfolgte dann eine neue Intensivierung der Kampagne. So wurden über einen externen Dienstleister alle Fachschulen in München kontaktiert mit der Bitte, an einem bestimmten Tag im Eingangsbereich der Schule eine Einladung für einen Kita-Besuch sowie Brezel und Obst verteilen zu dürfen. Die Resonanz hierzu war sehr breit gestreut und reichte von einer vom Unterricht freigestellten Fachschul-Klasse bis zu anderen Trägern, die sich gerne eine Bild von den neuen Standorten machen wollten.

12.1.6 „bildungsverrückt" überzeugt intern und extern

Die Kampagne „bildungsverrückt", die im September 2013 zunächst für Bayern gestartet wurde und 2014 in Nordrhein-Westfalen weiterläuft, hat nicht Adhoc zu einem Ansturm von Bewerbenden geführt. Aber: In den Bewerbungen taucht nicht selten der Satz auf: „…und ich bewerbe mich, weil ich bildungsverrückt bin". Auch wenn bislang noch keine qualitative Imageanalyse durchgeführt wurde, so lässt sich aus dem Feedback unserer Kolleginnen und Kollegen sowie aus Vorort-Terminen mit Eltern und Fachkräften eine mehr als positive Resonanz vernehmen. Wir hatten sogar Anfragen nach Postkarten aus Regionen, in denen wir keinen einzigen Kindergarten betreiben.

Auf Basis des Feedbacks sowie aus Erkenntnissen mit der Kampagne entwickeln wir bei FRÖBEL nun unsere strategische Arbeitgeberpositionierung weiter. Der eingeschlagene Weg mag nicht dem Lehrbuch entsprechen, stellte sich aber für uns als der richtige und passende heraus. Wir konnten eine weitere Gelegenheit nutzen, FRÖBEL als Arbeitgeber zu thematisieren – extern wie intern. Dabei haben wir erstmalig eigene Kolleginnen und Kollegen an die Idee, als Markenbotschafterinnen und -botschafter aufzutreten, heranführen können. Wir haben ihre Interpretation des leicht provozierenden Claims „Wir sind bildungsverrückt!" aufgegriffen und unsere bisher größte Anzeigenkampagne als gemeinnütziger Träger gestemmt – nur auf uns zugeschnitten.

12.1.7 Fazit

Aus unserer Sicht sollte das Handlungsfeld des Employer Brandings einen wichtigen Beitrag zur Zukunftsfähigkeit für uns als freier Kindergartenträger leisten. Während Eltern und Kommunen nach wie vor auf unsere hohe Qualität in der Frühpädagogik setzen und unsere Häuser nicht nur aufgrund eines derzeitigen Nachfrageüberhangs ausgelastet sind, stellt sich der wahre Engpass auf einer anderen Seite ein – qualifiziertes und motiviertes Personal, das eine engagierte und ambitionierte Vision trägt. Alle Mitarbeiterinnen und Mitarbeiter repräsentieren FRÖBEL an jedem Tag. Die Zufriedenheit der Mitarbeitenden korreliert direkt mit der Zufriedenheit der Eltern über die angebotene Betreuung für ihr Kind. Damit wirken unsere Mitarbeitenden sehr stark auf unsere Marke ein – stärker vielleicht als andere Handlungsfelder der Markenentwicklung.

Nur, wenn wir es schaffen, die am besten geeigneten und am besten zu unserer Unternehmenskultur passenden Mitarbeiterinnen und Mitarbeiter zu gewinnen, zu halten und fortwährend in ihrer fachlichen Entwicklung zu unterstützen, können wir im qualitativ anspruchsvollen Umfeld bestehen.

Die Autoren

Beate Timmer ist ausgebildete PR-Beraterin (PZOK). Sie arbeitet seit 2012 für die FRÖBEL-Gruppe im Bereich der Unternehmenskommunikation (Interne Kommunikation). (Quelle: FRÖBEL-Gruppe)

René Drochner koordiniert die internationalen Aktivitäten von FRÖBEL und insbesondere die Personalgewinnung aus dem Ausland. Während seines Masterstudiengangs „International Marketing Management" an der HWR Berlin spezialisierte er sich auf das Thema Employer Branding in Non-Profit Organisationen. (Quelle: FRÖBEL-Gruppe)

Tibor Hegewisch ist seit 2011 bei FRÖBEL. Der Historiker und Journalist arbeitet dort als Pressesprecher und Leiter der Unternehmenskommunikation. (Quelle: FRÖBEL-Gruppe)

12.2 Die Rudolf-Ballin-Stiftung schärft ihre Verfahren für mehr Passgenauigkeit bei Bewerbungen

Interview mit Ulrike Muß

Die Hamburger Rudolf-Ballin-Stiftung e. V. – freier Träger der Jugendhilfe mit einer 85-jährigen Tradition in der Arbeit mit Kindern, Jugendlichen und Familien – hat es immer schwerer, passendes Personal zu finden. Mit Maßnahmen im Bewerbungsmanagement, der Einarbeitung und der Personalrekrutierung versucht der Kita-Träger entgegenzusteuern. Es bestehen schon viele gewinnbringende Ansätze für einen Employer-Branding-Prozess. Gleichzeitig gibt es auch Bedenken.

▶ **Wie schätzen Sie die zukünftige Entwicklung des Fachkräftemangels ein? Jetzt ist es schon eng, wie sieht es in fünf Jahren aus?** *Durch den doppelten Jahrgang an den Hamburger Fachschulen für Sozialpädagogik hoffentlich besser.[1] Für einen steigenden Fachkräftemangel muss es zudem immer eine Vergleichsentwicklung geben: Wie viel Bedarf an Kita-Plätzen besteht in Hamburg in den nächsten Jahren? Wie geht es mit der Stadtentwicklung voran? Im Augenblick sind die Prognosen gut, dass immer mehr Familien hinzuziehen. Aber auch das muss sich erst einmal bewahrheiten. Ich glaube, dass die nächsten zwei Jahre noch extrem problematisch sein werden. Dann wird sich hoffentlich schon etwas verbessern. Es gibt Hochrechnungen, die davon ausgehen, dass es bereits in den nächsten zwei Jahren zu einer Entspannung kommt.*

▶ **Wie steht es aktuell bei Ihnen um den Personalbedarf?** *Die Lage ist angespannt. Wir sind definitiv vom Fach- und Führungskräftemangel betroffen. Dabei gibt es Bereiche, die besonders schwer zu besetzen sind, wie beispielsweise Teilzeitstellen unter 30 Stunden, die sich in Hamburg aktuell für die Ganztägige Bildung und Betreuung an Schulen mehren. Im Sommer nach dem Ausbildungsende war es zwar entspannter, aber unterjährig verschärft sich die Situation immer wieder. Wenn wir uns dann in der Probezeit trennen, ist es mit vielen Anstrengungen verbunden, die vakante Stelle zügig zu besetzen.*

---

[1] In Hamburg ist es mittlerweile möglich, dass ausgebildete Sozialpädagogische Assistenzen die Erzieherausbildung bei entsprechenden Notenschnitt auf zwei Jahre verkürzen können. Für Berufsfremde mit einer anderen Ausbildung dauert sie nach wie vor drei Jahre. Dadurch entstehen aktuell Doppeljahrgänge.

► **Wie lange dauert es, bis Sie eine offene Stelle besetzen können?** *Das ist ganz unterschiedlich. Es gibt Stadtteile in Hamburg, in denen es komplizierter ist, jemanden zu finden, weil z. B. der Standort schwer zu erreichen ist oder weil die Elbe dazwischen liegt, wie in Harburg. In Winterhude, also in Zentrumsnähe, ist es leichter. Pauschal kann man sagen, dass schon immer mindestens ein Monat dazwischen liegt.*

► **2013 haben Sie die Personalkampagne „Gesucht! Pädagogische Fachkräfte" ins Leben gerufen. Hat sich die Bewerbungslage dadurch entspannt?** *Das lässt sich schlecht sagen, weil die Zahlen zuletzt nur noch sanken. Wir haben im Sommer fünf neue Standorte für die Ganztägige Bildung und Betreuung an Schulen eröffnet und wahnsinnig viel Personal gesucht. Eine davon bietet Plätze für mehr als 200 Kinder. Das war bis zum Schluss eine Zitterpartie, aber wir haben alle Stellen besetzt. Das finde ich höchsterstaunlich.*

Bei Bewerbungen haben wir außerdem extrem nachgefragt, wie sie auf uns gekommen sind. Interessanterweise kamen schon viele Bewerbungen rein à la „Ich bin in der Bahn auf Sie aufmerksam geworden." Das Echo war richtig gut. Das haben wir fast gar nicht erwartet. Es gab natürlich eine gewisse Erwartungshaltung, ich war dann doch überrascht, wie oft sich darauf bezogen wurde. Zu dieser Zeit haben sich ungefähr 30 bis 40 % auf die Kampagne bezogen. Daher wollen wir sie demnächst auch fortsetzen.

► **Wie entstand die Kampagne?** *Wir haben eine Agentur beauftragt, die uns schon viele Jahre begleitet. Sie kennt uns sehr gut und hat bereits unseren Internetauftritt www.rudolf-ballin-stiftung.de gestaltet. Für den Aufschlag haben wir mit unserem Stab und der Geschäftsführung ein Brainstorming gemacht: Worauf kommt es uns an? Wen wollen wir gewinnen? Welche Botschaften wollen wir senden? Dann haben wir mit der Agentur einen gemeinsamen Workshop durchlaufen, auf dessen Basis sie drei Vorschläge entwickelt hat (siehe* Abb. 12.2).

Das Ergebnis gefiel allen am besten. Damit haben wir alles vereint: Wir wollen durch knallige Farben Aufmerksamkeit erlangen. Inhaltlich steht eine Frage im Mittelpunkt, die ebenfalls neugierig macht, und die Antwort ist auch spannend. Hier ist ganz viel drin: Spaß, Frage, Neugierde, junge Frische und der Hinweis darauf, wie wir uns als Arbeitgeber verstehen. Bei dieser Kampagne erreichen wir Zielgruppen für den Krippen-, Kita- und Schulbereich. Wir hatten Werbung in den U- und S-Bahnen, Postkarten und Plakate in den Häusern.

► **Sie haben also nicht die gesamte Belegschaft bei der Planung einbezogen. Wie haben die Mitarbeiterinnen und Mitarbeiter auf die Kampagne reagiert?** *Super. Das klappt manchmal, manchmal aber auch nicht. In diesem Fall war es der knappen Zeit geschuldet, dass wir sie nicht einbezogen haben.*

Kampagnenidee 1   Kampagnenidee 2   Eines der drei finalen
Kampagnenmotive

Abb. 12.2 Die drei Kampagnenansätze der Rudolf-Ballin-Stiftung inklusive eines endgültigen Kampagnenmotivs

Außerdem empfanden wir die Werbung als strategische Entscheidung und haben das als Aufgabe der Führungsebene gesehen.

Als ich noch Kita-Leitung war, kam ich auf die Idee, dass das Team die Räume selbst gestalten muss, um wirklich Spaß an der Arbeit zu haben. Das hatte schlimmste Folgen. Da waren teilweise Gruppenräume so eingerichtet, wie es nun mal gar nicht geht. Eigentlich hätte ich es wissen müssen. Denn nicht jeder hat Talent dafür und nicht jeder hat ein ausgesprochen gutes Farbempfinden. Deswegen ist es an der ein oder anderen Stelle nicht verkehrt, das mal die Profis machen zu lassen.

Hier geht es ja auch um die Frage, wie viel Zeitgeist in der Rudolf-Ballin-Stiftung steckt. Wenn wir Fachkräfte anwerben, sprechen wir in der Regel etwas jüngere Menschen an. Ein Teil insbesondere der älteren Mitarbeitenden hat manchmal sehr tradierte oder konservative Vorstellungen. Da kann ich mir nur schwer vorstellen, dass das die richtigen Ideengeber für eine Kampagne sind. Die Werbekampagne haben wir in einem sehr engen Zeitfenster entschieden. Dann kann man nicht immer breite Beteiligung gewährleisten. Dafür haben wir sie bei unseren Führungsgrundsätzen und unserem Slogan – „Gemeinsam unterwegs ins Leben" – an Bord geholt. Auch bei unserer Personal- und Organisationsentwicklung, die ergänzend zur Werbung läuft, sorgen wir für breite Beteiligung. Denn die schönste Kampagne nützt nichts, wenn man sie im Hintergrund nicht mit Leben füllt.

▶ **Was bedeutet das? Welche Maßnahmen ergreifen Sie intern?** *Wir beschäftigen uns aktuell mit unserem Bewerbungsmanagement. Wir wollen nicht nur werben, sondern auch sicherstellen, dass die Bewerbungen professionell gehandhabt
werden. Wie lange dürfen Bewerbungen liegenbleiben? Wie gehen wir mit Initiativbewerbungen um? Wie wichtig ist es, dass Bewerbende sofort eine Rückmeldung
bekommen?*

*Jede Initiativbewerbung an den Träger geht zuerst über meinen Tisch. Ich prüfe,
ob sie überhaupt in Frage kommt. In 90 % der Fälle passt es formal. Die konkrete
Überprüfung der fachlichen Qualität übernimmt die Einrichtung selbst. Ist die Biografie sehr brüchig oder es handelt sich nicht um eine ausgebildete Fachkraft, dann
antworte ich sofort, dass es uns leid tut und danke für das entgegengebrachte
Interesse.*

*Wir organisieren unsere Verteiler nun so, dass wir schneller reagieren können.
Durch die elektronischen Bewerbungen hat sich alles beschleunigt. Wir verbessern
auch die Wege, die Initiativebewerbungen von Einrichtung zu Einrichtung durchlaufen. Außerdem feilen wir an unserem Stil, wie wir Bewerbenden begegnen, also
in welcher Weise geantwortet wird und dass es überhaupt erfolgt. Viele Träger antworten ja gar nicht auf Bewerbungen. Das passiert bei uns nicht. Alles, was hier
ankommt, erhält innerhalb weniger Tage Resonanz.*

▶ **Wie wirken sich Ihre Maßnahmen auf die Qualität und Quantität der
Bewerbenden aus?** *Die Quantität sinkt und die Qualität stagniert. Nur bei den
Leitungsausschreibungen ist die Qualität nach oben gegangen. Das ist schon toll,
was an den Hochschulen nachwächst. Bei den pädagogischen Fachkräften kann
ich keinen Qualitätssprung feststellen. Ein Teil unseres Fachkräfteproblems besteht
darin, dass die Personen, die wir einstellen, nicht immer optimal auf das vorbereitet
sind, was wir erwarten.*

*Manchmal stellen wir ein, obwohl wir nicht vollständig überzeugt sind. Wenn
wir z. B. in Harburg drei Monate lang kein Personal gefunden haben, dann sagen
wir auch mal, dass wir jetzt einfach Hände brauchen, die mit anpacken. Aber
das ist natürlich ein ziemlich verzweifelter Akt. Solche Vorfälle haben sich in den
vergangenen Jahren gemehrt. Doch wenn deutlich wird, dass es keine Weiterentwicklungen gibt, dann können wir die Leute nicht aus Verzweiflung behalten.
Teilweise kommt es zu exorbitanten Fehlzeiten im ersten halben Jahr, sodass wir
darauf nicht bauen können. Dann müssen wir uns trennen.*

*Früher haben wir ab dem Zeitpunkt der Einstellung aufgehört, nachzudenken.
Jetzt legen wir den Fokus auch auf die Zeitspanne der Einarbeitung, also die Probezeit. Dafür betreiben wir viel Verfahrensschärfung. Wir haben eine „Ballin"-Qualität
für die pädagogische Arbeit definiert. Es gibt bei uns besondere Schwerpunkte, an
denen man nicht vorbei kommt: In jeder Kita befindet sich eine Kinderbibliothek.
Wir arbeiten in Lernwerksstätten und haben überall das „Haus der kleinen Forscher"
eingerichtet.*

▶ **Wie gehen Sie damit um, wenn jemand noch nicht die nötigen Qualifikationen besitzt?** *Das ist kein Problem. Dann wird er oder sie eingearbeitet. Dafür
   haben wir eine Arbeitshilfe entwickelt. Außerdem haben wir den neuen Mitarbeitenden Paten an die Seite gestellt. Die Voraussetzung ist nicht, dass man schon alles
   beherrscht, sondern dass man sich darauf einlässt und dass man geeignet ist, sich
   das anzueignen.*

   *Momentan ist der Markt allerdings so eng, dass häufig mit der Hoffnung auf
   Besserung eingestellt wird. Dadurch leitet sich ein besonders großer Auftrag an den
   Arbeitgeber ab. Wenn es Mitarbeiterinnen und Mitarbeiter gibt, die noch nicht das
   „Ballin"-Niveau erreicht haben, dann helfen wir ihnen, es zu erreichen – das klappt
   leider nicht immer.*

▶ **Welche Menschen suchen Sie für Ihren Träger?** *Wir suchen nach Menschen-
   freunden. Man denkt ja immer, dass das bei sozialpädagogischen Fachkräften
   schon vorhanden ist. Das ist aber nicht immer der Fall. Wir wollen Menschen, die
   Menschen mögen. Das soll man spüren. Wir wollen eine gewisse Energie wahrnehmen. In unserem Beruf geht es schließlich auch um Engagement und Leidenschaft.
   Daher frage ich im Vorstellungsgespräch immer nach etwas Persönlichem wie beispielsweise den Hobbys. Das bringt nicht selten diejenigen in Bewegung, die eher
   etwas verhalten sind und dann auf einmal ganz lebendig werden.*

   *Insgesamt ist unser Team breit aufgestellt. Wir sind nicht die IKEA Family. Bei
   uns arbeiten Ruhigere und Lebhaftere, Kreative oder gut Strukturierte. Wir möchten Ältere und Jüngere, Männer und Frauen, wir möchten Vielfalt und dass sie alle
   richtig Lust auf den Umgang mit Kindern haben. Ich möchte nicht diejenigen, die
   Erzieher oder SPA geworden sind, weil sie sonst nichts Besseres gefunden haben. Es
   verläuft ja auch gern mal so, dass junge Frauen sich denken: „Ich kann Vieles nicht
   richtig gut. Ich bin eine Frau, also ist klar, dass ich etwas mit Kindern mache."*

▶ **Was spricht gegen so ein markantes Zusammengehörigkeitsgefühl?** *Ich
   tue mich mit dem Gedanken an ein aufoktroyiertes Wir-Gefühl schwer. Ich glaube,
   dass Individualität dort irgendwann zum Problem wird, z. B. wenn man sich im
   Unternehmen zwar wohlfühlt, aber auch sein Eigenleben haben will, also an
   bestimmten Momenten Distanz braucht. Das ist in so einer Community sicher nur
   bedingt möglich. Das sind Feinheiten, die wir bei unserer Entwicklung auf jeden Fall
   im Blick behalten müssen. Die Rudolf-Ballin-Stiftung ist keine Religion. Klar versuchen wir über den Faktor emotionale Bindung ein Wohlfühl-Klima zu schaffen, aber
   immer mit dem nötigen Respekt vor den inneren Grenzen jedes Einzelnen.*

▶ **Was zeichnet Sie als Arbeitgeber aus?** *Wir wenden uns den Mitarbeitenden
   sehr bewusst zu. Wir überlegen auf der einen Seite, was wir ihnen neben unserer Tariftreue an verbindlichen ökonomischen Leistungen, wie etwa eine kleine*

Betriebsrente, bieten können. Auf der anderen Seite überzeugen wir durch unsere Unternehmenskultur. Wir haben gemeinsam Führungsgrundsätze und Leitgedanken entwickelt und etabliert. Dafür haben wir uns viel Zeit genommen. Erst setzten wir uns im Leitungskreis damit auseinander und sind danach mit zielgerichteten Erhebungsfragen bis an die Basis gegangen. Wir wollten erfahren, was sich unsere Mitarbeiterinnen und Mitarbeiter von uns als Arbeitgeber und von ihren Führungskräften wünschen. Daraus haben wir Kommunikationsstrukturen abgeleitet, die wir regelmäßig reflektieren.

▶ **Wie macht sich das im Arbeitsalltag bemerkbar?** *Wir pflegen im täglichen Miteinander große Wertschätzung. Ausgehend von humanistischen Ideen sind wir überzeugt, dass wir nur so gut mit Menschen arbeiten können, wie wir selbst miteinander umgehen. Das ist nicht nur eine bloße Worthülse, sondern spiegelt sich in vielen Bereichen wieder, z. B. in unserer Fehlerkultur. Bei uns macht niemand die Erfahrung einer Abstrafungsmentalität, also dass man vorgeführt oder „abgewatscht" wird. Es geht immer darum, den Fehler zu finden, ihn nachzuvollziehen und möglichst abzustellen. Aber das findet wertschätzend und nicht entblößend statt.*

Präsenz ist darüber hinaus ein großes Thema. Das bilden wir auf der Organisationsebene in Strukturen ab. Dazu zählen ein ordentliches Besprechungswesen oder Zielgespräche mit Mitarbeitenden einmal pro Jahr. Darin reflektieren die Leitungskräfte mit den Erzieherinnen und Erziehern die Arbeit und legen mit ihnen Ziele fest. Jeder im Team weiß, dass er Anspruch darauf hat. Die Gespräche führen immer die direkten Vorgesetzten. Sie laden ein und schon in der Einladung steht, auf welche Fragen sich die Mitarbeitenden vorbereiten sollen. Die Fragen setzen sich bei pädagogischen Fachkräften zusammen aus „Lass uns mal gemeinsam auf das letzte Jahr schauen. Was war herausragend? Wie bewertest du deine explizite Arbeit, die Gruppensituation usw.?" Dann sollen sie die Qualität ihrer Arbeit einschätzen und Schwerpunkte finden, wie sie sich selbst organisieren. Darüber hinaus gibt es noch den Bereich Teamkultur und was jeder dazu beiträgt. Beide Sichtweisen werden zusammen geführt, um am Ende abzuleiten: Was nehmen wir uns für das nächste Jahr vor?

Die Kollegen berichten also, wie sie sich selbst sehen, bekommen aber auch gespiegelt, ob die Leitung das genauso sieht. Gemeinsam wird über Dissens verhandelt und am Ende verschwindet das nicht in der Schublade. Das wird dokumentiert und der Mitarbeitende bekommt es vorgelegt. Er entscheidet, ob sich der Gesprächsverlauf darin wiederfindet. Erst dann wird es als quasi zustimmendes Protokoll von beiden unterzeichnet. Es bildet die Gesprächsgrundlage für das nächste Mal.

▶ **Wie wirken sich die Maßnahmen auf die Zufriedenheit Ihrer Belegschaft und auf die Fluktuationsrate aus?** *Die Arbeitszufriedenheit erheben wir über punktuelle Abfragen. Manche Leitungen machen das in Eigenregie für ihre Einrich-*

tung. Das alles zusammengefasst und anhand des Konfliktpegels lässt sich sagen, dass die Arbeitszufriedenheit bei der Rudolf-Ballin-Stiftung sehr hoch ist. Gleichzeitig ist der Druck, der vom Beruf selbst ausgeht, stetig gewachsen. Dem halten einige nicht stand. Die Qualitätsansprüche sind in den letzten Jahren wahnsinnig gestiegen – bei gleichzeitiger Ressourceneinschränkung. Das macht sich bemerkbar und daher bauen wir den Bereich Gesundheitsprävention aus.

Die Fluktuation ist insgesamt gesunken. Es gab eine Zeit, zu der sie höher war. Wir hatten damals viel mit befristeten Verträgen gearbeitet. Davon sind wir abgerückt. Umso wichtiger ist es jetzt, die Probezeit zielgerichtet zu nutzen, um die Passgenauigkeit zu prüfen.

▶ **Und bezogen auf Ihr Image: Wir werden Sie als Arbeitgeber wahrgenommen?** *Wir werden in der Außendarstellung positiv wahrgenommen. In der Fachwelt sind wir akzeptiert und anerkannt. Wir haben ein ordentliches Standing. Wir fragen in Vorstellungsgesprächen auch gezielt, ob sie uns vorher schon kannten. Da kommen dann Hinweise, wie „Ich war im Netz. Das hat mir gut gefallen." Oder: „Ich hab schon so viel Gutes von Ihnen gehört." Es gibt auch Einige, die sich bewusst bei uns bewerben, weil es schon Berührungspunkte gab. Über persönliche Kontakte kennt man z. B. eine Kollegin oder ist selbst als Elternteil mit der Einrichtung vertraut.*

▶ **Spielen Empfehlungen von Mitarbeitenden eine wichtige Rolle bei Ihnen?** *Noch haben wir das nicht systematisiert, aber es könnte eine spannende Sache sein – immer mit der Hab-Acht-Haltung, dass man anderen nicht etwas wegfischt. Da gibt es zu Recht große Empfindlichkeiten.*

▶ **Das heißt, man darf Personal nicht von anderen „abwerben"?** *Ja, das gehört sich nicht. Das würden uns andere Träger bestimmt übel nehmen. Wenn ich mir jetzt vorstelle, dass wir auf einer Stadtteilkonferenz sind und bekannt ist, dass wir so eine offensive Politik fahren, sorgt das bestimmt für Unruhe. Ich bin mir ganz sicher, dass das nicht gut ankäme.*

▶ **Aber wenn Sie nicht gerade die Absolventen frisch von der Fachschule wegfangen, dann müssen Sie bei Ihrer Personalsuche doch abwerben.** *Ich kann offensiv im persönlichen Kontakt abwerben oder dezent durch eine Ausschreibung Interesse wecken. Wenn ich jemanden über eine Stellenanzeige gewinne, der sich beruflich weiterorientieren will, ist das für mich etwas anderes, als wenn ich jemanden auf den Geschmack bringe, der sich eigentlich nicht mit dem Gedanken befasst hat. Noch kann ich mir das nicht ohne Weiteres vorstellen. Aber es ist möglicherweise eine Überlegung wert.*

▶ **Eigentlich stehen Sie als Kita-Träger sowohl bei den Eltern als auch bei den Fachkräften in Konkurrenz und doch scheinen Sie ein gewisses Zusammengehörigkeitsgefühl zu verspüren. Liegt es daran, dass Hamburg einfach recht überschaubar ist?** *Vielleicht ist es auch die spezielle Berufsgruppe. An anderen Stellen sind wir eher sachorientiert. Wir wollen eine professionelle und qualitativ hochwertige Bildung im frühkindlichen Bereich und an Schulen. Das schließt aber nicht aus, dass wir uns so attraktiv wie möglich am Markt präsentieren, weil es natürlich mein Interesse ist, dass die Fachkräfte und Eltern zu uns kommen. Wenn sich jemand von einem anderen Träger bei uns bewirbt, vielleicht auch innerhalb unseres Spitzenverbandes, dem PARITÄTISCHEN Hamburg, dann überleg ich natürlich nicht lange, ob das in Ordnung ist, sondern will, wenn es passt, den Bewerbenden haben. Aber ich gehe nicht aktiv zur Konkurrenz und sag „Komm lieber zu uns, da ist es viel besser." Den Unterschied finde ich markant.*

▶ **Beim Employer Branding ist einer der Kerngedanken, dass Mitarbeitende zu Botschafterinnen und Botschaftern des Unternehmens werden. Und was tun Botschafter? Sie berichten in ihrem Umfeld, wie toll der eigene Arbeitgeber ist. Sie überzeugen also andere und werben letztlich ab, wenngleich subtiler.** *Das kann man sich nur wünschen, dass im besten Falle Mitarbeitende so begeistert sind, dass sie es weitererzählen. Bei uns sind die Kolleginnen und Kollegen häufig sehr mit der Einrichtung verhaftet, dann gilt die Begeisterung mehr dem jeweiligen Haus. Aber es ist für uns trotzdem die schönste Botschaft, wenn unsere Mitarbeitenden so glücklich sind, dass sie das auch in die Welt hinaus rufen.*

Dass wir uns positiv abbilden und auf uns aufmerksam machen, können wir sicher noch gezielter und besser tun. Wir lernen immer mehr uns zunehmend freizuschwimmen. Aber diese Haltung ist auch ein wenig systemimmanent. Sozialpädagoginnen und -pädagogen können ganz schlecht sagen: „Ich kann das gut." Das geht uns ganz schwer über die Lippen. Wir arbeiten noch immer daran, wie wir uns selbst stolz auf die Schulter klopfen können. Diesen Stolz dann mit einem Strahlen nach außen zu transportieren, ist der nächste Schritt. Das wollen wir unbedingt ausbauen.

▶ **Welche Empfehlung können Sie zum Abschluss anderen Arbeitgebern mit auf den Weg geben?** *Es lohnt sich, Strukturen zu schaffen. Will man Herausforderungen gut angehen, braucht man ein solides Gerüst. Die Strukturen sollten allen bekannt sein. Es hilft also immer, wenn sie sich in Unterlagen oder Leitfäden abbildet. Die Förderung der Mitarbeiterinnen und Mitarbeiter durch gute Fortbildungskonzepte oder Hospitationen sind wichtig und werden sehr zu schätzen gewusst. Und ansonsten: Schreib nichts auf die Verpackung, was am Ende nicht drin ist. Es muss glaubwürdig sein!*

Die Interviewpartnerin

Ulrike Muß ist Dipl. Sozialpädagogin. In der Rudolf-Ballin-Stiftung e. V. ist sie seit 2012 Teil des Geschäftsführenden Vorstands. Erfahrungen im Bereich der Personalführung sammelte sie in ihren Leitungstätigkeiten und insbesondere in ihrer Tätigkeit als Bereichsleiterin von Kindertagesstätten. (Quelle: Rudolf-Ballin-Stiftung e. V.)

Zur Rudolf-Ballin-Stiftung e. V.:

Die Rudolf-Ballin-Stiftung e. V. ist als freier Träger der Kinder-, Jugend- und Familienhilfe spezialisiert auf die pädagogische Arbeit, Bildungsarbeit und Arbeit der präventiven Gesundheitsfürsorge. 15 Kindertagesstätten mit mehr als 1.700 Plätzen sowie zwei Kinder- und Jugend-Kurhäusern an der Ost-und Nordseeküste begleiten Kinder und ihre Familien in partnerschaftlicher Zusammenarbeit bedarfsgerecht und individuell.

Die Jugendhilfe unter dem Employer-Branding-Blickwinkel

13

Die Jugendhilfe wird zunehmend in die Rechtfertigungslage gedrängt, den tatsächlichen Nutzen der Arbeit im Verhältnis zu den erforderlichen Ressourcen herauszustellen. Besonders die Hilfen zur Erziehung sind unter Kosten-Nutzen-Relationen in den vergangenen Jahren zusammengeschrumpft. Zum Teil existenzbedrohende Entwicklungen ließen den schwelenden Fach- und Führungskräftemangel in den Hintergrund rücken.

Doch hier zeichnen sich die Schwierigkeiten, qualifiziertes und erfahrenes Personal zu finden, gleichermaßen ab, wenngleich man es noch nicht ganz wahrhaben will. Die Besetzung einer Vakanz dauert länger, Arbeitgeber sind mehr denn je gefragt, um unerfahrene Fachkräfte fortzubilden, und erfahrene Kolleginnen sowie Kollegen sind gefragter denn je und immer schwerer zu halten. Zwei Beispiele aus der Praxis illustrieren, dass die Jugendhilfe die Auseinandersetzung mit ihrer Arbeitgeberrolle eng mit einer Imageverbesserung bei allen Anspruchsgruppen verbindet.

13.1 Der „Kunde" gibt die Antwort – „Ich arbeite für die Jugendhilfe Oberbayern, weil ..."

Kerstin Mainka

Employer Branding findet statt, ob man will oder nicht. Also warum es nicht lieber aktiv gestalten und durch überlegtes Handeln das Unternehmensbild bei Kooperationspartnern, Interessenten und potenziellen Bewerbenden positiv beeinflussen? Die Jugendhilfe Oberbayern fragte ihre Mitarbeiterinnen und Mitarbeitern, warum sie bei ihnen arbeiten. Mit den Antworten und kleinen Geschichten geht Bayerns größter gemeinnütziger Sozial-Träger an die Öffentlichkeit: „Ich arbeite für die Jugendhilfe Oberbayern, weil .. ".

© Springer Fachmedien Wiesbaden 2014
C. Heider-Winter, *Employer Branding in der Sozialwirtschaft*,
DOI 10.1007/978-3-658-01196-3_13

13.1.1   Auf dem Weg zum Konzept

Dass Employer Branding in der freien Wirtschaft bereits exzellent funktioniert, zeigen Marken wie Adidas oder Apple. In der Sozialwirtschaft lassen sich meist nur im For-Profit-Bereich zaghafte Ansätze erkennen. Dabei zeigt sich Employer Branding besonders im Dienstleistungsbereich als erfolgreicher Management-Ansatz. Mitarbeitende haben stetig Kontakt mit Kunden und potenziellen Geldgebern und vermitteln in direkter Weise Unternehmenskultur und Unternehmensausrichtung.

13.1.1.1   Die Jugendhilfe Oberbayern – Das Unternehmen

Mit rund 1.200 Mitarbeitenden ist die Diakonie – Jugendhilfe Oberbayern nicht nur in der Region einer der größten Non-Profit-Anbieter, sondern in ganz Bayern. 1983 startete die Jugendhilfe Oberbayern mit einem Angebot. 31 Jahre später stellt das Unternehmen 400 Angebote an 190 Standorten bereit.

Die Jugendhilfe Oberbayern ist eine Marke des Diakonischen Werkes Rosenheim und gliedert sich in zwei strategische Geschäftsbereiche. Diese werden in den beiden Geschäftsstellen Oberbayern und München organisiert. Die Geschäftsstelle München ist zuständig für alle Jugendhilfeangebote in der Stadt und im Landkreis München. Speziell auf den großstädtischen Ballungsraum zugeschnitten, bieten die zwei Geschäftsbereiche – die Flexible Jugendhilfe München und die Kommunale Jugendhilfe – elementarpädagogische Hilfen an. Die Geschäftsstelle Oberbayern fasst alle Jugendhilfeangebote in Oberbayern zusammen.

Bereiche sind die kleinsten Organisationseinheiten der Jugendhilfe Oberbayern. Durchschnittlich acht bis zehn Fachkräfte sind direkte Kontaktpersonen für Menschen einer Region oder für ein fachliches Thema. Sie sind als Team organisiert und werden fachlich von einer Bereichsleitung koordiniert, wie Abb. 13.1 zeigt.

Aufgrund des Fach- und Führungskräftemangels und der steten Expansion wurde 2009 Employer Branding als fester Bestandteil in das strategisches Management des Unternehmens aufgenommen.

13.1.1.2   Führung ist gefragt

Führungskräfte übernehmen im Unternehmen eine Vorbildfunktion und beeinflussen das Employer Branding maßgeblich. Daher formulierten Führungskräfte der Jugendhilfe Oberbayern ergänzend zum Leitbild des Diakonischen Werks Rosenheim Grundsätze basierend auf dem Modell „balancierte Führung". Diese Führungsgrundsätze helfen allen Angestellten, das Verhalten ihrer Vorgesetzten zu beurteilen, und sorgen für Orientierung, um dem Diffusen zu entkommen und nicht auf den Würfelfall glücklicher Umstände zu hoffen. Damit sollte zudem sichergestellt werden, dass die Führungskräfte verinnerlichen, dass Mitarbeitende nicht nur das höchste Gut ihres Unternehmens sind, sondern auch die Triebfedern des Erfolgs (siehe Abb. 13.2).

Im Implementierungsprozess des Employer Brandings bedurfte es eines hohen Ressourceneinsatzes der Führungsebenen. Neben regelmäßigen Meetings wurde 2009 eine

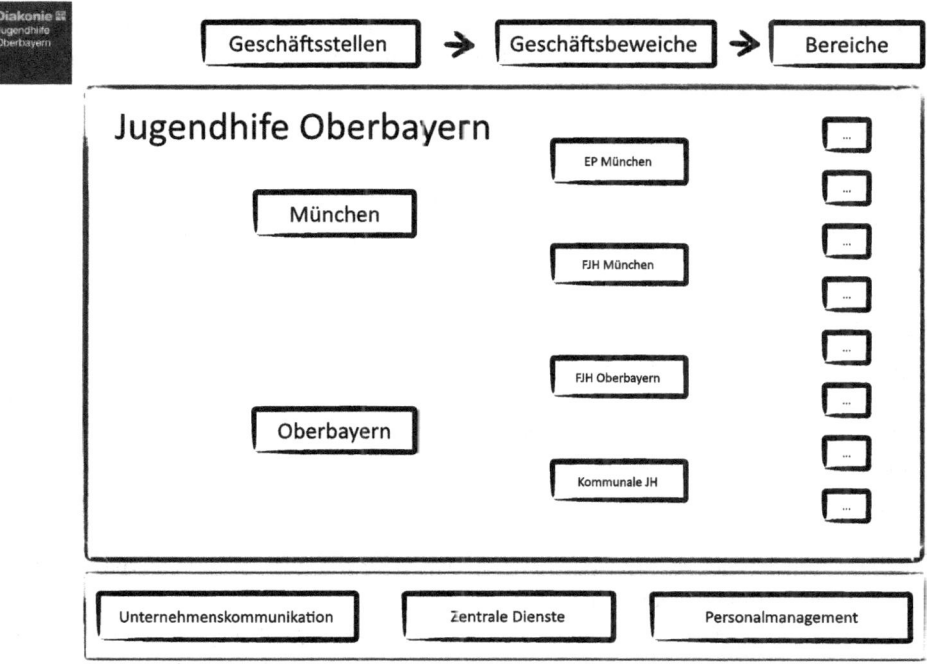

Abb. 13.1 Organigramm der Jugendhilfe Oberbayern 2014. (Quelle: Jugendhilfe Oberbayern)

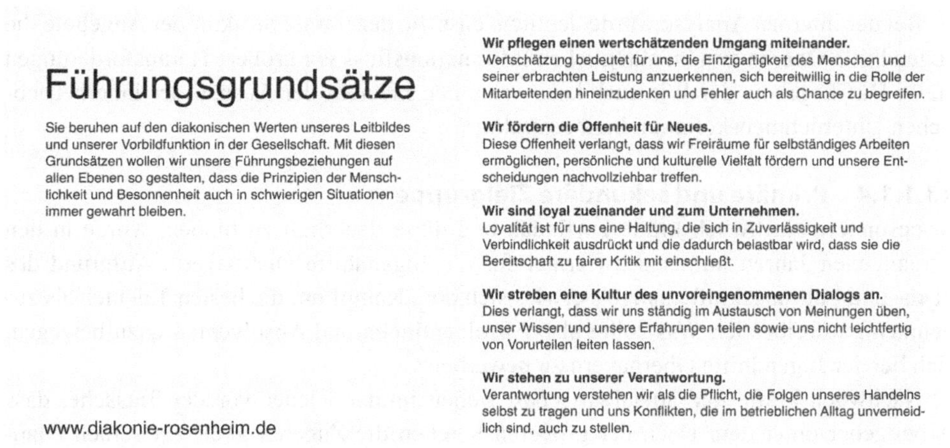

Führungsgrundsätze

Sie beruhen auf den diakonischen Werten unseres Leitbildes und unserer Vorbildfunktion in der Gesellschaft. Mit diesen Grundsätzen wollen wir unsere Führungsbeziehungen auf allen Ebenen so gestalten, dass die Prinzipien der Menschlichkeit und Besonnenheit auch in schwierigen Situationen immer gewahrt bleiben.

Wir pflegen einen wertschätzenden Umgang miteinander.
Wertschätzung bedeutet für uns, die Einzigartigkeit des Menschen und seiner erbrachten Leistung anzuerkennen, sich bereitwillig in die Rolle der Mitarbeitenden hineinzudenken und Fehler auch als Chance zu begreifen.

Wir fördern die Offenheit für Neues.
Diese Offenheit verlangt, dass wir Freiräume für selbständiges Arbeiten ermöglichen, persönliche und kulturelle Vielfalt fördern und unsere Entscheidungen nachvollziehbar treffen.

Wir sind loyal zueinander und zum Unternehmen.
Loyalität ist für uns eine Haltung, die sich in Zuverlässigkeit und Verbindlichkeit ausdrückt und die dadurch belastbar wird, dass sie die Bereitschaft zu fairer Kritik mit einschließt.

Wir streben eine Kultur des unvoreingenommenen Dialogs an.
Dies verlangt, dass wir uns ständig im Austausch von Meinungen üben, unser Wissen und unsere Erfahrungen teilen sowie uns nicht leichtfertig von Vorurteilen leiten lassen.

Wir stehen zu unserer Verantwortung.
Verantwortung verstehen wir als die Pflicht, die Folgen unseres Handelns selbst zu tragen und uns Konflikten, die im betrieblichen Alltag unvermeidlich sind, auch zu stellen.

www.diakonie-rosenheim.de

Abb. 13.2 Führungsgrunsätze der Diakonie Rosenheim 2014. (Quelle: Diakonie Rosenheim)

Steuerungsgruppe zur Analyse eingerichtet. Darin waren ein Mitglied des Vorstandes, ein Vertreter der Geschäftsleitungsebene und jeweils ein Mitglied aus den unterschiedlichen Geschäftsbereichen vertreten.

Neben der Gründung einer Steuerungsgruppe wurde zur Unterstützung der internen Kommunikation ein Führungskräftemeeting mit allen Bereichsleitungen, Geschäftsbereichsleitungen und der Vorstandsebene implementiert. Zweimal jährlich werden alle rund 80 Führungskräfte über unternehmerische Entwicklungen, Perspektiven und Planungen informiert.

13.1.1.3   Fakten statt Floskeln – interne und externe Analyse

Employer Branding ist kein zeitlich befristetes Managementprojekt, das mit einer Laufzeit von zwei Jahren abgehandelt werden kann. Vergleichbar mit einem Langstreckenlauf, benötigt es viele Vorbereitungseinheiten, bis Employer Branding erste Früchte trägt. Eine fundierte Analyse des eigenen Marktwertes und möglicher Potenziale wurde daher als unabdingbar angesehen. Wer ist die Jugendhilfe Oberbayern und was zeichnet sie besonders aus (Corporate Identity)? Wie beschreibt sich das Unternehmen selbst, welche Attribute nennen Mitarbeitende und wie sehen Geschäftspartner die Jugendhilfe Oberbayern (Corporate Image)? Gibt es Unterschiede?

Mit Hilfe der modernen Methode des „Intellectual Capital Reporting" (Wissensbilanz) wurden für die externe Analyse individuelle und fachliche Kompetenzen (Human Resources), erprobte und etablierte Konzepte (Strukturkapital) sowie am Unternehmen Interessierte (Beziehungskapital) genauer analysiert. Die Steuerungsgruppe interpretierte in wiederkehrenden Sitzungen die erhobenen Daten und entwickelte Strategien für Management und Führung der Jugendhilfe Oberbayern.

Bei der internen Analyse wurde deutlich, dass die dezentrale Struktur der Angebote die Jugendhilfe Oberbayern im alltäglichen Informationsfluss vor größere Herausforderungen stellt. Das Ergebnis der Wissensbilanz war unter anderem der Ausbau der innerbetrieblichen Unternehmenskommunikationsstruktur.

13.1.1.4   Primäre und sekundäre Zielgruppe

Insbesondere Nachwuchskräfte zu finden und diese dauerhaft zu binden, wurde in den vergangenen Jahren immer schwieriger für die Jugendhilfe Oberbayern. Aufgrund des Fach- und Führungskräftemangels erwies sich der „Kampf um die besten Talente" als zunehmend aufreibender. Was sollte also Absolventinnen und Absolventen dazu bewegen, sich bei der Jugendhilfe Oberbayern zu bewerben?

Nachwuchskräfte der Sozialwirtschaft stehen immer wieder vor der Tatsache, dass Arbeitgeber unter dem Dach der größeren Kirchen die Zugehörigkeit zur selben Glaubensrichtung als Einstellungskriterium voraussetzen. Die Aussortierung von potenziell geeigneten Bewerbenden nach „schwarz und weiß" ist riskant. Ein Unternehmen sollte sich daher die Frage beantworten, ob es sich heutzutage noch leisten kann, sogenannte High Potentials oder Right Potentials ziehen zu lassen, weil diese nicht derselben Glaubensrichtung angehören. Zusätzlich engt das Unternehmen den Kreis künftiger Bewerbender ein. Die Jugendhilfe Oberbayern ist selbstbewusstes Mitglied des Diakonischen Werks Rosenheim und lebt die Werte der evangelischen Kirche. Jeder Mitarbeiter ist sich dieser bewusst und handelt im Sinne des Leitbildes der Diakonie. Widerspricht dies der Beschäftigung von Mitarbeitenden, die anderen Religionen angehören? Nein. Diese Fragestellung floss bei der Definition der Zielgruppe der Employer-Branding-Kampagne maßgeblich mit ein.

Für die **primäre** Zielgruppe gilt: Wir suchen Mitarbeitende, unabhängig von ethnischer Herkunft, die mit besonderem Engagement und Begeisterung bei der Jugendhilfe Oberbayern mitwirken möchten, die Verantwortung übernehmen und Freude an der Mitgestaltung neuer Konzepte haben. Als **sekundäre** Zielgruppe der Employer-Branding-Kampagne wurden Lehrende der Fachakademien, Fachhochschulen und Fachoberschulen definiert.

13.1.2   Authentisch und mit Selbstbewusstsein kommunizieren

Bescheidenheit erscheint in der Selbstdarstellung von pädagogischen Fach- und Führungskräften und allen weiteren Berufen des Non-Profit-Bereiches als naturgegeben. Wie kann ein Unternehmen des Non-Profit-Bereiches sich das zunutze machen? Die Jugendhilfe Oberbayern wollte mit ihrem Employer-Branding-Vorhaben nicht schönfärben oder besonders dick auftragen. Ziel sollte vielmehr die Entwicklung eines „unternehmerischen Selbstbewusstseins" sein, um die Identifikation der Mitarbeitenden mit dem Unternehmen zu erreichen.

13.1.2.1   Differenzierung wird immer schwerer

Insbesondere bei der Gewinnung von Nachwuchskräften der Generation Y, also den zukünftigen Führungskräften, reichen allgemein gültige Recruiting-Floskeln nicht aus. Die Werbedichte auf dem Arbeitsmarkt der Sozialwirtschaft hat in den vergangenen Jahren enorm zugenommen und auch die Jugendhilfe Oberbayern dazu bewogen, neue und 2009 noch ungewohnte Wege zu gehen. Der Vergleich zwischen Arbeitgebern und deren Konditionen ist leichter geworden. Im Non-Profit-Bereich sticht sicherlich keines der Unternehmen durch Spitzengehälter hervor. Flache Hierarchien, eine gute Identifikation mit dem „Produkt" des Unternehmens, ein vielseitiges Fortbildungsprogramm und ein offenes und freundliches Betriebsklima sind Attribute, die man in so gut wie jeder Stellenausschreibung findet. So geht es mehr darum, immaterielle Werte zu benennen und somit Alleinstellungsmerkmale zu kreieren. Was macht die Jugendhilfe Oberbayern zu einem besonders attraktiven Arbeitgeber?

Die Jugendhilfe Oberbayern ist keine „eierlegende Wollmilchsau", sondern ein operativ und strategisch arbeitendes Unternehmen des Non-Profit-Sektors. Sie ist mit ähnlichen Herausforderungen konfrontiert wie alle Unternehmen der Sozialwirtschaft in dieser Größenordnung. So bietet die Jugendhilfe Oberbayern vergleichbare finanzielle Anreize.

Ein entscheidendes Differenzierungsmerkmal entsteht erst aus der Kombination verschiedener Vorzüge.

Die Jugendhilfe Oberbayern arbeitet eng mit einem Fortbildungsinstitut zusammen und ermöglicht es jedem Mitarbeitenden, an einer Vielzahl von Fortbildungskursen, Fachtagungen und weiterer Veranstaltungen teilzunehmen. Ergänzend hierzu haben die Beschäftigten und jedes Team Anspruch auf regelmäßige Supervision.

Neben diesen Fortbildungsprogrammen legt die Jugendhilfe Oberbayern besonderen Wert auf ein Karrieremanagement. Jeder Mitarbeitende hat die Möglichkeit, sich durch herausragende Leistungen zu profilieren, und hat somit stetig die Chance, Führungspositionen zu übernehmen. An die Ernennung zur Bereichsleitung ist zudem der Besuch einer umfangreichen Fortbildungsreihe für Führungskräfte geknüpft.

Viele Bewerbende kommen direkt von den Fachakademien oder Fachhochschulen. Es sind also Berufsneulinge mit wenig Erfahrung. Oft haben sie zwar erste Vorstellungen ihrer Karriereplanung, meist sind sie sich aber nicht sicher, ob sie ihre Vorstellungen auch in der Praxis umsetzen können. Da die Jugendhilfe Oberbayern die gesamte Bandbreite der Kinder- und Jugendhilfe abbildet, steht es Nachwuchskräften offen, in andere Geschäftsbereiche zu wechseln, ohne wieder bei null anfangen zu müssen. Aufgrund der dezentralen Struktur kann jedes Team die Details seines Angebotes kreativ selbst gestalten. Sie sind Teil eines Unternehmens und dennoch frei in der Ausgestaltung ihrer pädagogischen Ausrichtung.

13.1.2.2   Storytelling-Ansatz für den ersten Auftakt

In der Sprache des Diversity Management kann die Jugendhilfe Oberbayern mit einem Wort treffend beschrieben werden: bunt. Mit ihren insgesamt vier Geschäftsbereichen deckt die Marke die gesamte Bandbreite der Kinder- und Jugendhilfe ab. Diese Vielfältigkeit und auch die regionale Orientierung der Angebote wirkte sich bei der Entwicklung der Employer Brand besonders spannend aus.

Gute Arbeitgebermarken haben etwas zu erzählen. Unter dieser Leitidee startete 2009 die erste Kampagne der Jugendhilfe Oberbayern. Die Employer-Brand-Story vermittelt nicht nur die Arbeitgeberpositionierung, sondern hilft interessierten Bewerbenden, sich zu orientieren. Kooperationspartnern gibt es einen guten Einblick in den Arbeitsalltag der Mitarbeitenden. Fachlich hochkompetente Konzepte lassen sich bei vielen Unternehmen finden, jedoch sind diese meist nur für Profis des sozialen Bereiches in Gänze zu verstehen und zu interpretieren.

Mit dem Anspruch, für jedermann nachvollziehbar und verständlich zu sein, entwickelte die Jugendhilfe Oberbayern die erste Kampagne „Ich arbeite für die Jugendhilfe Oberbayern …". Im Zuge dieser Kampagne beschrieben Kolleginnen und Kollegen der unterschiedlichen Fachbereiche ihren Tagesablauf und die damit verbundenen Alltagsaufgaben. Es ging hier nicht um Schönmalerei der Aufgaben, sondern um eine möglichst authentische und aus erster Hand beschriebene Darstellung.

Die authentische Darstellung wurde zudem in die Bildsprache der Kampagne integriert. So ließen sich Mitarbeitende in zwei Fotoshootings fotografieren. Mit Unterstützung einer externen Grafikdesign-Agentur und eines Fotografen startete im Oktober 2009 das erste Shooting. Abbildung 13.3 zeigt eines der Kampagnenmotive.

Abb. 13.3 Postkarten der
Jugendhilfe Oberbayern
2009/2010. (Quelle: Jugendhilfe Oberbayern)

Sechzehn Mitarbeiterinnen und Mitarbeiter aller Hierarchieebenen und Ausbildungs-
niveaus, vom Hausmeister bis zum Vorstandsmitglied, formulierten die zentrale Aussage
„Ich arbeite für die Jugendhilfe Oberbayern, weil …".

Mitarbeitende fungieren im Markenbildungsprozess als Botschafterinnen und Botschafter und zugleich als Meinungsmacher. Die Wirkung von gezielten Employer-Branding-Maßnahmen nach innen sind enorm. Jedoch muss der Inhalt einer solchen Kampagne exzellent vorbereitet werden. Die Timeline in Abb. 13.4 verdeutlicht das.

13.1.2.3 Zweiter Employer-Branding-Auftakt

2010, im Folgejahr des Kampagnenstarts, wurde die Kommunikationsstrategie der Employer-Branding-Kampagne erweitert und publiziert. Neben Handzetteln, Postkarten und
Postern wurden alle Dienstfahrzeuge mit Bildern und Kampagnenslogans versehen. Abbildung 13.5 zeigt die Einbindung eines Motivs in eine Broschüre.

Abb. 13.4 Timeline
2014. (Quelle: Jugendhilfe
Oberbayern)

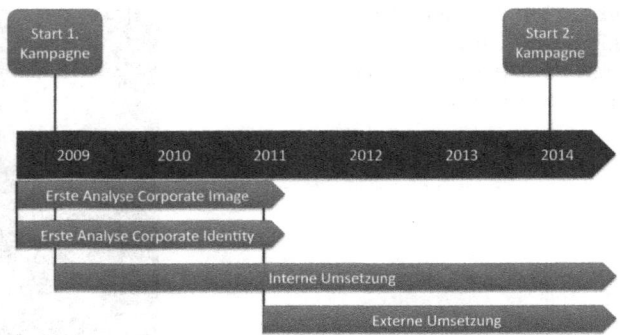

Abb. 13.5 Kampagnenheft der Jugendhilfe Oberbayern 2011. (Quelle: Jugendhilfe Oberbayern)

Im April 2011 fand das zweite Fotoshooting für die Kampagne „Ich arbeite für die Jugendhilfe Oberbayern …" statt. Der deutsche Kinder- und Jugendhilfetag wurde als größte Messe der Sozialwirtschaft zum Anlass genommen, die Kampagne zu präsentieren. Mit drei Meter großen Porträts und den live zu erlebenden Personen, die ihre Geschichte, ihre Botschaft „Ich arbeite für die Jugendhilfe Oberbayern, weil…" erzählten, gab es eine sehr positive öffentliche Resonanz.

Die 28 spannenden und individuelle Beschreibungen der Tagesabläufe von sozial- und heilpädagogischen Fach- und Führungskräfte sowie Psychologinnen und Psychologen wurden zudem in einem Kampagnenheft veröffentlicht.

13.1.3 Bilanz und Lessons learned

Nach insgesamt fünf Jahren seit der Implementierung der Employer Brand „Jugendhilfe Oberbayern" liegen vorzeigbare Erfolge vor. Neben den deutlich gestiegenen Zahlen an überzeugenden (Initiativ-) Bewerbungen verhilft dem Unternehmen der spürbar gestiegene Bekanntheitsgrad zu einer vorteilhaften Ausgangsposition im Kampf um die Talente. Die interne Wirkung von Employer Branding ist nicht zu unterschätzen. Durch die gemeinsame Entwicklung der Identität wurden die Botschaften als glaubwürdig und verlässlich empfunden. Das zeigte sich beispielsweise daran, dass seit der ersten Kampagne Mitarbeitende immer öfter selbst Nachwuchskräfte werben.

„Ich arbeite bei der Jugendhilfe Oberbayern, weil …" kann jeder Angestellte aus dem Stegreif und selbstbewusst beantworten. Auch die Sekundärzielgruppe wurde erreicht. So wird das Kampagnenheft häufig für Unterrichtseinheiten in weiterführenden Schulen zur Erklärung und Vermittlung der unterschiedlichen Aufgabenbereiche des sozialen Bereiches herangezogen.

Die externen Kommunikationsmaßnahmen erwiesen sich durch die einheitliche Visualisierung als besonders wirksam. Eine wiederkehrende Bildsprache, ein einheitliches Erscheinungsbild und die Formulierung der Unternehmensbotschaft sind Grundvoraussetzungen für ein erfolgreiches Markenmanagement. In der operativen Umsetzung solcher Öffentlichkeitsmaßnahmen ist es dabei hilfreich, wenn sie zentral organisiert werden, um das Gesamtbild und den Mehrwert für alle gleich zu gestalten.

Das Entwickeln einer Arbeitgebermarke ist unbestreitbar spannend und herausfordernd. Nach fünf Jahren Erfahrung kann die Jugendhilfe Oberbayern rückblickend sagen: Mut zahlt sich aus. Langer Atem auch! Die Konkurrenz schläft nicht: Daher heißt es weiterhin, innovative und außergewöhnliche Konzepte des Employer Brandings zu finden. Der nächste Deutsche Kinder- und Jugendhilfetag gibt der Marke „Jugendhilfe Oberbayern" wieder die richtige Bühne, um den externen Start der nächsten Employer-Branding-Kampagne einzuläuten.

Die Autorin

Kerstin Mainka ist als Beraterin für Unternehmenskommunikation bei der Diakonie – Jugendhilfe Oberbayern tätig. Dort koordiniert sie Kommunikations- und Marketingentscheidungen und betreut internationale Kooperationen des Unternehmens. Sie verfügt über Erfahrung im Projektmanagement sowie im Human Resource Management und koordinierte beim Bayerischen Landesjugendamt das Förderprogramm „KoKi – Koordinierende Kinderschutzstellen – Netzwerk Frühe Kindheit". Danach arbeitete sie in der Abteilung für

Jugendhilfeplanung und Jugendhilfeberichterstattung. Nach Abschluss ihres Studiums startete Kerstin Mainka 2008 in der Bezirkssozialarbeit, Vermittlungsstelle für Erziehungshilfen in München-Neuperlach. (Quelle: Kerstin Mainka)

13.2   Die Sirius Jugendhilfe fährt auf steile Wege ab

Jens Dreger

Als junges Unternehmen mit hohen Erwartungen und ehrgeizigen Zielen überwand die Sirius Jugendhilfe die ein oder andere Anfangshürde und etablierte sich innerhalb kürzester Zeit zu einem beliebten Anbieter von Nischen-Hilfen zur Erziehung. Das wissen nicht nur die Jugendämter zu schätzen, sondern auch neu- und wissbegierige Pädagoginnen und Pädagogen.

13.2.1   Profil der Sirius Jugendhilfe

Die Gemeinnützige Jugendhilfe Sirius GmbH ist eine aufstrebende Organisation im Bereich der Sozialwirtschaft. Das junge Unternehmen, gegründet im Dezember 2010, ist eine Einrichtung der Kinder-, Jugend- und Familienhilfe.

Wir betreuen verhaltensoriginelle Klienten nach Konkretisierung im Hilfeplanverfahren (§ 36 SGB Vlll) bis zur Verselbständigung oder Rückführung ins Elternhaus. Schwerpunkte unserer pädagogischen Arbeit liegen in der individuellen Betreuung, im erlebnispädagogischen Bereich sowie im Bereich der systemischen Familientherapie. Wir sind auch Ansprechpartner für die Nachsorge nach stationären kinder- und jugendpsychiatrischen Behandlungen und kooperieren u. a. mit der Kinder- und Jugendpsychiatrie Rotenburg/Wümme.

Die Gemeinnützige Jugendhilfe Sirius verfügt über eine Wohngruppe und eine Wohngemeinschaft in Visselhövede im Landkreis Rotenburg/Wümme. Rund um Bremen bieten wir ambulante Familienhilfe an. Zudem haben wir 50 Plätze für das familienanaloge Leben, Erziehungsstellen oder sozialpädagogische Lebensgemeinschaften in verschiedenen Regionen (Ostfriesland, Verden, Südniedersachsen) in Niedersachsen.

Um passgenaue Settings schaffen zu können, ist oftmals eine Time-Out-Maßnahme oder ein Clearing erforderlich. Diese bieten wir mit zehn verschiedenen individualpädagogischen Projekten, z. B. Reiseprojekten in ganz Deutschland, an. Bei sogenannten „Systemsprengern" halten wir 20 Projektstellen auf den Kanaren vor. Die meist nicht gruppenfähigen Klienten werden dort ca. zwei Jahre betreut, beschult und auf ein Leben in der Gesellschaft in Deutschland vorbereitet.

13.2.2   Anfänge mit Stolpersteinen

Gerade als neu gegründetes Unternehmen ohne Referenzen und ohne Bekanntheitsgrad war es zu Beginn besonders schwer, sich auf dem Arbeitsmarkt zu positionieren, zumal der Fach- und noch größere Führungskräftemangel auch vor der Jugendhilfe nicht Halt macht. In jeder Region läuft der Wettbewerb um qualifizierte Menschen, dem auch wir uns stellen müssen.

Die Umsetzung und der Aufbau des Unternehmens führten über kleine Stolpersteine auf die Straße des Erfolgs. In der Existenzgründungsphase war es beispielsweise durchaus schwierig, eine geeignete Bank zu finden. Auch klassische Anfängerfehler blieben nicht aus. Durch das schnelle Wachstum kamen Kolleginnen und Kollegen schnell in Führungspositionen und mussten sich eher unvorbereitet mit den neuen Gegebenheiten vertraut machen. Die Basisarbeit in der Pädagogik rückte teilweise zu sehr in den Hintergrund, weil die Beratung und Führung der Fachkräfte zu viele Ressourcen in Anspruch nahmen. Dabei wurden mitunter Entscheidungen getroffen, die nicht nachhaltig waren. Das führte gerade in der Anfangszeit zu vielen Trennungen und einer somit hohen Fluktuation. Einige Funktionen, wie beispielsweise passgenaue Stellenbeschreibungen oder verschriftliche Qualitätsstandards, wurden erst spät ausgearbeitet und griffen somit zeitverzögert.

13.2.3   Jugendhilfe von morgen prägen

Doch von Beginn an war die Ausrichtung der Jugendhilfe Sirius schnell klar: Wir müssen neue Wege gehen, statt dasselbe zu machen, was fast jede Einrichtung anbietet. Wir zeichnen uns dadurch aus, dass wir nicht die üblichen Wege beschreiten wie z. B. klassische stationäre Hilfen, sondern nach Nischen in der Jugendhilfe schauen und uns als Allrounder sehen. Das heißt, dass wir uns nicht nur auf ein Angebot wie z. B. die Erziehungsstellen stützen und dort tiefer eintauchen, sondern dass wir in jeder Sparte der Hilfen zur Erziehung tief eintauchen und diese bewegen. Das gelingt durch neue Konzepte, durch das Mitwirken in Verbänden und Gremien oder indem wir z. B. bedarfsorientiert das Personal aufstocken, um dem Jugendamt sowie dem Klienten ein passgenaues Angebot zu unterbreiten.

Dadurch gelten wir bei Konkurrenten durchaus als „komplett anders". Das werten wir allerdings als Lob. Das kritische Beäugen kommt nicht von ungefähr. Schließlich sind wir innerhalb kürzester Zeit schnell gewachsen, sind in der Region Niedersachsen breit aufgestellt und bieten Hilfeangebote, die nicht selten aus dem Rahmen fallen, wie z. B. unsere Individualprojekte. Bittet uns ein Jugendamt, ein individuelles Konzept für einen Klienten zu basteln, sehen wir das als Herausforderung und kreieren über die Standards hinaus. Dann verabschieden wir uns gerne mal vom klassischen Gedanken der Pädagogik und sitzen nicht gemeinsam am Tisch, trinken Tee und reden über alles. Wir gehen neue Wege, wandern z. B. durch den Harz und sprechen währenddessen über problematische

Themen. Oder wir arbeiten beim Bauern und bekommen dafür eine warme Mahlzeit und ein Bett im Heu.

Passend dazu haben wir uns als Namen für unsere Organisation den Sirius-Stern ausgesucht und in unser Logo aufgenommen, das wir markenrechtlich über das Patentamt sichern ließen. Sirius ist der hellste Stern am Nachthimmel. Unser Anspruch ist es, dass wir die Jugendhilfe von morgen prägen wollen – also dass man unserem Stern folgt.

Da wir aufgrund unserer kurze Existenz noch nicht mit Tradition oder einer großen Geschichte des Unternehmens werben können, nutzen wir immer wieder besondere Ideen, um auf unsere Marke aufmerksam zu machen. Unser Wohngruppenbus trägt beispielsweise den auffälligen Schriftzug Siri(b)us.

Bei Netzwerkpartnern oder Jugendämtern gelten wir mit unserer Arbeit und Herangehensweise als zuverlässig und lösungsgestaltend, insbesondere bei „schwierigen Fällen". Wir stehen dafür, Auseinandersetzungen nicht zu scheuen. Konflikte gehen wir offensiv und transparent an. Durch unser bundesweites Einzugsgebiet bekommen wir solch positive Resonanz aus ganz Deutschland, die zeigt, dass unser Anspruch eingelöst wird.

So haben wir auch zu unserem Leitbild gefunden: „Auf steile Wege fahren wir ab" (siehe Abb. 13.6). Es spiegelt unsere Werte – Zugehörigkeit, Integrität, Respekt, Verantwortung und Disziplin – wider und zeigt, dass wir unsere Arbeit leben und lieben, obwohl – oder vielleicht auch gerade weil – die Wege durchaus herausfordernd sind.

13.2.4 Qualifiziertes Personal durch Weiterqualifizierung

Da wir es für wichtig halten, sich nicht nur Worthülsen in sein Leitbild zu schreiben, sondern die Leitbildinhalte tatsächlich zu leben, setzen wir auf Qualifikation. Das ist die Basis, damit unsere Mitarbeitenden „steile Wege" erklimmen können. Wir haben ein hohes Interesse an praktischer Weiterbildung unserer Fachkräfte und bieten ein attraktives Beteiligungsmodell an Ausbildungen. So fördern wir z. B. intensiv die Weiterentwicklung von Praktikumsstellen. Passen Praktikanten in Ausbildung oder Studium gut zu uns, stellen wir sie als Minijobber ein und bilden sie neben ihrer Ausbildung fort. So können wir nach ihrem Abschluss Mitarbeitende gewinnen, die schon eingearbeitet sind.

Auch Bewerbenden, die schon länger in der Jugendhilfe arbeiten, aber die Ausbildung noch nicht komplett durchlaufen haben, bieten wir interessante Optionen. Wir passen den Arbeitsvertrag so an, dass sie genügend Zeit für die schulische Ausbildung haben, aber auch schon bei uns tätig sein können. Dies natürlich in Absprache mit der Heimaufsicht. Darüber hinaus fördern wir Quereinstiegswillige und ebnen ihnen durch berufsbegleitende Weiterbildung den Weg in die Praxis. Weiterhin nutzen wir interne und externe Fortbildungsmöglichkeiten, um uns weiter zu qualifizieren, aber auch unser Netzwerk zu erweitern. Die Fortbildungsangebote werden von der Leitungs- bis zur Basisfachkraft bedarfsorientiert wahrgenommen.

Abb. 13.6 Leitbild der
Gemeinnützigen Sirius Jugend-
hilfe. (Quelle: Gemeinnützige
Jugendhilfe Sirius GmbH)

Wir sorgen damit nicht nur für eine professionelle Umsetzungskompetenz unserer Mitarbeitenden, sondern packen sie bei ihrer Leidenschaft. Die Arbeitsmöglichkeiten werden passgenau und unbürokratisch geschaffen und die Tätigkeitsfelder innerhalb des Trägers innovativ gestaltet. Mit lösungsorientiertem Handeln und einer Offenheit für neue Ideen gelingt es uns, die Ziele der Klienten nachhaltig zu fördern und zu unterstützen. Schließlich wollen wir auf der einen Seite erfolgreiche Maßnahmen für unsere Klienten und Mitarbeitenden, auf der anderen Seite zufriedene Jugendämter mit der richtigen Balance zwischen traditionellen Werten und Innovationen.

13.2.5   Wer bei uns arbeitet und wen wir suchen

Unsere Leitungskräfte sind von der Pike auf gelernte Pädagoginnen und Pädagogen. Sie verfügen alle über mindestens ein Jahrzehnt Berufserfahrung in der pädagogischen Arbeit. Wir erwarten als Arbeitgeber eine sehr professionelle Haltung von unseren Mitarbeitenden. Für individuelle, passgenaue, aber auch außergewöhnliche Angebote gehören Mitdenken und eine genaue Kenntnis des Arbeitsfeldes dazu.

Das heißt für uns, mit der Flexibilität verschiedener Hilfeformen aus einer Hand, großem Durchhaltevermögen und lösungsorientierten Umgang mit Krisen als gutes Beispiel voranzugehen. Speziell bedeutet das für die Mitarbeitenden, sich nicht nur als Fachkraft zu verstehen, sondern sich mit Neugier und Wissensdrang stetig fortzubilden und Erfahrungen in allen Bereichen der Kinder-, Jugend und Familienhilfe zu sammeln – und sammeln zu wollen. Doch wir erwarten das nicht nur, sondern fördern das auch gezielt u. a. durch Hospitationen in unterschiedlichen Bereichen.

Durch den Fachkräftemangel sind erfahrene Pädagoginnen und Pädagogen, im besten Fall mit einer Zusatzqualifikation, allerdings rar gesät. Hinzu kommt, dass wir nicht nur eine ausgeglichene Personalaufstellung brauchen, sondern Mitarbeitende suchen, die genauso denken und handeln wie wir sowie die Träger-Philosophie leben und weiterentwickeln.

Bei Bewerbenden mit wenig Berufserfahrung sind wir daher als Arbeitgeber gefragt, diesen Kreis relativ schnell durch Hospitationen, Coachings und Fortbildungen fit für die anstehenden Herausforderungen zu machen. Neue Mitarbeiterinnen und Mitarbeiter mit Berufserfahrung dürfen ihr Wissen zeitnah und aktiv innerhalb der Einrichtung kommunizieren. Das geschieht ebenfalls durch regelmäßige Teamsitzungen, Fallbesprechungen oder Team-Tage.

13.2.6　Markante Stellenanzeigen im Netz

Für den Jugendhilfebereich nicht unbedingt üblich, präsentieren wir uns seit der Gründung mit einer eigenen Website (www.sirius-jugendhilfe.de), die wir sehr aktuell halten und wo dementsprechend die aktuellen Stellenanzeigen zu finden sind. Um auf uns am Arbeitsmarkt aufmerksam zu machen, nutzen wir in erster Linie Portale und die sozialen Netzwerke wie Facebook oder XING. An die sozialen Netzwerke tasten wir uns zwar erst langsam heran, arbeiten aber stetig an der Weiterentwicklung.

Das größte und ergiebigste Portal ist für uns das Jobcenter der Agentur für Arbeit, gefolgt von anderen Berufsbörsen, in denen wir unsere Stellenanzeigen veröffentlichen. Dabei nutzen wir unser Leitbild „Auf steile Wege fahren wir ab" zusammen mit unserem Logo regelmäßig als Eyecatcher, damit es bei Interessenten auffällt und sich als Marke etabliert.

In Stellenanzeigen machen wir zudem deutlich, dass wir uns auch in unseren Konditionen treu bleiben. So sind wir keinem starren Tarifsystem beigetreten, sondern orientieren uns lediglich daran. Das bietet uns sowohl die Möglichkeit, im Bruttogehalt ein wenig über den üblichen Tarifsystemen zu liegen, als auch die Tarifvorteile, wie z. B. die betriebliche Altersversorgung oder die Jahreseinmalzahlung, zu übernehmen. Zudem gibt es in unserem Unternehmen nur unbefristete Arbeitsverträge, um den neuen Mitarbeiterinnen und Mitarbeitern Ängste zu nehmen. Die sechsmonatige Probezeit ist schließlich lang genug, dass beide Seiten feststellen können, ob es funkt oder nicht.

13.2.7　Netzwerke auf allen Ebenen

Wir sind regional und überregional gut vernetzt. Dies wird von uns gefördert durch

- Mitgliedschaften in verschiedenen Verbänden,
- Mitarbeit an Studien, Expertisen, Fachtagungen, etc. und
- Austausch, Hilfestellung sowie Hilfeannahme mit kooperierenden Unternehmen.

Die Netzwerke nutzen wir gezielt für die Personalgewinnung und -bindung, greifen dafür weniger auf die örtliche Presse zurück. Wir bedienen beispielsweise eher überregionale Fachjournale, um auf unsere Expertise aufmerksam zu machen. Außerdem nehmen wir an Fachveranstaltungen von Universitäten, Stammtischen, Gremien, Verbänden oder dem deutschen Jugendhilfetag teil.

So können wir z. B. freiberufliche Stellen schnell über unsere Netzwerkpartner oder über Universitäten besetzen. Auch hier fördern wir durch wechselnde Auftragslagen die weiterführende Vernetzung, damit sich die freiberuflichen Mitarbeitenden gegenseitig vermitteln. Was extern gut funktioniert, trägt auch intern Früchte. Wir profitieren von der Zufriedenheit und den Netzwerken unserer Mitarbeitenden, denn sie empfehlen uns weiter. Nicht selten bekommen wir Bewerbungen auf Empfehlung unserer Angestellten oder durch Gespräche in der Freizeit über uns als Träger.

Darüber hinaus legen wir ein besonderes Augenmerk auf den Nachwuchs. Wir sind jederzeit offen für Praktikantinnen und Praktikanten aus sozialen Ausbildungen oder Studiengängen. Durch unsere Netzwerke können wir ihnen nationale und internationale Praktika ermöglichen. Das reizt natürlich und unterstützt, dass wir sie langfristig an uns binden und nach ihrem Abschluss in unser Unternehmen integrieren können.

13.2.8   Fazit

Wir sind mit meiner Frau, einer Kollegin und mir sehr bescheiden gestartet und konnten trotz schnellem Wachstum die personelle Besetzung gut bewältigen. Von Beginn an erreichten uns viele Bewerbungen aus der ganzen Republik. Das liegt sicher daran, dass wir Nischen bedienen und somit eine gute Trefferquote im Internet haben. Aber auch die Jugendämter geben uns mit ihrer Mund-zu-Mund-Propaganda Rückendeckung, ebenso wie unsere Mitarbeitenden mit ihrer werbenden Haltung. Derzeit sind mehr als 60 Angestellte, freiberufliche Mitarbeitende und Mini-Jobber für uns tätig.

Nach den Anfangsfehlern haben wir schnell Gremien installiert und die Mitarbeitenden an den Entwicklungsprozessen beteiligt. Dazu gehörten beispielsweise Leitungsrunden, bereichsübergreifende interne Fortbildungen oder die Gründung von themenspezifischen Qualitätszirkeln. Dabei schreckten wir vor kritischen Auseinandersetzungen nicht zurück. Das stärkte das „Wir-Gefühl" und verdeutlichte, dass wir das Unternehmen gemeinsam „auf steilen Wegen" entwickeln und prägen. Mittlerweile verbindet uns eine hohe Motivation und Loyalität. Durch das Wachstum sind wir auch als Team immer weiter zusammengewachsen. Wir sind wie in einer Familie füreinander da. Besonders die Leitungskräfte gehen mit viel Engagement und Vorbildfunktion voran. Das überträgt sich auf alle Ebenen und verbindet. Wir befördern das zusätzlich gezielt mit gemeinsamen Fortbildungen, Diensten, aber auch mit einer gemeinsamen Feierkultur.

Pädagogische Hilfen nachhaltig zu kreieren, bei denen wirtschaftliche oder politische Aspekte vorrangig den Entscheidungsprozess beeinflussen, ist eine große Herausforderung in der heutigen Zeit. Um als Arbeitgeber in der Sozialwirtschaft dennoch mit den besten Mitarbeitenden erfolgreich zu sein, sind für uns drei Prämissen entscheidend:

- Klarheit und Transparenz im Auftreten
- Wissen, was wir wollen und was nicht zu uns passt
- Die Identität und die Werte des Unternehmens nach außen – durch regelmäßige und offene Gespräche – und nach innen – durch gezielte interne Kommunikation und Möglichkeiten der Weiterentwicklung – zu leben.

Der Autor

Jens Dreger (1978) ist seit 2010 Geschäftsführer der Gemeinnützigen Jugendhilfe Sirius GmbH. Er ist zudem Geschäftsführer des Bildungsinstituts Sirius. Im Jahr 2000 als Erzieher in der Kinder- und Jugendhilfe begonnen, hat er sich kontinuierlich fortgebildet, u. a. zum NLP Business Coach, zum Systemischen Familientherapeuten, zur Fachkraft der Betriebswirtschaft und zur Kinderschutzfachkraft nach § 8a SGB VIII. Seit 2002 ist er Leitungskraft in der Kinder- und Jugendhilfe, fünf Jahre davon Gruppenleiter. (Quelle: Gemeinnützige Jugendhilfe Sirius GmbH)

Die Altenpflege ist wohl der Bereich in der Sozialwirtschaft, der am stärksten vom Fach- und Führungskräftemangel betroffen ist. Der demografische Wandel trifft hier von beiden Seiten – immer weniger ausgebildete Pflegekräfte und immer mehr Pflegebedürftige – die Organisationen mit voller Kraft. Zukunftsprognosen zeichnen eine Verschärfung der Lage. Dennoch schaffen es einige Arbeitgeber, sich bereits jetzt mit gezielten Maßnahmen erfolgreich den Herausforderungen zu stellen.

14.1   Modern, familiär und wohnortnah – wie sich das Alexander-Stift von der Konkurrenz abhebt

Sven Lüngen und Annette Braun

Als Anbieter von Klein- und Kleinstpflegeheimen steht das Alexander-Stift vor der Herausforderung, sich im ländlichen Gebiet und im Wettbewerb um die besten Pflege- kräfte als attraktiver und glaubwürdiger Arbeitgeber zu profilieren. Die diakonische Organisation setzt für die externe Kommunikation auf die interne Zufriedenheit, um neue Mitarbeiterinnen und Mitarbeiter zu gewinnen. Das stärkt nicht nur die positive Außendarstellung.

14.1.1   Das Alexander-Stift stellt sich vor

Das Alexander-Stift[1] ist Träger von 20 kleinen stationären Alten- und Pflegeeinrichtungen mit ca. 840 stationären Pflegeplätzen und 200 betreuten Seniorenwohnungen. Der Haupt-

---

[1] Das Alexander-Stift ist ein Tochterunternehmen des Diakonie Stetten e. V. Die Diakonie Stetten hat ihren Sitz in Kernen – Stetten im Remstal.

© Springer Fachmedien Wiesbaden 2014
C. Heider-Winter, *Employer Branding in der Sozialwirtschaft,*
DOI 10.1007/978-3-658-01196-3_14

sitz liegt zwischen Backnang und Schwäbisch Hall in der Gemeinde Großerlach-Neufürstenhütte im Rems-Murr-Kreis (Baden-Württemberg). Auch die Zentralverwaltung und die Geschäftsführung üben ihre Tätigkeit von diesem Standort aus.

Vertreten sind die Klein(st)pflegeheime des Alexander-Stifts in eher ländlichen Regionen in den Landkreisen Rems-Murr, Heilbronn, Göppingen, Ostalb und Ludwigsburg. Zwei Betreute Wohnanlagen sind im Landkreis Esslingen angesiedelt. Eine stationäre Einrichtung des Alexander-Stifts hat eine Größe von durchschnittlich unter 40 stationären Dauerpflegeplätzen. Kurzzeitpflege-, Verhinderungspflege-, Tages- und Nachtpflege sowie einzelne Serviceangebote runden das Leistungsspektrum des Alexander-Stifts ab.

In den kleinen, familiären Häusern bietet das Alexander-Stift vielseitige Aktivitäten an, die das Leben der Bewohnerinnen und Bewohner bunter machen. Die hohe Vernetzung der Häuser in die Standort- und Kirchengemeinden sowie die Zusammenarbeit mit regionalen Vereinen und Institutionen bieten den begleiteten Pflegebedürftigen Möglichkeiten zur Teilhabe am Gemeindeleben. In vielen Kommunen sind die Häuser als wichtiger Teil der Gemeinde etabliert. Sie werden durch die regionalen Gegebenheiten, die Mitarbeiterschaft und die Hausleitung vor Ort, trotz eines gemeinsamen konzeptionellen Rahmens, individuell gestaltet und geführt. Jedes Haus hat ein eigenes „Gesicht" und einen eigenen „Charakter".

Das Alexander-Stift ist Mitglied des Diakonischen Werkes der evangelischen Kirche in Württemberg und wendet kirchliches Arbeitsrecht an. Knapp 900 Mitarbeiterinnen und Mitarbeiter engagieren sich tagtäglich zum Wohle hilfe- und unterstützungsbedürftiger Seniorinnen und Senioren.

Rund 70 Auszubildende – schwerpunktmäßig im Bereich der Altenpflege – qualifizieren sich in den Einrichtungen unter Anleitung von regionalen Mentorinnen und Mentoren. Als Kooperationspartner ist das Alexander-Stift an der Berufsfachschule für Altenpflege der Ludwig-Schlaich-Akademie der Diakonie Stetten aktiv. Außerdem absolvieren aktuell zwei Studentinnen ein Studium zur Betriebswirtin an der Dualen Hochschule in Stuttgart im Alexander-Stift.

Personalentwicklung und im besonderen die Führungskräfteentwicklung wird im Alexander-Stift großgeschrieben. Sie wird durch eine erfahrene Personalentwicklerin und Trainerin koordiniert sowie durch die Geschäftsführung persönlich geprägt und mitgestaltet.

14.1.2 Herausforderung Personalgewinnung und -bindung

Als personalintensiver sozialer Dienstleister ist das Alexander-Stift auf eine ausreichende Quantität von Mitarbeitenden angewiesen, um Dienste abdecken, die Menschen ausreichend pflegen und gesetzliche Anforderungen erfüllen zu können. Als diakonischer Träger mit einem hohen fachlichen Anspruch sind wir zudem auf eine ausreichende Qualität und Kompetenz der Mitarbeitenden angewiesen. Mit dem besonderen Profil unserer Klein(st)

Tab. 14.1 Gegenüberstellung der Vor- und Nachteile im Alexander-Stift. (Quelle: Alexander-Stift)

Vorteile	Nachteile
• Gute Vernetzung in den Gemeinden (zu Vereinen, Kirchen, Apotheken, Ärzten usw.) • Familiäre Atmosphäre • Persönliche Beziehungen z. B. zum Gemeindepfarrer • Miteinbeziehung in das Gemeindeleben • Attraktivität für potenzielle Mitarbeitende durch die kleinen Einheiten • Gemeinschaft unter den Bewohnerinnen und Bewohnern, da diese durch die Hausgemeinschaften gefördert wird. • Mitarbeitende und Pflegebedürftige kennen sich. • Mitarbeitende können auf die Bewohnerinnen und Bewohner individuell eingehen.	• Schlechte Verkehrsanbindung • Betriebswirtschaftliche Nachteile (z. B. für bis zu 50 Pflegebedürftige wird eine Nachtwache benötigt. Eine Einrichtung des Alexander-Stifts hat durchschnittlich 40 Pflegeplätze). • Für z. B. drei Küchen werden drei hauswirtschaftliche Mitarbeitende benötigt.

pflegeheime im ländlichen Raum entstehen Vor- und Nachteile im Wettbewerb um Arbeitskräfte im Vergleich zu anderen Altenhilfeeinrichtungen in der Region. Tabelle 14.1 gibt einen Überblick.

Letztendlich sind die Vor- und Nachteile nur aus Sicht des Einzelnen und seiner individuellen Lebenssituation zu beurteilen. Doch deutlich wird, dass wir uns im Wettbewerb durchaus von anderen Arbeitgebern im Bereich der Altenpflege unterscheiden.

Wendet man den Blick in die Zukunft, so wird deutlich, dass sich der Wettbewerb um Arbeitskräfte mit dem Anrollen der demografischen Bugwelle auch für die Einrichtungen des Alexander-Stifts erheblich verschärfen wird. Mit der steigenden Zahl Pflegebedürftiger wird auch der Bedarf an Pflegekräften in Zukunft weiter stark ansteigen. Das spiegelt sich schon jetzt eins zu eins in den Prognosen der Landkreise wider, in denen das Alexander-Stift aktiv ist. Immer mehr Altenpflegeangebote entstehen derzeit im Umfeld der dezentralen Alexander-Stift-Standorte.

Die heutigen Mitarbeitenden des Alexander-Stifts sind durchschnittlich 43 Jahre alt und die Mehrheit der Mitarbeiterschaft liegt im Cluster der 40- bis 60-Jährigen. Neben der gesellschaftlichen Überalterung wird somit auch die Überalterung der Belegschaft das Problem zusätzlich verstärken.

Um heute und in einem wachsenden Wettbewerb in Zukunft eine ausreichende Anzahl engagierter Menschen für die Arbeit im Alexander-Stift gewinnen, Mitarbeitende binden und gesund erhalten zu können, sind zahlreiche Maßnahmen und Strategien entwickelt worden. An vielen Stellen begrenzen die finanziellen Rahmenbedingungen Sinnvolles und Notwendiges auf das Mögliche. In den nächsten Jahren gilt es jedoch die Ansätze weiter auszubauen, Instrumente zu verbessern und die Vernetzung der einzelnen Aktivitäten zu einer wirksamen Gesamtstrategie im Blick zu behalten.

14.1.3   Erste Bausteine für ein Gesamtmodell der Personalgewinnung und -bindung

Im Rahmen der Analyse von Maßnahmen der Personalgewinnung und -bindung wurde im Alexander-Stift schnell das Risiko gesehen, dass auf die Attraktivität für neue Mitarbeitende fokussiert wird und die bestehende Mitarbeiterschaft aus dem Blick gerät. Prämien für Neueinstellungen, erste Gehaltszahlungen zum Vertragsabschluss oder ähnliche Ansätze helfen zwar kurzfristige Personalengpässe zu beheben, stellen jedoch die bestehende Mitarbeiterschaft schlechter. Es wurde befürchtet, dass Mitarbeitende zu „Touristen" der Altenpflegebranche in der Region werden und bei unterschiedlichen Arbeitgebern die „Einstiegs-Boni" sammeln könnten. Somit wurde im Alexander-Stift schnell klar, dass alle zu entwickelnden Bausteine von heutigen und zukünftigen Mitarbeitenden als möglichst „gerecht" empfunden werden sollten.

Aus wissenschaftlichen Untersuchungen und Marktanalysen wie z. B. dem Deutschen Altenpflege-Monitor ist bekannt, dass der entscheidende Faktor für die Wahl des Arbeitgebers für Pflegekräfte die Wohnortnähe ist. Im ländlichen Raum und kleinen überschaubaren Kommunen, in denen das Alexander-Stift aktiv ist, ist darüber hinaus davon auszugehen, dass das Image der Einrichtungen eine besondere Bedeutung hat.

Pflegekräfte im Umfeld der Einrichtungen werden das Alexander-Stift kennen. Das, was sie über die Einrichtung gehört haben und was sich in der Gemeinde erzählt wird, werden sie bei der Entscheidung für oder gegen eine Bewerbung berücksichtigen. Das Bild des Alexander-Stifts wiederum wird unter anderem auch durch die Berichte der bestehenden Mitarbeitenden in den Gemeinden stark beeinflusst:

- Wie wird mit Mitarbeitenden aber auch Bewohnerinnen und Bewohnern im Haus umgegangen?
- Wie ist die Bezahlung?
- Wie sind Arbeitszeiten und Dienste gestaltet? und vor allem
- Wie freundlich und kompetent ist die Hausleitung?

Dies sind nur einige exemplarische Themen, über die Mitarbeitende wahrscheinlich im Freundes- und Bekanntenkreis sowie im eigenen Wohnumfeld berichten werden.

Auf der Grundlage dieser Überlegungen wurden folgende Bausteine der Personalgewinnung und -bindung erarbeitet, um dann schrittweise mit der konzeptionellen Umsetzung zu beginnen:

- Betriebliches Gesundheits- und Eingliederungsmanagement
- Führungskräfteentwicklung und Coaching
- Team- und Kulturentwicklung
- Organisations- und Personalentwicklung
- Förderung und Weiterentwicklung der Ausbildung
- Gewinnung einzelner Fachkräfte aus dem europäischen Ausland

- Events, Lobby- und Öffentlichkeitsarbeit
- Maßnahmen und Instrumente des Marketings

Im Folgenden soll auf die Maßnahmen und Instrumente des Marketings eingegangen und im Besonderen eine konkrete Kampagne vorgestellt werden. Die Wirksamkeit dieser Maßnahmen wird entscheidend davon abhängen, inwieweit die o. g. weiteren Punkte diese fundieren und nicht als künstliches Wunschbild des Alexander-Stifts entlarven. Uns ist bewusst, dass erst ein umfassender und integrativer Ansatz zu einem ehrlichen Image beitragen kann, das geeignet ist, Mitarbeitende zu werben und zu binden.

14.1.4   Marketing – ehrlich, freundlich und mit „Gesicht"

Der Alexander-Stift fokussiert bei seinen Mitarbeitenden auf Werte im Umgang mit Bewohnerinnen und Bewohnern. Beispielsweise kann freundlicher und fairer Umgang auf Augenhöhe systemisch nur dann erfolgreich und wirksam umgesetzt werden, wenn diese Werte nicht nur im Leitbild des Alexander-Stifts verankert sind, sondern Führungskräfte dies vorleben – gegenüber den Pflegebedürftigen und deren Angehörigen, aber auch gegenüber der Mitarbeiterschaft und Bewerbenden. Aus diesem Grund wurden diese Werte zu wichtigen Anforderungen an Marketingmaßnahmen zum Bewerben der pflegerischen Angebote, aber auch im gleichen Maße für die Maßnahmen zur Gewinnung und Bindung von Arbeitskräften. So wird z. B. die „Begegnung auf Augenhöhe" in Informationen für Bewohnerinnen und Bewohner kommuniziert, im Alltag von Führungskräften gegenüber Mitarbeitenden erwartet und in den Botschaften zur Gewinnung von Mitarbeitenden berücksichtigt.

Die Altenhilfebranche ist kein Schlaraffenland. Die Rahmenbedingungen sind oft schwierig, und für Pflegebedürftige ist ein Platz in einem Pflegeheim nicht selten die letzte Alternative. Auch für Mitarbeitende hat die Altenpflege nicht nur angenehme und schöne Seiten. Der Zeitdruck ist enorm und physische sowie psychische Belastungen sind hoch. In der Kommunikation des Alexander-Stifts sollen der Träger und die engagierte Arbeit der Haupt- und Ehrenamtlichen selbstverständlich positiv dargestellt, jedoch auch die zum Teil schwierigen Seiten und Aspekte nicht verschwiegen werden.

Es ist wenig hilfreich, mit positiven Botschaften Menschen zu gewinnen, wenn nach kurzer Zeit in der Realität Kompromisse eingegangen werden müssen oder Schwierigkeiten und Probleme sichtbar werden. Aus diesem Grund ist eine weitere Anforderung an Marketingmaßnahmen, positive, aber ehrliche Botschaften zu senden und auch kritische Aspekte zumindest anzudeuten. Damit dies glaubwürdig gelingt, werden solche Botschaften mit Personen im Unternehmen verknüpft, die diese authentisch senden können und bereit sind, mit ihrem „Gesicht" zu den Aussagen zu stehen.

14.1.5 Die Kampagne: „Ich arbeite gerne im Alexander-Stift"

Wenn die Annahme richtig ist, dass die Art und Weise, wie Mitarbeitende über ihren Arbeitgeber berichten, von besonderer Bedeutung ist und ehrliche sowie authentische Kommunikation Ziel des Alexander-Stifts ist, erscheint es konsequent, Mitarbeitende selbst über das Alexander-Stift erzählen zu lassen. Ihre Botschaften werden im Rahmen des Marketings und Personalmarketings gezielt genutzt. Aus dieser Überlegung ist die Kampagne „Ich arbeite gerne im Alexander-Stift!" entstanden.

Ziel war es, durch und mit dieser Kampagne neue Mitarbeiterinnen und Mitarbeiter für das Alexander-Stift zu gewinnen, den Bekanntheitsgrad des Alexander-Stifts zu erhöhen und das bereits gute Image des Unternehmens zu festigen. Dabei sollten verschiedene Personengruppen – von Pflegekräften und Wiedereinsteigern über Praktikantinnen und Praktikanten bis zur Geschäftsführung – als Sympathieträger dem Alexander-Stift ein Gesicht verleihen und vergleichbare Zielgruppen erreichen.

Die Idee der Kampagne kam in der Mitarbeiterschaft gut an. Es fanden sich zahlreiche Personen, die bereit waren, sich für das Alexander-Stift einzusetzen, persönliche Statements abzugeben und für Video- und Fotoaufnahmen zur Verfügung zu stehen. Offenheit, Ehrlichkeit und Authentizität sollten im Mittelpunkt stehen, sodass die persönlichen Aussagen spontan und ohne Drehbuch formuliert wurden. Die Fotos und Videos entstanden an verschiedenen typischen Einsatzorten und im charakteristischen Umfeld des Alexander-Stifts mit Mitarbeitenden aus allen Bereichen (Pflege, Hauswirtschaft, Verwaltung und Geschäftsführung). Den Freiwilligen wurde Raum gegeben, um von ihren individuellen Erfahrungen, Erlebnissen und den ganz persönlichen Begegnungen im Pflegeheim zu berichten.

Natürlich ist im Berufsalltag in einem Pflegeheim nicht immer „alles gut". Mitarbeitende kommen an ihre Grenzen und es gibt sehr anstrengende Tage. Oft fällt zudem der Abschied eines liebgewonnenen Bewohners sehr schwer, dessen Lebensabend man begleitet hat. Auch für solche Emotionen gab es Platz in den Aussagen. Zugleich freuen sich die Mitarbeitenden über ein Lächeln der Bewohnerinnen und Bewohner, über das freundliche Wort oder schlicht über ein liebevolles Dankeschön. Häufige Aussagen waren, dass der Beruf einem so viel gibt, wenn man sieht, wie sich die Bewohnerinnen und Bewohner weiterentwickeln. Auch auf das ansprechende Konzept des Alexander-Stifts mit den kleinen wohnortnahen, sehr familiären Häusern waren immer wieder Thema in den Botschaften. Einige seien hier exemplarisch genannt:

- „Es ist überschaubar und das gibt es nicht in vielen Heimen, dass es so kleine Wohngruppen gibt. Das find' ich schön, weil dann kann man einfach besser die Beziehung zum Bewohner aufbauen."
- „An das Schichten hatte ich mich dann auch gewöhnt und störte mich nur noch selten. Ich empfand es immer als Vorteil, da man auch mal unter der Woche frei hat und wer kann denn in einem Bürojob mittags um 14 Uhr zuhause sein."

- „Wenn es mir schlecht geht, fängt mich das Team auf – und das macht ein Team aus. Wir fühlen uns so wohl, dass wir nach der Arbeit einfach in die Eisdiele gehen oder wir treffen uns irgendwo."
- „Es ist eine sehr große und vielfältige Aufgabe, mit sehr viel Arbeit verbunden."
- „Der Pflegealltag ist nicht immer einfach, die Anstrengungen werden aber immer entschädigt, wenn ein alter Mensch auf seine Weise Danke sagt und dir ein Lächeln schenkt."

Ein Hauptelement der Kampagne waren neben den Fotos, die zusammen mit einzelnen persönlichen Aussagen auf Flyern, auf Roll-ups und im Internet genutzt wurden, die Videobotschaften. Nach Fertigstellung der Mitarbeitenden-Videos wurden diese in einer Serie auf der Website des Alexander-Stifts veröffentlicht. 14-täglich wurde ein auf Facebook bereits angekündigtes, neues Video online gestellt.

Die Mitarbeitenden sind heute „Botschafterinnen und Botschafter" des Alexander-Stifts. Mit ihren Gesichtern und Aussagen tauchen sie an vielen Stellen auf. Selbstverständlich wurden sie über ihre Foto- und Videorechte aufgeklärt. Alle haben das entstandene Material gerne zur Verfügung gestellt und viele sind sogar stolz auf das Ergebnis und ihren Beitrag für das Alexander-Stift.

14.1.6   Das Alexander-Stift im Internet – www.alexander-stift.de

Eine wichtige Voraussetzung für die Kampagne im Alexander-Stift war der Relaunch der Website. Der bisherige Internetauftritt richtete sich primär an potenzielle Kunden und war eher informationsorientiert gestaltet. Das Alexander-Stift hatte kein „Gesicht". Handelnde und verantwortliche Personen an den Standorten waren nicht erkennbar. Die Internetpräsenz war in die Jahre gekommen und sprach interessierte, potenzielle Mitarbeitende wenig an – das hatten Bewerber in Gesprächen auch rückgemeldet.

Bei der Entwicklung des neuen Auftritts im Internet wurde Wert auf ein freundliches, ehrliches und modernes Erscheinungsbild und entsprechende Texte gelegt. Menschen sollen erkennbar werden und Fotos ein möglichst realistisches Bild des Unternehmens und der Pflege an den Standorten vermitteln. Die angesprochenen Zielgruppen der Seite wurden um potenzielle Mitarbeitende ergänzt. Deren Informationsinteressen wurden prominent auf der Startseite verankert. Denn bereits hier wird die oben skizzierte Kampagne platziert und eine freundliche Mitarbeiterin erklärt, warum sie gerne im Alexander-Stift arbeitet.

Das Web 2.0 wird in der sozialen Branche immer mehr als Informationsquelle genutzt. Daher fiel die Entscheidung, auch Social-Media-Kanäle wie z. B. Facebook, YouTube und XING für das Alexander-Stift zu nutzen. Vorteile werden darin gesehen, dass Informationen sehr schnell und sehr umfangreich verbreitet werden können. Unter anderem sollen hierdurch auch zusätzliche Möglichkeit der Mitarbeitergewinnung und -ansprache für das

Alexander-Stift genutzt werden, da der Rücklauf von klassischen Stellenausschreibungen in den letzten Jahren immer weniger wurde.

Parallel zur Gestaltung der neuen Homepage wurde somit auch an einem Facebook-Auftritt des Alexander-Stifts gearbeitet: facebook.com/AlexanderStiftAltenundPflegeheim. Auf der Fanpage sollen alle Interessenten des Alexander-Stifts ergänzend die Möglichkeit haben, einiges über das Unternehmen zu erfahren. Beispielsweise werden hier Berichte von Mitarbeitenden, Themen aus dem allgemeinen Pflegebereich, Aktuelles aus dem Alexander-Stift, aber auch Stellenanzeigen gepostet. Durch den Facebook-Auftritt des Alexander-Stifts konnten bereits Mitarbeitende rekrutiert werden.

Facebook gibt die Möglichkeit zum Kommentieren, Liken und Teilen, sodass Interessenten und Mitarbeitende hier aktiv sein können. Dies bietet auch die Chance, Stimmungsbilder der Organisation von innen und außen zu erhalten. Damit die Facebook-Seite aktuell und für den User interessant ist, wurde im Alexander-Stift ein Facebook-Kalender erstellt. In diesem sind die gesamten Veranstaltungen sowie bestimmte Feiertage im Jahr festgelegt. Es werden jedoch nicht nur die geplanten Ereignisse gepostet, sondern es wird auch zeitnah über diese berichtet und zum Teil mit Fotos dokumentiert.

Für die Facebook-Seite des Alexander-Stifts wurden Social-Media-Kommunikationsregeln definiert, die die Verhaltensregeln sowie Rechtliches (Datenschutz und Urheberrecht) auf Facebook festlegen. Die Aktivitäten auf den sozialen Plattformen des Alexander-Stifts werden von der Unternehmensleitung gesteuert und koordiniert.

Das Alexander-Stift möchte in den nächsten Monaten im Bereich der Online-Kommunikation aktiv sein und weitere Möglichkeiten prüfen. Beispielsweise wird überlegt, einen Blog zu schaffen, in dem sich Mitarbeitende (ehrenamtlich und hauptamtlich) austauschen können. Auch eine unternehmensinterne Plattform ist denkbar, in der sich Mitarbeitende anmelden und ihr Profil preisgeben können. So könnten der Austausch untereinander gestärkt und unbekannte Stärken von Kolleginnen und Kollegen entdeckt werden.

14.1.7   Resümee

Die ersten Schritte des Alexander-Stifts zur Gestaltung und Umsetzung eines ganzheitlichen und umfassenden Konzepts zur Verbesserung der Attraktivität für heutige und zukünftige Mitarbeitende sind erfolgreich umgesetzt. Insbesondere die Maßnahmen im Bereich des Marketings und des Personalmarketings haben sichtbare Ergebnisse geliefert, die auch zu einem sich wandelnden Bild des Unternehmens beitragen. Damit diese Erfolge nachhaltig sind, müssen die oben genannten weiteren Bausteine der Personal- und Organisationsentwicklung konsequent weiterverfolgt und ausgebaut werden. Den Erfolg der Ideen und Überlegungen wird man mittel- und langfristig daran ablesen können, wie gut sich das Alexander-Stift im Wettbewerb um Arbeitskräfte durchsetzen kann.

Die Autoren

Sven Lüngen (1975) ist seit April 2010 Geschäftsführer der Alexander-Stift GmbH, einer mittelgroßen Altenhilfeeinrichtung in Baden-Württemberg. An der Universität Kaiserslautern machte er nach seinem Studium zum Sozialpädagogen (FH Düsseldorf) sowie einem Studium zum Diplom-Betriebswirt (BA Stuttgart) seinen Master of Arts (Personalentwicklung). Vor der Tätigkeit als Geschäftsführer sammelte Sven Lüngen Erfahrungen als Senior Consultant im Malik Managementzentrum St. Gallen. Seit 2004 ist er auch Lehrbeauftragter der DHBW Stuttgart. (Quelle: Alexander-Stift)

Annette Braun (1986) ist seit Oktober 2009 im Alexander-Stift tätig. Begonnen hat sie im Alexander-Stift mit einem dualen Studium zur Betriebswirtin (B.A.) an der BA Stuttgart, Fachrichtung Dienstleistungsmanagement Non-Profit-Organisationen. Nach ihrem Studium sammelte sie zwei Jahre Erfahrung als Personalreferentin. Seit 2011 ist sie die Assistentin der Geschäftsführung des Alexander-Stifts. (Quelle: Alexander-Stift)

14.2   Samba in der Pflege – Employer Branding der CareFlex Personaldienstleistungen GmbH

Anne Engelshowe

Als Personaldienstleister im sozialen Bereich steht CareFlex, anders als sozialwirtschaftliche Träger, vor besonderen Herausforderungen bei der Gewinnung und -bindung von Mitarbeitenden. Mit einem ganzheitlichen Employer-Branding-Ansatz wirkt das Unternehmen erfolgreich dem Fachkräftemangel entgegen.

14.2.1   Das Unternehmen CareFlex und seine besonderen Herausforderungen

CareFlex ist ein Tochterunternehmen der Evangelischen Stiftung Alsterdorf und spezialisiert auf Personaldienstleistungen im sozialen Bereich. In Hamburg und Schleswig-Holstein vermittelt und überlasst CareFlex qualifizierte Fach- und Assistenzkräfte an Einrichtungen der Behindertenassistenz, Kinder- und Jugendhilfe sowie der ambulanten und stationären Alten- und Krankenpflege. Das Unternehmen wurde 2004 gegründet, um den flexiblen Personalbedarf der Einrichtungen zu decken sowie die Personalgewinnung der Stiftung zu unterstützen. Mittlerweile erbringt CareFlex fast 40 % der Leistungen für externe Auftraggeber, zu denen namhafte private und gemeinnützige Träger und Einrichtungen der Gesundheits- und Sozialwirtschaft in Norddeutschland zählen. Das Auftragsvolumen generiert einen Jahresumsatz von ca. 4,5 Mio. €. Gewinne fließen in die Stiftung Alsterdorf zurück. Zum Personalstamm gehören rund 180 Fach- und Assistenzkräfte, die wechselnde oder feste Einsätze bei Kunden übernehmen, sowie ein 17-köpfiges internes Team für zentrale Aufgaben wie Personaldisposition, Verwaltung oder Kommunikation.

Mit seiner Spezialisierung auf den sozialen Bereich ist das Unternehmen, wie andere Arbeitgeber der Gesundheits- und Sozialwirtschaft, stark vom Fachkräftemangel betroffen. Bei CareFlex kommt erschwerend hinzu, dass wir als Personaldienstleister häufig nicht als Arbeitgeber erster Wahl wahrgenommen werden und unter einem Generalverdacht gegenüber der Zeitarbeit stehen: schlechte Bezahlung, befristete Verträge oder fehlende soziale Absicherung sind Verdächtigungen, mit denen sich CareFlex regelmäßig konfrontiert sieht.

Als weitere Herausforderung ist zu berücksichtigen, dass unsere Mitarbeitenden nicht direkt bei uns tätig sind, sondern wechselnde Einsätze bei Kunden übernehmen. Das bedeutet einerseits, dass Mitarbeitende gesucht werden, die zu dieser Form der Beschäftigung passen, ihr gewachsen sind und die Vorteile schätzen. Andererseits erschwert diese Distanz die Identifikation mit CareFlex. Da viele Mitarbeitende die Beschäftigung bei CareFlex zudem nur vorübergehend nutzen, z. B. um sich zu orientieren oder Berufserfahrungen zu sammeln, ist auch die durchschnittliche Betriebszugehörigkeit geringer als bei konventionellen Arbeitgebern.

Diese Herausforderungen bildeten unter anderem die Entscheidungsgrundlage für die Geschäftsführung, einen Employer-Branding-Prozess bei CareFlex anzustoßen, der nun im Folgenden beschrieben wird.

14.2.2 Entwicklung der Employer Brand

Im Jahr 2009 wurden die Themen Personalgewinnung und -bindung bei CareFlex in einer Employer-Branding-Strategie strategisch und gesamtgesellschaftlich verankert. Bei der Entwicklung dieser Strategie wurde die Geschäftsführung von einer externen Beraterin unterstützt, die Erfahrung sowie den geschulten Blick von außen mitbrachte.

14.2.2.1 Bestandsaufnahme

Im ersten Schritt wurde der Ist-Zustand bei CareFlex erhoben. Hierzu wurden sowohl interne Dokumente gesichtet, wie das Leitbild, die Unternehmensvision oder Ergebnisse aus Mitarbeitendenbefragungen, als auch externe Unterlagen wie Stellenanzeigen oder

Materialien der Werbung und Öffentlichkeitsarbeit. Des Weiteren haben wir uns intensiv mit unseren Stärken und Schwächen beschäftigt sowie die Unternehmenskultur analysiert. Zudem umfasste die Bestandaufnahme eine Analyse der wichtigsten Wettbewerber, um auch hier eine deutliche Abgrenzung vornehmen zu können.

14.2.2.2   Definition von Zielsetzung und Zielgruppen

Nach der Erhebung des Ist-Zustandes folgte die Beschäftigung mit dem Soll, also der Frage, welche Zielsetzung das Employer Branding verfolgt. Wichtig waren hierbei zwei Perspektiven: zum einen die Steigerung der Bekanntheit innerhalb der Zielgruppen, um grundsätzlich mehr Bewerbende zu erreichen, zum anderen die Fokussierung auf die eigene Identität, was sicherstellen soll, dass sich die passenden Menschen angesprochen fühlen – dass also diejenigen erreicht werden, die sich mit CareFlex und dem Beschäftigungsverhältnis identifizieren können. Denn ebenso wichtig wie quantitativer Erfolg im Sinne der Personalgewinnung waren von Anfang an qualitative Ziele: der Ausbau der Identifikation und damit eine steigende Bindung der Mitarbeitenden an CareFlex.

Unmittelbar mit der Zielsetzung verknüpft, waren für uns die Fragen, welche Zielgruppen das Employer Branding fokussiert und was wir den jeweiligen Zielgruppen bieten können. Einerseits wurden die Zielgruppen nach Qualifikation identifiziert: Erzieherinnen und Erzieher, Heilerziehungspflegende, Pflegefach- bzw. Assistenzkräfte. Andererseits erfolgte eine Gruppierung nach ihrem beruflichen Status: Berufseinsteigerinnen und -steiger, Berufserfahrene, Wieder- oder Quereinstiegswillige. Hierbei wurde deutlich, dass die Zielgruppen teilweise unterschiedliche Beweggründe haben, sich für eine Beschäftigung bei CareFlex zu entscheiden: während zum Beispiel Berufsneulinge wechselnde Einsätze schätzen, um vielfältige Erfahrungen zu sammeln und Kontakte zu knüpfen, ist es für Berufserfahrene die größere Unabhängigkeit von einem festen Team. Die Kenntnis dieser Unterschiede war für uns eine wichtige Voraussetzung für die zielgruppenspezifische Kommunikation der Arbeitgebermarke.

14.2.2.3   Positionierung

Aus den Ergebnissen der Bestandsaufnahme sowie unter Berücksichtigung der Zielsetzung und Zielgruppen folgte die Positionierung der Employer Brand von CareFlex. Bei dieser Definition des Markenkerns stand die Frage im Mittelpunkt: Was zeichnet uns als Arbeitgeber aus und was ist unser Alleinstellungsmerkmal gegenüber Wettbewerbern?

Hierbei wurden für CareFlex 15 Kernstärken identifiziert, die zusammengefasst diese drei wesensprägenden Merkmale bilden:

1. Weiterentwicklung
2. Wertschätzung und Anerkennung der Individualität
3. Evangelische Stiftung Alsterdorf

In der Weiterentwicklung steckt die Möglichkeit unserer Mitarbeitenden, über wechselnde Einsätze vielfältige Berufserfahrungen zu sammeln und sich im breiten Feld der sozialen Berufe zu orientieren. Zudem wird ihre persönliche und fachliche Weiterentwicklung durch ein umfassendes Angebot an Fortbildungen gefördert.

Wertschätzung und Anerkennung der Individualität sind Eigenschaften, die unsere tägliche Zusammenarbeit prägen und in vielen Facetten sichtbar werden, wie zum Beispiel Transparenz von Entscheidungen, offene Kommunikation oder gegenseitiges Feedback.

Die Zugehörigkeit zur Evangelischen Stiftung Alsterdorf ist schließlich unser Alleinstellungsmerkmal, das uns von anderen Dienstleistern in diesem Bereich unterscheidet. Damit verbunden sind Eigenschaften wie Arbeitsplatzsicherheit, ein vielfältiges Arbeitsangebot und eine hohe Werteorientierung durch die Zugehörigkeit zu einem diakonischen Unternehmensverbund.

14.2.2.4 Kommunikationskonzept

Nach der Definition der Positionierung ging es im nächsten Schritt um die Frage der Umsetzung. Da die Employer Brand grundsätzlich an allen Kontaktpunkten mit Bewerbenden und Mitarbeitenden wirken soll, wurden zunächst alle bisher durchgeführten Maßnahmen der internen und externen Kommunikation aufgelistet, um sie auf ihre Wirksamkeit für das Employer Branding zu überprüfen und eventuell anzupassen. Diese Übersicht wurde anschließend um Maßnahmen ergänzt, die zukünftig geeignet sind, das Arbeitgeberversprechen von CareFlex in den Zielgruppen zu kommunizieren. Durch Gruppierung der Maßnahmen (intern/extern; online/offline) sowie Festlegung von Prioritäten, Verantwortlichkeiten und Aufgaben entstand sukzessiv ein umfassendes Kommunikationskonzept, das bis zum gegenwärtigen Zeitpunkt für die integrierte und konsistente Kommunikation der Arbeitgebermarke genutzt wird. Welche Maßnahmen dieses Kommunikationskonzept umfasst, wird im Folgenden näher erläutert.

14.2.2.5 Zwischenfazit

Zusammenfassend haben sich bei der Entwicklung und Positionierung unserer Arbeitgebermarke folgende Punkte bewährt:

- Employer Branding als unternehmensstrategischen Prozess zu verstehen, der von der Geschäftsführung gewollt und initiiert werden muss.
- Die Zusammenarbeit mit einem externen Experten, der den Prozess fachkompetent begleitet und einen neutralen Blick von außen hat.
- Eine frühzeitige Beteiligung von Mitarbeitenden aus verschiedenen Fachbereichen, um die Akzeptanz zu erhöhen und frühzeitig Identifikation zu ermöglichen.
- Die Positionierung einer Arbeitgebermarke, die in authentischer Weise das widerspiegelt, was das Unternehmen seinen Mitarbeitenden bietet und von den Botschaften der Wettbewerber abgrenzt.

14.2.3 Umsetzung des Employer Brandings

Grundsätzlich gilt, dass eine Employer Brand im Unternehmen gelebt werden muss, damit sie ihre Wirksamkeit entfaltet. Wie zum Beispiel unsere Merkmale der Wertschätzung und Anerkennung, die sich nur schwer in Worte fassen lassen, sondern für die Mitarbeitenden tagtäglich erfahrbar sein müssen. Dennoch sind Sprache und Bilder essentiell, um die Positionierung der Employer Brand zu unterstützen und zu fördern. Nach der Strategieentwicklung war daher relativ schnell klar, dass wir unser Layout in Sprache, Farben und Bildern anpassen müssen.

14.2.3.1 Sprach- und Bildwelt

Besonders wichtig war uns hierbei, Menschen in den Mittelpunkt zu stellen, da dies die Arbeit im sozialen Bereich kennzeichnet. Die Verwendung von Stockfotos kam allerdings nicht in Frage, da solche Agenturbilder besonders in der Gesundheits- und Sozialwirtschaft sehr künstlich wirken. Viel authentischer erschien uns daher, unser eigenes Fotomaterial mit Mitarbeiterinnen und Mitarbeitern von CareFlex zu produzieren. Für das Fotoshooting sprachen wir Mitarbeitende an, die unsere Zielgruppen repräsentieren (siehe Abschn. 14.3.2.2) und eine hohe Identifikation mit dem Unternehmen haben. Mit sechs Kolleginnen und Kollegen, einem professionellen Fotografen sowie einer Visagistin entstand so an einem Tag neues, individuelles Fotomaterial.

Anschließend wurden zu den Fotos Botschaften formuliert, die sich an unserer Positionierung orientieren. Die Beteiligten wurden hierzu gebeten, etwas Persönliches von sich einzubringen, um ihre Individualität, die wir bei CareFlex ausdrücklich anerkennen, darzustellen. Andererseits war es uns wichtig zu zeigen, dass unsere Angestellten einen guten Job machen, gern bei uns arbeiten und ihre Zufriedenheit selbstbewusst nach außen tragen. Wie zum Beispiel Jana, eine junge Erzieherin, die bei uns in der Kindertagesbetreuung arbeitet und in ihrer Freizeit leidenschaftlich gern Samba tanzt (siehe Abb. 14.1). Oder Renato, der in der Behindertenassistenz tätig ist, für Bären schwärmt und gern Plattfische angelt. So entstanden sechs sehr unterschiedliche Motive[2], die unsere Vielfalt im Unternehmen widerspiegeln, aber eine gemeinsame Botschaft senden.

Da es kaum möglich war, die Zugehörigkeit zur Evangelischen Stiftung Alsterdorf als wichtiges Alleinstellungsmerkmal direkt in die Bildsprache aufzunehmen, definierten wir den Zusatz „Im Unternehmensverbund der Ev. Stiftung Alsterdorf" als festen Bestandteil unserer Corporate Identity. Dieser wird, wie unser Logo, durchgängig in der Kommunikation verwendet.

Zusätzlich zum neuen Bildmaterial überprüften wir auch unsere Sprache, also alle relevanten Texte der internen und externen Kommunikation, auf ihre Konformität mit unserer Arbeitgeberpositionierung. So gelang es uns schrittweise, mehr Menschlichkeit, Wärme und Authentizität in unserer Sprach- und Bildwelt auszustrahlen, was unsere Zielsetzung im Employer Branding untermauert.

---

[2] Alle Motive siehe: www.careflex.de (Stand 22.02.2014).

Abb. 14.1 Employer-Branding-Motive von CareFlex

14.2.3.2 Mediamix

Zusätzlich zu einem Employer-Branding-gerechten Layout sind die Auswahl und Kombination der Kommunikationswege entscheidend für die Umsetzung der Arbeitgebermarke.
Hierbei ist uns wichtig, dass wir Medien wählen, die nah an der Zielgruppe sind (siehe
Abschn. 14.3.2.2) und einen Dialog mit diesen ermöglichen. Daher haben wir uns für eine
Kombination aus Offline- und Online-Kanälen entschieden, die wir möglichst konsequent
crossmedial miteinander verbinden, z. B. durch die regelmäßige Nennung unserer Webseite und Facebook-Fanpage in allen verwendeten Medien.

Online

Grundlage für unsere Online-Aktivitäten ist die Webseite www.careflex.de, die über die
Menüführung „Für Bewerber"/„Für Kunden"/„Für Mitarbeiter" verschiedene Zielgruppen anspricht. Herzstück der Webseite und Teil des Bereiches „Für Bewerber" ist eine
Jobbörse, die von jeder Seite mit einem Klick erreichbar ist. Durch die Auswahl eines
Tätigkeitsbereiches sowie Arbeitsortes kann der User seine Jobsuche eingrenzen und Stellenangebote schnell und unkompliziert finden. Auch die Bewerbung ist bewusst einfach
gestaltet, um die Hürden für Bewerbende möglichst gering zu halten.

In einem kurzen Online-Formular werden die wichtigsten Kontakt- und Bewerbungs-
daten abgefragt. Alle weiteren Details können durch Anhänge ergänzt werden. Darüber hinaus wird die Employer Brand im Bereich „Für Bewerber" sichtbar. Zum Beispiel werden
unter „Fragen und Antworten" proaktiv Themen besprochen, die im Bewerbungsprozess
regelmäßig aufkommen. Die „10 Gründe für CareFlex" fassen zudem die besten Argumente

für die Beschäftigung bei CareFlex noch mal zusammen. Der Bereich „Für Mitarbeiter" ist geschützt und als eine Art Intranet nur für Mitarbeitende zugänglich. Inhalte sind zum Beispiel Fortbildungstermine, Downloads für wichtige Unterlagen oder die ausführliche Beschreibung unseres Empfehlungsprogramms für Mitarbeitende. Auch hier werden wir unserem Anspruch an transparente Kommunikation im Sinne unserer Employer Brand gerecht.

Zusätzlich zur Veröffentlichung von Stellenangeboten auf unserer Webseite nutzen wir kostenlose und kostenpflichtige Jobbörsen im Internet. Hierbei kombinieren wir regelmäßig große, reichweitenstarke Anbieter (jobboerse.arbeitsagentur.de, stepstone.de oder stellenanzeigen.de) mit spezialisierten Jobportalen (pflege-jobs.de, stellenmarkt-sozial. de), um eine möglichst hohe Reichweite zu erzielen und für die Zielgruppen leicht auffindbar zu sein.

Unsere Sichtbarkeit im Netz verstärken wir seit 2011 durch die Nutzung verschiedener Social-Media-Kanäle. Diese eignen sich für das Employer Branding bei CareFlex besonders gut, da sie zum einen nah an unserer Zielgruppe sind (hohe Online-Affinität von Berufseinsteigerinnen und -einsteigern (vgl. Vom Orde 2012, S. 3 ff.). Zum anderen ermöglichen diese Medien den Dialog und können einen authentischen Einblick hinter die Kulissen ihres potenziellen Arbeitgebers geben, was aufgrund möglicher Vorurteile gegenüber der Beschäftigung bei CareFlex wichtig ist.

Schwerpunkt unserer Social-Media-Aktivitäten bildet die Facebook-Seite www.facebook.com/WirsindCareFlex, auf der wir regelmäßig mit hohem Bezug zur täglichen Arbeit von CareFlex berichten. Redaktionell gestaltet wird die Seite von einem Redaktionsteam, das aus Mitarbeitenden verschiedener Funktions- und Tätigkeitsbereiche besteht und vom Marketing geleitet wird. Die Mitarbeit ist freiwillig und wird von Kolleginnen und Kollegen übernommen, die auch privat eine hohe Online-Affinität haben. Grundsätzlich betrachten wir unsere Facebook-Seite allerdings nicht als klassisches Instrument des Recruitings, das sich zum Beispiel mit einer Stellenanzeige messen lassen kann.

Vielmehr trägt Facebook zur Kommunikation und Ausgestaltung der Employer Brand bei und hat damit eine indirekte Wirkung auf die Personalgewinnung und vor allem unsere Bindung der Mitarbeitenden. So setzen sich unsere Fans zum Beispiel größtenteils aus Angestellten und Ehemaligen zusammen. Neben dem Engagement auf unserer eigenen Facebook-Seite vernetzen wir uns mit anderen Fanpages oder beteiligen uns in Facebook-Gruppen, was die Verbreitung und Interaktion auf unserer Seite erhöht. Diese Aufgaben nehmen selbstverständlich Zeit in Anspruch und müssen im Arbeitsalltag integriert werden, was wir uns mit einem Redaktionsplan[3] erleichtern.

Zusätzlich zu Facebook gibt es zahlreiche Foren, in denen sich Mitglieder über ihre Arbeit in pflegerischen und sozialen Berufen austauschen. Zum Beispiel: forum-fuer-erzieher.de, hep-forum.eu oder forum-sozialer-berufe.de.vu. Diese Foren nutzen wir regelmäßig, um mehr über unsere Zielgruppe sowie die Themen, die sie bewegen, zu erfahren. Auch für die Bekanntgabe von Stellenangeboten eignen sich diese Portale. Im Business-

---

[3] Kostenlose Vorlagen sind im Internet erhältlich. Siehe: www.onlinemarketing-praxis.de/social-media/social-media-redaktionsplan-muster-als-vorlage (Stand 22.02.2014).

netzwerk XING sind unsere Zielgruppen bisher eher zögerlich vertreten, da dieses Medium verstärkt von Fach- und Führungskräften anderer Branchen genutzt wird. Doch auch hier nutzen wir das kostenlose Unternehmensprofil, beteiligen uns gelegentlich in Gruppen oder veröffentlichen Jobs. Eine weitere Rolle in unserer Online-Kommunikation spielt das Videoportal YouTube, auf dem wir den kostenlosen Channel nutzen und im Juli 2013 unser erstes Video veröffentlicht haben (www.youtube.com/WirsindCareFlex). Zudem rücken Arbeitgeberbewertungsplattformen, wie zum Beispiel kununu.de zunehmend in den Fokus von Bewerbenden, was wir ebenfalls genau beobachten (vgl. Knabenreich 2013).

Offline
Trotz unserer starken Präsenz im Internet ist uns wichtig, unsere Employer Brand auch offline umfassend zu kommunizieren. Zwar haben Online-Stellenanzeigen unsere Print-Anzeigen in den letzten Jahren größtenteils verdrängt, dennoch veröffentlichen wir nach wie vor Anzeigen in Tageszeitungen, Wochenblättern oder Fachzeitschriften. Das ist unter anderem abhängig von der Region, der Reichweitenstärke in der Zielgruppe sowie den Anzeigenpreisen, was wir letztlich nur durch regelmäßiges Testen der Medien erfahren. Insgesamt haben sich unsere Print-Anzeigen jedoch stark auf die wichtigsten Informationen verkürzt, da mit dem Verweis auf die Webseite weitere Details dort zur Verfügung stehen. Bei den Printmedien sind es allerdings nicht nur die Anzeigenabteilungen, die unsere Aufmerksamkeit bekommen, sondern wir suchen zudem regelmäßig den Kontakt zu Redaktionen und bieten ihnen Themen für redaktionelle Beiträge an, die auf unsere Arbeitgebermarke einzahlen, wie z. B. die Einführung eines Betrieblichen Gesundheitsmanagements, die Auszeichnung mit einem Qualitäts- oder Arbeitgebersiegel oder die Durchführung einer strukturierten Mitarbeitendenbefragung. Vorteil der Pressearbeit ist, dass sie eine höhere Authentizität und Glaubwürdigkeit als klassische Anzeigen genießt, was im Employer Branding besonders wichtig ist.

Zusätzlich sind Veranstaltungen ein weiterer wichtiger Baustein, um mit unseren Zielgruppen vor Ort ins Gespräch zu kommen. Wir besuchen regelmäßig Jobmessen, z. B. an Fachschulen oder bei Arbeitsagenturen oder bieten eigenständig Events an, wie beispielsweise den „Tag der offenen Tür", spezielle Bewerbungstage oder Aktionen an Fachschulen. Grundsätzlich versuchen wir immer, verschiedene Maßnahmen miteinander zu kombinieren, damit sie sich gegenseitig verstärken und die Kontaktwahrscheinlichkeit mit der Zielgruppe steigt. Darüber hinaus sind wir mutig und probieren Dinge einfach aus, wie z. B. die Schaltung eines Jobspots im Radio. Wichtig ist dann jedoch, die Wirkung der Maßnahmen bestmöglich zu erfassen (siehe Abschn. 14.3.4), um mögliche Erfolge und Misserfolge zu identifizieren.

Im Rahmen der internen Kommunikation sind es insbesondere regelmäßige Feedback-Gespräche mit unseren Mitarbeitenden, wie etwa zum Ende der Probezeit, das Jahresgespräch oder das Exit-Interview, die wir zum Dialog nutzen und die zur Zufriedenheit und Identifikation beitragen. Wie wichtig diese Verbundenheit mit dem Unternehmen ist, verdeutlicht auch unser „Mitarbeiter werben Mitarbeiter"-Programm, das wir ebenfalls für unser Employer Branding und Recruiting einsetzen.

Das Programm, das bei erfolgreicher Vermittlung einer neuen Fachkraft eine kleine Prämie zahlt, bewerben wir unter anderem regelmäßig auf unseren Einführungstagen für neue Mitarbeitende, im Intranet oder durch Mailing-Aktionen. Im Interesse unseres Empfehlungsmarketings stehen allerdings nicht nur unsere Angestellten, sondern auch andere Kontaktpersonen wie Ehemalige, Kunden oder relevante Partner aus der Branche. Zwar greift in einem solchen Fall keine Prämienauszahlung, dennoch sind wir hier bemüht, uns auf andere Art und Weise zu bedanken und diese Kontakte langfristig zu pflegen.

In eine ähnliche Richtung geht unsere Teilnahme am Wettbewerb „Hamburgs Beste Arbeitgeber", bei dem sich Unternehmen durch eine Siegelauszeichnung empfehlen können. Nach unserer Erfahrung hat die Auszeichnung, die mit drei bis fünf Sternen möglich ist, zwar noch eine gewisse Wirkung auf Bewerbende. Die Ergebnisse, die auf einer Mitarbeitendenbefragung beruhen, sind jedoch wenig detailliert und qualifiziert, um damit Veränderungsprozesse anstoßen zu können. Dafür führen wir z. B. regelmäßig eine Befragung unserer Mitarbeitenden in Zusammenarbeit mit der Universität Hamburg durch.

14.2.4 Erfolgskontrolle

Ob und wie gut die Arbeitgebermarke letztlich funktioniert, ist eine weitere entscheidende Frage im Employer-Branding-Prozess. Eine regelmäßige Erfolgskontrolle ist daher für uns ebenso wichtig wie die anfängliche Analyse, die Positionierung oder die Umsetzung des Kommunikationskonzepts. Zwar sind die Wirkungszusammenhänge im Employer Branding komplex, was eine umfassende Erhebung und Messung eindeutiger Ursache-Wirkungsprinzipien nahezu unmöglich macht. Es gibt aber ein paar Kennzahlen, die relativ leicht ermittelt, Aufschlüsse über die Wirksamkeit des Employer Brandings geben können.

Zum einen erheben wir die Anzahl an Bewerbungen und Einstellungen in einem definierten Zeitraum oder über ein bestimmtes Medium, wie beispielsweise eine Zeitungsanzeige. Hierfür fragen wir unsere Bewerbenden über das Online-Bewerbungsformular sowie beim Vorstellungsgespräch, wie sie auf uns aufmerksam wurden. Auch Zugriffszahlen auf unsere Webseite oder auf Online-Stellenanzeigen geben Auskunft über den Erfolg bestimmter Maßnahmen. Zur Messung unseres internen Employer Branding ermitteln wir zudem regelmäßig die Dauer der Unternehmenszugehörigkeit, Krankheitsquote oder Fluktuationsrate, stellen Zusammenhänge her und beobachten ihren Verlauf. Neben diesen quantitativen Kennzahlen sind es zum anderen qualitative Analysen, die uns wertvolle Erkenntnisse für unser Employer Branding liefern. So nutzen wir unter anderem Feedbackgespräche, Exit-Interviews, unser Beschwerdemanagement oder Veranstaltungen für Mitarbeitende, um Informationen zu erfragen, wie wir als Arbeitgeber wahrgenommen werden.

14.2.5   Fazit und Empfehlung

Vergleichen wir abschließend noch einmal unsere definierten Ziele mit den bisher erreichten Ergebnissen unseres Employer Branding, können wir folgende Bilanz ziehen:

- Der Bewerbungseingang ist in den vergangenen fünf Jahren sukzessiv um bis zu 40 % angestiegen.
- Die Zugriffe auf unsere Webseite haben sich im Schnitt um ca. 30 % erhöht.
- Die durchschnittliche Betriebszugehörigkeit ist ebenfalls kontinuierlich gestiegen und liegt aktuell bei 20 Monaten, was weit über dem Branchenschnitt ist. Der Branchendurchschnitt der Zeitarbeit liegt bei 8,7 Monaten (vgl. Sachverständigenrat zur Begutachtung der gesamtwirtschaftlichen Entwicklung, Statistisches Bundesamt 2011, S. 291).
- Über unser Mitarbeitenden-Empfehlungsprogramm haben wir allein in 2013 neun Mitarbeiterinnen und Mitarbeiter gewonnen; auch die Empfehlungen von Ehemaligen, Kooperationspartnern und Kunden nehmen weiter zu, sodass mittlerweile fast 30 % der Bewerbungen auf Empfehlung zu uns kommen.

Diese Zahlen dürfen allerdings nicht darüber hinwegtäuschen, dass es auch immer wieder Rückschläge gibt, weil Maßnahmen nicht im gewünschten Umfang fruchten oder der Aufwand in keinem Verhältnis zum Erfolg steht. Grundsätzlich hilft uns in solchen Situationen das Verständnis, dass **Employer Branding**

- ein fortlaufender Prozess ist, der nach der Einführung permanent weiterentwickelt werden muss.
- eine strategische Klammer um das gesamte Unternehmen zieht, also viele weitere Bereiche mit einschließt, wie Führung, Recruiting, Personalentwicklung oder Unternehmenskommunikation.
- extern wie intern wirkt und nicht alle Wirkungszusammenhänge erhoben werden können.
- nicht kostenlos möglich ist, aber auch nicht jede Leistung teuer eingekauft werden muss, da häufig im Team unentdeckte Talente oder Kontakte bestehen, die genutzt werden können.
- letztlich nicht zwanghaft „durchgedrückt" werden kann, sondern im Unternehmen gelebt werden muss.

Abschließend bleibt die Erkenntnis, dass ein professionelles Employer Branding unabhängig von Unternehmensgröße, Branche oder bekannten Marken möglich ist. Viel wichtiger ist, „Ecken und Kanten" anzuerkennen, ein eigenes Selbstbewusstsein als Unternehmen zu entwickeln und dieses mutig und authentisch nach innen und außen zu kommunizieren.

Die Autorin

Anne Engelshowe verantwortet seit 2009 das Employer Branding und Personalmarketing bei der CareFlex GmbH, einem Personaldienstleister für soziale Berufe der Ev. Stiftung Alsterdorf in Hamburg. Sie ist Kommunikationswissenschaftlerin und Betriebswirtin und verfasste ihre zweifach ausgezeichnete Magisterarbeit zum Thema „Das Werben um Talente – Employer Branding als Handlungsfeld der PR?". Als zertifizierte Social Media Managerin koordiniert sie nicht nur die Kommunikation der Arbeitgebermarke im Social Web, sondern setzt auch auf klassische Instrumente der Personalbindung und -gewinnung. (Quelle: CareFlex)

14.3   St. Gereon Seniorendienste: Mitunternehmertum durch Wollen und Können

Bernd Bogert

Die St. Gereon Seniorendienste versprechen: „Wir pflegen Menschlichkeit". Nicht nur gegenüber Kunden, sondern auch gegenüber Angestellten. Mit umfangreichen Organisationsentwicklungsmaßnahmen, die das Wollen und Können in den Vordergrund stellen, machen sie ihre Mitarbeitenden zu Mitunternehmerinnen und -unternehmern. Arbeit soll Spaß machen. Wie das funktionieren kann, gestalten die Fach- und Führungskräfte entscheidend selbst mit.

14.3.1   Katholiken mit Tradition

Die katholische Kirchengemeinde St. Gereon, Hückelhoven-Brachelen ist seit 1865 Trägerin der St. Gereon Seniorendienste. Spitzenverband ist der Deutsche Caritasverband. Insgesamt sind ca. 360 Mitarbeitende dort tätig, davon mehr als die Hälfte Auszubildende. Unser Hauptbetätigungsfeld ist die Pflege von älteren Menschen. Das Unternehmen in der Nähe von Aachen bietet Dienstleistungen im Pflegebereich an – von der Pflegeberatung, dem ambulanten Pflegedienst, der Tagespflege, über betreutes Wohnen und integrierte Kurzzeitpflege bis hin zur stationären Altenpflege.

Wir verbinden die Fähigkeiten, Talente, Motivationen und Antriebskräfte unserer Mitarbeitenden, um den Bedürfnissen unserer Kunden zu dienen. Wir sind eine Wertegemeinschaft. Unsere Vision lautet: „St. Gereon tut gut".

Unsere Dienstleistungspalette verspricht den Kunden die „Pflege aus einer Hand" und den Mitarbeitenden eine große Auswahl an Betätigungsfeldern, die ihrem Können und Wollen entsprechen. Im Jahr 2009 haben wir unsere Dienstleistungen auf die Mitarbeiterinnen und Mitarbeiter erweitert. Das bedeutet, dass unsere Werte, welche Grundlage für unsere Kundenorientierung sind, ebenfalls uneingeschränkt für die Mitarbeitenden gelten. Schließlich wird die Qualität unserer Arbeit über die Zufriedenheit unserer Fach- und Führungskräfte definiert.

14.3.2 Unsere Herausforderungen auf dem Arbeitsmarkt

Wir agieren in einem politisch gewollten Pflegemarkt, der von den unabänderlichen demographischen Entwicklungen beherrscht wird. Mit der Zunahme des Alters steigt die Wahrscheinlichkeit der Pflegebedürftigkeit. Die sogenannten Babyboomer, die jetzt ins Alter kommen, müssen entgegen der bisherigen Praxis primär durch professionelle Pflegekräfte versorgt werden. Durch die Zunahme von Singlehaushalten und kinderlosen Ehen gibt es die bisherigen Pflegepersonen – in der Regel die Töchter oder die Ehefrau – nicht mehr in dem Maße wie bisher. Schon jetzt fehlen tausende Pflegefachkräfte und die Situation wird sich in Zukunft dramatisch verschärfen. Durch die fehlenden Köpfe entsteht zusätzlicher Druck für die verbleibenden. Sie werden schon in der Ausbildung frustriert, wechseln den Beruf oder bleiben ihm nur wenige Jahre treu.

Die Altenpflege hat bei Schülerinnen und Schülern generell ein schlechtes Image. Nur wenige Schulabgängerinnen und -gänger können sich überhaupt vorstellen, in diesem Beruf eine Ausbildung zu machen. Der Berufswunsch wird in der Regel nicht von den Eltern unterstützt – wenn schon Pflege, dann wenigstens Gesundheitspflege.

Ausbildungswillige werden nicht nur in der Pflege gesucht, sondern alle Berufssparten versuchen Fachkräfte zu rekrutieren. Pflegefachkräfte aus dem Ausland machen einen großen Bogen um Deutschland, da die Arbeitsbedingungen schlechter sind als in anderen europäischen Ländern. Immer mehr Pflege-Profis verlassen Deutschland, um in anderen europäischen Ländern zu arbeiten. Nur wenige kommen aus anderen europäischen Ländern zu uns.

In der Altenpflege haben wir einen überregulierten Pflegemarkt, der keinen Spielraum für Kreativität und Unterscheidbarkeit lässt. Es kann und es wird nichts mehr „ausprobiert". Deshalb wird das kopiert und permanent wiederholt, was sich vermeintlich bewährt hat oder das, was politisch gewollt ist und schlecht finanziert wird. Durch die Einführung von Transparenzkriterien mit der Vergabe einer Schulnote, die veröffentlicht werden muss, mussten die Institutionen lernen, wie eine gute Note produziert wird, um am Markt bestehen zu können. Das führte dazu, dass viele pflegerische Tätigkeiten exakt vorgeschrieben wurden, auch wenn es hierfür keine wissenschaftlich belegten validen Erkenntnisse gibt. Fast alle Institutionen wurden mit der Note „sehr gut" durch die Pflegekasse bewertet. Deshalb sind Pflegeeinrichtungen inhaltlich kaum noch unterscheidbar, weder für die Kunden noch für die Mitarbeitenden. Es entsteht immer mehr vom Gleichen.

In dieser Gemengelage war und ist es eine besondere Herausforderung, sich „vom Rest" abzuheben und Menschen für eine Tätigkeit oder Ausbildung in der Altenpflege bei den St. Gereon Seniorendienste zu begeistern. Zudem müssen es die richtigen Köpfe sein.

Die Bundesanstalt für Arbeitsschutz und Arbeitsmedizin stellte vor einigen Jahren bereits folgerichtig fest:

> Wer als Arbeitgeber in der Pflege künftig nicht ohne Personal dastehen möchte, muss sich jetzt um die Entwicklung und Qualifizierung seiner Beschäftigten sorgen, muss gemeinsam mit ihnen Erwerbsbiographien gestalten, muss für eine alters- und alternsgerechte Arbeitsgestaltung sorgen. ... Nur wenn es gelingt, attraktive Arbeitsplätze in der Pflege anzubieten, die eine gute Vereinbarkeit von Beruf und Familie ermöglichen, die alters- und alternsgerecht gestaltet sind, die Freude am Beruf vermitteln, können die Herausforderungen der alternden Gesellschaft bewältigt sowie eine hohe Pflegequalität sichergestellt werden.
> (Bundesanstalt für Arbeitsschutz und Arbeitsmedizin 2010, S. 45)

Ein wichtiges Zwischenfazit ziehen wir schon an dieser Stelle: Der Pflegebereich lässt durch viele demotivierende Sollvorgaben häufig wenig Raum für eigenes Wollen und Können, sodass die Mitarbeitenden mitunter zu Erfüllungsgehilfen verkommen.

14.3.3   Der St. Gereon-Mission Leben einhauchen

2006 haben wir damit begonnen, unser Personalmanagement zu strukturieren. In einem ersten Schritt haben wir uns gefragt, warum die derzeitigen und zukünftigen Mitarbeitenden bei St. Gereon arbeiten oder arbeiten sollten. Von der Datenerfassung von Mitarbeitenden bis zur Personalgewinnung, über den Personaleinsatz bis zur Frage der Unternehmensentwicklung wurden Zahlen, Daten und Fakten gesammelt und in Workshops bewertet.

Dabei setzten wir ganz bewusst und konsequent auf die Einbindung vieler Mitarbeiterinnen und Mitarbeiter aus allen Unternehmensteilen. So war es uns möglich, alle Arbeitsbereiche zu analysieren und in die Zukunft zu projizieren. Auf diese Weise stieg das Wissen über die eigene Praxis sowie der Chancen und Risiken unserer Dienste auf breiter Ebene. Dabei entwickelte sich die Erkenntnis: Wer nicht brennt, entfacht kein Feuer.

Es sind die motivierten Mitarbeitenden, die über den Erfolg oder den Misserfolg unserer Einrichtungen entscheiden, Arbeitsbedingungen, in denen die Mitarbeitenden mit ihrem Können und ihrem Wollen selbständig, eigenverantwortlich und nachhaltig agieren können, entsprechend wie Unternehmerinnen oder Unternehmer. Das sind die wichtigsten Motivatoren. Ebnen wir den Weg vom Mitarbeitenden zum Mitunternehmertum, so etablieren wir uns als attraktiver Arbeitgeber.

Doch wir wollten nicht nur attraktiv werden, wir wollten „Deutschlands bester Arbeitgeber" werden. Aus dem Ziel, das in unternehmensinternen, hierarchieübergreifenden Workshops gefunden und beschlossen wurde, leiteten sich die dazu notwendigen Personalentwicklungs- sowie Organisationsentwicklungsmaßnahmen auf der internen sowie externen Ebene ab.

Wir verstehen unsere Arbeitgebermarke nicht als Produkt des Marketings, sondern als übergreifenden Anspruch und ganzheitliches Handeln aller Mitarbeitenden als Mitunternehmerinnen und -unternehmer bei St. Gereon. Wir haben den großen Vorteil, dass wir eine Wertegemeinschaft sind, die ausschließlich dem Allgemeinwohl und nicht dem Profit verpflichtet sind. Das ist zwar grundsätzlich keine neue Erkenntnis und kein Alleinstellungsmerkmal, aber wir haben einen großen Vorteil gegenüber anderen Trägern, die primär wirtschaftlich orientiert sind. Dieser innere Anspruch muss sich auf allen Ebenen, in allen Entscheidungen und im konkreten Tun niederschlagen. Nur durch nachhaltige Strategien und konkretes Handeln kann es gelingen, sich zur Marke zu optimieren.

Employer Branding besteht bei St. Gereon also nicht aus einer Vielzahl an gezielten Aktionen, sondern ist in erster Linie gelebte Unternehmensphilosophie, die sich aus einer mitarbeiterfreundlichen und wertschätzenden Haltung entwickelt – eine Kultur, in der Mitarbeitende in ihrem Streben nach Glück unterstützt werden. Es geht um eine wertschätzende Unternehmenskultur, in der die Angestellten mit ihrem Können angenommen werden, und zwar in einem System, das davon ausgeht, dass sie sich entwickeln möchten. Sprich: Wir pflegen Menschlichkeit!

14.3.4 Schwachstellen finden und Lösungen entwickeln

Wie die Angestellten uns als Arbeitgeber erleben, erfahren wir seit 2009 durch die regelmäßige Teilnahme an dem Wettbewerb: „Bester Arbeitgeber im Gesundheitswesen" von Great Place to Work® Deutschland. Hier können unsere Fach- und Führungskräfte in 63 Fragen die Arbeitsplatzkultur und die Arbeitgeberattraktivität anonym bewerten. Was liegt schließlich näher, als die Mitarbeitenden zu den verschiedenen Aspekten einer guten Arbeitsplatzkultur zu befragen und von ihnen bewertet zu werden?

Sie werden zu folgenden Themen befragt:

- generelle Arbeitszufriedenheit, Wertschätzung und Anerkennung, Förderung der persönlichen und beruflichen Entwicklung,
- Förderung der Gesundheit,
- offene Kommunikation,
- Teamentwicklung,
- integeres und kompetentes Führungsverhalten,
- Gerechtigkeit und keine Diskriminierung,
- Integration,
- Work-Life-Balance,
- Karrieremöglichkeiten und,
- Unternehmensimage.

Im Kultur-Audit haben wir die Möglichkeit, in neun zentralen Handlungsfeldern unsere Konzepte schriftlich darzustellen. Dies erfordert eine Reflektion mit den eigenen Ansprüchen und konkreten Maßnahmen. Im Benchmarking schließlich werden wir mit anderen Einrichtungen verglichen. So war und ist es uns möglich, Schwachstellen zu erkennen, Lösungsansätze zu finden und Maßnahmen einzuleiten. Daraus entwickelten sich Leitgedanken für die Organisationsentwicklung.

14.3.5 Leitgedanken für unsere Personal- und Organisationsentwicklung

Als kirchliche Einrichtung und aus unserer Gemeinwohl-Verpflichtung müssen wir den von uns betreuten und den bei uns arbeitenden Menschen „von Nutzen" sein. Die Mitarbeitenden sind nicht Mittel zum Zweck, sondern der Zweck selbst. Die Mission der St. Gereon Seniorendienste „Wir pflegen Menschlichkeit" gilt im gleichen Maße für die Bewohnerinnen und Bewohner wie für die Beschäftigten. Ziel unserer Personalentwicklung ist, dass die Beschäftigten verstehen, dass sie die Arbeit leisten können, dass sie die Arbeitsbedingungen verändern können, dass sie die Arbeit als sinnvoll und als Glücksfaktor erleben.

Wir verpflichten uns dem Schutz und der Förderung der Gesundheit und damit dem Wohlergehen der Beschäftigten. Es gelten dabei die Prinzipien der Eigenverantwortung, der Subsidiarität und der Solidarität. Eigeninitiative und Beteiligung der Mitarbeitenden bei der gesundheitsförderlichen Gestaltung ihrer Arbeitsumgebung wird durch die Unternehmensleitung erwartet, unterstützt und honoriert.

St. Gereon bietet alle Dienstleistungen rund um das Thema „Pflege" mit vielfältigen Einsatzmöglichkeiten an. Ca. 80 % der Mitarbeitenden sind Frauen. Damit einhergehen häufig Fragen, wie sowohl Platz für die Familie als auch für den Beruf bleiben kann. Arbeitszeit und -umfang werden daher flexibel gestaltet und flankierende Angebote zur Vereinbarkeit von Familie und Beruf bereitgehalten.

Wir bieten allen Beschäftigten „lebenslanges Lernen und lebenslange Fitness" durch Fort- und Weiterbildungen und Förderangebote für die körperliche Gesundheit an. Durch innovative Konzepte und die daraus resultierenden reduzierten Arbeitsanforderungen wird die Arbeitsbelastung verringert und die Entfaltungsmöglichkeiten erhöht. Dadurch soll der Arbeitsplatz St. Gereon für die gegenwärtigen und zukünftigen Mitarbeitenden attraktiv sein. Wir sorgen dafür, dass sie bis zur Berentung bei uns tätig sein können.

14.3.6 Konzept der WollSoKö: Wollen – Sollen – Können

Entlang unserer Vision „St. Gereon tut gut" und unserer Mission „Wir pflegen Menschlichkeit" stand fest: Nicht die Mitarbeitenden müssen sich den Arbeitsbedingungen anpassen, sondern wir passen die Bedingungen ihren Kompetenzen an. Es geht um Wollen – Sollen – Können. Welche Logik steckt dahinter?

- Wenn ich nur darf, wenn ich soll, aber nie kann, wenn ich will, dann mag ich auch nicht, wenn ich muss.
- Wenn ich aber darf, wenn ich will, dann mag ich auch, wenn ich soll, und dann kann ich auch, wenn ich muss.

Unsere Fach- und Führungskräfte werden daher entsprechend ihrer individuellen Stärken eingesetzt. Dazu war es notwendig, die Organisationseinheiten zu verkleinern. Diese „Kleinräumigkeit" sichert die Ganzheitlichkeit der Aufgabenstellung. Der Handlungsspielraum wird vergrößert und die Teilhabe an strategischen Entscheidungen und beruflichen Entwicklungschancen werden erheblich verbessert.

Durch den generellen Umbau aller stationären Einrichtungen in kleinräumige Hausgemeinschaften für acht bis zehn Bewohnerinnen und Bewohner wurden die Voraussetzungen geschaffen, dass pflegerische wie auch hauswirtschaftliche Mitarbeitende in einem überschaubaren Tätigkeitsfeld eigenverantwortlich tätig werden können.

14.3.6.1   Ambulantisierung der stationären Pflege

Die pflegerischen Hilfen im stationären Bereich werden ambulant im Sinne von „Primary Nursing" organisiert. Hierbei wird darauf geachtet, dass die physischen und psychischen Arbeitsanforderungen zu den Mitarbeitenden passen.

Das war die Grundlage dafür, dass sich die Menschen bei uns zu Mitunternehmerinnen und -unternehmern entwickeln konnten. Es ist die Abkehr von „die da oben" und „die da unten". Mitarbeitende werden durch umfassende Informationen und Beteiligungen zu „Mitwissenden" und zu „Mithandelnden". Sie werden in Entwicklungen und Innovationen eingebunden und übernehmen hier Verantwortung auch über die tägliche Arbeit hinaus. So wurden in gemeinsamer Verantwortung und Beteiligung mitarbeiterfreundliche Arbeitsbedingungen entwickelt und ständig optimiert, bei gleichzeitiger Verbesserung der Lebensqualität unserer Kunden.

Beispiel: Flexibilisierung der Dienstzeiten

Wir sind ein Dienstleistungsunternehmen, welches rund um die Uhr an 365 Tagen im Jahr Dienste erbringt. Es gibt bestimmte Abläufe, die durch unsere Kunden und Kundinnen definiert werden und deshalb eine Präsenz der Beschäftigten erfordern. Trotz dieser Vorgaben bieten wir individuelle Dienstzeiten an.

Alle Beschäftigten haben die Möglichkeit, ihre individuellen Pausen sowohl von der Länge als auch von der Verteilung her täglich selbst neu festzulegen. Damit wird dem individuellen Bedürfnis nach Entspannung Rechnung getragen. Die zu leistenden wöchentlichen Stunden können temporär oder grundsätzlich reduziert werden. In der stationären Pflege wurden insgesamt 43 individuelle Arbeitszeiten vereinbart.

Für die Angestellten in der Hausreinigung und in der Wäscherei wurde ein Vertrauensarbeitszeitprojekt umgesetzt. Das beinhaltet, dass nur noch der Umfang der zu leistenden Arbeiten bzw. die Stundenanzahl vereinbart wird und dass die Arbeiten in der Zeit von 7.00 bis 21.00 Uhr zu erbringen sind. Wann die tatsächliche Erbringung erfolgt, liegt einzig im Ermessen der Kolleginnen und Kollegen. Die Verantwortlichen in der Verwaltung und Haustechnik können ihre Dienstzeit innerhalb einer Kernarbeitszeit individuell planen. Kernarbeitszeit ist montags bis freitags von 9.00 bis 15.00 Uhr.

Ab Herbst 2012 haben acht Pflegefachkräfte die Möglichkeit, die Pflegeplanung von zu Hause aus zu erledigen. Da (fast) alle Dienstzeiten in den Einrichtungen von St. Gereon so konzipiert sind, dass die Mitarbeitenden in einem vorgegebenen Rahmen eigenständig flexibel die tägliche Arbeitszeit verkürzen oder verlängern können, weicht die tatsächlich geleistete Arbeitszeit oftmals von der planmäßigen, vertraglichen Sollarbeitszeit ab. Dabei sorgt eine Arbeitszeitampel für eine Steuerung und ermöglicht den Mitarbeiterinnen und Mitarbeitern eine eigenständige Gestaltung der Arbeitszeiten.

Beispiel: Lebenslanges Lernen als Verpflichtung

Wir bieten zahlreiche hausinterne und externe Fort- und Weiterbildungen an. Alle Angestellten sind verpflichtet, im Laufe eines Jahres an Fort- und Weiterbildungen teilzunehmen. Um sie zu motivieren und zur Eigenverantwortung anzuregen, haben wir ein Kompetenzheft entwickelt, das jeder Mitarbeitende bei der Einstellung erhält und in dem er externe sowie interne Fort-und Weiterbildungen oder eigene Kenntniserweiterungen durch Lesen, Fernsehen oder Diskussionen dokumentiert.

Beispiel: Gesundheitsmanagement

Grundlage dafür, dass Mitarbeitende ihren Dienst leisten können und Spaß bei der Arbeit haben, ist, dass sie physisch und psychisch gesund sind oder gesund werden. Es wurde 2010 ein Arbeitskreis „Gesundheit aktiv" gegründet. Dieser setzt sich aus allen Mitgliedern der Mitarbeitervertretung, der Geschäftsführung und dem Gesundheitsmanagement zusammen. Folgende Ziele werden angestrebt:

- Wohlbefinden – Wellness,
- Wertschätzung,
- Förderung des Gesundheitsbewusstseins,
- Berücksichtigung gesundheitlicher Anliegen,
- Schutz der Gesundheit der Mitarbeiter/innen,
- Förderung sozialer Kontakte – jeder kann/soll mitmachen – sowie
- Förderung einer sportlich aktiven Lebensweise.

St. Gereon bietet kostenlose Sport- und Wellnessangebote, Ernährungsberatung, soziale Unterstützung, Kurse für Raucherentwöhnung, kostenlose Äpfel sowie individuelle Beratung durch unseren arbeitsmedizinischen Dienst an. Wir erreichen nur wenige Mitarbeitende und dies reicht uns nicht aus. Um die Eigenverantwortung zu stärken und zu

motivieren, erhält jeder Angestellte für eigenverantwortlich gestaltete, gesundheitsak-
tive Maßnahmen zusätzlich drei Urlaubstage und verfügt über ein persönliches Budget
von 120 € im Jahr.

Um die Arbeit als gesundheitsförderlich erleben zu lassen, haben wir die Aktion
10.000 Schritte ins Leben gerufen. Jeder Mitarbeitende, der im Laufe eines Tages
10.000 Schritte tätigt, erhält diese drei zusätzlichen Urlaubstage. Durch entsprechende
Messungen haben wir festgestellt, dass die Fachkräfte in der Pflege, Hauswirtschaft
und in der Hausmeisterei in der Regel 10.000 Schritte bereits während der Arbeitszeit
tätigen. Sie erhalten die Tage automatisch.

14.3.7   Persönlich auf der Suche nach Azubi-Persönlichkeiten

Auch in der Nachwuchsrekrutierung folgt der Pflegedienst dem Prinzip von „Wollen – Sollen – Können". St. Gereon praktiziert in enger Zusammenarbeit mit Haupt- und Realschulen eine berufsorientierende Kooperation. Unser Ziel ist es, Situationen für Schülerinnen
und Schüler von Haupt- und Realschulen zu schaffen, in denen das Berufsfeld der Altenpflege positiv erlebt wird und die jungen Menschen erste Erfolgserlebnisse haben.

Das Modell der Berufsorientierung fußt auf zwei Säulen. Die eine Säule besteht dabei
in einem ausdifferenzierten Wahlpflichtangebot, das Schülerinnen und Schülern den Rahmen bietet, im handlungsorientierten und praktischen Lernen ihre besonderen Fähigkeiten
und Fertigkeiten zu entdecken.

Die zweite Säule des Modells besteht in jeweils dreiwöchigen Praktika in unseren Einrichtungen, um dort die reale Arbeitswelt hautnah erleben zu können. Durch die unmittel-
bare inhaltliche Verknüpfung mit den Lerninhalten der Wahlpflichtbereiche erleben die
Jugendlichen, dass sie nicht für die Schule, sondern für das Berufsleben lernen.

Im Rahmen des zur Berufsorientierung eingerichteten Wahlpflichtbereichs „Soziales
– Pflege – Gesundheit" in den Kooperations-Haupt- und Realschulen erhalten die Jugendlichen einen umfassenden Einblick in das Tätigkeitsfeld Pflege. Allen, die sich für dieses
Wahlfach entscheiden, geben wir bereits vorab die Zusage, dass sie einen Ausbildungsplatz bei uns erhalten können.

Es werden Auszubildende der St. Gereon Seniorendienste in die praktische Orientie-
rungsphase der Schülerinnen und Schüler einbezogen. Unsere Auszubildenden werden so
zu Expertinnen und Experten, die Jugendliche in ihrer Berufsorientierung begleiten.

Konkret heißt das, dass unsere Auszubildenden in die Schulen gehen und dort den
theoretischen Unterricht gestalten. Die Schülerinnen und Schüler erleben das Berufsfeld
Pflege in der Interaktion mit den annähernd gleichaltrigen Auszubildenden über ein ganzes Schuljahr hinweg. Der Unterricht ist praxisbezogen und wird durch die Auszubildenden in einer Art und Weise vermittelt, die verständlich ist. Sie sprechen eine Sprache. So
bekommen die Schülerinnen und Schüler authentische Informationen und einen gänzlich
neuen Zugang zum Pflegeberuf. Vorurteile und Hemmungen werden abgebaut, Professionalität neu erlebt. Die Jugendlichen können dann im Praktikum erfahren und verstehen,
was „wirklich" im Rahmen einer Ausbildung auf sie zukommen würde.

Ein unschätzbarer Gewinn ergibt sich für die Auszubildenden, die in die Schulen gehen. Bereits während ihrer Ausbildung erleben sie sich selbst als Expertinnen und Experten ihres Fachgebietes. Sie erwerben Kommunikationskompetenzen und didaktische Fähigkeiten.

Für diejenigen, die tatsächlich Interesse an einer Ausbildung haben, gibt es keine klassischen Bewerbungsgespräche oder eine Auswahl nach Noten. Im Verlauf des Praktikums zeigt sich, ob die jungen Menschen für den Beruf geeignet sind, aber auch, ob die eigenen Vorstellungen der Bewerbenden an die spätere Arbeitsstelle erfüllt werden.

Die Auszubildenden können je nach Interessen und Fähigkeiten in unterschiedlichen Berufsfeldern eingesetzt werden, beispielsweise im Pflege-, Verwaltungs- oder Hauswirtschaftsbereich. Die Ausbildung erfolgt nach einem „Learning by Doing"-Konzept: Die Auszubildenden begleiten erfahrenere Beschäftigte bei ihrer Arbeit und können so von dem Erfahrungswissen der Älteren profitieren. Langjährige Mitarbeiterinnen und Mitarbeiter erstellen dazu unterstützende und handlungsanleitende Prozessbeschreibungen, in denen Best-Practice-Abläufe festgehalten werden. Die erfahrenen Beschäftigten im Unternehmen garantieren so die gleichbleibende Qualität und Kontinuität der Arbeit.

Im Bereich Pflege werden zu Ausbildungsbeginn innerhalb der ersten Woche theoretische Kenntnisse von erfahrenen Beschäftigten im Haus vermittelt. Mithilfe von Tandem-Bildung und Mentoring durch Ältere wird für jeden Auszubildenden eine individuelle und engmaschige Betreuung gewährleistet. Die jungen Berufsanfängerinnen und -anfänger bekommen individuelle Betreuungs- und Entfaltungsmöglichkeiten. Das Prinzip hat Erfolg: Wir haben mittlerweile eine Ausbildungsquote von 60 %. Von 45 Auszubildenden konnten im Jahr 2012 43 ihre Ausbildung erfolgreich abschließen. Stand Mai 2014 bildet St. Gereon 190 junge Menschen aus. Damit sind wir in Nordrhein-Westfalen der größte Ausbildungsträger.

14.3.8   Vielfältige Möglichkeiten der internen Kommunikation

Die Voraussetzung für den Erfolg einer Arbeitgebermarke ist, dass die Wünsche und Bedürfnisse der Mitarbeitenden durch entsprechende Befragungen, Mitbeteiligungen und Mitwirkungen im Sinne des Mitunternehmertums bekannt sind und ernst genommen werden. Nur so ist es möglich, Mitarbeiterinnen und Mitarbeiter als interne Kunden zu sehen und sie dementsprechend zu behandeln. Die Grundlage ist aber, dass alle Mitarbeitenden die sie betreffenden Informationen vollständig erhalten. Nur wenn alle etwas wissen, können sie sich emotional beteiligen und agieren.

Um unsere Mitarbeitenden zu informieren, haben wir eine umfassende und transparente Informationsstruktur für alle Arbeitsbereiche entwickelt. Für jeden Bereich und für jeden Mitarbeitenden wurden Besprechungsmatrixen entwickelt, die verpflichtend sind und die sicherstellen, dass jeder über seinen Arbeitsbereich informiert ist.

Unsere Gesprächskultur wird am Beispiel unserer wöchentlichen Informationsbesprechung deutlich. Alle verantwortlichen Mitarbeitenden jedweder Hierarchie nehmen daran teil. Es gibt keine Tagesordnung, sondern jeder Beteiligte ist gebeten, seine Meinung,

Hinweise, anstehende Termine, Wünsche, Bedürfnisse, Anmerkungen, Beschwerden und Verbesserungsvorschläge zu äußern. Angelegenheiten, die besprochen wurden, aber noch nicht erledigt sind, werden erneut diskutiert.

Die Informationsweitergabe bei St. Gereon ist so konstruiert, dass sowohl von oben nach unten die Informationen weitergeben werden, als auch von unten nach oben. Für alle Leitungskräfte gibt es die Verpflichtung der „offenen Tür" und des „Management by walking around". Durch diese Maßnahmen signalisieren sie ihren Teams Interesse und Gesprächsbereitschaft. Störungen, Belastungen sowie deren Bearbeitung haben immer Vorrang vor anderen Tätigkeiten.

Seit Ende 2009 nutzen wir zudem ein Informationsportal, das in Verbindung mit unserer EDV-Pflegedokumentation steht. Da jede pflegerische, betreuerische und teilweise auch hauswirtschaftliche Leistung dokumentiert werden muss, ist sichergestellt, dass jeder Mitarbeitende durch dieses System aktuell erreicht wird.

Mit diesem System ist es möglich, dass alle Mitarbeitenden sowohl Nachrichten verfassen, als auch Nachrichten erhalten können. Diese können an alle gehen oder auch individuell verschickt werden. Beim Einloggen des Mitarbeitenden in die Pflegedokumentation – wozu jeder verpflichtet ist – erscheint automatisch die Nachricht. Damit ist gewährleistet, dass jeder Mitarbeitende tatsächlich die Nachricht erhält. Diese kann er sich ausdrucken und in „seinem Fach" hinterlegen. Das System wird dafür verwendet, um aktuelle Informationen sowohl von „oben nach unten" als auch von „unten nach oben" weiterzugeben. Ebenso dient das Verfahren dazu, den Informationsfluss zu schwer erreichbaren Mitarbeitenden zu gewährleisten, wie z. B. Nachtwachen, Wochenendaushilfen oder Teilzeitbeschäftigte.

Für die Mitarbeitenden, die keinen privaten Internetzugang haben, besteht die Möglichkeit, in den Bereichsbüros und in den Fluren an unseren Terminals kostenfrei Zugang ins Internet, ins Intranet und zu ihrem E-Mail-Account zu bekommen. Darüber hinaus haben wir Infopoints, eine Art schwarzes Brett, in den verschiedenen Bereichen, die über Aktuelles informieren.

Im Haus finden sich zudem verschiedene „Kommunikationsinseln", die den Austausch befördern sollen. Wir haben z. B. ein Kickerspiel, eine Raucherecke – auch für Nichtraucher – eine ansprechende Cafeteria mit kostengünstigen Angeboten an Getränken und Speisen, eine Sonnenterasse, Sportgeräte, einen großzügigen Garten mit Sitzecken, außerdem bieten wir flexible Pausenzeiten und Betriebssport.

14.3.9   Externe Kommunikation zur Imageaufwertung des Pflegebereichs

Entscheidend für die Gewinnung und Bindung wirklich loyaler Mitarbeiter sind die emotionale Bindung und die erlebte Sinnhaftigkeit der Arbeit. Und wie in keinem anderen Berufsfeld kann die Pflege und Betreuung von hilfebedürftigen Menschen als positiv gestaltete Beziehungsarbeit und als sinnhaft erlebt werden. Dies muss im Vordergrund des internen Marketings stehen und nicht das Jammern über die schlechten Bedingungen.

Ein zentrales Problem ist aber die mangelnde gesellschaftliche Wertschätzung für die Arbeit der Pflegekräfte. Mitarbeitende in der Pflege registrieren sehr aufmerksam, welch ambivalente Informationen in den Medien über den Pflegebereich veröffentlicht werden.

Einerseits genießen Pflegekräfte bei der Bevölkerung sehr hohes Ansehen und Vertrauen. Andererseits wird in der Regel negativ über die Arbeit in den Pflegeheimen berichtet. Das führt dazu, dass Pflegekräfte selbst ihre gesellschaftliche Stellung als nicht herausragend bewerten. Sie schätzen ihren Sozialstatus und die berufliche Attraktivität eindeutig negativ ein. Das sorgt wiederum dafür, dass Organisationen im Bereich der Altenpflege grundsätzlich mit negativen Konnotationen für ihre Arbeitgebermarke zu kämpfen haben.

Um dem zu begegnen, beschäftigen wir seit vielen Jahren eine freiberufliche Redakteurin, die positive Zeichen in der Presseberichterstattung setzt. Im Jahr 2013 hatten wir 25 positive Berichte über uns in den Tageszeitungen. Themen waren insbesondere: St. Gereon als „guter Arbeitgeber". Immer nach der Devise: Wenn es den Mitarbeitenden gut geht, geht es auch den Menschen in den Einrichtungen gut.

14.3.10   Was ist unser Fazit?

In den vergangenen Jahren nahmen wir an zahlreichen unterschiedlichen Wettbewerben erfolgreich teil. Uns wurden viele Sonderpreise für unser Gesundheitsmanagement, unsere Work-Life-Balance, die Frauenförderung, die Förderung älterer Mitarbeitender und unsere Innovationskultur verliehen. Das sind äußere Zeichen der Anerkennung und gleichzeitig ein Versprechen an unsere Angestellten.

Durch entsprechende Veröffentlichungen zu den Auszeichnungen werden die St. Gereon Seniorendienste als attraktiver Arbeitgeber wahrgenommen. Die Imagebildung geschieht primär durch Mund-zu-Mund-Propaganda, vornehmlich durch den Einsatz von Social Media der Mitarbeitenden und ihrer Angehörigen. Mit zwei Anzeigen in Wochenendbeilagen ist es uns zudem gelungen, unsere Stellung als größter Ausbildungsbetrieb für die Altenpflege in Nordrhein-Westfalen bekannt zu machen.

Seitdem wir uns bewusst mit Personalentwicklung befassen, unsere Beschäftigten in alle Entscheidungen, die sie betreffen, im hohen Maße einbinden und wir sie fragen, wie wir unsere Verpflichtungen ihnen gegenüber erfüllen, gibt es neben den zahlreichen Prämierungen eine Vielzahl von Erfolgen:

- eine hohe Identifikation mit St. Gereon,
- keine Fluktuation,
- geringe Fehlzeiten (2,31 % Krankenstand im Jahr 2012),

- hohe Zufriedenheit (96 % der Mitarbeitenden sagen, dass St. Gereon ein sehr guter Arbeitsplatz ist),
- ein gutes Image in der Öffentlichkeit, das aus der hohen Arbeitszufriedenheit resultiert.

Zufriedene Mitarbeiterinnen und Mitarbeiter leisten gute Arbeit, dadurch haben wir eine hohe Nachfrage nach Dienstleistungen und eine hohe Anzahl von Bewerbungen, insbesondere von jungen Menschen. Aktuell absolvieren 190 von ihnen eine Ausbildung bei uns. Das Wichtigste aber ist: Es macht Spaß, hier zu arbeiten, und wenn nicht, dann ändern wir es, gemeinsam.

2014 haben wir übrigens im branchenübergreifenden Wettbewerb „Deutschlands beste Arbeitgeber" unser angestrebtes Ziel erreicht: den 1. Platz. Unser neues Ziel ist es, im Wettbewerb „Best Workplaces Europe" die Spitze zu erklimmen.

Der Autor

Bernd Bogert (1951) ist seit 1976 in der stationären Altenpflege tätig. Seit 32 Jahren arbeitet er als Geschäftsführer der St. Gereon Seniorendienste. Er absolvierte an der Katholischen Fachhochschule Aachen sein Studium der Sozialarbeit und an der Uni Kassel das Studium der Sozialen Gerontologie. (Quelle: St. Gereon Seniorendienste gemeinnützige GmbH)

Literatur

Bundesanstalt für Arbeitsschutz und Arbeitsmedizin (Hrsg) (2010) Fels in der Brandung. Ältere Beschäftigte im Pflegeberuf. Geschäftsstelle der Initiative Neue Qualität der Arbeit, Berlin

Knabenreich H (2013) Arbeitgeberbewertungsportale verändern das Personalmarketing, personalmarketing2null.de, Wiesbaden. http://personalmarketing2null.de/2013/10/28/arbeitgeberbewertungsportale-veraendern-das-personalmarketing. Zugegriffen: 6. April 2014

Sachverständigenrat zur Begutachtung der gesamtwirtschaftlichen Entwicklung, Statistisches Bundesamt (2011) Verantwortung für Europa wahrnehmen. Jahresgutachten 2011/12, Wiesbaden, Paderborn. http://www.sachverstaendigenrat-wirtschaft.de/fileadmin/dateiablage/download/gutachten/ga11_ges.pdf. Zugegriffen: 6. April 2014

Vom Orde H (2012) Grunddaten Jugend und Medien 2012. Aktuelle Ergebnisse zur Mediennutzung von Jugendlichen in Deutschland. Internationales Zentralinstitut für das Jugend- und Bildungsfernsehen (IZI). http://www.br-online.de/jugend/izi/deutsch/GrundddatenJugend_Medien_2012.pdf. Zugegriffen: 6. April 2014

Markenbewusstsein als Arbeitgeber in der Eingliederungshilfe

15

Die Forderungen nach mehr und tatsächlicher Selbstbestimmung und Teilhabe von Menschen mit Behinderung haben die Eingliederungshilfe vor einen Paradigmenwechsel gestellt. Durch die UN-Behindertenrechtskonvention rücken ambulante Angebote genauso in den Fokus wie im Altenpflegebereich. Das erfordert auf Seiten der Mitarbeiterinnen und Mitarbeiter, besonders der langgedienten, einen Haltungs- und Verhaltenswandel und bringt Arbeitgeber in Zugzwang, die häufig unterschiedlichen Welten der älteren und jüngeren Generationen zusammenzuführen. Letztere hat die Klientenorientierung meist schon mit den neuen Lehrplänen aufgesogen. Viele Teilzeitstellen mit häufiger Befristung tun ihr Übriges, um an der Attraktivität des Berufes zu nagen. Zwei Arbeitgeber gewähren Einblick, wie sie sich dem Employer Branding genähert haben und die Herausforderungen bewältigen.

15.1 Was mit Menschen – Karriere in Wollsocken

Stefanie Könnecke

„Ich will für Menschen da sein." „Mein Job soll Sinn machen." „Ich will Menschen helfen." Sätze, die man oft hört, wenn man gestandene Profis aus der Behindertenhilfe nach ihrer Berufswahl fragt. Karrierewünsche oder ein gutes Einkommen findet man eher in der Betriebswirtschaft oder bei den Ingenieurswissenschaften – so eine weit verbreitete Einschätzung. In der Sozialwirtschaft ist scheinbar wenig Raum für Karriere. Die Mitarbeitenden sollen für den Menschen da sein – am besten in Wollsocken und mit Diskussionskerze in der Hand.

▶ In Zeiten von Sparmaßnahmen und wachsenden Ansprüchen an Mitarbeitende ist die Personalfindung ein wichtiges Thema. Die Sozialwirtschaft braucht qua-

© Springer Fachmedien Wiesbaden 2014
C. Heider-Winter, *Employer Branding in der Sozialwirtschaft*,
DOI 10.1007/978-3-658-01196-3_15

lifiziertes Führungspersonal und gut ausgebildete Fachleute – und in Zeiten des Fachkräftemangels ein zielorientiertes Recruiting. Leben mit Behinderung Hamburg ist in den vergangenen Jahren neue Wege in der Ausbildung von Führungskräften und bei der Anwerbung von gut ausgebildeten Fachleuten gegangen. Denn Karriereplanung und „was mit Menschen machen" müssen sich nicht ausschließen.

Leben mit Behinderung Hamburg hat aus seiner Historie heraus eine eigene Stellung in der Fachszene. Der Gründervater Kurt Juster, damals im Exil in Schweden lebend, wird 1948 Vater einer spastisch gelähmten Tochter. Wie alle anderen Kinder soll sie die Möglichkeit erhalten, in den Kindergarten zu gehen, später die Schule zu besuchen und eine Ausbildung zu machen. In Göteburg initiiert Juster Anfang der 50er Jahre Elterngruppen und macht eine Betreuung für seine Tochter möglich. Bei seiner Rückkehr nach Deutschland im Jahr 1956 setzt er diese Arbeit fort.

Er gründet 1956 in Hamburg den Verein zur Förderung spastisch gelähmter Kinder e.V.[1] (seit 1996 Leben mit Behinderung Hamburg). Es ist die erste Elterninitiative von Eltern behinderter Kinder in Deutschland. Ziel ist die Teilhabe am Leben in der Gesellschaft. Was als kleine Initiative begann, wird schnell zur Lobbyvertretung für die Rechte von Menschen mit Behinderung. Der Verein nimmt eine Vorreiterrolle in Deutschland ein und ist so z. B. maßgeblich daran beteiligt, dass Kinder mit Behinderung schulpflichtig werden.

Der vom Verein 1968 initiierte Kongress „Bauen für Körperbehinderte – eine gesellschaftpolitische Aufgabe" legt den Grundstein für Baunormen, die heute selbstverständlich sind. In den 80er Jahren ist aus der Elterninitiative ein Träger der Behindertenhilfe geworden. Aus einer kleinen eingeschworenen Gemeinschaft mit Vereinsduktus wird ein Unternehmen mit der Geschäftsstelle am Hamburger Stadtpark. Heute ist Leben mit Behinderung Hamburg mit 900 Beschäftigten einer der großen Träger der Behindertenhilfe in Hamburg. Aus einer Initiative wurde ein mittelständischer Arbeitgeber. Sieben Firmen, darunter zwei Stiftungen, gehören derzeit zur Organisation. Der Elternverein hat mehr als 1.500 Mitglieder.

15.1.1   Aufbruchsgeist und Führungsdenken

Viele Mitarbeitende sind seit der Aufbruchsphase in den 80er Jahren für die Organisation tätig. Sie haben eine starke Bindung an das Unternehmen. Es gibt wenig Fluktuation. Der Geist der Gründungsgeneration prägt ihre Arbeit und die der folgenden Generationen. So gilt Leben mit Behinderung Hamburg in der Fachszene auch heute immer noch – fast 60 Jahre nach der Gründung als Hamburger Spastiker Verein – als innovativer Träger mit Vorreiterrolle. Ist inzwischen die UN-Konvention zur Teilhabe von Menschen mit

---

[1] auch als Hamburger Spastikerverein bekannt.

Behinderung an der Gesellschaft das Leitbild der Fachszene, kann Leben mit Behinderung Hamburg auf eine eigene Tradition in Sachen Inklusion und Teilhabe zurückgreifen.

2002 erarbeiteten Angehörige und Mitarbeitende gemeinsam ein Leitbild, das zur verbindlichen Grundlage der Arbeit erklärt wurde und seither jedem neuen Mitarbeitenden übergeben wird.

Die Mitarbeitenden der Aufbruchsphase stehen heute kurz vor der Verrentung. Das heißt, viel Fachwissen und Pioniergeist wird in den kommenden Jahren die Organisation verlassen. Führungskräfte, die ihre Aufgabe seit Jahren wahrnehmen, werden nicht mehr zur Verfügung stehen – eine Herausforderung für die Personalplanung und -entwicklung.

Eine Nachfolgeplanung für Führungskräfte und qualifizierte Fachkräfte ist unerlässlich. Jüngere Mitarbeiterinnen und Mitarbeiter müssen qualifiziert und auf ihre neuen Aufgaben vorbereitet werden. „Wir haben erkannt, wie wichtig es ist, unsere Mitarbeiter zu qualifizieren", sagt Stefan Neumann, Leiter der Personalabteilung bei Leben mit Behinderung Hamburg. „Es wird oft der Fehler gemacht, Mitarbeitende in Führungspositionen zu befördern, die zum Beispiel gute Sozialpädagogen sind, aber in der Führung und Motivation von Menschen über wenig Kompetenzen verfügen. Gerade in unserer Gründergeneration hatte die Führungsaufgabe keinen besonderen Stellenwert eingenommen."

Bei Leben mit Behinderung Hamburg hat man die Bedeutung des Themas Aus- und Weiterbildung erkannt und 2012 das Projekt „Konsequent in Führung gehen" (KOF) ins Leben gerufen. Dieses wurde von der Geschäftsführung beauftragt und ist eine Weiterführung der Strategie 2010 bis 2015.

Für einen Projektzeitraum von zwei Jahren wurden folgende Maßnahmen geplant:

- Gesundheitsschutz als zentrales Führungsthema
- Durchführung einer Mitarbeiterbefragung
- Verabschiedung und offizielle Einführung der Führungsleitlinien
- Einführung von Mitarbeiterjahresgesprächen
- Schulungsprogramm für Führungskräfte
- die Personalabteilung wird Businesspartner für die Führungskräfte u. a. in den Bereichen Einstellungsprozess, Bewerbungsverfahren, Personalakquise etc.

Über die Arbeit des KOF-Projektteams und über die Maßnahmen wird in einem Newsletter, der sich an die Führungskräfte richtet, regelmäßig informiert[2]. Ziel ist es, größtmögliche Transparenz zu schaffen und in den Dialog zu treten.

Im März 2013 wurde[3] eine Befragung der Mitarbeiterinnen und Mitarbeiter durchgeführt und ausgewertet. Im Oktober desselben Jahres erfolgte die Einführung von Führungsleitlinien, die auch im Internet[4] veröffentlicht sind. Gemeinsam mit der Personalabteilung

---

[2] Der erste KOF Newsletter erschien im November 2012.

[3] von einem externen Dienstleister.

[4] http://www.lmbhh.de/Fuehrungsleitlinien.648.0.html.

wurde das Einstellungsverfahren standardisiert. Mitarbeiterjahresgespräche[5] konnten im Einvernehmen mit dem Betriebsrat vereinbart und zum Jahreswechsel 2013/2014 eingeführt werden.

Neben den Leitungen der Einrichtungen gibt es nun auch eine Dauerstellvertretung. „Die Dauerstellvertretung ist eine gute Chance für jüngere Kolleginnen und Kollegen, sich an eine Führungsposition heranzuarbeiten", erläutert Anja Essegern, Referentin für Personalentwicklung. Die Mitarbeitenden lernen, wie Führung funktioniert und welche Aufgaben auf sie zukommen. Darüber hinaus werden sie durch Fortbildungen zu Führungskräften weiterentwickelt. „Diese Nachfolgeplanung ist für uns eine wichtige Säule unserer Personalentwicklungsarbeit", so Stefan Neuman. „Ein Großteil unserer Belegschaft nähert sich dem Rentenalter und viele unserer Leitungskräfte werden das Unternehmen in den nächsten zehn Jahren verlassen. Da ist es sinnvoll, in den eigenen Reihen den Führungsnachwuchs zu rekrutieren und aufzubauen."

Doch eine Organisation braucht nicht nur Leitungskräfte, sondern auch gut ausgebildete Fachleute. Das sind zum Beispiel Sozialpädagoginnen und -pädagogen oder Heilerziehungsfachkräfte, die besonders engagiert und fachmännisch ihren täglichen Job tun, innovativ arbeiten und sich qualifizieren wollen. „Wir müssen unsere Mitarbeitenden vertikal und horizontal weiterentwickeln", erläutert Stefan Neumann. „Es kann nur heißen Laufbahnkarriere oder Qualifikation zum Spezialisten. Jede Entwicklungsrichtung benötigt eine besondere Qualifikation, aber auch spezielle Fähigkeiten. Diese im Vorwege herauszuarbeiten, ist eine wichtige Aufgabe der Personalentwicklung."

Zur fachlichen Qualifikation bietet Leben mit Behinderung Hamburg ein eigenes Fortbildungsprogramm an. Mit externen Beratungen und Kooperationspartnern werden die Mitarbeitenden fit gemacht für die Arbeit am Menschen, aber auch in der Organisation, sei es die Methode der Personenzentrierung, Palliativpflege oder der Umgang mit psychischen Erkrankungen bei Menschen mit Behinderung: Über 100 Fortbildungen werden jährlich für die Mitarbeitenden angeboten. Auch Fort- und Weiterbildungen bei externen Anbietern sind möglich. Dafür stehen jedem Mitarbeitenden sieben Fortbildungstage im Jahr zur Verfügung.

„Ich führe im Jahr ca. 40 Personalentwicklungsgespräche", berichtet Anja Essegern. „Dabei versuchen wir nicht nur die Kolleginnen und Kollegen zu qualifizieren, die bereits mit einer abgeschlossenen Berufsausbildung zu uns gekommen sind." Der Blick der Personalentwicklerin Essegern gilt auch jenen, die keine Ausbildung haben und zum Beispiel im Freiwilligen Sozialen Jahr (FSJ) oder als Aushilfen zum Träger kommen. So werden Interessierte in der Qualifizierung unterstützt. Das geschieht beispielsweise in Form eines Zuschusses zum Schulgeld bei der Ausbildung zum Heilerziehungspflegenden oder bei der Finanzierung eines berufsbegleitenden Studiums. „Beliebt sind auch Studierendenjobs bei uns, auf die sich z. B. auch ehemalige FSJler bewerben", so Essegern weiter. „Meist läuft das während des ganzen Studiums weiter und die Mitarbeitenden kommen dann als fertig ausgebildete Sozialpädagoginnen und -pädagogen zu uns zurück." Dass das kein

---

[5] Diese werden seit Dezember 2013 umgesetzt.

neuer Weg ist, zeigt sich, wenn man auf die Lebenswege der aktuellen Führungskräfte schaut: Vom Zivildienstleistenden zum Projekt- oder gar Bereichsleiter – klar gibt es solche Karrieren. Bisher hat sich das vielleicht eher zufällig ergeben. Heute wird das sorgfältig von Fachleuten geplant. „Wir arbeiten in der Personalentwicklung und im Personalmarketing genauso wie andere Unternehmen auch", sagt Stefan Neumann, der zuvor in der IT-Branche tätig war. „Die Sozialwirtschaft kann sich diesen Entwicklungspotenzialen nicht verschließen."

Insbesondere junge, gut ausgebildete Mitarbeitende haben inzwischen sehr konkrete Vorstellungen von ihrer Karriere beim Träger. Sie streben gezielt eine Laufbahn als Leitung an. Bei Leben mit Behinderung Hamburg werden sie darauf gut und sorgfältig vorbereitet.

15.1.2   Die Richtigen finden – das Karriereportal

Das Recruiting der passenden Fach- und Führungskräfte gestaltet sich oft schwierig. Bis 2011 suchte die Personalabteilung Mitarbeitende für die Einrichtungen und Dienste von Leben mit Behinderung Hamburg eher auf klassischen Kanälen wie Anzeigen in der Lokalpresse[6] oder auf Internetportalen.[7] „Das war bei Anzeigenpreisen von durchschnittlich 1.500 Euro teuer und oft wenig effektiv", resümiert Stefan Neumann.

Der Versuch, Nachwuchs-, Fach- und Führungskräfte[8] über die Website der Organisation anzuwerben, erwies sich als durchaus erfolgreich, sodass die Geschäftsführung von Leben mit Behinderung Hamburg entschied, ein eigenes Portal entwickeln zu lassen, das ausschließlich der Ansprache von neuen Mitarbeitenden dienen sollte. Die Notwendigkeit, dieses Portal zu realisieren, ergibt sich zusammengefasst aus folgenden Punkten:

1. Schon heute besteht die Schwierigkeit, aufgrund von mangelnden Bewerbungen Stellen zeitnah zu besetzen. Es fehlt an qualifizierten Bewerbenden.
2. Der Fachkräftemangel im Bereich des Pflegepersonals macht auch vor Leben mit Behinderung Hamburg nicht Halt. Darüber hinaus kam es durch die Umstellung der Dienste in der Betreuung im eigenen Wohnraum zu veränderten Personalbedürfnissen, auf die reagiert werden musste.[9]
3. Laut aktuellen Umfragen informieren sich über 90 % der Jobsuchenden über ihren zukünftigen Arbeitgeber im Internet. Die geringe Resonanz auf Zeitungsinserate und

---

[6] Hamburger Abendblatt und Wochenblätter.

[7] zum Beispiel stepstone.de oder stellenwerk-hamburg.de, Jobportal der Hamburger Hochschulen.

[8] Bei der Suche nach einer großen Anzahl von Mitarbeitern für die Nachtbereitschaft hat Leben mit Behinderung Hamburg auf der Website der Organisation lmbhh.de eine Anzeige veröffentlicht, die große Resonanz hervorrief.

[9] Gerade bei Stellen mit geringer Stundenzahl kommt es immer wieder zu Engpässen. So zum Beispiel auch bei Studierendenjobs im Bereich Hilfen in der Familie.

die vergleichsweise hohen Kosten[10] sind ein schlagkräftiges Argument für das Einrichten einer digitalen Stellenbörse. Hinzu kommt, dass es ebensolche kaum für die in der Behindertenhilfe benötigten Berufsbilder gibt. Also ist Eigeninitiative gefragt.

Eine dreiköpfige Arbeitsgruppe aus den Abteilungen Personal und Öffentlichkeitsarbeit entwickelte mit Unterstützung der im Haus bereits arbeitenden Agenturen für Personalmarketing und Webauftritte ein Karriereportal, das die ganz speziellen Bedürfnisse von Leben mit Behinderung Hamburg zeigt. Der Zeitrahmen lag bei etwa einem dreiviertel Jahr.

Dabei fingen bereits im Wording die Schwierigkeiten an. Was von den Mitarbeitenden, von Personalabteilung und Öffentlichkeitsarbeit als Karriereportal bezeichnet wurde, erzeugte bei Teilen der Geschäftsführung erst einmal Unbehagen. „Karriere" – ist das wirklich etwas, womit sich unsere Mitarbeitenden identifizieren können? Womit der Kern des Problems, der bisher angenommene Ausschluss von Karriere und sozialer Arbeit, deutlich wurde. Wir erinnern uns an das Wollsocken-Klischee. Auch beim Wording der Bewerbungskategorien musste immer wieder die Sprache der Personalabteilung an die der pädagogischen Kräfte angepasst werden. So sprechen wir z. B. nicht, wie in vergleichbaren Portalen üblich, von Professionals, sondern von erfahrenen Mitarbeitenden.

Die Ansprüche und Inhalte des Karriereportals (das zur Vereinfachung weiter so genannt wird) waren schnell gefunden. Mit einem Klick muss der User zu einer übersichtlichen Stellenbörse gelangen. Diese sollte bei der Suche nach Arbeitsbereichen und Regionen sowie nach Vollzeit- und Teilzeit-Stellen variieren können. Außerdem musste es Raum geben, die Organisation vorzustellen und Stellenbeschreibungen für Berufseinsteigende und Erfahrene (Professionals) zu unterscheiden. Dabei war es insbesondere der Personalabteilung wichtig, Bewerbungsabläufe zu erläutern, damit Bewerbungen vollständig und aussagekräftig eingereicht werden.

Wie schon bei anderen Websites von Leben mit Behinderung Hamburg wurde eine Agentur beauftragt, die sich auf die Entwicklung von barrierefreien Websites spezialisiert hat und die technischen Anforderungen der Organisation (Programmierung in Typo 3, Kompatibilität mit dem Intranet) kennt. Wesentliche Anforderungen an die Agentur lagen im Folgenden:

- Das Design des Karriereportals soll eine Weiterentwicklung des Designs der bestehenden Website www.lmbhh.de sein, aber auch die Zusammengehörigkeit darstellen[11].
- Die Website soll nach den Grundlagen des barrierenfreien Webdesigns gestaltet und programmiert werden.
- Sie muss den Vorgaben des BITV Test entsprechen. Das ist ein Prüfverfahren für die Prüfung der Barrierefreiheit von Internetseiten (bitvtest.de).

---

[10] So entsprachen die Kosten allein für Stepstone-Anzeigen im Jahr 2011 dem Doppelten an Agenturkosten, die letztendlich für das Karriereportal anfielen.

[11] Hier spielte auch die Idee eine Rolle, bei einem Relaunch der Website lmbhh.de das Design an das des Karriereportals anzupassen.

Das richtige Design zu finden, war eine Herausforderung. Die Grafikerin der Webagentur erhielt einen umfangreichen Katalog mit Anforderungen und Gestaltungsvorschlägen. Zielgruppe des Karriereportals sind in erster Linie jüngere Frauen und Männer in ihren ersten Berufsjahren. Dennoch müssen erfahrene Mitarbeitende, also Menschen in eher fortgeschrittenem Alter, die Seite auch ansprechend finden. Dafür wurden zahllose Websites gesichtet und Stellenbörsen ausprobiert, Dos und Don'ts formuliert, Abwägungen getroffen: „Runde Ecken oder doch lieber eckige Ecken?" Es wurden Gespräche mit Mitarbeitenden geführt, in denen unter anderem deren Internetnutzung abgefragt wurde. Denn eine Website, die ja einige Jahre aktuell sein soll, muss auch die Bedürfnisse der Mitarbeitenden treffen und kompatibel mit mobilen Endgeräten sein. Der Zugriff auf unsere Profile in sozialen Netzwerken sollte von der Startseite erfolgen können

Die Texte für die Website wurden bei einer Personalmarketing-Agentur in Auftrag gegeben, die Leben mit Behinderung Hamburg seit 2009 in diesem Bereich berät. Eine Anregung der Agentur, die auf gängigen Karriereportalen zu finden ist, wurde bisher nicht umgesetzt: Testimonials. Ein wichtiges Instrument, möglichen Bewerbenden die Organisation sympathisch darzustellen.[12]

Schnell wurde allen Beteiligten deutlich, dass die Website einen eigenen Namen braucht und nicht lmbhh.de/stellenangebote heißen darf. Das Wording bei Leben mit Behinderung Hamburg ist deutsch und vermeidet Anglizismen. Also fielen Namen wie socialworknet. de oder socialjobfinder.de aus. Außerdem waren diese zu allgemein gehalten, für das, was mit der Seite ausgedrückt werden soll. Genannt haben wir die Seite schließlich wasmitmenschen.org[13].

Denn: Fragt man junge Menschen, was für einen Beruf sie ergreifen wollen, fallen oft Sätze wie „irgendwas mit Medien", „ich mach was mit Wirtschaft" oder eben „was mit Menschen". Diese Überschrift spiegelt aktuelle Sprachgewohnheiten wieder, fällt aber als Headline für ein Karriereportal auch ein wenig aus dem Rahmen – ohne dabei zu provozieren. Genau das, was Leben mit Behinderung Hamburg braucht: Menschen, die am Puls der Zeit arbeiten, quer denken, sich aber mit ihren Ideen in die doch relativ große Organisation einbringen können und nicht gleich den „ganzen Laden" zum Einstürzen bringen[14].

Bei der Arbeit an wasmitmenschen.org wurde deutlich, welche Prozesse in der Organisation nicht klar beschrieben sind und wo Selbst- und zu vermittelndes Fremdbild voneinander abweichen. Grade bei ersterem kamen einige Fragen auf die Personalabteilung zu. Leben mit Behinderung Hamburg ist eine gewachsene, in den vergangenen Jahren auch in der Verwaltung stark gewachsene Organisation. So kommt es vor, dass Dinge seit Jahren *einfach so gemacht werden*. Das ist aus der Historie zu begründen und bei anderen Unternehmen dieser Art auch nicht anders. So stellte sich bei der Arbeit an wasmitmenschen. org z. B. heraus, dass die Prozesse, wie eine Bewerbung in der Organisation bearbeitet

---

[12] Es ist geplant, nachträglich Testimonials einzubauen.

[13] wasmitmenschen.de ist leider seit Jahren „im Aufbau".

[14] Einige Wände sind ja durchaus ok, während es das Fundament braucht, um standhaft zu bleiben.

wird, nicht einheitlich sind. Im Zuge der Arbeit mit dem Karriereportal wurden auch die Stellenausschreibungen verändert oder viel mehr vereinheitlicht.

Mitarbeiterinnen und Mitarbeiter eines Unternehmens sind die besten Multiplikatoren. Um auch sie für wasmitmenschen.org zu begeistern, wurde ein eigenes KOF-Rundschreiben zur Einführung des Karriereportals formuliert. Darin wurden die Fach- und Führungskräfte gebeten, potenziellen Bewerbenden von ihrer Arbeit zu berichten[15]. Da solch eine Aufforderung via Papier schnell verhallt, wurden Schlüsselbänder mit dem Aufdruck wasmitmenschen.org und dem Logo von Leben mit Behinderung Hamburg an die Mitarbeiter verteilt, mit der Anregung, diese weiterzugeben. Die Aktion[16] kam bei den Mitarbeitenden gut an.

15.1.3   Werbekampagne an Fach- und Hochschulen

100 bis 800 Menschen besuchten die Website „wasmitmenschen.org" nach ihrem Launch täglich[17]. Dabei war zu beobachten, dass die meisten Besucherinnen und Besucher sich unter der Woche von 12 bis 15 Uhr die Seite anschauten. Das Schalten von Google adWords steigerte die Klicks, wobei hier keine qualitative Verbesserung der Resonanz festzustellen war. Um dennoch zielgerichtet Jobsuchende anzusprechen, wurde eine Werbekampagne zur Verbesserung der Bekanntheit der Seite gestartet.

Im Jahr 2013 gab es insbesondere in den Bereichen der geringfügig Beschäftigten, also auf dem Feld klassischer Studierendenjobs, bei den Hilfen in der Familie und bei der Ferienbetreuung bzw. den Ferienhorten Engpässe bei der Personalakquise. Da die betroffenen Abteilungen regelmäßige Informationstermine für Studierende anbieten, ging es bei der Kampagne darum, diese zu bewerben und dabei auch auf wasmitmenschen.org aufmerksam zu machen. Dazu wurden ein Plakat und eine Postkarte (siehe Abb. 15.1) entwickelt, mit denen zu den Info-Terminen eingeladen wurde. Dieses wurde an Fachschulen[18] und soweit möglich[19] an den Hochschulen aufgehängt bzw. ausgelegt.

Außerdem wurden in der Zeitschrift Read, die mit einer Auflage von 15.000 Exemplaren in Kneipen und Kulturzentren verteilt wird, Anzeigen geschaltet. Vor der Kampagne wurde an den Hoch- und Fachschulen lediglich die URL wasmitmenschen.org kommu-

---

[15] Dies eine ausdrückliche Bitte der Geschäftsführung.

[16] Diese Schlüsselbänder erfreuen sich großer Beliebtheit und sind in der Vergangenheit schon mehrfach nachproduziert worden.

[17] Zur Ermittlung der Klickzahlen wird Piwik verwendet.

[18] Staatliche Fachschule für Sozialpädagogik Wagnerstraße, Anna-Warburg-Schule, Berufsfachschule für Sozialpädagogische Assistenz Alten Eichen, Staatliche Fachschule für Sozialpädagogik FSP2, Universität Hamburg, Hochschule für Angewandte Wissenschaften.

[19] Die Verteilung von Informationsmaterial an Ausbildungsstätten ist teilweise sehr kostenintensiv und wird von überregionalen Agenturen verwaltet, sodass wir in Einzelfällen auf eine Plakatierung verzichtet haben.

Abb. 15.1 Postkarte von
Leben mit Behinderung
Hamburg. (Quelle: Leben mit
Behinderung Hamburg)

niziert. In der darauffolgenden Ausgabe erschien dann das Plakatmotiv mit den aktuellen
Terminen.

An der Universität und an der Hochschule für Angewandte Wissenschaften Hamburg
informierten Mitarbeitende von Leben mit Behinderung Hamburg an Info-Ständen über
die Jobmöglichkeiten innerhalb der Organisation. Die Info-Stände fanden zur Mittagszeit
statt und waren vor der Mensa aufgebaut. Um die Studierenden für den Stand zu interessieren, wurden Energiedrinks mit dem Aufdruck wasmitmenschen.org verteilt. Parallel zu
den Info-Ständen wurden Fahrradsättel mit bedruckten wasmitmenschen.org-Hussen auf
dem Gelände verteilt. Die Sattelhussen wurden auch an den Standorten, wo *nur* plakatiert
wurde, verteilt.

Die Resonanz an den Info-Ständen war durchweg gut. Viele Studierende nutzten die
Gelegenheit, um sich über die Arbeitsmöglichkeiten zu informieren. Und auch die Mundpropaganda funktionierte. Viele Interessierte hatten aus dem Freundes- und Bekanntenkreis von den Studierendenjobs bei Leben mit Behinderung Hamburg gehört. Auch gab es
Studierende, die anderen an den Ständen motivierend zuriefen: „Ich habe da auch schon
gearbeitet. Das ist prima."

Wie effektiv die Aktion, über die kurzfristige Anwerbung von studentischen Mitarbeitenden hinaus war, wird sich in den nächsten Jahren zeigen, wenn aus den Studierenden
eines Tages Vollzeitkräfte werden, die ihre Karriere bei Leben mit Behinderung Hamburg
beginnen.

15.1.4   Karriereplanung als Markenzeichen

Auf der einen Seite ist der Markt um gut ausgebildete Fachkräfte in der Sozialwirtschaft umkämpft. Auf der anderen Seite zwingen die Sozialhaushalte die Verantwortlichen zu Umstrukturierungen und Stellenabbau. Karriereplanung zum Qualitätsmerkmal einer Organisation oder eines Unternehmens der Sozialwirtschaft zu machen, ist eine Entscheidung, deren Früchte die Organisation erst in den nächsten Dekaden ernten wird. Aber sie ist innovativ und liefert vorausschauend eine besondere Qualität für die Menschen, die bei Leben mit Behinderung Hamburg betreut werden. Das liegt ganz in der Tradition der Gründergeneration.

Auch wenn heute einiges moderner erscheint, hat sich nicht viel Grundlegendes verändert: Leben mit Behinderung Hamburg geht eigene Wege und ist dabei oft zukunftsweisend. Die Leitgedanken sind geblieben. Dass ein sozialer Träger die Karriereplanung und Stärkung des Führungsnachwuchses zum strategischen Ziel erklärt und dies auch innerhalb der Organisation sowie der Verwaltung umsetzt, ist neu in der Sozialwirtschaft, aber dringend nötig.

Der immer wieder im Text aufgenommene Konflikt zwischen Wollsocken und Karriereplanung kam insbesondere in einer Situation zu tragen, die im Vorfeld nicht näher beschrieben wurde. Während die Werbekampagne für wasmitmenschen.org mit dem eigenen Personal und einer externen Grafikerin realisiert wurde, hatte man am Anfang angedacht, die Kampagne größer anzugehen und mit einer Agentur gemeinsam nach Anzeigenmotiven gesucht. Die Entwürfe von Plakaten mit Stellenanzeigen, auf denen zu lesen war „Birkenstockträger/Wollmützenträger/Cordhosenträger kommen zu uns" fielen bei der Steuerungsgruppe durch. Denn: Leben mit Behinderung Hamburg braucht moderne junge Leute, die sich ihrer Chancen bewusst sind. Birkenstock und Co. sind ein Klischee, das nicht zu Leben mit Behinderung Hamburg passt.

Studierende der Sozialen Arbeit und der verwandten Berufe sind keine Freaks, die die Welt verbessern wollen – und das am besten in Wollsocken mit Diskussionskerze bewaffnet. Diese Bilder passen heute nicht mehr in das Milieu der Sozialen Arbeit. Soziale Arbeit ist ein Berufszweig, der viel Engagement und Einsatz erfordert. Es ist harte Arbeit und dazu braucht es gut ausgebildete Fachkräfte. Soziale Arbeit ist ein Berufszweig mit Karriereperspektiven – gerade in Zeiten des Fachkräftemangels.

Die Realisierung des Karriereportals und die einführende Werbekampagne an den Hoch- und Fachschulen konnte mit einem kleinem Budget für externe Leistungen und den eigenen Potenzialen der Mitarbeitenden realisiert werden. Es bedarf also keines hohen Marketingetats, um sich in der Öffentlichkeit zu präsentieren. Was es braucht, sind Ideen und eine klare Linie, die bei Leben mit Behinderung Hamburg durch Strategie und Leitbild vorgegeben wurden. Und natürlich die Freude, was mit Menschen machen zu wollen.

Die Autorin

Stefanie Könnecke ist Referentin für Öffentlichkeitsarbeit bei Leben mit Behinderung Hamburg. Nach ihrem Studium der angewandten Kulturwissenschaften arbeitete sie zunächst einige Jahre an Theatern in Lüneburg, Dublin und Hannover. Seit 1999 ist sie als Marketing- und PR-Beraterin tätig. Ihr besonderes Interesse gilt der digitalen Kommunikation und Social Media. Mit der Arbeit an „wasmitmenschen.org" hat sie sich zum ersten Mal mit Recruiting und Arbeitgeber-Branding auseinander gesetzt und eine neue Passion entdeckt. (Quelle: Eibe Maleen Krebs)

15.2 Mit einem Wiki der Employer Brand auf die Spur gekommen – Integra Soziale Dienste gGmbH

Daniela Hofmann

Die Integra Soziale Dienste gGmbH wuchs innerhalb weniger Jahren rasant. Die Zahl der Mitarbeitenden verzehnfachte sich. Gestartet mit dem Wunsch, die interne Kommunikation zu verbessern, sah sich der bayerische Träger auf einmal mit Fragen zur eigenen Identität konfrontiert und legte den Grundstein für seine Employer Brand.

Wir schreiben das Jahr 2003: Integra Soziale Dienste gemeinnützige GmbH besteht seit drei Jahren und beschäftigt zwölf Mitarbeitende: Sozialpädagoginnen und -pädagogen, Heilerziehungspflegende, drei Quereinsteiger mit einer (inzwischen) sozialen Zusatzausbildung, eine Bürokauffrau und eine Psychologin.

Hätte man vor zehn Jahren einen Integra-Mitarbeitenden gefragt, warum sein Arbeitsplatz so besonders ist, hätte er wohl gesagt: „Ich arbeite gerne hier, denn bei Integra ist so ein tolles Miteinander. Wir frühstücken jeden Tag zusammen, tauschen und helfen uns aus und die Chefs sind welche von uns. Wir sind gut informiert, es gibt von Seiten der Chefs keine Geheimnisse, im Gegenteil, sie wollen unsere Meinungen hören und schätzen das Wissen! Erfolge feiern und aus Fehlern lernen wir. Die tägliche Arbeit als Sozialarbeiterin oder -arbeiter fordert uns richtig und macht Spaß!"

Die Gründer, beide selbst im Erstberuf Heilerziehungspfleger mit diversen Zusatzausbildungen, kommen ursprünglich aus der Arbeit mit geistig behinderten Menschen und haben erst drei Jahre zuvor Integra ins Leben gerufen. Eine Frau, ein Mann – zwei Kollegen, die sich gut kannten und etwas trauten. Zwei, die einen Versorgungsmissstand in der Region erkannt und beschlossen, diesen eigenhändig zu verändern.

In der weitreichenden Region in und um Ingolstadt herum gab es zu damaliger Zeit keine ambulante Hilfe für chronisch suchtkranke Menschen. Wurden diese aus der Klinik oder Reha entlassen, gab es als einzige, leider für diese Erkrankung meist unzureichende Hilfe, nur Beratungsangebote. Integra begann also mit wenigen Fachkräften, diese Menschen engmaschiger an die Hand zu nehmen und sie im Alltag zu unterstützen. Der Rechtsanspruch über den Bezirk Oberbayern wurde geltend gemacht und die Abteilungen „Betreutes Einzelwohnen Sucht", „Therapeutische Wohngemeinschaften Sucht" und „Zuverdienstarbeitsplätze" gegründet.

15.2.1   Überschaubare Bedingungen zu Beginn

2003 steckt die Einrichtung mit ihren Mitarbeitenden schon mitten in der für die Region einzigartigen Arbeit. Zusammen ziehen sowohl die Fachkräfte sowie die beiden Geschäftsleiter an einem Strang. Ideen werden gemeinsam weiterentwickelt und neue Ansätze realisiert. Die Mitarbeitenden fühlen sich am Wachstum und Erfolg beteiligt. Es ist spürbar, dass sie sich mit der Einrichtung, der Leitung, ihren Aufgaben und ihrem Kollegenkreis identifizieren. Räumlich wird das alles begünstigt, da es ein Hauptgebäude gibt, von dem aus die mobilen Dienste starten und wieder dorthin zurückkehren. In der Zentrale stehen die wenigen Computer für die Dokumentation. Die Verwaltung ist dort ebenfalls angesiedelt und eine Therapeutische Wohngemeinschaft direkt nebenan.

Privat lernen sich die Kolleginnen und Kollegen kennen, unternehmen auch mal zusammen was in der Freizeit. Die Chefs sind immer noch mittendrin, nah dran an den Mitarbeitenden, deren Alltagsgeschäft, deren Sorgen und Herausforderungen, und können jederzeit eingreifen, um direkt zu unterstützen. Das Zusammengehörigkeitsgefühl wurde schnell der Grund für ein immenses Wachstum. Integra wurde immer größer und ist nun bei über 100 festangestellten Mitarbeiterinnen und Mitarbeitern angekommen. Wir schreiben das Jahr 2013. Plötzlich waren wir mit Fragen konfrontiert wie: Was ist an Integra unverwechselbar? Was macht uns als Arbeitgeber aus? Was soll junge Berufseinsteiger genauso wie alte Hasen dazu bringen, uns als Arbeitgeber zu wollen? Müssen wir etwas tun? Etwas anders tun? Haben wir eine Strategie und wenn ja, ist es die richtige?

Wenn wir einen romantischen, von der Erfolgsgeschichte geprägten Blick auf unsere Einrichtung werfen, kommen wir zu der Überzeugung, dass Integra gute Arbeitsplätze im Sozialwesen bietet. Bei uns kann man kreativ, flexibel, tolerant sein und man darf sich überall mit einbringen. Doch das hinderte trotzdem einige Mitarbeitende oder Bewerbende nicht, sich für einen anderen Arbeitgeber zu entscheiden. Aber woran liegt das?

Die Bewerbenden wurden von Anfang an darüber aufgeklärt, wie wir uns eine Mitarbeit bei Integra vorstellen, was es zu tun gibt und wie wir uns als Arbeitgeber verstehen. Auch die Bewerbenden haben sich und ihre Vorstellungen dargestellt und beide Seiten waren sich – wenn es zur beiderseitigen Zusage kam – einig. Was lief also schief? Nicht aus Eitelkeit stellt sich diese Frage, denn für Eitelkeiten bleibt auch in der Sozialwirtschaft nicht viel Zeit. Wirtschaftliche und arbeitsorganisatorische Blickwinkel schärften den Blick, das Thema Personalbindung und -auswahl genauer und analytischer zu betrachten.

15.2.2   Die Auswahl der Mitarbeitenden früher

In den ersten Jahren kamen Mitarbeitende über bereits bestehende Bekannte und Mundpropaganda zu uns: Studienkolleginnen von Mitarbeiterinnen, die Schwester der Nachbarin oder die bereits aus beruflichem Kontext bekannte Psychiatriemitarbeiterin aus dem ortsansässigen Klinikum. Auch Bewerbende kamen auf uns zu – auf Empfehlung oder weil sie schon Positives von Integra gehört hatten.

Der Arbeitsalltag war zu bewältigen. Gefühlt stets gemeinsam oder zumindest für die Gemeinschaft – die Gemeinschaft Integra. Der Großteil der Aufgaben – das Standbein – ergab sich aus dem definierten Arbeitsplatz, z. B. Sozialpädagoge in der Therapeutischen Wohngemeinschaft. Daneben kamen auf die Mitarbeitenden kleinere Nebentätigkeiten zu – das Spielbein. Dazu gehörten bereichsübergreifende Projekte, die Unterstützung anderer Bereiche sowie Aufgaben, die den persönlichen Neigungen und Ressourcen entsprachen. Die „Zusatzaufgaben" sollten dazu beitragen, die Mitarbeitenden an allen gedanklichen Prozessen zu beteiligen. Jeder neue Auftrag und jede Verbesserung war ein Produkt des Miteinanders. Das wirkte sich nachhaltig positiv auf das Arbeitsklima aus. Es ging nicht nur um die Sicherung des Arbeitsplatzes, sondern auch darum, „seine Fingerabdrücke zu hinterlassen", wie Dieter Moosheimer, einer der beiden Geschäftsleiter, gerne sagt.

15.2.3   Alte Muster haben ausgedient

Mit dem schnellen Unternehmenswachstum steigerte sich die Zahl der Aufträge, der Mitarbeitenden und im Gleichschritt die Arbeitsbelastung. Wir erkannten, dass es nicht mehr reicht, auf informellen Wegen zu gutem Personal zu kommen. Was heißt überhaupt „gut"? „Gut" bedeutet für jeden etwas anderes. Wir suchen und brauchen „gute" Mitarbeiterinnen und Mitarbeiter, die gerne bei uns arbeiten und zu uns passen. Sie sollen das Gleiche wollen wie wir und genauso hinter unserer Philosophie stehen wie wir. Das ist mit „gut" nicht zu beschreiben.

Um eine professionelle Arbeit bewältigen zu können, müssen gewisse Kriterien zwar erfüllt sein, wie beispielsweise eine entsprechende Ausbildung, Zuverlässigkeit und bestimmte Schlüsselkompetenzen, die man fachlich und menschlich benötigt. Doch darüber hinaus brauchen wir noch andere Kompetenzen oder Wesenszüge, die zu uns passen. Das war der Schlüssel! Um zu erfahren, wer zu uns passt, mussten wir herausfinden, wer wir sind.

15.2.4   Der Weg zum Schlüssel der Erkenntnis

Im Jahr 2007 begann die mentale und konkrete Auseinandersetzung mit der Frage, warum Integra immer größer und erfolgreicher wurde und wie wir diese Stärke aufrechterhalten können. Durch die Größe und das Wachstum hatten sich neben den Erfolgen unschöne Begleiterscheinungen eingeschlichen. Es schienen nicht mehr alle Mitarbeitenden auf dem gleichen Wissensstand zu sein. Das Formularwesen verwirrte durch unterschiedliche Aktualitäten. Absprachen und Rückfragen mussten mehrfach wiederholt, ergänzt und berichtigt werden. Schlicht: ein schnelles, kommunikationsstarkes Qualitätsmanagement musste installiert werden, um die Qualität unserer Arbeit auch weiterhin zu sichern. Auf der Suche stießen wir auf das Instrument Wiki. Wir kannten es nur als Sammlung von Wissen und Seiten, die ganz einfach online zu erstellen, von allen Usern lesbar als auch veränderbar sind.

Mit einem externen Berater wollten wir daraus ein Tool gestalten, das sowohl das firmeninterne Wissen bündelt, Formulare hinterlegt, zielgerichtete, aktuelle Kommunikation ermöglicht und fördert, als auch uns als Unternehmen abbildet sowie das gelebte Verbesserungs- und Qualitätsmanagement unterstützt. Und genau an diesem Punkt wurden wir mit der Frage konfrontiert: Wer sind wir? Wir Integra? Was macht uns aus? Diese Fragen waren nicht leicht zu beantworten. Wir saßen mit acht Mitarbeitenden in unserer Wiki-Projektgruppe zusammen. Jeder hatte eine eigene Antwort darauf. Wir hatten nun die Aufgabe, die Aussagen für unser zukünftiges Managementsystem auf den Punkt zu bringen. Zur Beschreibung brachten wir Organigramme, rechtliche Vorgaben und Arbeitszeiten ins Feld. Es fielen Schlagwörter wie Flexibilität und Kreativität. Doch das war nicht greifbar genug und unser Berater somit nicht zufrieden. Es begann der Versuch, Integra als Marke zu erkennen und zu definieren. Gemeinsam mit dem Berater zeichneten wir auf, wie wir funktionieren. So entstand das in Abb. 15.2 dargestellte Prozessmodel.

Darin bildet Integra einen Kreis, der aus seiner Mitte heraus entsteht. Im Inneren des Kerns befinden sich die Grundlagen, die durch die größte Figur, die sich auch in unserem Logo findet, symbolisiert werden. Diese Grundlagen machen uns aus. Zentraler Leitsatz für unsere Arbeit ist „Der Mensch steht im Mittelpunkt!" Das zeigt sich beispielsweise in unserem Führungsverständnis. Die Leitungen bei Integra sollen als glaubwürdige Vorbilder agieren. Sie sollen ihren Mitarbeitenden so begegnen, wie sie selbst behandelt werden wollen. Das setzt Wertschätzung und Respekt voraus, auch gegenüber der Vielfalt. Stärken werden gefördert und bei Schwächen wird aktiv geholfen, bevor z. B. disziplinarische Maßnahmen geprüft werden.

Es sind die Werte, die uns antreiben, mit Menschen zu arbeiten. Es ist die Philosophie und das Menschenbild, wie wir unserer Arbeit begegnen. Darin verbinden sich die Visionen und Strategien, die uns immer wieder fordern, fördern und uns weiterentwickeln lassen.

Im Inneren stehen auch unsere Kunden. Ebenso sind dort wirtschaftliche Ergebnisse beheimatet, damit die Leistung und somit die Menschen, die sie tun, bezahlt werden können. Da der Körper unseres Symboles aber ohne Kopf nicht existieren kann, finden die Mitarbeitenden hier ihre Zuordnung. Sie stehen für alle menschlichen und fachlichen Kräfte, die bei Integra beschäftig sind und dazu beitragen, dem System Leben einzuhauchen, Mitarbeitende, die Gemeinsames leisten und sich auch als Kopf des Körpers verstehen, der sie trägt.

Abb.15.2 Prozessmodell
Integra gGmbH 2007. (Quelle:
Integra gGmbH)

Der zweite gedankliche Ring sind die Figuren, die die einzelnen Bereiche unserer Einrichtung zeigen. BEWS steht für Betreutes Einzelwohnen Sucht, TWGS für Therapeutische Wohngemeinschaften Sucht, MSD für Mobile Soziale Dienste, ZVF für Zuverdienstfirma und IF für Integrationsfirma. Die Bereiche haben mittlerweile andere Bezeichnungen. Der dritte gedankliche Ring beschreibt klar angelegte Regelungen und Prozessabläufe mit hinterlegten Formularen. Es sind die Werkzeuge, um die Arbeit reibungslos und im gesteckten Rahmen bewältigen zu können.

Ganz außen säumen den Kreis weitere Figuren. Sie deuten all das an, was noch frei zu gestalten ist und sich entwickeln kann. Auf dieser Ebene befinden sich in unserem Wiki sämtliche „Gespräche" als E-Mail-Ersatz, Autopläne, Raumbelegungen, Projektpläne, Pressestimmen, Wissenswertes rund um Integra und vieles mehr.

Einer der ersten Inhalte, die von der Geschäftsleitung in das Wiki gestellt wurde, waren die Leitsätze, die beschreiben, welche Grundlagen ihnen bei der Führung der Mitarbeitenden und des Unternehmens als Basis dienen. Hier ein Auszug daraus:

Intuition & Glaube – „Wir vertrauen auf uns, unsere Mitarbeiterinnen und Mitarbeiter sowie Kolleginnen und Kollegen, unsere und deren Gefühle und auf Gott."

Spontaneität & Tatkraft – „Wir handeln schnell, geplant, gezielt und unbürokratisch!"

Planung & Ziele – „Wir setzen uns immer Ziele und bedenken den effektivsten und effizientesten Weg."

Kreativität & Motivation – „Wir setzen unsere ganze persönliche Kraft ein, um Lösungen zu finden. Wir konzentrieren uns nicht auf die Probleme, sondern auf die Ressourcen von uns, unserem Team und unseren Klienten!"

Verantwortung & Kompetenz – „Jeder Mitarbeitende bringt sein Wissen, seine Erfahrung und seine Einstellung in das Unternehmen ein, übernimmt somit Eigenverantwortung für sich, sein Handeln und Nichthandeln, für seine Kolleginnen, Kollegen, für Integra, die Klienten und Kunden."

Krisen & Probleme – „Krisen und Probleme analysieren wir und nutzen diese als Chance zur Verbesserung unserer Arbeit. Wir stehen zu unseren Fehlern und lernen daraus!"

Wachstum & Entwicklung – „Wir sind offen für Neues, stellen uns unseren Aufgaben und sind bereit Lernprozesse anzunehmen. Wir müssen nicht perfekt sein, aber versuchen, ständig besser zu werden!"

Individualität & Selbstbestimmung – „Jeder ist wichtig und in seiner Person unverwechselbar und unersetzlich. Wir fördern die Selbstverantwortung unter größtmöglicher Selbstbestimmung ausgerichtet an gemeinsam formulierten Zielen!"

Partnerschaft & Kooperation – „Wir streben eine gleichberechtigte Partnerschaft mit unseren Mitarbeitenden, Klienten und Kunden an. Augenhöhe und Respekt sind selbstverständlich. Wir kooperieren mit dem Ziel, unseren Partner zu fördern und nicht, seine Schwächen auszunutzen."

Einfachheit & Liebe – „Wir streben nach einfachen Lösungen, versuchen mit geringsten Aufwand die besten Resultate zu erreichen. Nicht die Perfektion ist unser Ziel. Wir schaffen dies, weil wir uns selbst lieben. Denn nur, wer sich selbst mag, kann andere in den Arm nehmen, Zuversicht spenden, Auswege aufzeigen, wenn nötig anpacken, ohne lange zu fackeln – andere und sich selbst lieben."

Erfolg & Familie – „Wir wollen Erfolg, wir wollen gewinnen, wir wollen die Besten sein – aber nicht um jeden Preis. Fairness prägt unser Handeln."

Nachhaltigkeit & Zukunftsgestaltung – „Wir sind die Zukunft – wir möchten verantwortlich gegenüber Menschen, der Umwelt und der Gesellschaft handeln. Wir schonen Ressourcen, sind sparsam mit Energie und Finanzen, sodass es für die Mitarbeiterinnen und Mitarbeiter sowie Integra eine lebenswerte Zukunft gibt!"

15.2.5   Unser Wiki als Spiegel

Die Plattform hilft uns nicht nur bei unseren Aufgaben, sondern zeigt uns, wofür wir stehen. Hier ist bei genauem Betrachten die Unternehmenskultur abgebildet mit all ihren Facetten.

Mit dem Wiki erhält jeder Mitarbeitende zur gleichen Zeit die gleichen Informationen und kann sie sich – freigewählt und stets unabhängig von Arbeitszeit und Ort – online abholen. Warum spiegelt das Integra wider? Weil hier ganz deutlich aufgezeigt wird, dass z. B. jeder das gleiche Recht auf Informationen hat, alles Wichtige über Integra wissen sollte, aktuell auf dem neuesten Stand ist und auch von anderen Arbeitsbereichen oder dem Kollegium etwas mitbekommen kann. Es gibt keinen hierarchischen Dünkel.

Gleichzeitig wird erwartet, dass die Mitarbeitenden andere an ihren Ideen und Mitteilungen teilhaben lassen und die gewonnenen Informationen in ihre tägliche Arbeit einbeziehen. Ein „Das habe ich nicht gewusst!" soll vermieden werden. Damit wird ein weiterer Grundsatz deutlich und mit Leben gefüllt: Wie Marianne Schlamp, Geschäftsleiterin, immer wieder betont: „Einmischen ist nicht nur geduldet, sondern dringend erwünscht!"

Spannt man den Bogen weiter, zeigt es sehr deutlich, dass sich die Geschäftsleitung und die Belegschaft Kolleginnen und Kollegen wünschen, die sich nicht nur in ihren Spezialgebieten und Kernaufgaben bewegen, sondern gemeinsam über den Tellerrand schauen und danach handeln. Nicht, weil sie es müssen, sondern weil sie es wollen.

15.2.6 Die Suche nach Mitarbeitenden heute

Inzwischen wissen wir sehr genau, was wir erwarten und welche Eigenschaften und Vorstellungen von Bewerbenden tatsächlich passen. Wir können es in Vorstellungsgesprächen klar definieren und aussprechen und sind uns sicher, dass grobe Abweichungen dauerhaft keine Seite glücklich machen.

Beim Recruiting neuer Mitarbeitender nehmen wir die Erkenntnisse über uns als Basis, um von vornherein adäquate Bewerbende kennenzulernen. Das bedeutet, dass wir zum Beispiel immer weniger Wert auf Print-Stellenangebote legen. Die Zielgruppe, die wir ansprechen wollen, sind Menschen, die keine Scheu vor Neuerungen, Veränderungen und neuen Medien haben. Wir suchen Menschen, die Freude an unserem Wiki haben und mit der Zeit gehen. Solche Menschen suchen freie Stellen also im Internet.

Darüber hinaus besuchen wir spezielle Veranstaltungen, auf denen wir uns vielschichtig präsentieren und bereits an Ort und Stelle entsprechende Gespräche führen können. Auch laden wir gerne Studierendengruppen zu uns ein, damit sie die Kultur von Integra ungezwungen erleben und für sich entscheiden können, ob sie ein Teil hiervon sein wollen.

15.2.7 Die Bindung von Mitarbeitenden

Nicht nur die Suche nach den richtigen Mitarbeitenden wollten wir zielgerichteter angehen. Wir widmeten uns auch der Frage, wie wir sie langfristig halten und binden können. Eine faire Bezahlung sowie etwaige Sonderzahlungen stellen für uns eine klare Wertschätzung dar. Daneben bieten wir unseren Mitarbeitenden eine Reihe von Vorzügen, um Berufs- und -Privatleben in Einklang zu bringen. Sie bekommen Personalrabatte auf innerbetriebliche Leistungen. Wir haben eine Betriebs-Kindertagesstätte für die Kleinsten ins Leben gerufen und stellen ein Ferienhaus zur Verfügung, das die Mitarbeitenden privat nutzen können. Ferner feiern wir gerne gemeinsame Erfolge, gestalten zusammen Dinge, die uns langfristig freuen, geben Wissen einander weiter und unterstützen uns. Wir nehmen und schenken uns Raum und Zeit für Gemeinsamkeiten, die nicht das Kerngeschäft betreffen.

Bezeichnend dafür ist eine der Prämierungsfeiern zum Great Place to Work®. Mehrere Jahre in Reihe beteiligten wir uns an der unabhängigen Benchmark-Studie und wurden mit Auszeichnungen gewürdigt.

An den Prämierungsfeiern nahmen in der Regel die Geschäftsführungen gemeinsam mit den Personalverantwortlichen teil. Nur beim dritten Mal sollte es etwas Besonderes sein. Integra reiste mit fast der gesamten Mannschaft von Bayern nach Berlin, was durchaus unüblich für die Veranstaltung ist. Allerdings kennen sie uns dort mittlerweile und wundern sich nicht mehr ...

Die Autorin

Daniela Hofmann studierte an der Fachhochschule Re-
gensburg Diplom Sozialpädagogik und begann ihr Berufsleben 1995 in der Erwachsenenbildung an einem Institut und als freiberufliche Trainerin. Ihr Steckenpferd
waren stets Themen rund um Organisation, Kommunikation und Vernetzung. Seit 2005 kann Daniela Hofmann
ihre Kompetenzen bei Integra Soziale Dienste gGmbH –
im Großraum Ingolstadt – zum Einsatz bringen. Dort ist
die Sozialpädagogin mit einer Stabstelle zuständig für
die Bereiche Öffentlichkeitsarbeit und Kultur & Freizeit
sowie für diverse Projekte. Seit geraumer Zeit gestaltet
sie in dem wachsenden Unternehmen zusammen mit der
Geschäftsleitung   das   Thema   Personalgewinnung
und -entwicklung. (Quelle: Integra gGmbH)

Fazit: Ran ans Werk!

Zukunft: die Ausrede all jener, die in der Gegenwart nichts tun wollen.
Harold Pinter

Der Blick in die Praxis und in die unterschiedlichen Bereiche der Sozialwirtschaft hat deutlich gemacht, dass es sich auf allen Ebenen Ihrer Organisation bezahlt macht, sich dem Thema Employer Branding zu öffnen. Dabei sind die Wege zur Arbeitgebermarke sehr individuell und wachsen mit den positiven Erfahrungen, die gesammelt werden. Noch steht der soziale und Bildungsbereich am Anfang. Da das Fach- und Führungskräfte-problem in Zukunft brisanter als jemals zuvor die Arbeit beeinflussen wird, sind allerdings deutliche Entwicklungssprünge zu erwarten. Schon jetzt haben die Organisationen, die bereits experimentierfreudig den Schritt gewagt haben, strategische Vorteile gegenüber den ausharrenden. Sich nur auf politische Lösungen zu verlassen, kostet wertvolle Zeit, in der Ihnen Wettbewerber mit begehrenswerten Arbeitsplätzen die besten Köpfe vor der Nase wegschnappen. Verlieren Sie keine Zeit, Ihre Organisation sicher in unsichere Zeiten zu führen.

Der demografische Wandel ist kein simples Modethema, das irgendwann einmal ab-ebbt. Teilweise hat man das Gefühl, dass er so oft zu hören war, dass er von vielen schlicht als chronischer Tinnitus akzeptiert wird und unbehandelt bleibt. Dabei begleitet er uns sukzessive und folgenreich bereits seit vielen Jahren, ist an vielen Stellen schon jetzt schmerzlich und drastisch spürbar und wird den Unvorbereiteten über kurz oder lang das Genick brechen.

Besonders die Generation Y wird gänzlich andere Lebensmodelle realisieren, als ihre Eltern es gewohnt sind. Sie hoffen nicht auf überzeugende Antworten, warum sie bei Ih-nen arbeiten sollen. Sie setzen die Antworten voraus und fordern sie ein. Diese Generation wird über die Entwicklung Ihres Unternehmenserfolgs entscheiden. Sie ist hochausgebil-det, flexibel, vernetzt, kreativ und denkt quer. Sie findet Lösungen, die Sie lieber in Ihrer Organisation umgesetzt wissen wollen als bei der Konkurrenz.

© Springer Fachmedien Wiesbaden 2014
C. Heider-Winter, *Employer Branding in der Sozialwirtschaft,*
DOI 10.1007/978-3-658-01196-3

Auch für die drängende Frage des Ausbildungsnachwuchses werden Sie Antworten finden müssen. Vielleicht Hand in Hand mit der Generation Y? Fakt ist, dass schon das derzeit ausgebildete Fachkraftangebot den aktuellen Bedarf nicht decken kann. Daher müssen mehr junge Menschen für Ausbildungen im sozialen und Bildungsbereich begeistert werden. Gender, Diversity und Inklusion fließen als wichtige Dimensionen in die Lösungsfindung ein. Wenn Sie der Organisationsanalyse viel Sorgfalt gewidmet haben, stehen Sie mit dieser Frage nicht allein da. Dann haben Sie zuverlässige und kompetente Partner gefunden, mit denen Sie gemeinsam die Herausforderung bewältigen können.

In diesem Buch wurde der Organisationsanalyse, die üblicherweise eher stiefmütterlich gehandhabt wird, viel Aufmerksamkeit gewidmet. Schritt für Schritt durchgeführt, stellt sie mit Sicherheit einen großen Aufwand dar, besonders wenn Ihre Organisation bundesweit oder in mehreren Arbeitsfeldern tätig ist. Selbst wenn Sie nicht alles beherzigen (können), soll damit deutlich werden, dass Sie hier die essentielle Basis für den späteren Erfolg legen und die Chance haben, Ihr Unternehmen ganzheitlich kennenzulernen.

Dabei geht es nicht singulär um die Personalsituation. Alle Einflussfaktoren werden einbezogen und stellen Querverbindungen her, die Sie vorher vielleicht noch nicht erkennen konnten, beispielsweise wie deutlich sich der Fachkräftemangel auf Ihre Angebotsnachfrage auswirkt. Schon durch die Analyse können sich neue Formen der Zusammenarbeit ergeben, die vorher nicht denkbar gewesen wären – die Veränderung beginnt! Ganz nebenbei erleichtern Sie sich mit einer gründlichen Analyse eine große Vielzahl der Umsetzungsaufgaben. Sie wissen mehr, Sie sehen mehr, erkennen mehr Potenziale und können besser planen – kurzum: Sie haben einen deutlichen Vorsprung.

Dabei ist an vielen Stellen Ihr eigenes kreatives Potenzial bzw. das Ihrer Mitarbeitenden gefragt. Lernen Sie neue Seiten an sich und anderen kennen. Wie stark und zu welchem Zeitpunkt Sie externe Unterstützung einbinden, hängt von Ihren bisherigen Erfahrungen, Ihrem internen Netzwerk und von Ihrem Budget ab. Sie können, aber Sie müssen nicht immer.

Die spannendste Phase ist sicher die interne und externe Umsetzung Ihres Employer-Branding-Prozesses. Jetzt kommen Maßnahmen – von innen nach außen – zum Anfassen, Spüren, Lesen oder Erleben ins Spiel. Jetzt wird es konkret, jetzt bekommen Sie umfangreiches Feedback für Ihre Konzepte und hart erarbeiteten Strategien. Dabei muss es nicht immer der große öffentliche Paukenschlag sein, um Erfolg zu haben. Hauptsache, zumindest die übersichtliche, vernetzende und informative Website steht. Überschaubare Zielgruppen lassen sich mit kleinen, feinen Maßnahmen viel schneller und effizienter erschließen. Auch dafür sollte das Buch Ihren Blick geöffnet haben, genauso wie für die Möglichkeiten der Ressourcengewinnung und die herausragende Bedeutung, dass gefundene Werte tatsächlich gelebt werden. Und wenn Sie erfolgreich waren, vergessen Sie nicht, es den Medien zu erzählen.

Employer Branding ist sicher nicht mit links erledigt, aber es ist auch definitiv mehr als eine zusätzliche Belastung. Es gibt Ihren Führungskräften Orientierung und stärkt diese in ihrer Rolle, sodass insgesamt die Arbeitszufriedenheit steigt. Es lässt Sie als Team zusammenwachsen, neue Erfahrungen machen, durchdringt Ihre Organisation und verschafft Ihnen und Ihren Mitarbeitenden letztlich das, was wir alle wollen – mehr Spaß bei der Arbeit.

Wiederholung stärkt das Gedächtnis. Daher präsentiere ich Ihnen am Ende erneut die Erfolgsfaktoren (▶ Kap. 2), die die erforderliche Haltung für den Employer-Branding-Prozess auf den Punkt bringen:

- Haben Sie Mut!
- Beweisen Sie Geduld.
- Fokussieren Sie auf das halbvolle Glas.
- Werden Sie zum Netzwerker.
- Binden Sie die Zielgruppe ein.
- Machen Sie es sich zur Zukunftsaufgabe, Wege zu verkürzen.
- Werden Sie zum ehrlichen Verkaufsgenie.
- Geben Sie die Hauptsteuerung für das Employer Branding nicht aus der Hand.
- Ihre Öffentlichkeitsarbeit gehört zur Stabsstelle.
- Ihr oberstes Gebot ist Authentizität.

Worauf warten Sie noch? Fangen Sie an zu fragen, zu beleuchten, zu bewegen, zu verändern!

Weiterführende Literatur

Antidiskriminierungsstelle des Bundes: Diskriminierungsmerkmale. Berlin. http://www.antidiskriminierungsstelle.de/DE/ThemenUndForschung/Recht_und_gesetz/Diskriminierungsmerkmale/diskriminierungsmerkmale_node.html. Zugegriffen: 5. Jan. 2014

Brinkmann V (2008) Personalentwicklung und Personalmanagement in der Sozialwirtschaft: Tagungsband Der 2. Norddeutschen Sozialwirtschaftsmesse. VS Verlag für Sozialwissenschaften, Wiesbaden

Bund K (2014) GENERATION Y. Wir sind jung … Zeit.de. http://www.zeit.de/2014/10/generation-y-glueck-geld. Zugegriffen: 3. Mai 2014

Burchell M, Robin J (2011) The great workplace. How to build it, how to keep it and why it matters. Jossey-Bass, San Francisco (The Great Place to Work® Institute)

Forschungsbereich beim Sachverständigenrat deutscher Stiftungen für Integration und Migration (Hrsg), Schneider J, Yemane R, Weinmann M (2014) Diskriminierung am Ausbildungsmarkt. Ausmaß, Ursachen und Handlungsperspektiven, Berlin. http://www.svr-migration.de/content/wp-content/uploads/2014/03/SVR-FB_Diskriminierung-am-Ausbildungsmarkt.pdf. Zugegriffen: 11. April 2014

GPTW Deutschland GmbH (2014) Unsere Geschichte. http://www.greatplacetowork.de/ueber-uns/unsere-geschichte. Zugegriffen: 11. April 2014

Hauser F (2009) Wahre Schönheit kommt von innen: Der Great Place to Work®-Ansatz. In: Trost A (Hrsg) Employer branding. Arbeitgeber positionieren und präsentieren. Luchterhand, Köln, S 97–110

Jugendstiftung Baden-Württemberg (2013) Jugendstudie Baden-Württemberg 2013, Landesschülerbeirat Baden-Württemberg, Jugendstiftung Baden-Württemberg, gefördert durch das Ministerium für Kultus, Jugend und Sport Baden-Württemberg, Sersheim. http://www.jugendstiftung.de/fileadmin/Bilder/Jugendstudie_120.pdf. Zugegriffen: 30. Dez. 2013

Kamerar S (2014) Hintergrundinformation. „Top Job" – das Projekt. topjob.de. http://www.topjob.de/upload//TJ_14_Projekt.pdf. Zugegriffen: 4. Mai 2014

Koordinationsstelle „Männer in Kitas" (2012) Anteil aller pädagogischen Fachkräfte beziehungsweise aller pädagogisch arbeitender Männer und Frauen in Kitas über die Jahre 2007, 2008, 2009, 2010, 2011 und 2012 auf Bundeslandebene, Berlin. http://www.koordination-maennerinkitas.de/fileadmin/company/pdf/Koordinationsstelle/Maenneranteil_BL-07-12.pdf. Zugegriffen: 5. Jan. 2014

© Springer Fachmedien Wiesbaden 2014
C. Heider-Winter, *Employer Branding in der Sozialwirtschaft,*
DOI 10.1007/978-3-658-01196-3

Nink M (2013) Engagement Index Deutschland 2012, Gallup GmbH, Berlin. http://www.gallup.
    com/file/strategicconsulting/160904/Engagement%20Index%20Pr%C3%A4sentation%202012.
    pdf. Zugegriffen: 28. Dez. 2013

Noky C (2011) „Affirmative Action" – Programme in den USA nach 1945. Studienarbeit. GRIN,
    Norderstedt

Petkovic M (2009) Wissenschaftliche Aspekte zum Employer Branding. In: Trost A (Hrsg) Employ-
    er branding. Arbeitgeber positionieren und präsentieren. Luchterhand, Köln, S 78–93